中国城市规划·建筑学·园林景观博士文库

国家自然科学基金项目:城市非正规性视野下的旧城空间演变模式研究
项目编号:50778076
项目负责人:龙元　教授
项目年限:2008年1月—2010年12月

汉正街街道形态与意义的演变过程

The Evolution of Street Forms and Meaning of Hanzheng Street

著者　王　刚
导师　龙　元
学科　建筑设计及其理论
单位　华中科技大学

东南大学出版社
·南京·

内容提要

本书通过图文并茂的形式，采用考古式笔触全视野细致探究汉正街规划与建设的整个过程，历时态长轴展现汉正街街道形态和意义的动态演变过程；研究方法上吸纳列斐伏尔历史—空间—社会三位一体的技术路线，即将街道的形态变化纳入到社会史的框架中，并将其视为社会史的同一过程，强化过去研究取径上忽视空间影响社会关系的能动性方面。援引福柯的权力网络概念并修正使用，通过此概念展开全书的经纬叙述，力图将空间从历史中显现，凸出空间维度，以空间性思维建构历史与社会生活，转变空间历史研究的范式。书中最后得出空间生产、文脉保护、非正规性、公众参与等历史启示。

本书适合城市规划、建筑学、人文地理等空间学科专业读者阅读参考，也为研学列斐伏尔和福柯的空间理论哲学专业读者提供较好的实证案例参考。

图书在版编目(CIP)数据

汉正街街道形态与意义的演变过程/王刚著. —南京:东南大学出版社，2013.3

(中国城市规划·建筑学·园林景观博士文库/赵和生主编)

ISBN 978-7-5641-4094-6

Ⅰ.①汉… Ⅱ.①王… Ⅲ.①城市规划—城市史—研究—武汉市 Ⅳ.①TU984.263.1

中国版本图书馆CIP数据核字(2013)第025021号

出版发行 东南大学出版社
社　　址 南京市四牌楼2号 邮编:210096
出 版 人 江建中
网　　址 http://www.seupress.com
电子邮箱 press@seupress.com
经　　销 全国各地新华书店
印　　刷 江苏凤凰扬州鑫华印刷有限公司
开　　本 889 mm×1194 mm 1/16
印　　张 14
字　　数 360千字
版　　次 2013年3月第1版第1次印刷
书　　号 ISBN 978-7-5641-4094-6
定　　价 39.00元

---

* 东大版图书若有印装质量问题，请直接与营销部联系，电话:(025)83791830。

主编的话

回顾我国20年来的发展历程,随着改革开放基本国策的全面实施,我国的经济、社会发展取得了令世人瞩目的巨大成就,就现代化进程中的城市化而言,20世纪末我国的城市化水平达到了31%。可以预见:随着我国现代化进程的推进,在21世纪我国城市化进程将进入一个快速发展的阶段。由于我国城市化的背景大大不同于发达国家工业化初期的发展状况,所以,我国的城市化历程将具有典型的"中国特色",即在经历了漫长的农业化过程而尚未开始真正意义上的工业化之前,我们便面对信息时代的强劲冲击。因此,我国城市化将面临着劳动力的大规模转移和第一、二、三产业同步发展、全面现代化的艰巨任务。所有这一切又都基于如下的背景:我国社会主义市场经济体制有待进一步完善与健全;全球经济文化一体化带来了巨大冲击;脆弱的生态环境体系与社会经济发展的需要存在着巨大矛盾;……无疑,我们面临着严峻的挑战。

在这一宏大的背景之下,我国的城镇体系、城市结构、空间形态、建筑风格等我们赖以生存的生态及物质环境正悄然地发生着重大改变,这一切将随着城市化进程的加快而得到进一步强化并持续下去。当今城市发展的现状与趋势呼唤新思维、新理论、新方法,我们必须在更高层面上,以更为广阔的视角去认真而理性地研究与城市发展相关的理论及其技术,并以此来指导我国的城市化进程。

在今天,我们所要做的就是为城市化进程和现代化事业集聚起一支高质量的学术理论队伍,并把他们最新、最好的研究成果展示给社会。由东南大学出版社策划的《中国城市规划、建设学、园林景观》博士文库,就是在这一思考的基础上编辑出版的,该博士文库收录了城市规划、建筑学、园林景观及其相关专业的博士学位论文。鼓励在读博士立足当今中国城市发展的前沿,借鉴发达国家的理论与经验,以理性的思维研究中国当今城市发展问题,为中国城市规划及其相关领域的研究和实践工作提供理论基础。该博士文库的收录标准是:观念创新和理论创新,鼓励理论研究贴近现实热点问题。

作为博士文库的最先阅读者,我怀着钦佩的心情阅读每一本论文,从字里行间我能够读出著者写作的艰辛及其锲而不舍的毅力,导师深厚的学术修养和高屋建瓴的战略眼光,不同专业、不同学校严谨治学的风格和精神。当把这一本本充满智慧的论文奉献给读者时,我真挚地希望每一位读者在阅读时迸发出新的思想火花,热切关注当代中国城市的发展问题。

可以预期,经过一段时间的"引爆"与"集聚",这套丛书将以愈加开阔多元的理论视角、更为丰富扎实的理论积淀、更为深厚的人文关怀而越来越清晰地存留于世人的视野之中。

南京工业大学　赵和生

序

城市是迄今为止最具复杂性和多样性的人造物，是物质和社会的复合体。多样权力和参与主体、多元地域文化、多层历史片段在此并存和交织，构成了城市不同于乡村的本质——差异和多元。

20世纪全球范围内城市化进程的发展，推动了现代城市研究的发端和兴盛。一般而言，现代城市研究起源于芝加哥学派的城市社会学，经由二次世界大战后M. 福柯、D. 哈维、H. 列斐伏尔、E. 索亚等一批巨匠对巴黎、洛杉矶等个案研究，揭示资本主义晚期城市深刻矛盾，推动城市研究走向成熟。到了1990年代，"空间"作为解明构成城市社会各种力量(资本、权力、文化、意识形态……)的有效概念和工具，占据了城市研究的核心位置，成为后现代显学。一个连接和跨越地理学、社会学、文化人类学、建筑学和城市规划等广泛的人文社会科学之界限，对城市空间进行全面、综合的解读成为学者们的共识，并且分析的焦点从城市空间的构造转向空间的形成，即从形态(form)研究转向过程(process)研究。

城市不可能为一种力量所彻底垄断，彻底的规划控制是乌托邦的幻想。在过程研究中，城市的规划控制与自发生长之间复杂的作用路径的解明始终是一个重要的课题。在官方的城市发展文本之外存在各种版本的民间故事，历史可以不断书写，但是，不断变动的城市表层之下蕴藏着历经长期历史积淀、适应各种环境变化而形成的相对稳定的城市遗传基因，它对城市的影响更为深刻和长远。

问题在于，基于集权思想和机械理性的现代城市规划专业教育系统，一味地强调人为的规划控制，忽视城市有机的自发机制，丰富的城市连接被斩断，复杂问题被简单处理，结局是城市的复杂性和城市生命力被无情肢解。不仅如此，这种精英式的专业教育还赋予规划专业者一种骨子里的自信和精英式的傲慢——规划是一个好东西，规划是进步的实践，城市是可以规划出来的！于是，非经规划的城市自发机制不仅被忽视并且常常成为被规划的对象。虽然昌迪加尔、巴西利亚等极端现代主义的城市现实已经否定了这种自信，但人们唯我独尊地对自身的理性和控制力不加怀疑。如此一来，更大的担忧出现了：我们已经习惯于用理论去主导、取代现实，已经丧失了向城市现实生活学习的能力。

世界上找不到两座一样的城市现实，但却有一种城市理论笼罩全球，它曾经引导一个又一个的欧美城市走向衰退，引发半个世纪前J. 雅各布斯对现代主义城市规划思想主导的美国城市更新发起猛烈抨击。不幸的是，这种理论在中国重获新生且大行其道，正在引导一个又一个中国城市走向衰退。

今天中国城市面貌可谓日新月异，背后空间发展的模式基本相同，即都是通过一种中心-边缘的大置换而实现。每个城市里每天都上演着资本与居民的"空间战役"——中心区因地价高腾拱手交给国内及国际大资本的垄断，原住民(多数为城市贫民)则被驱赶到郊区，忍受社会和地理空间意义上的双重边缘化；城市中心区越来越光亮，越来越高档，越来越国际化和CBD化(资本和符号)，城市原住民逐渐沦为城市贫民，其生活空间受到威胁，被不断边缘化，被遮蔽起来。在如何解决城市现代化与东方街巷生活传统以及贫民需求的矛盾这一世界性的难题上我们贡献甚微，国际影响甚至不及周边第三世界的邻国。

总体上看，中国城市研究还处在起步阶段，迄今为止的有限的成果多停留在介绍、引用西方理论的浅层，对城市个案进行深入考察的实证研究颇为稀少。也许当今社会急需的是城市规划(方案)，而不是城市研究。但是，城市规划的基础是城市研究，没有研究，何谈规划？与快速发展的中国城市进程相比，城市研究明显相对滞后，未能为城市的发展演变提供前瞻性的方向指导和科学的规划决策依据。

武汉市汉正街是城市研究的一个优异标本。这里是汉口城市的历史源头，是与汉口7个租界并肩鼎立的“华界”的全部。像一块大磁铁，它吸收着天南地北、三教九流的人群的加入，吸收着不同的城市功能转换。它是一个历史的城市，商业的城市，百姓的城市，民主参与的城市，一个可持续同时又处于剧烈转型之中的城市。

美国文化人类学家C.格尔茨在研究南亚城市后指出，在城市中并行存在着健康的“公司经济(firm—centred economy)”和“地摊经济(bazaar economy)”。相对于包含通过一套非个人化的制度以保证国内和国际资本的交换的公司经济，地摊经济则包含着市场中供需双方间那种面对面的交易。虽然前者在不断扩张，但后者仍将长期继续存在，两者间有冲突，有共存，而不是前者取代后者。汉正街的社会经济生态完全与此吻合。这里的地摊经济历来十分发达，传统的露天自由市场是汉正街人城市经验的主要构成要素来源。汉正街的街巷里充斥着混杂，有富豪，有底层市民，更多的还是小摊贩、农民工、搬运工、流浪汉等城市穷人，是穷人的生活世界。但穷人并不是城市的耻辱，他们是城市活力、地域文化和多元化的积极分子，理应享有不可剥夺的“城市的权力”——在城市中生存，在城市中建房，在城市中表达空间的意义。汉正街不仅容纳了穷人，更重要的是它还提供了帮助穷人摆脱贫困和社会上升的渠道。小民幸福，城市幸福。

在500余年的历史演变过程中，汉正街没有统一的整体性，没有一个正式的规划控制方案，也不见强加某种外来的抽象秩序的企图，各种民间和地域力量的兴衰博弈决定空间的变化，表现出典型的“非正规性城市”特征。其中，大量自建住宅刻写出居民的生活和文化的真实表达，凝聚着几代用户的非凡创造，成为今天既传统又现代的汉正街地域建筑，构成汉正街街道空间独特的氛围和自发的秩序。汉正街的演变历史告诉人们，“任何生产过程都依赖于许多非正式的和随机的活动，而这些活动不可能被正式设计在规划中。仅仅严格地服从制度而没有非正式和随机的活动，生产可能在事实上已经被迫停止。同样，那些规划的城市、村庄所遵循的简单化规则也是不合适的，从中不能产生出有效的社会秩序。正式的项目实际上寄生于非正式的过程，没有这些非正式的过程，正式项目既不能长生，也不能存在。然而正式的项目往往不承认，甚至压抑非正式过程”(J.C.斯科特，1998)。这也是对非正规性城市意义最简明扼要的宣言。

如此之神奇，如此之辉煌，汉正街也不能免除被现代化(西方化)革命的厄运，被一种外来的秩序强迫重构。今天的汉正街已不见店面，取而代之的是一堵堵粗暴斩断店—街联系的围墙，街道两侧的房屋上被刷上醒目的红字“拆”，弥漫着一种不祥的萧杀氛围。

汉正街有辉煌的过去，迷茫的今天，未知的未来。

J.雅各布斯鼓励学生开启“探索真实世界的冒险历程”，作为积极的响应者，作者坚定地走进汉正街，深入城市现实，不断在理论与现实之间对话，寻找空间和意义的交点。这一路探险充满了艰苦和折磨，迷茫和未知，也有许多意外的发现和不期而遇的惊喜，这种真实的城市经验是本书最重要的立足点。从内容上看，本书在一条常规的历时性城市空间分析的主线下，表现出若干独创：① 融城市形态学和社会形态学为一体的整体认知框架；② 从日常生活的细微之处发现背后的社会逻辑的微观分析方法；③ 基于非正规性城市的视点对城市空间自发演变规律的把握。

本书终究还只是一个起点，希望未来能看到更多的中国实证性城市研究成果不断涌现出来。

龙 元

2013年3月6日

厦门华侨大学

前　　言

由于受到学科藩篱的制约，20 世纪 60 年代以来西方世界丰硕的空间研究成果并没有内化到城市规划、建筑学等科学中，很长一段时间对于空间的认识要么将其作为其他事物的属物，要么仅将其视为一个背景而已。

法国哲学家列斐伏尔认为空间不是单纯的物理空间，也不是观念的产物，它主要是社会(及其生产模式)的产物，是社会变化、社会转型和社会经验的产物。同时空间本身影响了社会关系从而参与到历史进程之中。在空间—社会的复杂过程中，空间不仅仅是社会发展的背景和“容器”，空间也被目的性生产出来进而影响了复杂的社会关系。

无独有偶，法国哲学家米歇尔·福柯认为以往的历史研究通常是时间的历史，历史是基于时间架构的，而空间一直是隐然于背后，在福柯看来，我们所经历的和感觉的世界很少是一个传统意义上经由时间长期演化而形成的物质存在，人类历史更像是一部空间的历史，所有的历史事件应被还原为各种空间化的描述，空间不可避免地与知识和权力紧密联系，空间在权力程序与知识扩张的过程中被建构和组织起来的，嵌入社会关系，确保权力机制畅通无阻，从整个社会机体直到社会最小的组织部分，这和列斐伏尔的观点有异曲同工之处。

街道作为空间的一种类型其形态变化从来不能脱离社会生产和社会实践过程而保有一个自主的地位。街道形态历史演变研究唯有纳入到社会史的框架中，并将其视为社会史的同一过程，才能把握其真正的变化实质。通过把汉正街街道演变史纳入社会史的框架中，在社会史的演进过程中揭示其不同历史时期街道形态如何历史地生产出来，又如何嵌入社会关系并能动地影响社会历史，体现了列斐伏尔的“历史—空间—社会”三位一体研究方法。

本书引入源自福柯的权力网络的概念，通过权力网络的分析，社会史和街道的空间演变找到了结合之处，将空间演变纳入到了社会史的进程之中成为相互影响的同一过程，并突出了空间维度。

同时也借助列斐伏尔的观点，每个社会都有与其生产方式相适应的空间生产，或者说，每个社会为了能够顺利运作其逻辑，必定要生产(制造、建构、创造)出与之相适应的空间。所以本书对于街道演变过程按照不同社会转折时期，分成传统商业、现代性开启、民国时期、计划经济时期、市场经济开启五个阶段。

每个阶段各成章节，加上其他章节，本书共 9 章。

第 1 章为绪论，主要探讨本书议题的研究背景与意义、研究范围选定、相关概念解释、历史分期依据以及研究的思路与技术路线等。

第 2 章为理论引介，援引列斐伏尔和福柯的空间理论以及德波的景观社会理论，借以作为本书的理论支撑。

第 3 章为文献综述，梳理国内外关于街道形态演变和街道—社会研究的相关成果与进展，同时也回顾了汉正街研究区域的既有成果。

第 4 章为传统商业时期(明代成化年间—1889 年)。探讨了 1889 年以前传统商业阶段汉正街的权力网络结构，认为此阶段汉正街达成地方自治，形成民间、官方力量彼此动态制衡的晶体状权力网络结构，官方在街道形态影响方面作用较微，因而街道形态演变和生产方式、自然环境、市场机制关系最为密切，文中结合对当时的街道社会景观的考察，阐释街道的空间意义。

第5章为现代性开启(1889—1911年)。1889—1911年张之洞督鄂，此期间汉正街权力网络骤然生变，在西方文明以及内部新生机制的作用下，现代性轰然开启，权力网络处于过渡形态而形成弥散型结构，书中重点考察自治逐渐瓦解后，官方力量如何逐渐渗透到民间方方面面，受此影响街道的形态、意义也发生嬗变，并结合对街道社会景观的观察，质疑现代性开启后一些全新价值取向。

第6章为民国时期(1911—1949年)。在此期间战争频仍，政权更迭，政治是影响权力网络的最重要维度，权力网络由政治影响建构形成类似沙漏型的结构类型，因而街道形态演变、空间意义和政治也千丝万缕，这一时期城市规划制度由西方引介而来成为调控城市的一种重要技术手段，在与政治的交相作用下街道形态和意义发生重要的变化。

第7章为计划经济时期(1949—1988年)。此一时期，官方面面俱到监控整个社会，政治组织、经济结构、文化导向等异质同构，形成纵向的金字塔式和横向的蜂巢式的权力网络结构，此结构以及与之呼应的城市规划制度的建立极大影响了街道景观和街道空间的意义。

第8章为市场经济开启(1988—2008年)。1988年以后，市场经济开启，资源配置方式让渡于市场机制，受此影响，官方控制触手适当收回，民间处于柔性控制之中，市场、社会、政府形成一定的博弈机制，汉正街权力网络类似橡皮泥在博弈中变化无端，导致汉正街街道形态与意义变化无方，充满不确定性，不过政治与资本经常合谋，成为形塑街道空间的主要力量。

第9章为结论与启示，通过对汉正街街道演变的历时态梳理，最后得出历史性的结论，该章节对演变机制、空间生产、文脉保护、非正规性、公众参与进行详细的阐述。

本书是在笔者学位论文的基础上修改完成，由于笔者水平有限，兼之时间仓促，书中难免有诸多不妥之处，敬请读者批评指正。笔者电子邮箱：Luckywg@yahoo.cn，欢迎交流。

王　刚

2012年6月

目　录

1 绪　　论

1.1 研究的背景与意义

1.1.1 研究的背景

“汉正街”并不单指一条叫做“汉正街”的街道，而是包含以这条东西向街道为中心，在汉水和长江汇合处南北延伸的一大片历史老城区。历史上就是汉口的中心区，也是武汉城市文化的摇篮之一，武汉的史学界将汉正街视为汉口的城根，不无道理。该区域明中叶形成，到清中叶已极为兴盛，出现商贾云集、交易兴旺的“十里帆樯依市立，万家灯火彻夜明”的繁荣景象。它经历了明末清初传统商业时期的勃兴和近现代一百多年的巨大变迁，在 20 世纪后期我国改革开放的浪潮中再度兴起，目前汉正街已经发展成为拥有百条街巷的汉正街市场，许多外地人咸聚于此，与生活于斯的居民交织在一起，具有最鲜明的地方特征。

作为一个底蕴深厚、多元荟萃的异质性场所，每天在此上演不同的故事，不同人交织编纂不同事件，经济关系、利益诉求、历史拼贴、空间异质，在方寸之地密集呈现，这些丰富的日常实践活动，使其成为一个典型的研究区域。因而吸引众多学者驻足思考，笔者的博士生导师龙元教授、汪原教授及其课题组成员对于汉正街进行持续而且深入的研究。

他们以非正规性的视角和介入者的身份进行研究，一改以往“宏大叙事” 的着眼点和旁观者的精英角色，更加关注差异性、关注民生、专注临界场景，关注生活轨迹和社会逻辑，取得了丰硕的成果。2007 年龙教授课题组以“城市非正规性视野下的旧城空间演变模式研究”为课题获得国家自然科学基金支持[①]。

作为课题组成员，笔者一开始便耳濡目染与汉正街结下不解之缘。在初次的探访过程中，便深深惊讶其博大和浩瀚如海。在这里传统的规划和建筑理论常常失效，我们可以指责其建筑诸多不合技术规范之处，但决不能批评其毫无章法，甚至其内含的智慧让人着迷；我们可以以建筑丑陋讥讽之，但一旦深入内部了解实情，就会发现这几乎是当时情景下的最优解或折衷解；我们可以指摘其随处可见的混乱无序，但这种异彩纷呈的异质场景、爆炸性的信息供给、随时随地地交往互动都会让人不舍离去。相比较壮丽宏大的城市广场、泾渭分明的功能区，这里更可赖生活。这里生活的智慧，无处不在，社会与空间紧密互动，每一处空间几乎都有一段动人的故事，要得到“空间的知识”就必须深入不同差异性社会层面，回归到“非正规性”的视角。

着迷于汉正街的精彩、博大，笔者研究的对象便落实于此。在调查中发现，汉正街虽经几次大规模的旧城改造，但是街道格局依旧有章可循：正街、夹街、堤街等平行于汉水、长江的主要街道，加诸垂直于汉水、长江的“巷”，形成“栅格型”空间特征，表现出城市独特的统一性格。

何以产生如此的结果？是规划使然还是自组织的结果？经历了怎样的变化？其与社会又处于怎样的互动？带着这一系列问题开始了探究汉正街街道的演变之谜的征途。

龙元教授希望本书从历史的角度探求非正规性与正规性的此消彼长的演变历程，并要求在研究方法上有所突破，改变以往因素堆砌式的研究路径，强调社会-历史-空间三位一体的研究方法，这基

---

① 本书受国家自然科学基金资助，基金编号：50778076.

本奠定了本书的研究基调。

1.1.2 研究的意义

20世纪60年代西方人文社会科学界涌现了丰硕的空间研究成果，亨利·列斐伏尔(Henri Lefebvre)、米歇尔·福柯(Michel Foucault)无疑是其中最令人瞩目的执牛耳者。

20世纪80年代以后，法国哲学家列斐伏尔的日常生活批判思想发生了一次意味深长的转变，这就是把马克思的社会历史辩证法翻转成为一种“空间化本体论”，或称历史辩证法“空间化”的“后现代转向”。他提出了“三重性辩证法”(tripledialectics)，这就是在现代哲学所普遍关注的社会性、历史性之维度之外，再加上第三种维度即“空间性”，这真正实现了哲学基础的一种“空间化的本体论转换”(Soja W. Edward, 1989)。对于列斐伏尔来说，关键的问题是“空间从来就不是空洞的：它往往蕴含着某种意义”[①]，首先具有一种全新的本体论意义。他在著作《空间的生产》强烈地批判了以往的本体论哲学家完全从几何学角度把空间说成是“空洞”的空间观点，批评他们把空间视为精神性的东西，以为可以根据自己的奇思怪想附会种种不同意义。在列斐伏尔看来，这些论述仅仅是一些“空间的话语”或“空间的意识形态”，但不是“空间的知识”。“这些描述尽管可以列出一份空间中存在物的清单，但它们绝对不可能促成关于空间的知识。”空间不是单纯的物理空间，也不是观念的产物，它主要是社会(及其生产模式)的产物，是社会变化、社会转型和社会经验的产物。社会关系把自身投射到空间中，在空间中固化，在此过程中使空间显现出来，生产出了空间；社会关系也只有当在空间中得以表达时，这些关系才能够存在。同时空间本身影响了社会关系进而参与到历史进程之中，“(社会)空间本身是过去行为的产物，它就允许有新的行为产生，同时能够促成某些行为，并禁止另一些行为。”[②]在空间—社会的复杂过程中，空间不仅仅是社会发展的背景和“容器”，空间也被目的性生产出来进而参与了复杂的社会关系，所以列斐伏尔提出要将“空间中的生产(production in space)”转变为“空间的生产(production of space)”[③]。

无独有偶，法国哲学家福柯也关注到空间的重要性。在《地理学问题》的访谈中，他注意到在西方社会思想史中：“空间被当做是死寂的、固着的、非辨证的、不动的。相反的，时间是丰富的、多产的、生命的、辨证的”，即“时间(或历史)消解了空间[④]”。1984年福柯发表了《不同空间的正文与上下文》，文中福柯认为20世纪预示着一个空间时代的到来：“目前的时代，可能基本上是空间的时代。我相信我们正处于一个时刻，在其中我们关于世界的经验，比较不是随时间展开的长远生命，而是一种连接各点，并且与自身的经纬相互交错的网络。”福柯坦言：“人们常指责我迷恋于这些空间的概念，我确实对它们很着迷。但是，我认为通过这些概念我确实找到了我追寻的东西：权力与知识之间的关系。一旦知识能够用地区、领域、移植、移位、换位这样的术语来描述，我们就能够把握知识作为权力的一种形式和播撒权力的效应的过程。存在着对知识的管理、知识的政治、权力的关系，它们是穿越知识的途径，当人们对它们进行再现的时候，能够指引人们通过区域、地区和领土这样的概念来思考支配的方式。”[⑤]与列斐伏尔不同的是，福柯并不关注关于生产模式和社会关系的论述，而关注权力与空间的关系，而且空间的尺度“从列斐伏尔的断片(fragments)进一步浓缩到具体的地点(site)”。[⑥]

此外，吉登斯(Giddens)、布迪厄(Bourdieu)、哈维(Harvey)、苏贾(Soja)及卡斯特尔(Castells)等对空间理论都驻足思考并取得累累硕果。但由于受到学科藩篱的制约，丰硕的空间研究成果并没有内化到城市规划、建筑学等空间科学中，很长一段时间对于空间的认识要么将其作为其他事物的附属物，要么仅将其视为一个背景而已。

---

①～③ Henri Lefebvre. The Production of Space. Oxford: Blackwell, 1991.

④⑥ Edward W Soja. Postmodern Geographies: The Reassertion of Space in Critical Social Theory. London: Verso, 1989.

⑤ [法]福柯. 权力地理学//福柯访谈录：权力的眼睛. 严锋，译. 上海：上海人民出版社，1997.

街道作为空间的一种类型其形态变化不能脱离社会生产和社会实践过程而保有一个自主的地位。街道的自身逻辑来源于城市的进程，是城市社会内外矛盾多重因素协同的结果，在历史长河中，不同的生产力水平、经济结构、社会结构、自然环境、科技文化以及人们的生活方式、民族心理的总体构成，形成城市街道某一特定时期的形态特征，这种表征背后是一种动态力系此消彼长的历史作用过程；同时街道空间内在于历史的进程之中，或显性或隐性影响各类社会关系，从而成为与历史进程难以拆分的同一过程。

以往的街道形态演变分析大多从经济、政治等影响因素着手，以求得社会层面的因素和街道形态的关系。但此类条例式因素堆积的分析极容易将街道研究简单化，甚至表面上形似社会分析实质上是将街道与“社会空间”的相剥离，街道依旧是受各类因素影响的物质空间。其实街道从来不会存在影响的终极因素，街道是历史的累积过程，其各类影响因素消长无常，又彼此影响，最终投影到街道物质空间当中，既是必然的结果，也有未可知的偶然，将街道形态简单归为某几个因素显然过于片面化。另外，任何静态的研究始终无法理解街道作为一种历史的动态演变过程以及在演变当中如何嵌入社会历史并影响社会关系的能动性，甚至是“作为权力的一种形式和播撒权力的效应的过程”，既割裂了前后的连贯性也孤立了社会与空间的关系。因此，街道的形态变化唯有纳入到社会史①的框架中，并将其视为社会史的同一过程，才能把握其真正的变化实质。汉正街街道从明代成化年间发展起来至今，其间既有传统商业活动依托汉水形成的街道形态，也有现代性开启后服务于商品大流通的街道格局，也存在充满政治活动的政治化街道空间，更有商业消费主义影响和行政权力独断所形成的街道景观，理解它们必须深入历史的现场，将街道的本身回归到它们存在的地方性场合中去，使他们的原有面貌得到尽可能充分的显示，这就是列斐伏尔所谓的历史-空间-社会三位一体研究方法。

本书希冀通过把汉正街街道演变史纳入社会史的框架中，在社会史的演进过程中揭示汉正街不同历史时期街道形态与其所处社会背景的关系亦即街道如何被历史地“生产”出来并以何种方式参与历史进程，“生产”出新的社会关系？街道是社会变化、社会转型和社会经验的产物，那么街道渗透了整个社会的符码意义系统，参与了社会符码意义系统的编码和再编码过程，通过对不同时期社会背景系统以及支配街道空间符码系统的理解，能够在这个过程中解码街道意义，这是揭示街道本质的过程。

此外通过历时态的观察比较也可以得出合乎逻辑的纵向历史评判结果，以期反观现代城市规划制度的不足以及得出历史给予的种种启示。

1.2 研究范围及称谓演变

本书研究的汉正街范围西到硚口路，东到江汉路，北到中山大道，南到汉江长江，四条边界框定的范围(图 1-1)。

为什么选择这一区域源于以下三个理由：一则这个范围大致是最古老的老城的范围，是古汉口核心区域，是“华界”所在的区域，承载了深厚的历史底蕴，见证了不同的历史场景，在与社会史互动演进中，街道经历了不同的形态与意义演变过程，研究对象的类型齐全而丰富；二则从古至今此区域也最复杂，街道演变规则最难窥堂奥的地带，具备研究的典型意义；三是本区域的研究学界一直语焉不详，

---

① 何为社会史？学界至今众说纷纭，莫衷一是，一如对于“历史”概念的理解，恐怕永远也不可能达成一致。但在一定范围内，似乎达成一种共识：社会史是一种“整体史”，或称“总体史”，这是从法国年鉴学派开始就信奉的史学观念；至于整体史的具体内涵，还是一人一词。特别注意的是，“第三代年鉴学派的核心人物”雅克·勒高夫在《新史学》中对所谓“总体史”进行了一番提纲挈领的概括：“这里所要求的历史不仅是政治史、军事史和外交史，而且还是经济史、人口史、技术史和习俗史；不仅是君主和大人物的历史，而且还是所有人的历史；这是结构的历史，而不仅仅是事件的历史；……总之是一种总体的历史。”参见[法]雅克·勒高夫. 新史学. 姚蒙，编译. 上海：上海译文出版社，1989：19.

相对于租界研究的汗牛充栋，该区域的研究却屈指可数，因而具有填补空白的研究价值。

需要强调的是，本书将该研究区域称为汉正街，是遵从当下习惯的称法，但是汉正街的原旨以及该研究区域历史称谓则需要进一步廓清。

图 1-1 研究范围

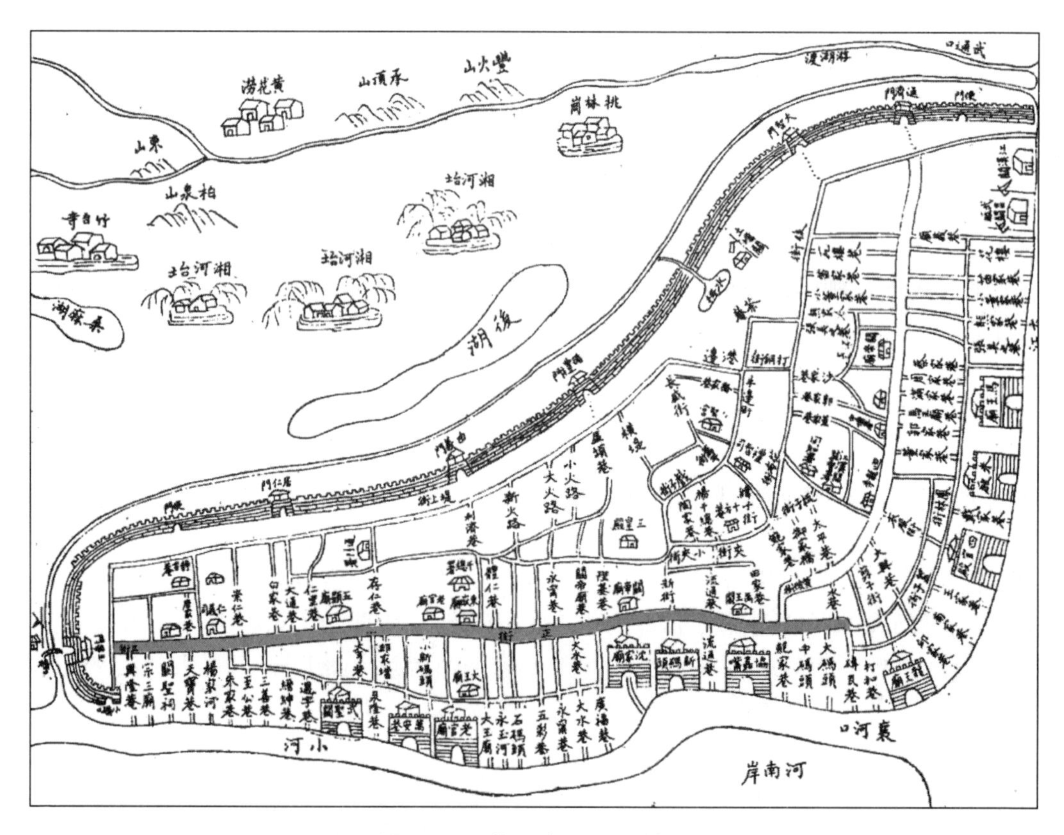

图 1-2 正街示意图(1868 年)

黑色部分是正街位置，资料来源：武汉历史地图集编纂委员会. 武汉历史地图集. 北京：中国地图出版社，1998.

汉正街原指一条叫“正街”的街道(图 1-2),该街道系此区域内最重要的一条街道,也称之为“官街”。图 1-2 所示的区域则是当时汉口的城镇范围。1861 年英国在汉口设立租界,此后西方列强接踵而至,租界的设立及其影响扩大了汉口的范围,使汉口沿河流和腹地纵深扩大(图1-3)。此时汉正街区域开始显现,而与汉口逐渐名称分离。直至现在,汉口面积数倍于汉正街,汉正街也成为一个特定的区域称谓(图 1-4)。

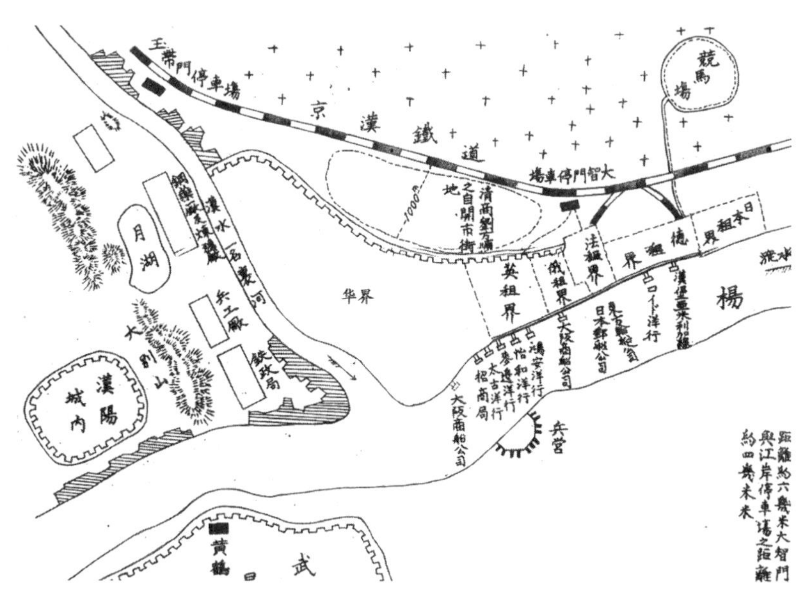

图 1-3　汉口华界与租界(1908 年)

资料来源:武汉历史地图集编纂委员会.武汉历史地图集.北京:中国地图出版社,1998.

图 1-4　汉正街区位(1996 年武汉总体规划)

资料来源:武汉历史地图集编纂委员会.武汉历史地图集.北京:中国地图出版社,1998.

通过厘清可以知道该研究区域 1861 年以前基本就是汉口当时的规模,1861 年英租界开始毗邻建设,汉正街在此后才慢慢定格为特定的区域。因有别于租界故也称为“华界”,华界与租界的分隔线就是现在的江汉路。

因此本书 1861 年以前称之的汉口,1861—1949 年称之的华界,皆是此区域。

需要注意的是，汉正街区域在1861年以前大致相当于当时汉口的范围，1861—1889年英国在汉口设立租界，此时本书研究范围略小于当时的汉口范围，但鉴于文献资料皆系汉口的称谓，为避免汉正街与汉口称谓之间来回跳跃，故1889年以前都统一为汉口的称谓。

1988年以后，随着市场经济的开启，汉正街区域城市空间发展并非完全均质，作者身处当下，获取资料方便易与，观察街景快捷直观，信息量密集而多元，反而研究需要适时割舍。本时期研究的区域重点集中在武胜路—正街—友谊路—沿河大道围合的区域(图1-5)，由于自然和历史原因，该区域是汉正街现状更为复杂的区域，也是更为典型的研究区域，研究过程中重点突出该区域兼顾其他区域，希冀能呈现汉正街街道形态变化之全豹。

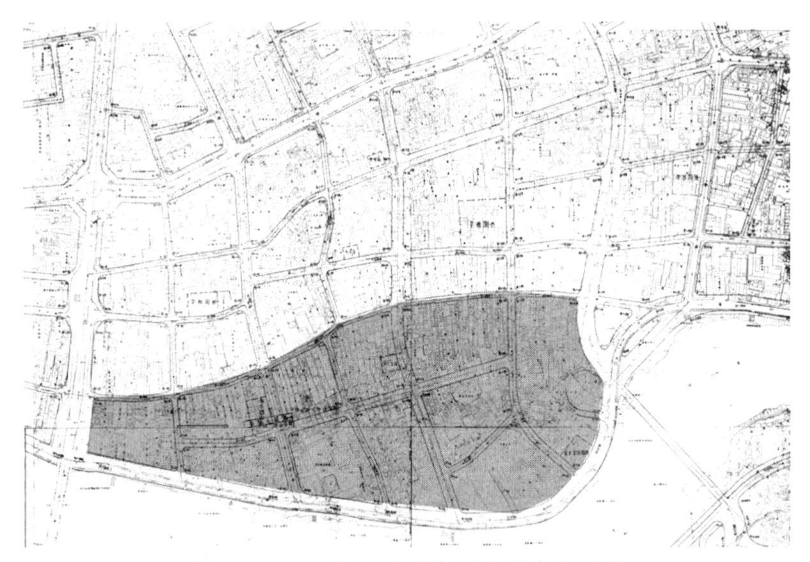

图1-5 1988年以后时期，重点研究的区域

资料来源：2000年汉口地形图，叠加规划路网.

1.3 相关概念释义

1.3.1 "街道"释义

"街"，《辞海》定义为旁边有房屋的道路。那么"道路"又是什么呢？《尔雅》[①]中讲道："道者蹈也。路者露也。"即"道"是人们踩出来；"路"是踩光了地上的野草，露出了土面而形成的。这都是三个词的本意，本书不打算界定"街道"，这是因为这个定义无法给出，原因在于本书就是研究街道的意义，也就是说目的就是探讨街道是什么的。街道的形成一开始就是同一定目的的活动紧密联系在一起的，它自身又是一个包容建筑、人、环境、设施等内容的集合，是人类社会生活的一种空间组织形式。街道作为城市中的线性系统，建立在人类活动的路线模式基础上的，其意义的变化和其中发生的活动密切相关，已经脱离了单纯的物理表征。既是动线与物的活动量媒介，又是制导行为发生的线性容器，实在难以将其意义一言以蔽之，意义也一直处于流变之中，本书的展开过程就是探寻意义的过程。那么在这里只是暂先界定研究的对象，如果以"旁边有房屋"作为"街"的主要形态特征，本书把"巷"也纳入"街"的范畴，因"路"和"道"都是"蹈"而成，所以把"路"和"道"视为相似的两个概念，因此本书研究的对象就是俗称的"街、道、路、巷"，都归入街道的范畴之列。

① 中国最早一部解释词义和名物的工具书，约成书于秦汉之际。

1.3.2 “城市非正规性”释义

城市的非正规性研究，最初来自20世纪70年代有关“非正规部门”(informal sector)的讨论。这些讨论主要集中在非正规劳动以及经济领域，而没有直接地关注城市化空间以及由此而形成的城市生活形态(AlSayyad & Roy,2004)。本书城市非正规性的概念顺承龙元教授的定义，一般来说城市非正规性是相对于官方的正规性而言，是指官方正规权力控制机制的缺失或松弛，民间基于理性经济行为自发地、不间断地、自下而上地、有可能是制度之外地建设或改建活动[①]。城市非正规性以“自建住区”、“自建住房”的空间形式长期以来一直存在，本书非正规性的视角主要集中在居民自发的甚至是悖于官方旨意的自建住房。

1.4 研究方法

1.4.1 技术路线

本书不拟写就一部汉正街的社会史，那么如何将街道的形态演变纳入到社会史的框架中并揭示其与社会史共同演进并相互影响的过程？社会史过程中如何生产出街道空间？街道空间又怎样影响了社会进程？在社会史过程中又如何突出空间维度？这些问题是本书要解决的核心技术难题。

其实审视社会的空间维度米歇尔·福柯已经做过深入的探讨。福柯回溯了空间在西方经验中的历史，他认为以往的历史研究通常是时间的历史，历史是基于时间架构的，而空间一直是隐然于背后的。在其访谈中[②]，他注意到了空间的概念在西方思想史中的命运，空间长期以来一直被看成是死亡的、固定的、非辩证的、静止的，而与时间及其所代表的丰裕性、辩证性、富饶性、生命活力等观念发展相比是极不平衡。在福柯看来，我们所经历的和感觉的世界更可能是一个点与点之间互相联结、团与团之间互相缠绕的网络，而很少是一个传统意义上经由时间长期演化而形成的物质存在。空间看起来好像是均质的，看起来是纯粹形式的，好似完全客观的，然而一旦我们仔细探究它，就会发现其实它是一个社会产物[③]。人们实际生活于其间或人们生产出来的场所和关系的空间。这一空间既非了无一物、由我们的认知去填充的空白，亦非物质形式的容器，而是实实在在、活生生的、社会建构而成。我们并非生活在一个被光线变幻之阴影渲染的虚空中，而是生活在一组关系中，这些关系确定不同的基地，且彼此之间不可化约，更不相重叠，因而空间要经由关系而确定。正因为空间与关系交织在一起，它就不可避免地与知识和权力具有紧密联系，空间也可被建构出来嵌入关系，空间的功能是由知识体系所赋予的并体现某种权力。这和列斐伏尔的观点有异曲同工之处，不过列斐伏尔焦点是空间与社会(及其生产模式)的关系，是通过生产性实践使得空间内在于社会关系之中，而不是权力、知识空间运作的结果，也不会精确到监狱、疯人院(岛)特定的功能差异性地点。对福柯而言，他企图以空间性思维重新建构历史与社会生活，尤其通过阐释权力运作以及知识的系谱与空间的关联，由此凸现空间性为洞察人类社会的重要维度。这无疑提供了考察空间在社会史中的角色的途径，正如福柯宣称：应该写一部有关空间的历史——这也就是权力的历史——从地缘政治大战略到住所的小策略，从教室这样制度化的建筑到医院的设计[④]。

街道的演变就可以理解为是在权力程序与知识扩张的过程中被组织起来的，依靠的就是空间位

---

① 龙元.汉正街——一个非正规的城市.时代建筑,2006(3).

② 在列斐伏尔的《空间的权力》发表后不久，福柯做的《地理学》访谈—《空间政治学反思》。见亨利·列斐伏尔.现代性与空间的生产//包亚明.都市与文化:后现代性与地理学的政治.上海:上海教育出版社,2001:19-28.

③ [法]福柯.不同空间的正文与上下文//包亚明.后现代性与地理学的政治.上海:上海教育出版社,2001:22.

④ [法]福柯.权力地理学//福柯访谈录:权力的眼睛.严锋,译.上海:上海人民出版社,1997.

置的特定化表现出来的，空间的组织方式可以确保权力机制畅通无阻，从整个社会机体直到社会最小的组织部分，这使得整个社会的大权力体系得以巩固。所以当把握了复杂的权力运作方式和知识扩张特点以后，就可以对街道空间演变过程进行分析把握。于是通过权力、知识机制的分析，社会史和街道的空间演变就找到了结合之处，凸出了空间维度，也将空间演变纳入到了社会史的进程之中，并成为相互影响的同一过程。

有鉴于此，旁借杜赞奇(Prasenjit Duara)"文化权力网络"[①]理论，本书引入一个概念—"权力网络"来分析权力和知识机制。就本书的权力网络而言，其中包含了意识形态、知识或者说是文化意义上的权力。这和福柯把知识与权力联系起来是一致的。"在人文科学里，所有门类的知识的发展都与权力的实施密不可分，科学同样也施行权力，这种权力迫使你说某些话，如果你不想被人认为持有谬见、甚至被认作骗子的话。科学之被制度化为权力，是通过大学制度，通过实验室、科学试验这类抑制性的设施"[②]。

这也是为什么采用"权力网络"而不承袭杜赞奇的"文化权力网络"的原因，一是权力网络其实已经和"文化"密不可分，内含文化权力类型，而且权力网络已经成为共识性的词汇；另外权力网络本就牵涉甚广，"文化"加入无形增大权力网络分析的难度和广度，这和本书的写作重点有所不符。

问题是福柯的权力理论不关心社会的经济政治制度，不关心由谁掌握统治权问题，以微观权力学取代宏观权力学，这种理论尽管拓宽了权力研究的视野，提供了空间的权力分析的视角，但是其局限性也是显而易见的。福柯的权力理论如果不加以重新界定将对于本书可操作性造成较大的障碍。事实上，福柯有关权力的论述不是要提出权力的理论，"权力是作为关系出现的策略，而不是所有物"，福柯认为"权力既不是财产也不是媒介，而首先是策略"，"是要探讨权力关系得以发挥作用的场所、方式和技术，从而使权力分析成为社会批评以及社会转变的工具"[③]。本书也正是在此意义上使用"权力"一词，权力是作为关系出现的策略，那么权力网络的分析揭示实则转向社会关系[④]的揭示。而研究社会关系的成果可谓卷帙浩繁，这为研究提供保障，在研究汉正街社会关系时，笔者尽可能地利用了国内外已有的研究成果，例如罗威廉(William Rowe)两部关于汉口著作，将 1889 年之前汉正街地方社

---

① 在《文化、权力与国家》中，杜赞奇使用了"权力的文化网络"(culture nexus of power)来分析权力的或者是行为运作实态。这一文化网络包括不断相互交错影响作用的等级组织(hierarchical organization)和非正式相互关联网(networks of informal relations)(杜赞奇，2004)。在杜赞奇看来，市场、邻里关系、宗教组织、水利组织以及地域性的关系网络都是权力与权威运作的社会基础。通过"权力的文化网络"，并不断地更新与组建新的网络关系，是权力得以获得正当性的基础，也是权力顺畅运作的基础。在获得正当性的过程中，各种组织与力量相互之间有竞争也有合作，但他们都处于文化网络之中，受制于可以沟通的文化符号的共同制约。虽然不同的组织各有其信奉文化象征，但是，不同的文化象征之间可以进行通约。本书的权力网络与其颇为不同，杜赞奇使用"权力文化网络"更多的是基于福柯微观权力理论进行"地点"的分析，本书的"权力网络"是福柯和列斐伏尔的混合体，也就是把分析的视野从微观引到中观的层面，把"地点"纳入历史的"断片"之中。也借此说明本书概念的使用并非前无古人的凭空杜撰，在研究社会关系借重这一概念并不鲜见，不过用来阐释街道形态演变规则和空间意义尚不多见。

② [法]福柯. 权力地理学//福柯访谈录：权力的眼睛. 严锋，译. 上海：上海人民出版社，1997.

③ 韩平. 福柯的权力观. 长春：吉林大学硕士学位论文，2005.

④ 何谓"社会关系"，这是马克思的核心词汇，高云涌博士认为，马克思辩证法是作为"社会关系的逻辑"，是马克思以社会关系为解释原则对资本的时代现实的资本主义社会有机体(主要以英国为考察背景)的总体性利益关系结构进行的动态的、历史性的把握的结果。他认为，在这一宏大的国家世界图景中，全部社会存在者都作为关系者即社会关系的化身、承担者、获得者而呈现在人们眼前：具有始源性意义的社会关系外化为人的活动、物像、制度、组织，内化为意识形态，人格化为工人、资本家。社会关系显化为：a. 制度化关系的构图：所有制、分工、分配、交换；b. 物像化关系的构图：自然界、机器、商品、货币、资本、财富；c. 人格化关系的构图：资本家、雇佣工人；d. 活动化关系的构图：生产劳动、交往、消费；e. 组织化关系的构图：阶级、国家；f. 意识化关系的构图：意识形态。参见高云涌. 社会关系的逻辑——资本的时代马克思辩证法的合理形态. 长春：吉林大学博士学位论文，2006。本书的"社会关系"首先注重组织化关系的构图，这带有福柯的视角，也是为了说明社会是如何组织运转的；其次是活动化关系的构图，活动创造空间，这个视角是必须考虑的；再次制度化关系的构图和意识化关系的构图，制度化关系的构图是关涉经济关系，意识化关系构图和官方构建的文化和"知识"有关。本质上社会关系并不存在某种分类，而是糅合一起，彼此胶着影响。本书在阐释社会关系也没有强行分类，而是将其熔于一炉，从中可以析出不同侧面反映不同社会关系，彼此之间又紧密相关，搭建出交错盘结的网络系统，尽量复原多种因素交织状态的复杂权力社会关系背景。

会关系论述相当完备，而民国时期、新中国成立后期乃至市场经济开启之后关于社会关系的研究更是汗牛充栋。在运用其成果时，可以积极吸取并运用史料加以“校正”，笔者从不认为研究一切问题都要从拓荒开始，如果能站在“巨人”的肩上，眼界将会更加宽阔。凡征引的著作和论文，本书都在注释和附录中具体列出。

常规的社会关系的研究几乎都是借助马克思断片式——阶级、断代史或者基于生产关系和经济关系分析的研究方法，而福柯则是地点式——个体、建筑的微观权力研究法。事实上不可能进行福柯式的微观权力，细致入微的权力研究也喧宾夺主。列斐伏尔与马克思理论体系有着一脉相承的渊源，所以向“社会关系”趋近也就是向列斐伏尔趋近而离福柯稍微远一些。列斐伏尔的空间辩证法与马克思历史唯物辩证法通气相连，而福柯系谱学对于历史决定论恰恰是极力颠覆的，两者在此是水火难熔的，本书甘冒不韪，摒弃门户之见，融汇二者之长。如果说宏观上历史分段是列斐伏尔式的“断片”，而微观上常常采用福柯式的权力运作的“地点”(site)分析；如果说列斐伏尔生产方式决定空间生产使得街道演变带有历史结构主义特点的话，那么本书也接受福柯的谱系学，考虑偶然历史事件的不可预知的影响，即“将一切历史事件都保持在它们特有的散布状态上，标识出那些偶然事件、那些微不足道的背离，或者标识那些错误、拙劣的评价以及糟糕的计算”[①]，“必须在不考虑任何单一的终极因的情况下，标出事件的独特性”[②]。如果说街道空间是列氏所谓社会关系投影的结果，本书也不排斥是权力、知识别有用心的精巧设计。奔走往来二者之间，不是骑墙主义，而恰恰说明世界的复杂性不能靠单纯的理论作为支撑，也说明不存在简单的对立关系，列氏与福氏貌似不可调和，其实也存在“家族的相似性”。何况列斐伏尔本身逐渐把马克思的历史哲学转换成为福柯与尼采意义上的权力谱系学；将政治经济学意义上的宏观历史辩证法，改写成为微观的日常生活意义上的空间辩证法与文化批判理论[③]。

并且此举也算“兼收并蓄，取长补短”，如果说列斐伏尔从经济的角度将空间与社会的关系作为空间思考重心的话，那么福柯则是从政治的角度，从统治技术的角度来讨论空间与个体的关系的。从技术的角度，列斐伏尔强调空间与个体之间的辩证法而福柯常常是空间对个人具备一种单向的生产作用来讨论的。因而向列斐伏尔趋近，空间与社会关系的互动性更强，其研究的层面也由政治转向多元；向福柯趋近则研究更为精巧深入，个体受控于统治精巧绝伦的空间技术也颇能体现20世纪现代性深入以来世界的普遍特点。

不过社会关系分析阐释又不能是简单的阶级、阶层研究，从而变成一部阶级斗争史；也不是政治、经济、文化等因素的简单罗列，这样又回到了过去研究的起点。本书将提供组成社会关系网络的经纬线，呈现网络经纬彼此影响动荡演化的交织状态，即从中可以析出政治、经济、文化各个构成侧面的因素，但不是一一明晰勾勒出来，而是提供彼此胶着、互融、共生动态演进的过程，提供一种“交织的状态”，这原本就是世界的本来面貌，而此举又趋近福柯一点。福柯认为权力关系并不是这样简单的，而是相互交错的关系网，是“一个永远处于紧张状态的活动之中的关系网络”[④]。正是基于权力是相互交错的网络的看法，福柯反对将权力关系看做是统治阶级和被统治阶级之间的二元对立。

因此权力网络(亦可称之为关系)存在于政治、经济、文化、宗教等社会生活的各个领域、关系之中，并且相互渗透影响。权力既是政治的、经济的，也是道德和文化的，同时也可能是一个过程。权力网络或许正在发生作用，或许正在形成，并和空间不断结缘、互动。

限于篇幅以及论述的重点，本书权力网络的考察重点在于投影于街道空间中的权力互动关系，尤其是街道形态和街道空间意义发生重大转折之际的权力互动关系。在复杂的社会、经济、政治变化的进程中分辨出导致街道形式产生的那个单一的、自律性的诱发因素，这一点令人质疑。但无论经济、

---

①② ［法］米歇尔·福柯.词与物——人文科学考古学.莫伟民，译.上海：上海三联书店，2001.

③ 汪原.生产·意识形态与城市空间——亨利·勒斐伏尔城市思想述评.城市规划，2006(6)：81-83.

④ ［澳］J 丹纳赫，T 斯奇拉托，J 韦伯.理解福柯.刘瑾，译.北京：百花文艺出版社，2002.

战争或技术引发了社会组织中的怎样的结构性变化，这些结构变化一定要得到某种当政机器(instrument of authority)的支持才能获得制度化的持久性[①]。汉正街历史发展过程是国家政权建设的过程，也是权力触角向社会伸延的过程，同时也可以看做是地方社会空间被打破、被理性化、被规训、被显性化的过程，所以官方与民间的关系互动是权力网络的一个侧重的方面。

使用权力网络解释街道形态的演变，囊括了作为社会空间的街道演变的背后机制，但是自然因素制约了其成为社会空间的方式和特点，正如列斐伏尔所言："社会空间的生产，始于对自然节奏的研究，即对自然节奏及其在空间中的固化的研究，这种固化是通过人类行为尤其是与劳动相关的行为才得以实现的。因此，也就是始于社会实践所型塑的时空节奏。"[②]所以自然之维是在权力网络考虑之外的一个重要因素；此外技术的发展也影响了社会空间转换的能力和方式，故而技术维度也是本书考虑的内容。

街道的历史现场总是基于一定的历史视域，是既有的"历史视野"和社会关系的生成物，同时也是社会行为的发源地和一种先天条件。我们无法舍却历史的背景设定而断章取义。正如布罗代尔所言，"连续性居一切之首"，所以本书采用连续的历史研究也就是历时态研究策略，除却可以还原历史背景，顺延历史文脉，在历史语境中解读街道社会空间外，另则历时态梳理是历史经验得出的必由之路，也是揭示街道内在逻辑和传承基因的唯一途径；几百年来的稳定格局虽然近年来在城市旧城改造的疾风骤雨下产生松动解体，但是一脉相承的遗传信息，隐含着街道原型，蕴藏着今天和未来的答案，历时态研究的过程是答案的发现之旅，是意义游历诗的解读过程。

历时态研究就牵涉历史分段的问题，本书拟分成传统商业、现代性开启、民国时期、计划经济、市场经济开启五个阶段。

需要说明的是，对于不同时期权力网络如果能够揭示其特点也还罢了，但对于某个时期权力网络特征无法具体揭示，那么本书采用"敞开文本"的方式，也就是叙述前后社会"变化"，从变化中考察权力网络的特点和运作机制。理论上权力网络没有一个中心，其力量来源于各个方向，权力网络也变动无居，但是其变动振荡也并非毫无规律，在振动过程中还是有其比较稳定的振动轨迹，尚可以抽象出一个类似的完形，为了便于理解权力网络特点，本书也力图抽象不同历史时期的权力网络的"完形"。

此外，本书还存在历时态和共时态的均衡问题，如果重心在于历时态，关注"演变过程"和"发展轨迹"，则同时态也就是每个阶段的街道观察容易流于肤浅，如果过于关注同时态，亦即每个时期过多着墨则容易将本文割裂成一个个分开的局部，缺乏纵向的连贯。权力网络[③]可以说就是本书行文逻辑网络经纬的交结点，通过这个"核心概念"的变化来引发考察街道形态以及意义的演变过程。既可以有共时态的深入也有纵时态的关照；通过它起到连接的作用，既可以在每个时期展开事件记述和深入的社会分析，又能通过不同阶段经由其引导出纵向评判的结果(图 1-6)。纵横时态的均衡使得"历史变为一种地理，回溯则正如考古"。考察街道形态演变过程必须是展现"关系"的，展现社会与空间互动关系，并互相作用、互为因果的层层累积的历史过程。

同时街道的意义并不外在于权力网络之外，空间意义的产生内在于街道与社会关系的互动之中，单纯的物理空间只有结合事件、人，以及和空间的互动才能有意义可言，孰知意义不存在游离于主体之外的抽象含义。观察街道的社会景观和使用状况是锚定意义的一个基本途径。更甚者，景观将不仅是占统治地位的生产方式的结果和社会最重要的意识形态支撑，其自身也成为一种权力。因而关注彼时的街道生活(街道人群、街道物品、街道事件等社会景观)就是顺理成章的应有之义。关注社会

---

① [美]斯皮罗·科斯托夫.城市的形成——历史进程中的城市模式和城市意义.单皓，译.北京：中国建筑工业出版社，2005.

② 列斐伏尔.空间：社会产物与使用价值//包亚明主编.现代性与空间的生产.上海：上海世纪出版集团，2003.

③ 本书的权力一词存在两种含义的用法，一种是福柯意义上的用法，一种是传统意义上上级对下级的行政关系，上级对下级的影响力。本书尽量避免使用传统意义的权力，避免出现混淆，但行文上有时也不得不为之，如没有特殊说明，一般和"网络"或"关系"连用的指福柯意义的权力，通常是"权力网络"或"权力关系"的字眼出现。

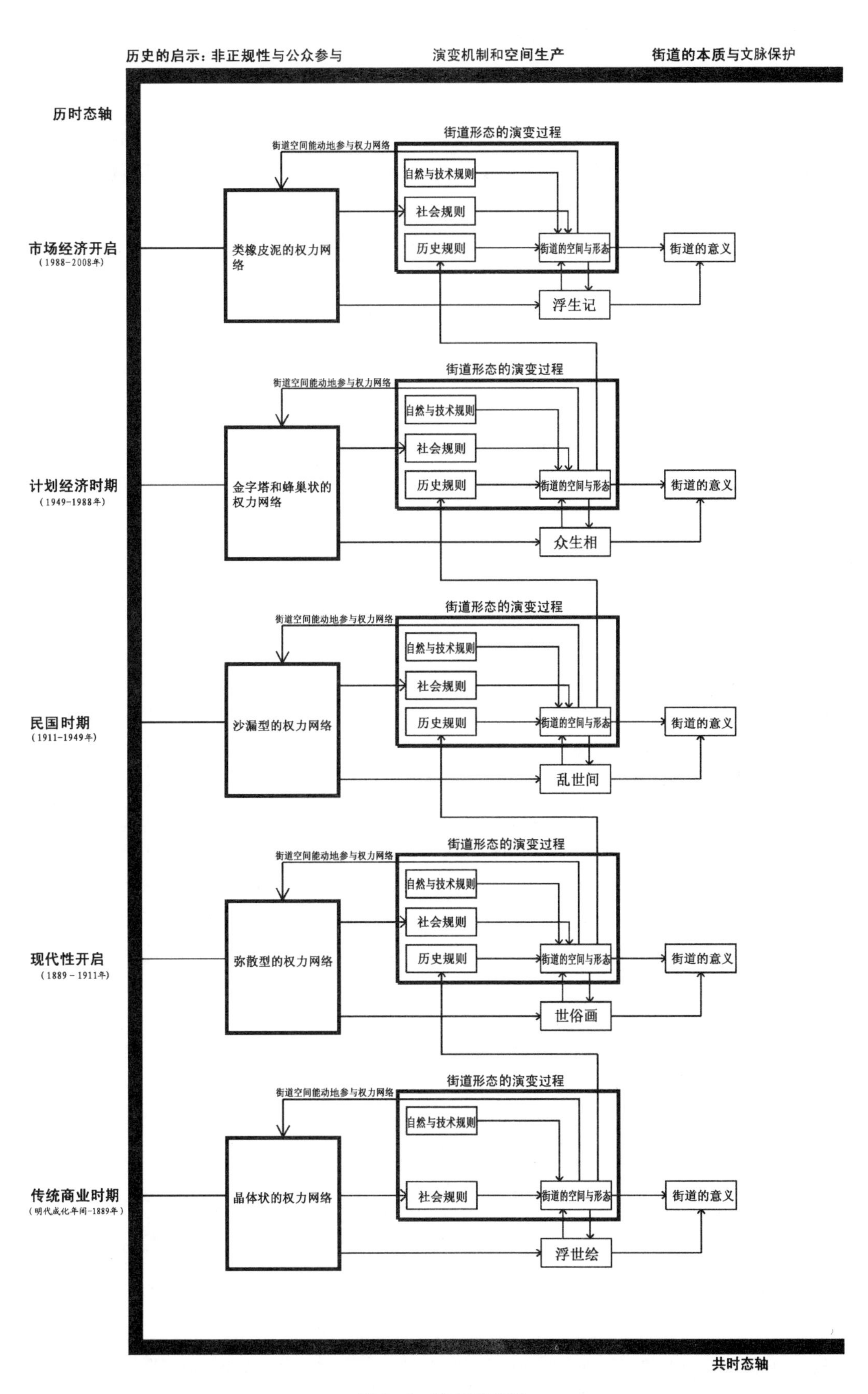
历史的启示：非正规性与公众参与
演变机制和空间生产
街道的本质与文脉保护
历时态轴
市场经济开启
（1988-2008年）
计划经济时期
（1949-1988年）
民国时期
（1911-1949年）
现代性开启
（1889－1911年）
传统商业时期
（明代成化年间-1889年）
街道形态的演变过程
街道空间能动地参与权力网络
自然与技术规则
社会规则
历史规则
街道的空间与形态
街道的意义
类橡皮泥的权力网络
浮生记
金字塔和蜂巢状的权力网络
众生相
沙漏型的权力网络
乱世间
弥散型的权力网络
世俗画
晶体状的权力网络
浮世绘
共时态轴

图 1-6　技术路线图

生活里的街民和街景、倾听和收集各种各样的汉正街人的故事，就是还原历史语境，因为故事本身原就是历史，His－Story＝History，这也是接近或到达街道空间和意义的本质之道，还包括一些偶然的社会事件的关注，因为必须虑及这些对街道空间影响较大的"糟糕计算"。

这多少也有点现象学的意味视之，一改以往"只见物不见人"、"宏大的却是静态的社会背景分析"的弊端种种。如果说权力网络是街道某种深层结构的话，那么街道社会景观则是呈现出来的表象，是"颇具影响力的人文与地理景观"[①]，那么通过这一互为表里的技术分析、考察来充分解释街道的空间意义。权力网络与街道景观也构成互证明的逻辑关系，形成相互指证、校正的关系，并组建当时街道演变的社会背景环境；街道形态演变和意义又构成文本互嵌，意义原本就在于街道形态演变与社会的互动过程之中。街道意义永远呈暧昧状态，意义的总结或者分类不存在非此即彼的排他性，它可能在不同时间不同场合意义相类或者不同时间同一场合意义相异，在意义流变和飘忽不定中，笔者所要努力的毋宁是对特定时空条件下所形成的特定的意义，进行一个因果性的评论和分析。纵然可能被后现代史学者视为是一种意识形态的缩影，或一种文本衍生的结果，但这仍不失为一种认识世界最有利的方式[②]，而且笔者关注的只能是合乎社会背景下街道使用呈现出来的重大意义。

强调的是本书每个章节行文的思路常常取决于资料收集的多寡，无法保证整齐划一的格式，但这恰恰体现文章的丰富多彩，也符合本书行文一个原则，即改变冰冷的论文律条和面目可憎的乏味文字。在街民和街景的观察时，为了避免每个阶段都使用相同枯燥无味的词汇，本书特重新命名，传统商业、现代性开启、民国时期、计划经济、市场经济开启五个阶段街民与街景的标题依次为：浮世绘、世俗画、乱世间、众生相、浮生记，其命名存在机制并非毫无缘由。

浮世绘是日本德川时代版画艺术主要品种之一，它是日本江户时代（1603—1867年，也叫德川幕府时代）兴起的一种独特民族特色的艺术奇葩，是典型的花街柳巷艺术。主要描绘人们日常生活、风景和演剧。"浮世"原为佛教用语，有尘世变幻不定、速朽之意，后有暗指艳事和风流放荡含意。本书在传统商业阶段使用"浮世绘"借代街道景观，就是源于二者有极大的相似性，汉正街传统商业阶段是社会极大宽容、官方管治松弛的阶段，花街柳巷也是汉正街最常见的风景，随着现代性的开启，花街柳巷逐渐视为与社会进步有悖的伤风败俗而退出人们构筑的优雅视线，那么花街柳巷其实就是官方力量松弛或深入的一个测度，浮世绘就喻指这个时期社会多元、宽容、官方管治松弛的街道社会特征。

世俗画中的"世俗"有两种解释：一指民间流行的气习；一指平常、凡庸的人，一般用来形容人间不好的习气，例如说虚伪、虚荣、贪财、势利、见利忘义等。人们认为只有人世间才存在这种不好的风气，有别于神佛界，于是就用世俗这个词来形容人类的缺点，这引申为需要拯救。现代性开启阶段正值官方借口民间种种之缺陷而积极"拯救"，官方扮演神佛界的角色，不断向民间渗透力量，例如推行警察制度等，从此正规性与非正规性的分野也开始明晰。

乱世间指代民国时期战争频仍，各个政治势力拉锯混战造成生灵涂炭的街道社会状况。

众生相中"众"字能够体现集体性行为，这颇符合新中国成立，计划经济当道，社会被统制起来，所有群众行为空前一致，并且也指代"文革"期间大街小巷的群众性运动。

浮生记，一般用来形容漂泊不定的人生，这符合市场经济建立之后，汉正街外地人云集，并为寻求商机整体碌碌在街道流动的社会景观，整个社会都仿佛漂泊难定。

1.4.2 资料收集与策略

权力网络分析并结合街民、街景的观察，不仅仅是一个方法论的问题，而且直接关涉对于街道形

---

① ［美］柯必得（Peter Carroll）."荒凉景象"：晚清苏州现代街道的出现与西式都市计划的挪用//李孝悌.中国的城市生活.北京：新星出版社，2006：442-493.

② 黄金麟.历史、身体、国家——近代中国的形成（1895—1937）.北京：新星出版社，2006.

态演变和意义变迁理解和研究的深度，采取空间性—历史性—社会性的整体观就是改变以往空间研究的蜻蜓点水式的不求深入，而采取一种“深度描写”，倘若不深入到历史背景层面，“这种分析过于抽象，看不到文化制度运作的具体含义”，“也容易导致历史丰富性的丧失”①。

事实上，笔者不在历史现场，早就不具备见证人的资格，所谓的深入历史现场无非就是借助历史资料、文献“解读历史”(reading the past)，所以一些史料的收集、整理、发掘、解读无可或缺。资料收集以及使用是一个棘手的问题。一方面史料卷帙浩繁但为我所用的却寥若晨星，尤其民间的日常生活的记载稀罕之极，寻觅的工作一如披沙拣金，并且历史文本的叙述往往都将空间隐去，空间之于社会的影响力大都语焉不详；另一方面使用资料的策略也成为走入历史现场的关键。

那么对于资料短缺，本书采取的策略就是适当的推理，除此之外也别无选择，推理并非无凭无据、天马行空，其前提是有其他资料予以佐证，虽然未必是确凿的明证，但是力求推断令人信服的合理结论。而对于资料使用，必须考虑它们的来龙去脉，考虑资料的历史背景也成为能否正确解读的关键。当史料被重新编排、辑录和被重新叙述时，这一史料就完成了重编码的过程，于历史本身而言，其事实意义之究竟，或凸现，或退隐，或文过饰非，或彰显鼓吹，则全存乎笔者之一心。文献资料的剪裁利用，自然要服务于本书的宗旨和行文要求，并且无一例外地受到观察模式的限制，笔者只能采用一种健全的常识、一种持平的态度、一种公允的选择，明晰历史发展过程中的因果关系、街道历史必然性的序列、轨迹、趋势、客观规律等，考虑惯常的逻辑以及不确定性、历史事件的突发性和偶然性等，兼顾一般和特设，常态和变态的关系。

值得庆幸的是，中国地图出版社出版了一册《武汉历史地图集》，汇集了宋以来表示今武汉地区的古地图(包括古典地图和实测地图)，其内容反映了武汉地区山川险要、江河流经、湖泊变迁、城镇兴衰、街道分布等等，为本书街道研究提供了框架性基础，同时结合史料相互校正解读历史，以求呈现较为丰满的历史面貌。

1.4.3　历史分期及相关说明

历史分期的逻辑主要源于列斐伏尔“社会空间”思想，他认为，每一种社会组织的模式，都会产生一种社会空间，而这种空间乃是这个模式所拥有的社会关系的结果。所以，本书按照汉口历史常规的分期方法亦即按照社会关系或权力网络发生重大转折进行分期。在解读不同时期的街道空间时，要看它在怎样的范式下产生以及什么法则主导其组织，即空间生产、历史的创造和社会关系相统一的“三重辩证法”，汉正街发迹至今，每个阶段无不在空间系统中建立规范，一个时期有一个空间系统，一段历史有一段空间进程，没有空间进程不成为历史，空间融入对历史的塑造之中。

因此本书分成传统商业(明代成化年间—1889年)、现代性开启(1889—1911年)、民国时期(1911—1949年)、计划经济(1949—1988年)、市场经济开启(1988—2008年)五个阶段，从政府管制阙如、民间良性互动的自由竞争的传统商业阶段；经历生活日渐秩序化、国家渗透日常生活，街道景观格局改变的现代性开启阶段；再到战争频仍的民国阶段，继而计划经济时期的国家全面监控的政治化阶段；最后到市场的正规化以及消费社会的至临使得社会关系转而屈从于经济体系阶段。

需要说明的是，武汉有武昌、汉阳、汉口三镇，其发展的历史、规模、速度各有不同。武昌之名始于东汉末三国初，孙权为了与刘备夺荆州，于公元221年把都城从建业(今南京)迁至鄂县，并更名“武昌”，取“以武治国而昌”之意，武昌之名是与今鄂州市互换的。从考古发掘来看，武昌在新石器时代的就有古人栖居于此②。

而今天的汉口其实只有500余年的历史，汉口作为地名在史籍上出现，始于明代成化年间的汉水

---

① [美]杜赞奇. 文化、权力与国家(1900—1942年的华北农村). 王福明，译. 南京：江苏人民出版社，2003.

② 皮明庥. 近代武汉城市史. 北京：中国社会科学出版社，1993.

改道，这也就是本书研究的起点。

另外，现代性开启阶段是在常规历史分期的基础上增加了一个阶段，其原因在于现代性开启后汉口自治的权力网络开始瓦解，是正规性与非正规性开始明晰化的过程，也是生活秩序化、效率和功能至上等价值观念萌生的时期，可以说是研究汉口街道历史演变不可逾越的一个时期，所以增加此一阶段以求得出更合乎逻辑的结论。

1861 年英租界于汉口设立，本书未将现代性开启时间定在开埠伊始，而是定在张之洞督鄂(1889 年)之时，原因在于张之洞推行新政之后，安东尼・吉登斯(Anthony Giddens)的现代性模型[①]要素才算完备，内因和外因两相交织，现代性轰然开启。

通常认为，十一届三中全会(1978 年)是市场经济崭露头角之时，而邓小平南巡讲话(1992 年)则标志市场经济体系初步确立起来，本书将市场经济开启定于 1988 年，原因在于 1988 年是汉正街开始大规模旧城改造的时间起点，1988 年制定的武汉市总体规划，其思路也呈现较大的转变，以求迎合市场的诉求，所以本书将时间稍微修正，以期时间分段和空间变化同步协调起来。

2008 年 4 月笔者参加博士论文答辩，这也是本研究的时间终点。2008—2012 年，其间 4 年白云苍狗转瞬过兮，汉正街今昔变化又成云泥之判。2009 年初的大火使得汉正街原本就如火如荼的城市改造更被急风骤雨地推动，街道形态新添变化，惜乎笔者身处河北唐山，分身乏术而无法穷极究竟。

---

① 安东尼・吉登斯创建了理解现代性的四维度模型：a.“资本主义”，现代性的出现首先是一种现代经济秩序，即资本主义经济秩序的创立，“资本主义”指的是一个商品生产系统“它发展市场经济，开展资本积累与资本竞争，推进商品生产和商品流通”。b.“工业主义”，吉登斯认为，现代性就是人类通过科学技术的发展和劳动分工对自然和人类的主体行动所创造的环境的改造，其主要特征是机械化大生产，“在机械化大生产中借助大量无生命的资源生产商品”。c.“监督”，监督指的是在政治领域对主体人口的活动进行监督，吉登斯认为，现代社会区别于传统社会的一个主要特征就是国家行政人员的控制能力巨大扩张。d.“军事力量”，现代性的断裂的一个突出表现就是民族——国家在自己的疆域内对军事暴力工具成功地实施垄断性控制，使政治中心获得军方的稳固支持和强有力保障。参见唐复柱. 吉登斯现代性思想探析. 高教论坛，2006，6(3)：58—59.

2 理论引介

2.1 列斐伏尔的空间理论

何谓"空间"(space)？列斐伏尔在其鸿篇巨制《空间的生产》中开篇就提出并试图回答这个问题。在他看来，空间不是一个抽象的名词，而是一个关系化与生产过程化的动词。他所谓的空间，不仅仅是指事物处于一定的地点场景之中的那种经验性设置，也是指一种态度与习惯实践，"他的隐喻性的'空间'，最好理解为一种社会秩序的空间化(the spatialisation of social order)"[①]。空间化就其本质而言，不是一种先验的几何形式抽象物，而是一种发生在社会活动与空间和社会地理环境各个方面之间的、生产的经济方式与文化想象之间的过程的辩证法。

列斐伏尔理论的核心是生产与生产行为空间的概念；空间是一个社会的生产的概念，而不是自然的概念或者精神实体的概念。换言之，"(社会)空间是(社会的)产物"[②]。空间不是通常的几何学与传统地理学的概念，而是一个社会关系的重组与社会秩序实践性建构过程；不是一个同质性的抽象逻辑结构，而是一个动态的矛盾的异质性实践过程。空间性不仅是被生产出来的结果，而且是再生产者。推而言之，空间不仅是社会生产关系的历史性结果，而且更是其本体论基础或前提。生产的社会关系是具有某种程度上的空间性存在的社会存在；它们将自己投射于空间，它们在生产空间的同时将自己铭刻于空间，否则它们就会永远处于纯粹的抽象。空间不是抽象的自在的自然物质或者第一性物质，也不是透明的抽象的心理形式，而是其母体即社会生产关系的一种共存性与具体化[③]，同时自身也成为调控社会关系的母体。所以列斐伏尔提出要将"空间中的生产"转变为"空间的生产"。

列斐伏尔"空间的生产"理论的辩证认识论核心是对空间的三个向度的辩证关系的全面把握。

第一，空间实践(spatial practice)，涉及空间组织和使用方式，是指那些发生在空间中的并穿越过空间的自然的与物质的流动、转输与相互作用等方式，以保证生产与社会再生产的需要。它可定义为是对某种空间性的生产过程。空间的实践，作为社会空间性的物质形态的制造过程，因而既表现为人类活动、行为与经验的一种中介，也表现为其一种结果。被意识形态和社会关系所支配的维持社会生产和再生产、以保证社会正常运行的各种空间的实践生产出了城市空间。

第二，空间的再现(representations of space)，是由国家机器及资本透过官僚科层化及消费号召等，形成我们对于空间的感知，这是透过抽象的语言符号系统所撑起来的空间感知，包括所有的符号与意义，代码与知识。更通俗一些说，它可界定为一种"被概念化的空间"，科学家们的、规划者们的、都市主义者们的、技术官僚们所分管的空间，也是某些具有科学的爱好类型的艺术家们的空间。对于列斐伏尔来说，空间的表象是任何一个社会中(或生产方式)占主导地位的空间，是知识权力的仓库。

第三，再现的空间(representational spaces)，属于生活经历层面。是一套象征论，呈现出来的是一种另类的生活想象。再现的空间通过意象和象征被直接生活出来，属于"居民"或"使用者"的经验空间，它与物理空间重叠，且倾向于一种非语言式的意指实践。

列斐伏尔的三重性的空间辩证法彼此不可分离并贯穿于整个空间历史进程之中。他所高度认同的"再现性的空间"不仅具有影响空间的表征化的潜能，而且扮演着一个与空间性实践密切相关的物

---

① Rob Shields, Levebvre. Love and Struggle, Spatial Dialectics. London: Routledge, 1999.

②③ Henri Lefebvre. The Production of Space. Oxford: Blackwell, 1991.

质生产力的角色。

列斐伏尔转向对“空间的生产”之分析，并不仅仅是建构一种空间维度的新本体论，其目的是想提出一种新的政治构想。

在此，列斐伏尔将自己的“空间的生产”又推进了一个层次，应用到对于整个人类社会构成、认识发展以及历史演进的考察中。既然每一种生产方式都有自身独特的空间，那么从一种生产方式转到另一种生产方式，必然伴随着新的空间的生产。判定新型空间的出现亦即意味着新的生产方式的产生，这对我们进行历史的、社会制度的分析提供了全新的视野。厘清了这些问题，也就厘清了相应的空间符码，也就厘清了相应的历史分期，历史学即能形成空间范式的转折。每一种社会形态或者生产方式都会有自己相应的空间，这就是列斐伏尔的“空间生产的历史方式”理论，在《空间的生产》中他将迄今为止的人类历史按照空间化的历史进程来划分：第一，绝对的空间：处于自然状态的自然空间；第二，神圣的空间：埃及的神庙与君主专制的国家；第三，历史性空间：政治国家、希腊城邦，罗马帝国；第四，抽象空间：资本主义，财产的政治经济空间；第五，对立性空间：当代晚期资本主义阶段；第六，差异性空间：重新估价差异性的与生活经验的未来空间。这里列斐伏尔的划分毫无疑问地借助了马克思的生产方式和社会形态划分理论，只不过马克思是用生产关系的性质为标准，而到了列斐伏尔这里划分的标准成了每个社会特殊的空间性质①。

列斐伏尔强调空间的重要性，要求构建“社会—历史—空间”的三元辩证法，必须将“时空两个向度联结”，同时要将“时空向度”“与其他两个向度联结”，实现空间、历史、社会的辩证统一。对于空间的研究必须通过历史、社会等诸方面的考察来进行，同时对于社会和历史，则需要打破以往的僵化模式，从空间上来一次彻底的考察。“(社会)空间是(社会的)产物”②。空间是一种社会关系，但是它内含于财产关系之中，又和生产力息息相关。“就像其他事物一样，空间是种历史的产物”③。空间是人类历史生产的产物，空间不仅是一种生产的结果，它本身也是再生产者，不仅是社会生产关系的历史性结果，而且是其本体论基础或前提。相对于马克思在《德意志意识形态》中所论述的“人对自然以及个人之间历史的形成的关系，都遇到前一代传给后一代的大量生产力、自己和环境，尽管一方面这些生产力、资金和环境为新的一代所改变，但另一方面，它们也预先规定新的一代本身的生活条件，使它得到一定的发展和具有特殊的性质”这种辩证运动，列斐伏尔强调社会和历史的“空间性”，强调特定的社会处于既定的生产模式架构之中，而这种社会的特殊性质又形塑了自己特定的空间，“空间性的实践界定了空间，它在辩证性的互动里指定了空间，又以空间为其前提条件”，人类社会正是在这种社会与空间在历史中的辩证性互动中不断发展前进。这也无疑开启了研究空间的全新视野。④

2.2 福柯的权力理论及历史观

在福柯看来，不能如同传统社会观那样，简单地把权力归结为社会或国家的统治者的主权，把它看做某种禁止或防止别人去做某些事的外力，把权力简单地同镇压相连接，因而把权力看做一种单纯否定性的力量。其实，权力是一种远比这类简单连接更为复杂的力量对比关系网，是同权力运作时所发生的各种社会、文化和政治因素等密切相关并相互交错的关系总和，尤其同权力运作策略的活生生的产生和实施过程相关联⑤。

权力是什么？福柯说：“权力不是一个机制，不是一个结构，也不是我们拥有的某种力量；它只是人们为特定社会中复杂的战略情势所使用的名字。”⑥权力应该被理解为多重的力的关系，不应该从一

---

①～④　张子凯.列斐伏尔《空间的生产》述评.江苏大学学报(社会科学版)，2007(9).

⑤　高宣扬.福柯的生存美学.北京：中国人民大学出版社，2005.

⑥　Michel Foucault. The Will to knowledge，The History of Sexuality. Penguin Books，1990(1)：93.

个中心，从某个最基本的始发处去寻找权力的源头，权力也不是某个集团、某个主体的所有物。相反，权力存在于各处、存在于任何的差异性关系中，"权力无处不在，这并不因为它有特权将一切笼罩在它战无不胜的整体中，而是因为它每时每刻，无处不在地被生产出来，甚至在所有关系中被生产出来，权力无处不在，并非因为它涵括一切，而是因为它来自四面八方"[①]。福柯明确地抛弃了那种自上而下的压抑、笼罩、涵括、包裹性的国王权力，那种支配性、主宰性和统治性的权力。权力永远存在于关系中，也可以说，权力永远是关系中的权力。它随时随地产生于不同事物的关系中，这意味着，权力总是变动的，复数的，再生性的，微观的，局部的，细节性的，相互流动和缠绕的。这样，权力充斥在社会的每个角落，充斥在每一种差异关系中，充斥在任意的相关物之中，局部的无所不在的这些微观权力将宏大的主导性权力构型冲毁了[②]。

对福柯来说，这样的权力从来不外在于社会，相反，它深深地根植入社会的每个片段和细节中，权力的变化促发社会的变化，权力的形态——它的力量关系，它的性质、方向、活动机制——内在地构成了社会的形态：社会关系及其性质、方向、活动机制。权力不是处在社会隐晦的底部，不是曲折而坚决地操纵着社会的发展和演变，它处于社会的内部，处在社会的每一片肌理上面，从而构成社会内部、社会本身的决定性要素。社会围绕着权力机制而活动，而运转，而成型，它听命于这种权力实践和权力游戏，权力处在社会这个同心圆的最核心之处。正是在这个意义上，社会的种种表象可以还原到权力的机制上。对社会的诊断可以简约为对权力的诊断，外围最终还原到核心。社会形态正是权力形态同一个层面上的横向扩充，而非纵向的生产和派生结果[③]。

在权力的谱系分析中，福柯发现权力和知识勾结，知识当成权力运作的一个不可缺少的策略因素，在知识考古学中福柯深入揭示各种科学话语或知识论述与权力之间的相互渗透和相互勾结的关系。知识固然成为现代社会维持和运作的中心支柱，但知识本身并不是孤立存在和发生作用。知识一方面综合着整个社会各种力量相互紧张斗争的结果，另一方面它本身又必须在同社会其他各种实际力量的配合下，才能存在和发展，才能发挥它的社会功能。在近代社会一系列号称"科学"的知识的形成过程中，特定语言论述的建构和散播过程，都是受制于特定社会权力网络。同样的，特定社会历史阶段的权力网络的建构和运作，同时又在很大程度上依赖于科学知识语言论述的形构和扩散策略，依赖于科学知识语言论述同权力网络运作之间的相互协调和相互促进。正是由于这样的认识过程以及知识与权力之间的相互渗透，现代人在使自身建构成认知主体的同时，实际上也变成了各种知识语言论述散播策略的从属性因素，成为知识本身的对象，成为权力运作的对象[④]。

由于知识同权力运作之间存在着密切的内在关系，所以任何知识论述，不管是它的创建、形成、建构还是扩散过程，都离不开权力的力量。

重要的是，福柯也在权力运作的系谱学中发现了空间的秘密。福柯很早就有意识地涉足空间问题的研究，他从权力发生作用的各种经验性的局部空间，诸如监狱、医院、精神病院等场所来研究权力的运作方式和形态特征。他试图突破传统的权力所用物的观念，用一种空间的概念来阐释权力的运作机制、权力与知识和空间之间复杂而微妙的关系，从空间的角度来理解现代社会权力的运作方式[⑤]。

在监狱、医院、精神病院等权力发生作用的局部空间——规训机构，它最初的设计理念遵循一个基本原则："完美的规训机构应能使一切都一目了然，中心点应该既是照亮一切的光源，又是一切需要被了解的事情的汇聚点，应该是一只洞察一切的眼睛，又是一个所有的目光都转向这里的中心。设计中间点建筑物和以它为圆心的环形建筑，使之能够行使行政管理、治安监视、经济控制等多种政治职

---

① Michel Foucault. The Will to knowledge, The History of Sexuality. Penguin Books, 1990(1): 93.

②③ 汪民安. 身体、空间、后现代性. 南京：江苏人民出版社，2006：263-268.

④ 高宣扬. 福柯的生存美学. 北京：中国人民大学出版社，2005.

⑤ 周和军. 空间与权力：福柯空间观解析. 江西社会科学，2007(4).

能，这种空间设计理念被福柯称为"全景敞视主义"。他进一步解释这种封闭的、被割裂的空间：处处被监视，每个人都被镶嵌在一个既定的位置，个体的任何行为都受到监视，任何情况都被记录在册，权力完全按照等级制度运作。所有这一切构成了规训机制的一种微缩模式。这种微缩模式在后来的国家机器和社会机构中得到普遍运用①。

圆形监狱是规训机构的典型范例，是边沁(Jeremy Bentham)所发明，由一个中心高塔，以及以它为圆心的一系列建筑物所构成，这些建筑物被分割成鳞次栉比的牢房，每个牢房都有两扇窗子：一扇引入光线，另一扇则朝着中心高塔。这些牢房其实就是一个舞台，每个人的饮食起居、行为活动对于监视者而言都是清晰可见的。每一个牢房的空间都进行了精心而周密的设计，为了进行更仔细、更有效和更富弹性的控制，规训机构把空间作进一步的划分，把不同的个体分类放置在特定的空间内，从而知道每一个成员的确切位置，随时监控他们的行为，制止危害安全的沟通(图 2-1)。边沁提出了一个颇受统治者赏识的设计原则："权力应该是可见的但又是无法确知的。所谓'可见的'，即被囚禁者应不断地目睹着窥视他的中心望塔的高大轮廓。所谓'无法确知的'，即被囚禁者应该在任何时候都不知道自己是否被窥视。"②禁闭者无从得知监视者是否在塔内，即使是监视者缺席，圆形监狱仍可有效运转。无疑，圆形监狱的空间构形是空间——权力运作方式的最好注脚③。

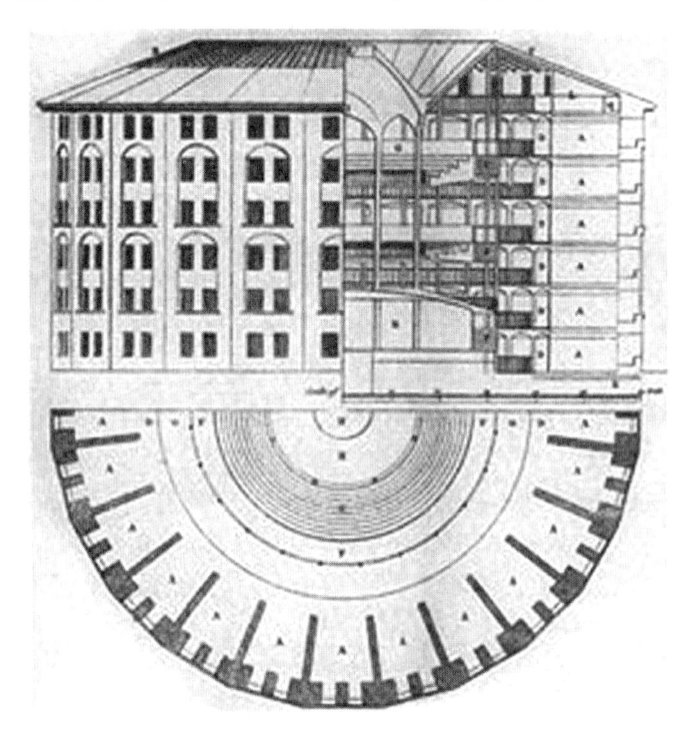

图 2-1　圆形监狱

资料来源：[美]福柯. 规训与惩罚. 刘北成，杨远婴，译. 北京：三联书店，2004.

圆形监狱这种理想的权力机制示意图，是建筑学、光学和政治学的完美结合，由监狱逐步扩展到学校、军队、医院、工厂等机构，边沁在《全景敞视监狱》的"前言"中列举了这种"监视"能够带来持续可见的各种好处：道德得以改良，健康受到维护，工业焕发活力，教育广为传播，社会负担减轻，经济基础增强，所有这一切都是靠建筑学的一个简单想法实现的④。

圆形监狱是权力形式的表征性运用，权力是影响空间构形的"幕后黑手"，不管是圆形监狱、边沁的辐射状规划的机构建筑等空间的物质实体，还是政府、警察、司法、军队等机构的"软体空间"，都是

①～④　周和军. 空间与权力：福柯空间观解析. 江西社会科学，2007(4).

权力的表征形式的一种。每一座城市都是一座"监狱之城",位于城市中心的通常是市政厅、司法、检察等各级权力机构,它们总是通过一个由不同因素组成的复杂网络——封闭的高墙、规训的空间、统治机构、规章等来试图控制该城市,这种嵌入、监视和观察的空间构形是规范权力的最大支柱。所以,福柯得出了这样的结论:"与其说是国家机器征用了圆形监狱体系,倒不如说国家机器建立在小范围的、局部的、散布的圆形监狱体系之上。"[①]

福柯未来得及对空间理论作进一步逻辑建构和理论探索便溘然而逝,但他对于空间、知识和权力之间关系的揭示,使地理学迈向一个新的学术进程,"一个几乎不被人注意但在后现代批判地理学中却具有建构力的学术进程,该进程潜隐于历史决定论的顽固的霸权明确承认的地理学里"[②]。福柯对他所关注和倾心的历史也进行了整合性的建构。他认为,所有的历史事件应被还原为各种空间化的描述,每一个历史事件中位置的迁移、疆界的划分、历史地图的重建,都不仅仅是简单的线性时间的记录,要对其进行权力关系的分析,"一部完全的历史仍有待撰写成空间的历史——它同时也是权力的历史——它包括从地缘政治学(geo-politics)的重大策略到细微的居住策略"[③]。

也是在系谱学的分析方法中,从身体的视角福柯审视了"现在的历史"和"真实的历史"的巨大裂隙,因而他对历史中的一致性和规律性持坚决的拒斥态度。他认为:这些一致性和规律性完全是"虚构"的、纯粹的假面具。福柯提出,现代主义有两种表现形式:一是"根据现在写过去的历史"。即把现在的概念、模式、制度、利益或感觉强加到历史中去,强加到其他时代,然后宣称发现这些较早期的概念、制度等具有现在的意义。二是决定论。这种决定论在过去的某一点发现现在的核心,然后揭示从那里到现在的发展的必然性。在福柯看来,历史并非存在终极目的,历史并非普遍理性的进步史,它是人类统治到另一种统治前进的权力的戏剧,是一部"没完没了重复进行的关于统治的戏剧"。同时,系谱学还去发现那些被主导的话语实践所掩盖的,那些被认为是"偶然"、"断裂"、难以理解、令人诧异的话语实践,使它们也显现到与其他两种话语实践同样的水平高度中[④]。

2.3 居伊·恩斯特·德波的景观社会

居伊·恩斯特·德波(Guy Ernest Dobord),当代法国著名思想家、实验主义电影艺术大师、激进左派思潮情境主义国际的创始人。其最著名的学术论著是他发表于1967年的《景观社会》(*Society of the Spectacle*)一书。

"景观"(spectacle)一词,出自拉丁文"spectae"和"specere",原意指一种被展现出来的可视的客观景色,也暗指一种主体性的,有意识的表演和作秀。德波借其概括他眼中当代资本主义社会的新特质,具体来说即当代社会存在的主导性本质主要体现为一种被展现的图景性。人们因为对景观的迷失双眼而丧失了对本真生活的渴望与要求,而资本家则依靠控制景观的生成和变换来操纵整个社会生活。正如他在《景观社会》一书开头写道:"在现代生产条件无所不在的社会,生活本身展现为景观的庞大堆聚,直接存在的一切全部转化为一个表象。"[⑤]在德波这里,景观显然是一种社会生活发展的形式,它的存在由表象支撑,并且以各种不同的影像为其外部显示形式,但同时景观又是以影像为中介调整人们之间的社会关系。所以,"景观不能理解为一种由大众传播技术制造的视觉欺骗,事实上它是已经物化了的世界观"[⑥],即意识形态在当代社会中的新表现形式[⑦]。

景观社会,这是从社会的或是社会整体的角度来理解景观,在这个社会中,景观将不仅是占统治

---

①② 周和军.空间与权力:福柯空间观解析.江西社会科学,2007(4).

③ [法]福柯.权力地理学//福柯访谈录:权力的眼睛.严锋,译.上海:上海人民出版,1997.

④ 毛升.可疑的真理:福柯"谱系学"之评析.广西师范大学学报(哲学社会科学版),2005(3).

⑤⑥ [法]居伊·德波.景观社会.王昭风,译.南京:南京大学出版社,2006.

⑦ 张一兵.景观意识形态及其颠覆:德波《景观社会》的文本学解读.学海,2005(5).

地位的生产方式的结果也是其目标，在“现代生产条件无所不在的社会”中，原先那个工业资本主义的经济物化现实，已经转变为景观的总体存在，具体表现为“直接存在的一切全部转化为一个表象”。同时，“景观在这个社会中已经不是表现为附加于现实世界的无关紧要的装饰或补充，它是现实社会的非现实核心，在其全部特有的形式——新闻、广告、宣传、娱乐表演中，景观成为主导性的生活模式”①。德波指出，以现代工业为基础的社会，景观是这一社会根本性的出口，在景观——统治经济秩序的视觉映像中，景观的目标就在于成为当今社会的主要生产并控制整个社会。而景观社会就是一个充满权力的社会，在这个社会中，任何人都想制造或操纵景观。在德波眼里，景观其罪擢发难数。它既是当今资本主义社会最重要的意识形态支撑，也是其实现统治最直接的帮凶。在充满冲突的历史过程中，意识形态是阶级社会的思想的基础。意识形态的表达从来不是一种纯粹的虚构，它代表了一种现实的扭曲意识，并且它同样是依次产生实际扭曲影响的真实因素。这种相互联系随着景观的来临被强化。景观——由一种经济生产的自动化体系的具体成功所导致的意识形态物质化——事实上，它将社会现实认同为在它自己的影像中改铸全部现实的意识形态②。

德波的景观社会理论通过对资本主义工业化的经济物化向景观的总体存在转化过程的描述，详细阐释了在当今社会生活世界中权力隐形化的过程，隐晦地批判了景观制造者和操纵者意图利用“景观”这种源于现实社会状况并拥有一种真正的“催眠行为和刺激力量”③的意识形态来控制多数人的想法，并提出了摆脱景观统治的一些策略，向世人再现了一幅控制、默从、分离、孤独的反抗权力景观的图景。这对推进权力理论的发展具有重要的理论和现实意义④。

德波的革命策略包括“漂移”、“异轨”和“构境”。漂移(dérivé)，即对物化的城市生活，特别是建筑空间布展的凝固性否定。异轨(détournement)则指“通过揭露暗藏的操纵或抑制的逻辑对资产阶级社会的影像进行解构”，或者说利用意识形态本身的物相，颠倒地自我反叛(如使用广告、建筑和漫画的反打)。构境(constructed situation)则是根据主体真实的愿望重新设计、创造和实验主体生命存在的过程。用德波自己的话说，构境就是“由一个统一的环境和事件的游戏的集体性组织所具体地精心建构的生活瞬间”⑤，是建构革命性的否定景观的情境，而情境，指的就是某种“非景观的断层”和“景观的破裂”。在革命性的情境中，“人们能够表达在日常生活中受到压抑的欲望和得到解放的希望”⑥。

---

① [法]居伊·德波. 景观社会. 王昭风，译. 南京：南京大学出版社，2006.

②～④ 张一兵. 景观意识形态及其颠覆：德波《景观社会》的文本学解读. 学海，2005(5).

⑤ [法]居伊·德波. 定义，情境主义国际. 1958(1).

⑥ [法]弗尔茨，贝斯特. 情境主义国际//新马克思主义传记辞典. 重庆：重庆出版社，1990：769.

3　文献综述

3.1　国外相关研究

“空间是一种社会关系吗？当然是，不过它内含于财产关系（特别是土地的拥有）之中，也关联于形塑这块土地的生产力。空间里弥漫着社会关系，它不仅被社会关系支持，也生产社会关系和被社会关系所生产。”[①]街道空间无疑映射了社会关系，街道空间与社会背景的关系可谓密不可分，但不寻常的是，规划界对于街道空间与社会关系的研究并不多见，大多研究是从历史经验出发，或者通过观察来总结街道设计的尺度，营造街道活力途径，人性化的设计方法等，这自然和传统强调物质形态设计的目标取向有关。

例如20世纪90年代，英国克利夫・芒福汀（J. C. Moughtin）在其《街道与广场》（*Street and Square*）一书中，通过对历史文脉中许多优秀案例的分析总结，阐述了街道与广场设计中一些关键要素的作用和意义。作者认为，街道除了是城市的自然构成元素以外，街道还是一种社会因素，在街道内部和大城市之中，街道都成为两栋建筑的联系纽带。作者强调，当行人的大部分可以方便的以各种方式使用街道时，街道上的行为活动看来就会发生，土地的使用的多元化无疑引发了各种行为活动，这是形成一条生机勃勃的街道的先决条件。交通流量的增长是街道和广场作为社会活动联系的地点继续遭到破坏和环境恶化的主要原因。

克利夫・芒福汀还认为：“街道是一个周围以成群的住房将其包围的空间，这些住房形成街道的一系列画面；或者说，街道是一个空间，这个空间可以扩大成为集合地或广场。”所以说，街道作为城市当中的一个场地或外部的大房间，必须拥有同广场一样的特性：“最理想的街道必须形成一个完全封闭的单元；一个人印象越被限定在其内部，那生动的场面就会越美妙：当个人的视线总是有可视之处而不至于消失在无限里的时候，他的体验是舒适的。”[②]克利夫・芒福汀还从长度（街道的连续不间断长度的上限大概是1 500 m）、比例（1：1～1：2.5形成舒适感）等角度对街道进行了解剖，对街道空间与人的心理感受的关系有了全方位的认识。不过克利夫・芒福汀对街道与社会活动的关系论述更多地从经验主义的角度出发，其结论带有鲜明的物质形态设计的痕迹。

再例如1993出版的阿兰・简克布斯（Allan Jacobs）的《伟大街道》（*Great Streets*）一书，其研究方法与克利夫・芒福汀如出一辙，在对于城市街道空间的细致研究中，他首先分类研究了大量优秀街道的实例，得出了这些街道成功的原因，在著作的第三部分归纳了著名城市的街道模式，最后提出了设计伟大街道的方法。

还有日本的芦原义信所著的《街道的美学》也是此类研究的代表性著作，书中对街道的构成、空间形式感与人的感受等方面加以量化研究。难能可贵的是，书中运用格式塔心理学中的“图形”和“背景”的概念以及其他现代建筑理论，对日本、意大利、法国等国家的建筑环境与街道等外部空间进行了深入细致的比较分析，从而归纳出东方和西方在文化体系、空间概念、哲学思想以及美学观念等方面的差异，在街道与社会层面的关系做出了尝试性的研究[③]。

---

① Henri Lefebvre. The Production of Space. Oxford：Blackwell，1991.

② ［英］克利夫・芒福汀. 街道与广场. 张永刚，陈卫东，译. 北京：中国建筑工业出版社，2003.

③ ［日］芦原义信. 街道的美学. 尹培桐，译. 武汉：华中理工大学出版社，1989.

应该说，简·雅各布斯(Jane Jacobs)的《美国大城市的死与生》(*The Death and Life of Great American Cities*)是比较深入研究街道与社会关系的著作。她拒绝生硬冰冷的理论模式，以生活者的身份出发，从步行者的体验和日常使用者的经验去审视街道是如何使用的。雅各布斯以其生动活泼的笔触勾画了人们之间各种复杂的交互活动：孩子们在公共空间中嬉戏玩耍、邻居们在街边店铺前散步聊天，街坊们在上班途中会意地点头问候……，她将这些活动称为"街道芭蕾"。雅各布斯还发展了所谓"街道眼"的概念，主张保持小尺度的街区(block)和街道上的各种小店铺，用以增加街道生活中人们相互见面的机会，从而增强街道的安全感[①]。重要的是为我们开辟了一个观察、认识城市空间与社会关系的新的视角和方法，即对城市空间与日常生活互动关系的关注，改变了空间研究"不见人"的弊端。另外其视野关注的是"人行道"这一最基本的城市空间元素的日常使用和安全感，邻里交往、小孩的照管等与居民日常生活须臾相关的活动，既是一种互动式的研究也是一种日常生活的视角回归。

斯皮罗·科斯托夫(Spiro Kostof)的《城市的形成——历史进程中的城市模式和城市意义》(*The City Shaped*:*Urban Patterns and Meanings Through History*)是非常深入研究城市形成与社会背景深刻关系的著作，并据此阐发空间的意义，空间参与历史是本书的可贵的着眼点，但是依旧有因素堆砌的静态研究之嫌，缺乏社会与城市空间动态的互动演进的视野。不过正如他所言："城市发生、发展的每个过程都不可避免地融入了人类的思想、意志、决策、判断……"[②]，城市形态的演变必须纳入到社会史的进程之中进行研究。

此外，近年来，社会与空间关系研究有量化研究的趋势，这得益于计算机技术和几何数学技术的进步，其中代表者是比尔·希列尔(Bill Hillier)与其空间句法的研究。问题在于将空间关系通过拓扑结构量化判断，虽然可以揭示出空间形态的某些几何属性进而考察其与社会层面因素的内在逻辑，但是任何量化的研究始终难以解释浩瀚芜杂的社会背景，对于形态相对均质空间结构应用尚可，对于历时态历史积累以及不同时代空间拼贴，其应用则一直颇存争议[③]。

街道如此理想的研究空间和社会关系的对象，规划界惜乎到目前为止有关学术研究并不多见，但是在社会科学领域却有较为瞩目的成果，尽管它们缺乏对于空间的着重关照，和规划专业价值取向尚有区别。例如，1943年，W. 怀特(William Whyte)出版了《街角社会》(*Street Corner Society*)，是一本研究美国城市贫民窟帮会的街道社会学著作，论及美国波士顿东区的一个"科纳维尔"意大利人贫民区。多年来科纳维尔被视为一个犯罪频仍、贫困滋生、政客腐败的危险地带，而怀特在这里发现了高度组织的、完整的社会制度，科纳维尔并非人们通常所认为的处于无组织状态。1983年，A. 麦克依格特(Anthony McEligott)发表了关于纳粹时期汉堡的街头政治的论文。时隔三年，C. 斯坦赛尔(Christine Stansell)在其关于妇女的研究中，考察了纽约街头的妓女。S. 戴维斯(Susan Davis)则以费城的"街头剧场"为对象，分析了公共典礼与权力的关系。史大卫(David Strand)以北京黄包车夫的细微着眼照映整个社会背景。华志建(Jeffery Wasserstrom)分析了近代中国怎样把公共场所用做"政治剧场"，从而成为政治斗争的舞台。

值得特别一书的是美国德克萨斯A&M大学历史系王笛先生的力作：《街头文化——成都公共空间、下层民众与地方政治，1870—1930》，该书一改以往执著于宏大历史叙述的窠臼，是一部描写成都街头公共空间与日常生活的关系的著作，作者着眼于社会转型与政治动乱时期微观历史下成都街头的日常生活和街头文化，从社会的最底层例如邻里穿梭的小贩和工匠，搅扰居民的流氓和乞丐等芸芸众生的角度阐释下层民众如何步步丧失了生存空间和文化传统，同时又揭示民众怎样拿起"弱者的武

---

① [美]简·雅各布斯. 美国大城市的死与生. 金衡山，译. 南京：译林出版社，2005.

② [美]斯皮罗·科斯托夫. 城市的形成：历史进程中的城市模式和城市意义. 单皓，译. 北京：中国建筑工业出版社，2005.

③ Tim Stonor，戴晓玲. 空间句法访谈//世界建筑. 2005(11)：58-61. 采访者戴晓玲，被访者Tim Stonor先生，其为是空间句法公司的总裁，当问及拼贴城市造成大量非理性逻辑对于空间句法实施的影响时，被访者既认为拼贴城市理论是对历史极度缺乏理解，也坦诚其对于空间句法的运用"是个小小的震惊"。

器”为自己的命运抗争的过程。文中笔涉社会层面权力关系博弈在街道空间的投射，也描写了丰富多彩的街道景观，对于本书的写作有着非常重要的参考价值。

尤其值得注意的是，在国外社会学领域的城市史的研究中，凸现空间纬度，对空间建构之于社会能动性的研究并不鲜见，这主要源于社会学背景下列斐伏尔和福柯研究的丰硕成果的推动。其中跟国内有关系的研究也成果丰厚。

1996年9月7至9月9日周锡瑞(Joseph Esherick)在圣迭哥加州大学主持召开了题为“上海之外：勾画民国时期的中国城市”的学术会议，会上提交的论文涉及城市史中空间参与历史的问题，不在少数。如董玥(MadelineYueDong)的《市民的公园与国家的象征：北京的全国性变革》、司昆仑(Kristin Stapleton)的《成都时期的杨森；城市建设政策与文化演变》、迈克尔·秦(Michael Tsin)的《重新规划广州》、王丽萍(Wang Liping)的《近代发明的传统；杭州旅游业和空间的变化，1900—1930》、查尔斯·马斯格罗夫(Chatles Mttsgtove)的《建造梦想：国民党理想首都的政府建筑，1927—1937》等。这次会议主要试图回答这样一些问题：“全中国城市的市政改革家如何试图按照民国时期被承认为‘近代’的方式整顿城市空间，训化百姓？”①

此外，回归当时社会场景研究空间形成机制，并考察空间影响社会关系的论文还有：[美]柯必得(Peter Carroll)，《“荒凉景象”——晚清苏州现代街道的出现与西式都市计划的挪用》；[美]凯莉·麦克弗森(Kelly Macpherson)，《上海模式的历史剖析》；[美]查尔斯·马斯格罗夫(Charles Musgrove)，《构筑梦想——1927—1937年南京建都经过》；[美]史明正，《从御花园到公园——20世纪初北京城市空间的变迁》；[澳]伊懋可(Mark Elvin)，《1905—1914年上海的市政管理》；[美]卢汉超，《远离南京路：近代上海的小店铺和里弄生活》；[美]彼得·卡罗(Peter Catroll)，《天堂与现代性之间：清末民初苏州城市空间的重构》(*Between Heaven and Modernity*: *The Late Qine and Early Republic* (*Re*) *Construction of Suzhou Urban Space*)，博士论文，耶鲁大学(1998)；王才强(Heng ChyeKiang)，《中世纪中国城市景观的发展》(*The Development of City Scapes in Medieval China*)，博士论文，伯克利加州大学(1993)；[美]牟复礼(Frederick W. Mote)：《中国城市千年史：苏州城的形态、时间和空间概念》(*A Millennium of Chinese Urban History*:*Form*,*Time*,*and Space Concepts in Soochow*)，《莱斯大学研究》第59卷，第4期(1973年)；汪利平(Wang Liping)：《待售的天堂：1589—1937年杭州社会转型中的城市空间与旅游业》(*Paradise for sale*:*Urban Space and Tourism in the Social Transformation of Hangzhou*，1589—1937)，博士论文，圣地亚哥加州大学(1997)；叶文心，《中国社会的景观、文化和权力》(*Landscape*,*Culture and Power in Chinese Society*)，伯克利，东亚研究中心(1998)。

3.2 国内相关研究

在国内规划界的研究中，关于街道空间与社会关系的动态研究则更为少见，城市规划类文章大都把目光焦点指向街道视觉和美学角度的研究，顶多涉及一些经济学、人心理行为与街道环境关系的研究，类似于芦原义信《街道美学》为代表的著作卷帙浩繁。

例如胡宝哲在文章《商业街购销环境探讨》中通过问卷调查等形式研究了街道不同宽度、不同交通状况下，街道两边商业的购销情况及对购物者心理的不同影响，从而提出了适宜的商业街道宽度和交通形式(胡宝哲，1989)。陈玉慧等学者则从商业步行街、街道两侧建筑的功能比例等方面，探讨了街道的设计问题(陈玉慧，2000)。

而更多的学者从街道美化的方面进行了大量的研究，提出了重视街道景观绿化的意义，并通过大

---

① 美国城市史学会会刊《城墙与市场：中国城市史研究通讯》(*Wall and Market*:*Chinese Urban History News*)，1996，1(2). 转引于涂文学.“市政改革”与中国城市早期现代化. 以20世纪二三十年代汉口为中心. 武汉：华中师范大学博士学位论文，2006.

量的实践介绍了街道景观设计与控制的方法，如《高密度城市中心区街道绿地景观规划设计》(刘滨谊，2002)、《街道绿化景观》(刘少宗，2000)。还有丁翔的硕士论文《"人本"的城市街道空间设计初探》，从人文的角度，以人的尺度探讨了街道空间构成各要素及街道与人、街道与街坊之间的关系，提出了"人本"的城市街道的评价体系(丁翔，2001)。《厦门旧城街巷空间特色及其保护对策》(兰贵盛，2004)中提到：街巷空间作为厦门旧城风貌中最具代表性的元素，体现着厦门旧城的城市特色和品位。面对保护和发展的现实问题，首先应了解街巷空间的特色所在，从总体控制、道路网络保护、骑楼保护、交通疏解等几个方面采取不同对策，努力实现旧建筑的再利用与旧城整体环境更新整合的有机结合，引导旧城健康发展①。

再有一些研究涉及社会背景与街道空间的关系，但是物质空间与社会依旧相剥离，没有体现"动态"的相互关系，也缺少"人"的在场。此类文章例如：

《城市文化与建筑形态——昆明古城街道形态探析》(何俊萍、华峰，1998)作者认为：建筑的形成与形态定位不是孤立的，而是因循一个整体发展的脉络而有机有序形成，是依附于"城市"这个总的建筑环境氛围而存在，城市整体文化的特征直接影响到建筑个体及群体，街道的形态与意义，并起到控制性的作用②。

《阅读洪江古镇街道空间》(欧阳虹彬，2007)作者认为：洪江古镇是沅江上一个自发形成的商业性城镇，其"有机形态"的街道空间是反映当地各种因素综合作用的重要载体。对其街道空间的物质形态特点进行分析总结，并以此为基础挖掘出了隐藏在物质形态背后的"深层因素"。作者认为，古镇各种"深层"的自然与社会因素共同作用的"必然"结果。具体说来，最为主要的"深层因素"有7个：山、坡地地形、温湿气候、盛产木材与桐油、因墟而起、薄弱的政府管理、单一的城镇职能——商业、移民城镇③。这仍嫌是将街道空间归结为几个因素的堆砌式研究方法。

此类文章虽然从历史的视野和社会的视野进行解剖街道的变更的过程，但街道空间没有体现能动性，对于社会的影响及与社会相互影响并没有体现。

梁江、沈娜的《西安满城区城市形态演变的启示》(梁江、沈娜，2005)一文也是如此，作者试图选取清代、民国和当今三个典型的发展时期，从西安满城区街道和街廓的形态特征入手，进行了定性和定量的分析，探讨城市形态演变和街道的一系列问题、模式和动因④。能够看出作者积极回归当时的社会的背景设身处地探析街道和城市形态变化原因所作的努力，但是街道在作者那里依旧是被动生产出来而其参与历史进程形塑和影响民众进而陈陈相因进行新的空间生产则未意识到，另外街道的使用者"不在场"也减弱了历史的场景感从而使得街道空间的意义未能揭示。

需要注意的是，刘东洋先生在其文章《街道的挽歌》(刘东洋，1999)中提出了当前我国城市街道空间设计中存在的问题，并以散文的形式通过对于自己童年生活的回忆、通过讲述自己国外生活的体验，描述了丰富而美好的城市街道生活，对街道的空间意义进行了初步探讨⑤。沈益人在其《"褪色"中的街道》(沈益人，1999)文章中也对街道空间的意义做了积极探讨。

总的来说街道从社会学背景观照的学术研究并不多见，能立足城市规划专业则少之又少，而能够揭示街道空间是福柯意义上的权力网络的使然以及列斐伏尔意义上的社会空间目前则尚属空白。实践福柯、列斐伏尔的空间理论，这是本书的创新点，试图将街道的演变嵌入社会史当中，从中研究空间与社会背景的关系，既观察空间的社会影响机制，也考察空间参与历史的能动性，采用了列斐伏尔的空间、社会、历史三位一体的辩证性的互动研究方法。另外通过历史性的考察，梳理汉正街街道空间

---

① 兰贵盛.厦门旧城街巷空间特色及其保护对策.规划师，2004(6).

② 何俊萍，华峰.城市文化与建筑形态：昆明古城街道形态探析.华中建筑，1998(4).

③ 欧阳虹彬.阅读洪江古镇街道空间.华中建筑，2007(6).

④ 梁江，沈娜.西安满城区城市形态演变的启示.城市规划，2005(2)：59-65.

⑤ 刘东洋.街道的挽歌.城市规划，1999(3).

和意义演变过程，这也是首次试图探明汉正街街道整个发展轨迹并探讨街道本质的研究成果。

3.3 汉正街已有的研究

关于汉正街的研究，国内外成果颇丰，例如其中扛鼎之作是罗·威廉(William Rowe)的两部曲，分别是1984年的《汉口：一个中国城市的商业和社会(1796—1889)》(*HANKOW*:*Commerce and Society in a Chinese City*,1796—1889)和1989年的《汉口：一个中国的城市冲突和社区，1796—1895》(*HANKOW*:*Conflict and community in a Chinese City*,1796—1895)。罗威廉在这两部著作中，描绘勾勒了张之洞督鄂之前的汉口社会，从身在江湖之内的市井小民到居于庙堂之中的官员大臣，从商人风起云涌的利益之争到貌似风平浪静实则暗流涌动的合纵联合，从自发形成的习惯风俗到官方颁布的典章制度，事无巨细面面俱到，本书从中受益良多。在参照其他文献资料的基础上、在小心求证的前提下本书多处直接引用罗威廉的结论，文中分别用《汉口Ⅰ》、《汉口Ⅱ》指代上述两部著作。

龙元教授、汪原教授及其课题组采用非正规性视角研究汉正街也取得了较为瞩目的成果。龙教授在其文章《汉正街——一个非正规性城市》中指出："城市非正规性(urban informality)"概念的出现源于20世纪70年代对拉美第三世界城市中来自农村的劳动力的经济状态的研究，当时学者普遍使用的是"非正规部门"(informal sector)这一术语。它指那些主要存在于街道上的无组织、无管理、没有登记的一系列多样化的服务和生产活动：流动小摊贩、鞋匠街头卖唱艺人、修补匠垃圾捡拾者小规模手工匠、理发师搬运工等，还包括乞讨者、妓女、吸毒者等。他们一般是以家庭为单位、自我雇佣、低技术含量、劳动力密集型，获取的收入一般在城市贫困线之下并且没有受到保护和尊重，有时还是非法的。作为一种独特的经济活动和交易模式非正规部门具有正负两面意义：低门槛性、变化灵活性和活力等正面价值；大劳动强度、危害健康安全的工作和生活环境、无社会保障等负面价值(特别是对妇女、儿童)[①]。一般来说城市非正规性是相对于官方的正规性而言，其产生一则源于官方在满足广大市民特别是低层市民的需求的社会、政治、经济计划的失败而民间自发的补充行为；二则源于官方正规权力控制机制的缺失或松弛，民间基于理性经济行为自发地、不间断地、自下而上地、有可能是制度之外地建设或改建活动[②]。龙教授从历史研究和社会研究的视点出发，力图揭示几百年来武汉市汉正街地区空间演变的内在逻辑，同时用非正规性概念和介入主义观点通过独特的切入点探讨城市空间的转变与现实日常生活的密切关系，结论暗示城市非正规性是现代理性规划的必要补充。

在此理论框架和研究方法指导下，课题组的学生们也发展出了许多具有代表性的研究视点：

马振华的硕士论文《汉正街系列研究之一：门牌》，视野聚焦到门牌号，一种非正规性的认知系统。汉正街的街巷系统中并没有正规的、标准的编码系统，作为一种非正规性的认知系统，而存在多重(非正规的)认知模式。这种认知系统存在空间转变的多重信息，以及社会层面利益博弈的深深痕迹，因而对它的解读有助于发现空间演变模式以及隐藏的社会关系。

叶静的硕士学位论文《汉正街系列研究之二：流动的商街》对该地区外部商业的流动性进行研究，流动的街市(街中街)是一种非正规性的商业空间，其中商品展示与交易的空间经常与步行和车行交通空间重叠。这是违法占道经营和对空间高密度利用的结果，它构成汉正街中流动的风景，也丰富了街道生活。论文探讨商业流动性给街道带来的影响，以及在高密度与高度混杂的空间中，如何充分利用空间等问题，对今后汉正街地区的建设给予区域、通道、公共空间、绿化以及管理政策等方面的建议。

詹少辉的硕士学位论文《汉正街系列研究之三：汉正街地区的隙间类型研究》研究重点在于间隙。间隙是建筑与道路/街道之间的剩余空间，它是高密度的非正规性自建区域中外部空间的典型形态。

---

①② 龙元.汉正街——一个非正规的城市.时代建筑，2006(3).

正是这多种间隙类型的存在使该地区的外部空间形式更为多样,非正规的日常社会交往更加频繁,提供了丰富的,多层次的公共交往活动场地。该文借助类型学的方法对汉正街传统街区内建筑和道路关系进行研究,非正规性的公共空间间隙是剖析自然形成的城市空间的有效武器。

熊毅在其硕士学位论文《汉正街系列研究之四:转换平台》认为:转换平台原本是现代高层楼盘开发中常见的,在底层商业与上层居住之间的一个过渡平台。它是汉正街旧城改造——由平面加密走向垂直加密的产物,是正规性的代表作。但问题是,这种正规性的规划事实却正在被非正规性的使用现实取代,这也正暴露了正规性的规划缺失,表达了生活自发形成的逻辑是无法用理性规划思维可以代替的结论。

钱雅妮的硕士论文《汉正街系列研究之五:生产空间史》,其专注的视点是作坊——非正规性的生产空间。目前各类小型的加工作坊是汉正街的主导产业,其内嵌于汉正街社会当中,是汉正街社会生态系统的一个不可缺少的构成要素。生产空间一直摇摆于正规与非正规两极之间,并受重大社会,历史或政治事件,特定的经济和开发政策等因素影响,正是在如此夹缝中的生产状态,暴露了复杂的社会和历史现实。

吕伟的硕士学位论文《汉正街系列研究之六:搬运工》,目光焦点在搬运工——非正规性的人群。搬运工是来自贫困的农村除了身强体壮别无长技,从事挑夫的苦力,他们依靠道具(推车、扁担)而与空间产生各种各样的关系,他们希望永远在街巷中运动,而不情愿地在街头巷尾苦苦等待顾客。不同"搬运工"群体有不同的可防卫性空间领域,有着不同的行为轨迹,通过对这一独特群体的解读,有助于理解生活创造空间的本来面目。

应该说,非正规性作为一个研究的视野,并不存在单一的理论,因其诞生于丰富多彩的生活世界对其理解也是异彩纷呈、难有定格。本质上本书研究汉正街所在的老城区,相比较研究成果颇丰的租界区而言,是属于一个被有意无意忽略的非正规形成的"异数",因而本书也秉有了"非正规性"的视野。并且,本书在梳理汉正街街道形成的历史过程中,始终坚持两条并行不悖的思路,即自上而下官方的正规性规划影响,以及自下而上的民间自发非正规性建设对于汉正街街道形态的影响。通过历史比较得出二者的损益得失,可以说本书依归于"非正规性"的理论框架之下。

值得说明的是正规性与非正规性的分野明晰化内生于现代性开启的过程之中,在此之前汉正街是一个自治的地方社会,居民自建住房原并无所谓正规与否,但自此之后,随着官方力量渗透以及官方各类建筑法规出台,非正规性才逐渐清晰,它们常被认为与卫生、安全,以及贫穷等一系列社会问题相关。这些将在下文详细论述。

此外,对于汉正街研究比较深入并且取得较为丰硕成果的武汉大学李军教授,在其博士论文《近代武汉城市空间形态的演变(1861—1949)》中对于汉口城市形态演变采用读地图并加史料解释的方式进行写作行文,作为一个武汉空间研究的先行者,其著作无疑对于本书有着重要的参考价值和写作方法的指导意义。

武汉理工大学李百浩教授对于武汉城市规划史以及汉口里分的研究积累了坚实、丰厚的成果,其对于本书诸多困惑之处起到廓清和指点迷津的作用。

4　传统商业时期(明代成化年间—1889 年)

4.1　肇端小河

明代成化初年(1465—1470 年),积日大水,小河[①]成涝,忽有一日,大地轰然中开,汉水改道易辙,正流在汉阳的龟山脚北麓奔泻入江,支流则兵分两路,一路形成潇湘湖、黄花涝,辗转四十里,会合府河、滠水,在沙口入江,形成沙口入江口。一脉行入襄河故道(今汉口之北),地势低洼,汇成后湖、黄花涝水网地带。后湖、黄花涝地带,亦有小股水流分汉注入长江,形成沙包(今汉口一元路)入江口(图 4-1)[②]。

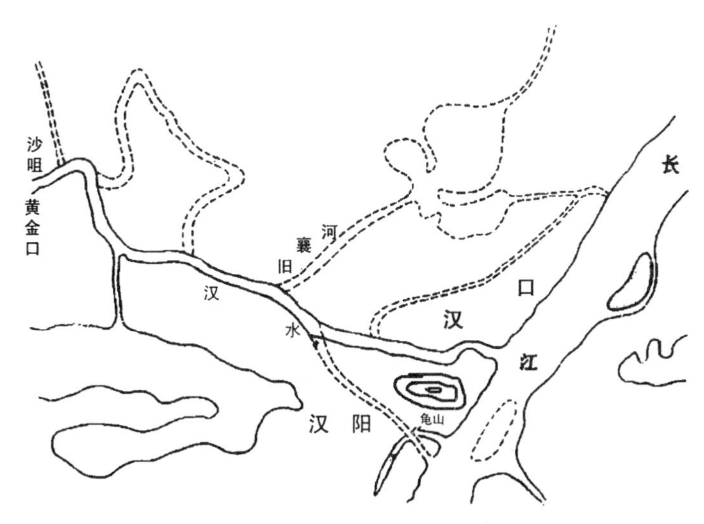

图 4-1　汉口入江口改道示意图

图中虚线部分是未改道之前入江位置,从中可以看出改道后汉口四面临水的格局。

河水改道后武汉三镇格局初现端倪,汉口的故事由此开始演绎,风气既开,斯业肇始,滥觞始介。

汉口的出现不啻为明清时期武汉地理面貌最大的变化。汉水改道前,汉口地域只是汉阳城外的一片芦滩,汛期汪洋一片,汛后,漫滩芦荻、禽兽栖息,几无人烟。汉水改道后,汉口地当长江汉水交汇之冲,经汉水冲刷后,港深水阔,水流平缓,既占水道之便,又擅舟楫之利,“此以水藏洲曲,可以避风,水浅洲回,可以下锚故也”[③],水运条件优于武昌、汉阳港区。长江沿线的往来商船,为避江上险风恶浪,纷纷在汉水北岸停泊,四乡居户也陆续移居汉口,人口、货物逐渐集聚。清人唐裔潢在《风水论》中写道:“今汉口以大别为朝山,南岸为近案,后湖空旷,襟江带河枕湖,四面环水,正合坐空朝满之局。从前未盛者,以水未绕也。”汉水改道后水运的繁荣带动了商业的兴旺,正所谓“汉口渐盛,固有小河水通,商贾可以泊船,故今为天下名区”。[④]

---

① 小河是旧时汉口人民对汉水的称呼,也称为襄河。

② 嘉靖年《汉阳府志》提到:“今自潜江等处播于沔阳州诸水皆称沔,远者入江在华容境,近者在汉阳、新滩、沌口,不啻三四处,此则汉之别出,随地异名。”

③④ [清]范锴.汉口丛谈.江浦,等校释.武汉:湖北人民出版社,1999:212.

虽则“汉口之盛,所以由于小河也”。然而惠之于小河亦毁之于小河,改道之后涸出的汉口形成的“四面环水”[①]的格局注定早期命运多舛(图4-1),正如《汉口丛谈》所言:“汉水经其南,湖水绕其西北,大江横其东。旧志谓每值夏秋水涨,四面巨浸。”

汉口的发展史实则是一部与水患斗争的历史,水患的影响内嵌于其街道形态演变过程中,汉口史上为治理水患的几则大事,如袁通判筑长堤、知府钟谦钧修堡、张襄公修堤,其痕迹都保存于街道形态性格之中。而汉口内涝与街道的演变关系也千万重,打上与水患斗争的深深烙印。

非但如此,江河湖港的变化脉动,制约着汉口城市的生命翕合。沿江沿河地带兴衰交替,地理结构上的变化无常导致水患较轻的地段被权钱阶层捷足先登,水患严重的地段则被蜗居草棚的穷苦贫民所占据,由此导致空间分异和街道地理景观迥然不同,这种结果对于空间塑造的影响至深。另外水灾频仍,“水及门楣,舟触市瓦[②]”、房屋倒塌属于家常便饭(图4-2),客观上起到的“洗牌”的作用,使得街道结构不断调整,街道形态处于一种动态的微量调整当中,以适合于生产、生活的使用。

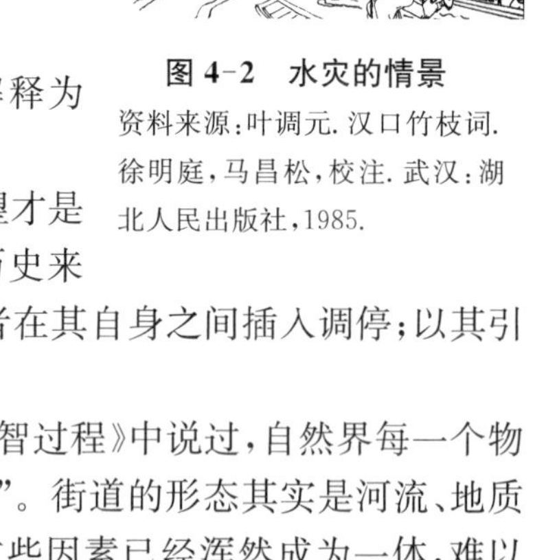

图4-2 水灾的情景

资料来源:叶调元.汉口竹枝词.徐明庭,马昌松,校注.武汉:湖北人民出版社,1985.

自然条件对汉口的形成影响至深,无论物质形态抑或社会空间,这正如风土学说(Climatology)的开创者和迁哲郎(Watsuji Tetsuro)认为自然风土对日本社会影响无可替代,也比媲黄仁宇在《中国大历史》的结论:“易于耕种的纤细黄土、能带来丰沛雨量的季候风,和时而润泽大地、时而泛滥成灾的黄河是影响中国革命运动的三大因素”。

当然,城市的因果关系本身就是难题,街道形态不可能完全解释为“自然”因素,这有迷信“物质决定论”之嫌。

就像凯文·林奇(Kevin Lynch)指出那样:“人类意志和人类愿望才是城市产生的动因”,“社会空间不能简单以自然(气候与地理形势)历史来解释。更甚者,生产力也不构成一个空间或一段时间。中介与中介者在其自身之间插入调停;以其引自知识、引自意识形态、引自意义系统的理性来调停。”[③]

米德·G·H(George Herbert Mead,1937)曾经在《自然中的心智过程》中说过,自然界每一个物体都可以被理解参与历史进程的一次“坍塌了的行动(collapsed act)”。街道的形态其实是河流、地质运动、水土流失、降雨、气候、人的介入,共同“劳作”的结果和过程,这些因素已经浑然成为一体,难以条分缕析,难以分隔开来。这些因素又彼此影响,互相间激荡,一个些微的因素可以因为次级传导的层层放大而结果无限深远;一些影响重大的自然因素(如洪水)却可以在人的干预下洪水猛兽终成细细涓流,趋向式微。因此英国人类学家提姆·英戈尔德(Tim Ingold,2000)[④]建议,要把自然要素理解成为一种内嵌形式的劳作景观(taskscape),一直在直接或间接左右街道的形态,内嵌到其生成的过程当中。

---

① 汉口四面环水,南有汉水,东为长江,西、北两面是后湖。故有“一镇环临水,登高望若浮”之说。

② 道光戊申年(1848年),“楚中大水,武汉成浸。己酉益甚。汉、黄、沔、鄂间,褴褛属道。会垣据黄鹄矶,城不没者三版。居民编芦息其上,有面胭脂山而居者,初登楼,驾木舟通出入,水渐及户楣如蚁封,急呼家扶墙砖而出,就小舟,舟或触市瓦鬴筷,凡出者皆僦居山顶。天灾如炙,老弱俱病。及水落,无不生计萧条矣。”时人有“城堞编第成里社,戍楼垂钓即扛湖”的描述。同治庚午年(1870年)水位越过26米,三镇被淹。光绪二十九年(1903年)六月轮番天雨,使江汉水势进涨,“襄河盛汛猝临,数日之内,水涨四五丈”。1908年,汉江春汛,水位陡长一丈八尺,两岸田庐荡然,当洪峰黑夜过汉时,冲没大小船数百和二千船民及家小。1909年,汉口遭大水,积水成河,后湖一带,贫民成千上万结篷而居。

③ [法]列斐伏尔.空间:社会产物与使用价值//包亚明.现代性与空间的生产.上海:上海世纪出版集团,2003.

④ Tim Ingold. The Perception of the Environment: essays in livelihood, dwelling and skill. New York: Routledge, 2000.

4.2 市场与权力网络

清人刘献庭论及汉口独特的商贸交通地位时，曾一语中的地指出："汉口不特为楚省咽喉，而云贵、四川、湖南、广西、陕西、河南、江西之货，皆于此焉转输，虽欲不雄天下，不可得也。天下有四聚，北则京师，南则佛山，东则苏州，西则汉口。然东海之滨，苏州而外，更有芜湖、扬州、江宁、杭州以分其势，西则惟汉口耳。"[①]

在水运、商业的驱动下，来自湖北省内的各种水产品，湖南、鄂南的茶叶，汉江流域的棉花、布匹和四时鲜果，吴越的丝绸及海产品，山西、陕西的牛羊皮毛，安徽的茶、油和文房四宝，云南、贵州的木耳、生漆，四川的桐油、药材，江西、福建的瓷器、果品，以及广东、广西的日用杂货等，皆取道汉口转运各地。汉水码头水运的繁荣，使汉口镇遍布盐、茶、粮、油、药材、干货、棉花、牛皮等八大交易行；在明万历年间，汉口更是被定为湖广诸省漕粮交兑和楚商行盐总口岸。汉口处于这种"得水独厚"的经济氛围中，渐渐形成商贾云集的商业中心[②]。

但是如此"要害"之处长期官治阙如，据罗威廉（William Rowe）在《汉口Ⅰ》中考察，"汉口没有城隍庙，没有钟楼、鼓楼，地位不及卑微的小县城……[③]"。究其原因和汉口最初的孤岛格局导致的交通不便有关。汉口原先无行政建制，本为汉阳县辖地，到明代中叶，汉阳县在汉口镇设巡检司，下设居仁、由义、循礼、大智四坊。清初，汉阳县又在汉口增设巡检司，分仁义、礼智两司。康熙年间，汉阳府同知和通判均移驻汉口。虽然同知、通判等的品秩较高，但都为负责一方事务的官员，并无"管理土地人民之责"。这样汉口的"地方必要之事[④]"主要由巡检司负责处理，并且要请示一水之隔的汉阳知县，这种状况维持良久，甚至到汉口开埠以后，汉口日常事务的处理依旧遭遇"中隔汉水，遇有要事，奔驰不遑[⑤]"的窘境。

长期的官治阙如，导致"汉口逃脱严厉的官僚控制[⑥]"，这和马克斯·韦伯（Max Weber）认为地方是政治过程的产物，是国家建构了地方体系颇为不同。韦伯认为中国城市主要是适应行政管理需要的产物，其作为地方政府所在地和军队驻地的政治作用一直是首要的；中国城市的兴盛主要不是依靠市民在经济政治上奋发进取精神而是依靠行政管理。韦伯将地方网络和认同看作政治过程的产物，是"国家"建构了地方体系，目的在于实施对社会的支配。由于这个"国家"致力于地方的建构，地方体系与帝国的行政空间结构相关联，它们是社会控制的手段（Timothy Brook，1985；Frederic Wakeman，1986）、大城市的公共秩序与资源管理的形式（Wakeman，1982）。因而，在特定地方的形成方面，普通居民的作用被认为是"消极的"或"被动接受的"。

事实上，汉口并非是由于国家精心设计而创建出来的，而是一个持续"熵"的结果，在这个过程中，商业活动将家户、劳动场所和市场逐渐建立起来并彼此连接到一起。汉口因水而兴，居民行为的轨迹自然与水无日或已，街道形态显然体现这种生活的逻辑。汉口街道的创建主要依赖于个体对谋生地点的选择，并受到自然条件、市场服务设施及文化因素的影响，街道的形成很大程度归之于个体的理性选择、社会中的市场力量以及内在的功能组织。

---

① ［清］范锴. 汉口丛谈. 江浦等，校释. 武汉：湖北人民出版社，1999.

② 刘富道. 天下第一街——汉正街. 北京：解放军文艺出版社，2001：78.

③⑥ ［美］罗威廉. 汉口：一个中国城市的商业和社会（1796—1889）. 江溶，鲁西奇，译. 北京：中国人民大学出版社，2005：14.

④ 知县的职责可以说一县之内无所不包，乾隆中名臣陈宏谋把"地方必要之事"概括为：田赋、地丁、粮米、田功、粮价、垦殖、物产、仓储、社谷、生计、钱法、杂税、食盐、街市、桥路、河海、城垣、官署、防兵、坛庙、文风、民俗、乡约、氏族、命盗、词讼、军流、匪类、邪教等等，有近三十项之多。

⑤ 张之洞. 汉口请设专官折. 见张文襄公全集. 奏议，卷四十九.

4.2.1 地方自治

汉水改从龟山北入江后，其北侧沿岸成为避风良港，渐渐形成商贾云集的市镇。汉口商业的兴旺招徕大量外来客商，到19世纪，外来户约增至占总户口的80%～90%，而堪称汉阳本籍的土著户则不过10%～20%左右。正如《汉口竹枝词》曰："此地从来无土著，九分商贾一分民。"

外来客商旅居他乡，摩肩接踵的身体亲近依旧填壑不了人与人之间的社会距离，而同操一家方言虽则素昧平生，他乡际遇也自有一见如故的情谊。因此凡遇到某些困难特别是营业亏损、金钱损失的时候，总会首先想到同乡人的可能帮助，甚至推荐业务上的助手和委托代办某项任务，也都考虑同乡中的可靠朋友。罗威廉在《汉口Ⅰ》也指出："老家观念巩固了商业团体，包括从批发商的公所到船员、船队、码头工人、建筑工人以及仓库职员之类的团体。"同籍在汉商户过从甚密，同乡会便自发形成并蔚然成风，同乡会的成立是基于一种"同乡"的文化想像，是透过乡音、乡俗等文化符号产生的认同感。这就是汉口同乡会荟萃之区的原因，区区弹丸之地，形成数以百计的同乡会(表4-1)。每个同乡会通常设立同乡会馆，例如江西会馆称万寿宫，山陕会馆称关帝庙等。

表4-1　武汉会馆一览表

<table>
<tr><td rowspan="2">年代</td><td>年代</td><td>康熙</td><td>雍正</td><td>乾隆</td><td>嘉庆</td><td>道光</td><td>同治</td><td>光绪</td><td>不明朝代</td></tr>
<tr><td>数量</td><td>7</td><td>1</td><td>6</td><td>2</td><td>3</td><td>3</td><td>1</td><td>6</td></tr>
<tr><td rowspan="2">建立年代</td><td>形式</td><td colspan="2">商人建</td><td colspan="2">士商共建</td><td colspan="2">同乡共建</td><td colspan="2">不明身份</td></tr>
<tr><td>数量</td><td colspan="2">17</td><td colspan="2">1</td><td colspan="2">3</td><td colspan="2">6</td></tr>
</table>

资料来源：[美]罗威廉. 汉口：一个中国城市的商业和社会(1796—1889). 江溶，鲁西奇，译. 北京：中国人民大学出版社，2005.

这些同乡会馆推举由会首、会员进行管理，下设庶务、管账、文牍人员等协办日常事务，并且制定严格的规章制度，约束成员日常行为。例如光绪《汉口山陕西会馆志》中就有祀仪、酌定条规、会馆议定章程等规定，严格的规章制度有利于解决内部纠纷和商务的运行[①]。会馆的功能主要是祭拜神祗(通常是地方商人原籍所公认的乡土偶像、先哲、保护神)，以增强背井离乡、客居在外商人的凝聚力，"或联同乡之情，或叙同乡之谊"，更能保护旅居商人，免遭土著的欺侮，慰藉孤苦无助之心，同心协力抵御商业风险。

随着会馆的大量成立，对同乡的救助的范畴日益扩大，发展到对地方公益的关注(表4-2)，包括了公共卫生消防防疫、修建设施、投资兴办义学，帮助教育同乡子女，如宝庆会馆的日常活动中就有开办学校等事宜。许多会馆都重视开办学校培养自己的子弟，故一些会馆以书院命名，如阳明书院即绍兴会馆、钟台书院即咸宁会馆、新安书院即徽州会馆。维持公益的范围也包括了投入慈善事业，对同乡以外的社会弱者和贫困灾难也积极施以援助，例如晋商会馆建立善堂，为贫困的人提供食物。还包括文化教化，例如《紫阳书院志略》中记载徽商感到"汉镇占籍编户者肩踵相接，人众则情涣，涣则必思所以联结之；居安则志隳，隳则必思所以振励之"。建设紫阳书院弘扬理学，"尊先贤，正人心，厚风俗，亦仰承国

表4-2　同乡会建立的目的

目　标	
族群目的	维护乡情
	维持本籍
	祭神(故乡的神)
商业目的	管理集体商业活动(营业)
	控制集体商业活动(主权业)
	保护、促进成员的商业活动(维持商业)
	研究商业的发展(研究商业)
	维护商业规章(维持帮规)
	提高集体收益(维持公益)
其他目的	商讨集体事务(议事)
	建立并管理集体财产(提倡实业)
	从事慈善事业(慈善事业)

资料来源：[美]罗威廉. 汉口：一个中国城市的商业和社会(1796—1889). 江溶，鲁西奇，译. 北京：中国人民大学出版社，2005：318.

① 山陕西会馆. 汉口山陕西会馆志(光绪二十二年仲冬月). 汉口景庆义代印，1896.

家振兴教化，风励末俗之盛心也。”①

汉口同一地区的人在生意上互相依赖和联系构成了由一定的同乡目的建立起来的地区之间的贸易网，以地方产品和服务的专业化为特征，实际构建一副权力关系大网，网结就是各个同乡会馆，与其他会馆经纬纵横形成一个力量伯仲之间的均衡网络，共同维护这个地方社会的秩序。

如果说同乡会是基于血缘或者地缘的基础上发展起来，为在他乡异地安身立命谋求利益，而市场的利益之争常常促使同乡会之间两败俱伤。例如罗威廉在《汉口Ⅰ》中记述药材贸易中，江西会馆、怀庆和汉中会馆之间为谋自身利益，彼此僵持不下而成骑虎之势；木材贸易中江西帮和黄帮(由原籍江西后来移居湖北东部黄州府的商人组成)剑拔弩张终于战争升级。所以为了避免睚眦相报，同业之间基于业缘形成行帮、公所，目的就是解决利益纷争、息事宁人。例如建于康熙十七年(1678年)的汉口米业公所，其制定的规章开头是这样的：“我等从事粮食经纪，管理汉口米市，需有会议大厅供召集会众以商议米市规章，否则意见不一，度量无统一标准，我等将难以履行职责。”再例如1820年3月所有活跃在汉口的药帮商人咸聚于药王庙，草拟了一份详细的贸易总章，事无巨细详列各帮派必须恪守的细则之种种，并三年聚首一次修改章程。由此可见，行帮、公所主要功能是联合商人规范经营，解决行业间以及帮派间的利害冲突，调解纷争，形成统一的力量，使行业发展有序。

所以同乡会和同业行帮②是同乡或同行的人们为了互助、自卫、协商而建立的一种松散的社会团体。罗威廉认为，商业团体为着本社团利益不能不考虑对方的利益，制订出本社团共同遵守的法则，建立在确信合理的有秩序的市场基础上的质量管理，集体抵制对本行业有损害的外来压力(包括当地政府)，并共同担负应分摊的当地社会公共事业的责任。通过非官方的协调，达到公共性的目的，这样，商业团体实际上达到自治政体的境界。面对社会需要的复杂性，社会力量的回应远比官府的回应更加灵活有力，汉口地方社会创设了在自治水平上的公共和谐，从而形成一种国家向社会公域让渡权益，具有自治性质的商业社会共同体。③

4.2.2 社会异质和邻里组织

1）社会异质

伯吉斯(Burgess)认为空间分异的原因，不仅是种族方面的，反映出人类寻找共同社会属性而居住的共同特性，也是政治体制方面的，如选举制度、户口制度等人为因素造成的。在汉口空间分异主要是受籍贯和市场聚集效应两者的影响，形成以会馆为核心的同乡人的聚集和以市场机制下相同业态的行当的聚集，也可以说是基于血缘和业缘形成的空间斑块。

罗威廉在《汉口Ⅱ》中也观察到，“当时居住和商业上的空间等级是跟一个人的籍贯有关系的。简单地说，越是远道而来的外乡人，其住所和生意场所在汉口的地理位置就越中心。正街以及其他主要的批发地段上，住的商人都是远自山西、安徽、广东的商人，而河街和堤街上住的都是湖南湖北人。”

空间分异在汉口存在，即便如此，如果将目光从城市的层面聚焦到街坊的尺度时，由于生产生活方式的特点(职住一体化)使得街区上并不存在明显的社会隔离或籍贯上的排他性，大多数的汉口巷子里是相当异质化的。罗威廉曾举例：龙王庙附近耿升干货商号，显赫有名的大商号为职员提供全部的住宅，60多位职员皆住于店里。商号的最高管理层虽不住在店内，但离工作地相去不远。不同社会身份、籍贯、职业的人混杂一起，从而形成形形色色斑驳的社会异质景观。

---

① [清]董桂敷.汉口紫阳书院志略.武汉：湖北教育出版社，2002.

② 据《夏口县志》载，清代汉口的公所、会馆就达182所，其中商业行帮占有46所，组建于鸦片战争前的有23所，分属于药材、绸缎、油蜡、纸张、原料药材、五金矿砂、杂货等行业，由安徽、广东、江苏、浙江、福建、山西、陕西、广西、湖南、河南、河北及湖北各地商人所组建。

③ [美]罗威廉.汉口：一个中国城市的商业和社会(1796—1889).江溶，鲁西奇，译.北京：中国人民大学出版社，2005.

另外土地的多元使用和邻里职业的多元化也造就了邻里的五方杂处的社会异质格局。罗威廉列举六渡桥，跨越玉带河桥的邻里，是汉口最古老的住居之一，住的多是湖北乡下的农民。这里也是锡匠和铁匠交易的地方，是皮货商会的所在地，还住着密集的难以计数的工人家庭，这里无数的酒家和茶馆来的都是当地的居民和城市其他地方的人。很难形成严格的因籍贯和行业关系纠结而成的空间同质格局，“即便地域色彩鲜明，地方观念强烈的山西区、穆斯林区和黄陂街也不乏多样化的特点，据记载，到了十九世纪的末叶，黄陂街上住的人再也不仅是湖北黄陂人了[①]”，汉口任何的邻里不可能是完全均质的。

实际上汉口的邻里的异质性揭示了这个城市总体的社会性格，阶级对立并不森严，街道上几乎是随机的人和活动的混合，塑造了一个宽容的社会。方言、风俗和亚文化的混合融汇，人流的频繁的进出，有利于在城市人口中产生很高水平的文化宽容。正如罗威廉认为，“商业资本主义的社会结果并没有达到其逻辑高潮”，“汉口在某种意义上仍然显示着典型中国城市的那种混合邻里的特点，我们或许因此可以说，也正是因为这一点，汉口这个城市在城市的层面上仍然具有一种整体的维护共识和共同体的能力。”[②]

2）邻里组织

那么，高度多元的城市邻里究竟如何存在呢？是什么成为其连接的纽带呢？

清代中国城市缺乏正式的市政管理机构，最基层官僚机构只设到县级，汉口增设两个巡检司，衙门的正式官员有限，无法满足控制辖区内庞大而分散人口的需要。汉口众多的人口和往来不息的流动人口，政府机构只能用于处理最重要、最紧急的事务，诸如税收、犯罪、治安等问题。即使在这些问题上，地方政府也甚感力不从心，根本无法把它们的触角深入到社会基层，而不得不依靠地方保甲制度组织社会生活和进行控制[③]。

清朝保甲制度继承明代里甲制度，顺治元年（1644 年）八月，摄政王多尔衮下令“各府州县卫所乡村，十家置一甲长，百家置一总甲，凡盗贼、逃人、奸宄窃发事故，邻佑即报知甲长，甲长报知总甲，总甲报知府州县卫核实，申解兵部。若一家隐匿，其邻佑九家、甲长、总甲不行首告，俱治以重罪不贷[④]”。保甲制的基本职能是弭盗安民，同时兼理地方某些社会性公务。《清文献通考》卷 21《职役》称“其管内税粮完欠、田宅争辩、词讼曲直、盗贼发生、命案审理，一切具与有责。遇有差役，所需器物责令催办，所用人夫责令摄管。”

汉口基层主要由邻里组织和保甲系统控制。街首和保正、甲正等头面人物从居民中挑选，尽管有时他们也代表政府履行一些诸如治安等“官方”职责，但是他们不是城市管理机器中的正式官员，没有官方头衔和权威，他们很难对街道生活实行真正的严密控制，在管理公共空间方面的作用相当有限。其结果便是基层生活事实上并未受到太多的局限，这与过去对中国城市的“常识性见解”相去甚远[⑤]。

地方政府很少直接参与基层控制，这种管理模式对汉口日常生活产生了深刻的影响。保甲那

---

① 元代诗人郝经曾在《宿黄陂县南》的诗中描写：茅屋欹斜竹径荒，稻畦残水入方塘。营屯未定夕阳下，雁点秋烟不著行。为了谋生，黄陂人纷纷外出。黄陂紧邻商业古镇汉口，当时谌家矶、岱家山为黄陂所辖（50 年代划归武汉市江岸区）。汉口於成后，黄陂人捷足先登。一些手艺人和做苦力的，或沿滠水来到江岸一带，或沿黄孝河进入四官殿以下沿江一带。他们有的从事渔业，有的经商、做手艺。由于人数众多，形成带地域色彩的街道。

② William Rowe. Hankow：Conflict and Community in a Chinese City，1796—1895. Stanford：Stanford University Press，1989.

③ 王笛. 街头文化——成都公共空间、下层民众与地方政治，1870—1930. 李德英，等译. 北京：中国人民大学出版社，2006：1-3.

④ 《清世祖实录》卷 7，顺治元年亥。

⑤ 过去中外历史学家都普遍认为，传统中国城市被国家权力紧密控制，人们没有任何“自由”。当布罗代尔（Femand Braudel）力图回答“什么是欧洲的不同之处和独具的特点”的问题时，他的答案是因为欧洲城市“标志着无与伦比的自由”和发展了一个“自治的世界”。

种“连坐”制度导致的人人自危、相互警惕状态已今非昔比，相反坊里作为一个保甲制度的基本单位，这种组织模式却常常培育社区认同和加强相互信任。例如罗威廉在《汉口Ⅱ》指出，官方指派人去修理一些公共设施（例如码头）这些组织活动本身就强化了邻里纽带培育。甚至邻里之间也常根据需要自发组织起来维护公共安全和公共福利，罗威廉称之为：“非正规的日常化的邻里合作模式”、“邻里积极参与主义”。街区邻里组织的活动清楚地反映了社区认同和自我控制的程度。另外，“经济上，同一街坊的人会在某些相同的店铺消费。店主会认可某些地方钱庄的票据，通常是位于居民和店铺之间的钱庄，还有个人的借贷会被同邻里的中保来作为中介。毋庸置疑，这样的关系刺激了人们彼此健康的财务交往。”①

此外汉口城市人员流动基本上是一种常态，因为不仅那些流动的商人为追逐商机四处游走，而且那些本地的永久居民，在房租利益驱驰之下也频频更换房屋。这种习惯性的氛围造成邻里不排他，也不封闭，这个因素反过来也促成了邻里间的来往，使得它们成为一个集体行动的单元。频繁的流动，相似的背景，这种“密致交集的个人本体认知②”使得人们可以建造一种超越街道范围的社区感，营造一种有力的亚文化和亚共同体约束力，起到融合阶级、维护秩序的作用。

3）帝国的隐喻

基于血缘和业缘形成的空间斑块的边界逐渐淡漠，同质斑块逐渐异质化，土地的多元使用和邻里职业的多元化造就了邻里的五方杂处的社会异质格局，还有一些重要的连接的纽带和黏合的黏合剂，这就是人类学家王斯福（Feucht Wang，1974）所谓“象征共同体”的寺庙以及众多的公共活动节点。

汉口是一个“诸神”世界，范锴列出的嘉庆、道光年间汉口地名一览表上，庵堂寺庙比比皆是，譬如“兴龙庵、关圣殿、观音庵、太清宫、宝树庵、大王庙、四官殿、雷祖殿、神农殿、回龙寺、马王庙、龙王庙、玉皇阁、天宝庵、药师庵、天都庵、准提庵、西关帝庙、九华庵、五显庙”等等五花八门有 170 多个庵堂寺庙。

这些寺庙的成因，有的和当地的民俗、信仰、传说有关系。例如，为祈求风调雨顺镇水的神庙，如玉皇阁、龙王庙、四官殿；有的是基于对火的恐惧与崇敬③，如雷祖殿；关帝庙是汉口供奉较多的庙，三国时代的英雄已经演变成商业信用保障的替身，汉口商业社会使得代表忠诚的关帝庙成为正统的形象；有的则是会所，例如西关帝庙是山陕会馆，神农殿是药业的会所，太清宫是银楼坊帮的会所，三皇殿是药帮会馆等④。寺庙的宅院内常常是贸易组织开会的地方，也是商人组织、邻里自助组织、文人诗社聚会的地方。它们不仅是象征性的也是实用性的，它们在承担宗教崇拜的同时也承担庙会集市、选举、行帮聚会、节日庆祝等公共或半公共性质活动的功能。

人类学家王斯福（Feucht Wang，1974）及德格罗伯（DeGlopper，1974）与施舟人（Schipper，1974）将神庙崇拜、庙宇进香等看作是民众对社区认同与稳固性的自我表述。提出进香仪式，即集体的“神圣”旅行，它强化了地方的稳固感，虽然绝大部分劳动组织是以贸易或同乡纵向关系建立的，但共同的信仰，例如砖匠和砖厂主行帮都是信奉一个共同的神（土房公），促进彼此间广泛地交往，淡化了阶级对峙，柔化了斑块之间的界限。

同时王斯福（Feucht Wang，1992）也认为，祭祀体系是地方社会在帝国行政体系之外另建权威的

---

①② William Rowe. Hankow：Conflict and Community in a Chinese City，1796—1895. Stanford：Standford University Press. 1989.

③ 《续汉口丛谈》说，“汉口市廛，始盛于明，其火灾之多而且巨，亦肇于明”。嘉靖三十九年（1560 年），汉口崇信坊大火；万历三十六年（1608 年）正月，崇信坊大火；天启三年（1623 年）汉阳大火，并烧到汉口，毁船无数，民间对此恐惧，并信奉“仙爹”，《汉口丛谈》说此人可以预言何处将失火，并用杯水周行十余家，后果火，而所行之处无恙。这样的故事表明，大火已经走入了民间崇拜。引自刘东洋 2005 年于华中科技大学系列谈话及讲稿。

④ 刘富道. 天下第一街——汉正街. 北京：解放军文艺出版社，2001.

一种常见形式，它是大众宗教中与人间统治机构相似的天界官僚机构的缩影。利用迷信中的等级体系，通过祭祀这一媒介将强化权威形象。民间地方认同从集权化帝国的意识形态与社会支配中脱离出来，并自发地呈现为一种"帝国隐喻"的逻辑，是大众对帝国科署的仪式的模仿，尽管它们和帝国中心并无真正的政治联系，民间的地方表述却在很大程度上显示出对中心的崇拜，尤其是当它们对中央权威进行象征表述的时候。[①]

作为汉口一个公共纪念碑且具实用意义的是沈家庙，它位于正街，在城市的中心地带，它巨大的尺度逐渐获得了事实上的市政厅的位置。作为太平军占领之前上八行的聚会场所，和太平天国之后八大行的聚会场所，这个寺庙逐渐变成了城市自治政府的各种聚会的地方，俨然具备了地区权威的功能[②]。

关羽是汉口供奉较多的神，地方精英通过参与有关关帝事宜的活动，使关帝越来越脱离社区神的形象，从而成为帮派正统的形象。对关帝形象的解释与维护，本身传递一种权力。其间，权威与地方领袖的权威统合在一起，从而为地方社会精英权力的行使提供了正当性的基础。

这显然带有福柯视角的意味，从这个意义上来说寺庙空间及其周边的街道秩序表达一种权威逻辑，并形塑地方生活和社会网络。

这些祭司系统是官方的权力隐喻？地方重塑权威的手段？抑或文化的使然？本书不必穷究就里，无论如何，深入汉口人心中的神为各种群体的凝聚起到了一种联结作用，寺观中的神涵盖各行各业，给城市生活和商业事务等世俗活动提供庇护。人们对这些神的信仰是诚挚的，它们为社会冲突提供了场合和解决的空间，起到了加强社区团结、凝结亚文化力量的作用。这些空间节点仿佛起到穿针引线的缝合作用，沟通各个亚文化之间的纽带，在这种文化传统的柔化中，调和空间的同质斑块，避免了社会排斥(social exclusion)。

同时，在汉口这个城市里，还散布着大量更加地方化的聚会场所，诸如码头、市场、茶馆的空间节点，同样促进着亚社区层面人们彼此之间的往来和交织。罗威廉曾在其著作中以接驾嘴和龙王庙两个码头为例，说明这里市场繁荣，人气最旺，人流往来如织，沟通无间，缓和阶层对峙，促进了共同体的形成[③]。

最重要的户外节点当属那些市场了。范锴在《汉口丛谈》(1822)曾曰："东西绵延 30 里，商肆密如梳篦"。市场包括举国闻名的米厂这样的大型专业市场，还有无论寒暑都彻夜开放的武财巷和马王庙市场以及殊关庙新年的灯市、龙王庙附近绵延的鲜果市场和花市[④]。市场节点消弭了各个阶级对峙，促进沟通交流，小商小贩们游走穿梭在各个中市之间，自然成了传播地方新闻和谣言的使者，促进了城市彼此关联，进而塑造整体的汉口文化意识。汉口的市场也诱发服务人群的进一步集中，为各色人等提供了一个街道舞台：这里面有练功的、说唱的、乞讨的等等，形成一个大杂烩的世界，社会空间难以拆分，密集的接触促进民间的日常交往。

在阶级冲突出现的时候，起到解决冲突，化干戈为玉帛的功能，茶馆是一个典型的例子。汉口社会底层的日常生活的冲突基本都是依靠道德的评判和自身的调解进行的，呈现一种自组织的秩序。

旧时"无数茶坊列市闤"，并非只有闲人才坐茶馆，借以消磨时光，有事坐茶馆者，比比皆是。茶馆是个交易场所，很多生意是在茶馆里谈定的。文人往往借茶馆为聚会的场所，以茶当酒，谈古论今，吟诗对联，抒发豪情。生意场中，邻里之间，遇到了纠纷，也要请出中人，到茶馆来调停。《汉口竹枝词》

---

① 杨念群，王铭铭.空间、记忆、结构转型.北京：中国人民大学，2004.

②③④ William Rowe. Hankow: Conflict and Community in a Chinese City, 1796—1895. Stanford: Stanford University Press, 1989.

云："路旁何事苦相争，前面茶楼号味春。约得街邻三五个，是非且付大家评。"[①]旧时，汉口人每遇扯皮推诿之事争执不下，就说"上茶馆去"。在这里是非曲直由公众裁断，是亚共同体一种约束力，"是冲突解决或诞生的地方，也是新闻和谣言传播的地方[②]。

总之，汉口城市中的节点和聚会场所出入自由，保证了市民拥有一种丰富的公共生活；这些场所当然可以强化和巩固诸如乡党、同行、同阶级、同邻里的联系等，并且交流的频多，偶遇事件交替发生，缓和了阶层、团体的矛盾和对抗。总之，"汉口的空间特点反射和强化着这个城市异常的活力和大都会的味道。这些空间特点也在很大程度上帮助汉口形成了城市社区的氛围，以及这个城市的精英中的共同认知，并没有形成狭隘的邻里意识。"[③]

4）良性互动

如果说汉口是一个官方力量完全阙如的地方社会，也是不实之言。一方面汉口的地位日益隆重，官方欲纳入掌控之中，也不难看出官方的这种努力。清初在汉口市镇原有巡检司的基础上又加设了两个独立的巡检司分理市镇事务，又将汉阳知府同知分驻汉口市镇，同时汉阳知县也积极插手市镇管理。虽然由于彼此之间权属不明，叠床架屋式的管理反而造成彼此推诿的局面[④]，加上地方商绅能力的强大对于官方力量的深入常有抵牾之举，使得官方有所牵绊，但官方的影响依旧无法小觑；另一方面地方的秩序维护也常常需要借重官方的力量，例如房地产权的纠纷需要官方出面裁断，此外地方商绅也常要借重官方的力量塑造权威，例如徽商为维持自家街道清洁，借官方威严出示谕禁，水夫不得再于中途往来挑送，有碍行旅。[⑤]

所以官方与地方力量动态均衡，官方与地方不存在完全的上命下达，地方常鉴于自身利益的考量而命令有所不受，或自发组织争取利益与官方据理力争进行谈判，例如茶叶公所要求官方减轻课税，1886年公所针对关于茶商应纳的厘金附加"固本京饷"，因申请减少了5%，第二年，经谈判又减少了15%；而地方也需要借重官府的力量和威严协调诸如产权界定、地产纠纷等事务，如《汉口竹枝词》曰："虽小衙门多讼事，天天总有出签时。"所以毋宁说是民间和官方达成一种良性互动，尽管这或许并非官方所愿。

在19世纪晚期以前，汉口地方社会创设了在自治水平上以公共聚集方式来维持共同体的和谐，从而形成一种具有自治性质的商业社会共同体，这种具备自治能力的地方社会力量势均力敌，各自以同乡、同业为内核延伸关系网络形成类似晶体的结构（图4-3），笔者称之为自组织均衡的权力网络，其

---

① 民国初年湖北黄安人蔡寄鸥《茶酒楼竹枝词》。

②③ William Rowe. Hankow: Conflict and Community in a Chinese City, 1796—1895. Stanford: Stanford University Press, 1989.

④ 传统的城市管理对于商品化渐趋繁荣的汉正街的规范和治理能力是比较有限的。自清乾隆年间以来，清政府对于汉正街市镇的管理是一种叠床架屋但同时效率比较有限的方式。一方面，清政府在汉正街市镇原有巡检司的基础上又加设了两个独立的巡检司分理市镇事务，另一方面，又将汉阳知府同知分驻汉口市镇。巡检司为九品职位，但是却是礼部的正式职位，不仅有正式衙门，而且拥有百众的衙役和卫兵，职责在于缉捕盗贼，盘诘奸伪。同知为正五品，辅佐知府。后来又在市镇设立判署，正六品，也是辅佐知府；而汉镇之顶头上司汉阳知县也积极插手市镇管理，在汉正街区域派驻三名官员，分别负责预防洪水、保护港口控水设备和驻巡检司地域协助管理。1861年汉口开埠之后，管理层次更为复杂，在原有基础上，又派驻道台管理对外贸易。在这种管理机构运转多头操作缺乏有效联系的情况下，外来官员和短期任职对于市情的不熟悉以及缺乏管理一个商业化市镇的能力这些原因加在一起，使得城市管理一般限于基本秩序的维护和保障，不可能深入到不同行业内部，进行商业管理。

⑤ 原文如下：新街谕禁示特授湖北汉阳府正堂加三级军功随带加一级纪录十二次刘。特授湖北汉阳督捕清军府加十级军功加五级纪录十次木。为谕禁事。照得汉镇徽州会馆前面街道，为行人往来要津。故于街之左右，各开水路一道，一为挑水上岸，一为下河汲水。左右回环其间，使中道不淋漓。原以利行人而免拥挤，无如近今以来，挑水人夫，只图便捷，舍却水道，辄于正街挑走，沿途泼撒，清满街衢，行旅深为不便。合亟出示谕禁。为此，示仰该地保甲，及水夫人等知悉，嗣后尔等挑水人夫，上岸下河，务仍由水道行走。如敢故违，许该地保甲即行扭禀地方官，以凭究惩。倘该保甲人等，敢于籍端滋事，查出定亦并拿重究不贷。各宜凛遵，勿忽。特示。嘉庆五年二月二十五日示。引自[清]董桂敷．汉口紫阳书院志略．武汉：湖北教育出版社，2002.

类似于自然界生态法则，优胜劣汰，自我修补，内在循环。所谓均衡的权力网络既指社会力量在伯仲之间而达成的一种动态的恒定状态，民间力量此消彼长变化无居，但相互擎肘而各有所牵制；同时也指官方与地方力量均衡，官方与民间不存在上命下达的垂直管理，官方力量因而有所牵绊。

但是从1861年汉口开埠以后，西方列强坚船利炮打开汉口门户，带来社会深刻变革；太平军起义对于晚清帝国的打击无疑巨大，殃及汉口的影响也深远。汉口均衡权力的网络开始松动，战争导致官方日益强化汉口的控制，到张之洞督鄂，这种强度臻至高潮。

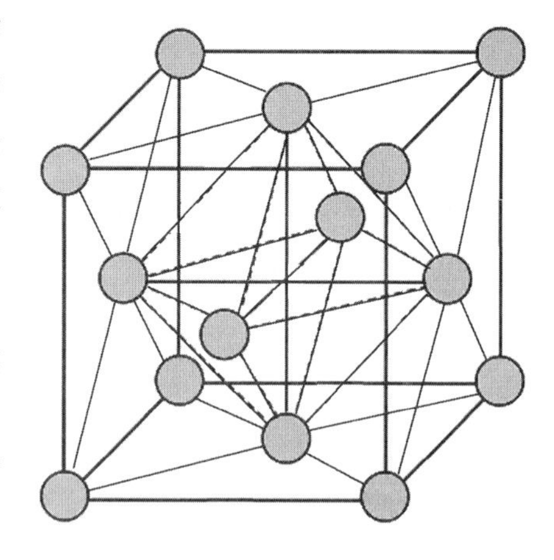

图 4-3　晶体结构的权力网络

4.3　空间结构与建设活动

4.3.1　地租与空间结构

城市空间结构实质上是土地的利用结构，而土地的利用结构市场条件下主要受制于级差地租。土地市场上对不同土地的需求和需求价格，形成了因土地位置的差异而导致不同的地租，即级差地租。由于级差地租不同导致地价不同从而导致土地使用方式的不同，通常城市中存在着地价的一条正常曲线，从“峰值点”向两边滑落，从而形成城市用地空间的圈层结构。但是土地地租价格并不是单靠经济因素，影响级差地租的因素林林总总不一而足，既有来自自然条件的因素影响，也有市场层面的经济原因，更有来自社会层面诸如文化制度、习性(habitus)[①]等等。

汉口就不是简单的圈层结构，其地租分布大抵汉口近正街的铺面房屋房租最高，是全镇商业精华所在，《汉口竹枝词》描绘正街“华居陋室密如林，寸地互传值千金”。此条街的房租分布也并不均质，最便宜的房屋如“基巷之上，永宁巷之下”的“正街中间老岸铺楼房屋”，“宽二丈三尺，深七丈六尺”，“每年租银二百九十二两，每月租银二十四两三钱，每平方米月租银约一钱三分[②]”。最贵的如“鲍家巷下首正街，河岸左首铺面一间，前铺后屋”，“宽一丈零三寸，深二丈六尺五寸”，“每年租银一百四十两，平均每月租银约十一两七钱，每平方米月租银达四钱三分三厘多[③]”。造成如此局面原因，主要有三个因素：

1) 杂锦之相

叶调元在1851年，曾经写道：“汉口寸土寸金”。十年之后，为了建设教堂前往汉口买地的传教士乔西亚・科克斯(Josiah Cox)向他在伦敦的教会写道，“不可想象地拥挤”。由于汉口土地资源稀缺，人口高度密集，土地的使用本就难以泾渭分明，圈层结构自然就难以清楚了然。罗威廉在他的研究中也指出：“当时店铺的建筑形态决定了当时的土地使用不可能有高度的居住与商业的区分。”汉口土地弥足珍贵造就了店铺房特色的建筑形式，“因为沿街的界面宝贵，店铺通常面宽很窄，进深很深；还因为地价太高，店铺通常是二层的。上面是骑楼，抢占在公共的过道上，最大限度地使用着空中的空间，同时还能让下面的行人通过。店主和家人通常住在楼上或后面，学徒和雇工就住在店内。”[④]

所有的房子“犬牙互参”，早在18世纪初，汉口当地的改革家们就抱怨建筑拥堵的结果是道路枝

---

① 布尔迪厄定义习性：可持续的、可转换的倾向系统，倾向于使被结构的结构(structured structures)发挥具有结构能力的结构(structuring structures)的功能，也就是说，发挥产生与组织实践表达的原理的作用，这些实践与表述在客观上能够与其结果相适应，但同时又不以有意识的目标谋划为前提，也不以掌握达到这些目标所必需的操作手段为前提(Bourdieu，1990)。

②③ 本书编写组. 汉正街的传说与典故. 武汉：武汉出版社，2002.

④ William Rowe. Hankow: Conflict and Community in a Chinese City, 1796—1895. Stanford: Stanford University Press, 1989.

蔓处处不通畅，不仅商车过不去，也有碍公共安全。任何多余出来的空地，马上就会被棚户、小贩，以及为自己工人工棚发愁的商家或者千方百计扩建的地主们立即抢去。地方官员的大部分时间都是花在有关地产界线裁定，防止道路侵占，协调地产纠纷上面了[①]。

2）屋脊之喻

据刘东洋先生考证（刘东洋，2005），最初四面环水的汉口最高点就是西起硚口东到集稼嘴的正街，高程在26米左右，南段的河街，北面的夹街、中山大道的标高，都在23米左右[②]。大水对于汉口人来说是家常便饭，《汉口竹枝词》记载，“玉带河边百万槛，北风吹水梦魂惊。可怜人逐波涛去，隐隐犹闻救命声。”又如“月余大雨如倾盆，檐际常闻瀑布声。汉水不消江水涨，人家百万水中萍。”汉口东西向街道只有正街、河街、夹街、长堤街几条而已，经常性的大水使得高程越高的街道价值越高。这几条横向的街道仿佛一个屋顶的屋脊和檩条，正街就是屋脊[③]。东西向沟通的街道两边地价都比较高，正街的地价就更是水涨船高了。

罗威廉提醒我们“远不可低估这样的空间分区具有的社会重要性”。在《汉口Ⅱ》中，罗威廉给我们大致勾勒出旧日汉口的空间格局：正街是“正街”，官街，上面的店铺主要都是大商号的门面以及会馆；沿着河街是各种分工明确的货物码头，密集的寺庙，集市；堤街这一带曾经是工人、锡匠、大众茶楼聚集的地方。在大堤上，在河滩上，在空地上，到处是临时的棚户。一如刘东洋先生所言：“在城市发展的历史过程中，一块土地上的自然标高逐渐通过这样或者那样的方式转化成为一种阶层或特权的标高。汉口的土地并不是均质化的，也不是被均质化地使用的。自然的肌理，最终会在社会的使用中呈现或转化成为社会性的地产来。”[④]

3）聚集节点

地租与聚集效应密切相关，聚集效应的差异是级差地租形成的主要来源。那些与生产紧密联系的码头、与生活息息相关的寺庙、与商品交易密切相连的市场等，成为人员荟萃的场所，这些场所地价自然出现峰值。所以汉口地价也呈一种“细胞化”的特点，人气旺盛区域的商业据点地价最贵，例如上文列举的“鲍家巷下首正街，河岸左首铺面一间，前铺后屋”租金最贵，就因其靠近集稼嘴码头又处于正街街口，是商业繁华的热闹地段。

其实芝加哥生态学派的伯吉斯的同心圆理论原本只是一种理想的原型，只因“执其一端不顾其余”，所以被后人诟病并加以改造，霍伊特率先发难认为交通是影响同心圆结构主要扰动因素，因而调整为扇形理论，哈里斯—乌尔曼多核理论也解释城市自身演化的合久必分的裂变态势，所以汉口这种地价的特征由于自然等多种因素扰动迥异于先声其实也不足为奇。尽管汉口土地圈层结构不甚明显，但还是存在土地的梯级层次使用，房产市场蓬勃兴起，也促进和强化了土地的梯级使用。罗威廉在《汉口Ⅰ》言道：“在汉口的土地使用中，能够看到某种程度的功能等级性。虽然绵延的正街还不能被叫做西方人的CBD，但它无疑是中心区。”同时许多节点的人流聚集效应也引发地价发生突变，从而呈现一条主轴和多个次中心的散点格局，并不缺乏土地使用等级化的综合体系。汉口土地使用模式显现出市场为导向的“理性化过程”，但是被自然要素以及所嵌入的文化体系的柔化的特征。

这种空间结构的意义在于，地租较高的区域往往建设活动处于一种相对有序的状态，是有组织性的规划建设，虽然不乏肆意加建行为，不过也有官方或地方商绅的控制制约；同时这些区域一般沿街都是面宽窄、进深深的店铺。而与之相对那些地租较低，甚至没有地租的一些未开发地例如河滩、沿河陡地，建

---

① William Rowe. Hankow: Conflict and Community in a Chinese City, 1796—1895. Stanford: Stanford University Press, 1989.

② 笔者考察了2000年汉正街地形图（矢量化），此数据可信，正街高程大约在26米左右，夹街在23米左右，不过中山大道的标高大致在24～25米之间，而沿江大道在也在25～26米之间，局部超过26米。由于中山大道是在原城墙基修建的，沿江大道由于抗洪也经历多次的修筑加高，所以其标高肯定要高于1861年以前。整体上正街的标高的确是区域最高的“屋脊”，所以刘东洋先生的屋脊之喻比较可信。

③④ 刘东洋2005年于华中科技大学系列谈话及讲稿。

设活动则处于无序和流放的状态。例如位于两江交汇的鱼肚部分，由于地势较低常沼泽一片，建筑活动一直没有章法可言，直到湖南宝庆人安居于此才有所改观。即便如此，由于内涝和历史的原因此处的街道颇为无序，这种影响甚至延续至今。

4.3.2 民间建设活动

没有资料表明汉口存在官方主导的全面的规划[1]，也没有任何的资料可以旁证其存在；而且上文也分析汉口官治纤弱势不能鲁缟，汉口原初又系荒滩非官地，规划师出无名，等到欲纳入掌控进行规划时已积重难返，所以可以肯定不存在官方主导的全面的规划。

但是并不意味着汉口不存在局部的事先规划及建设活动不受官方的控制，随着汉口纳入汉阳县管治之后，街市、桥路、城垣等事务是官方的职责所在，只是这种控制能力不能每每在兹，即便是控制其实也就是对地方需求的一种压制，其结果还是需求所致，换言之汉口地方建设是基于生产生活的需求的反映。

在汉口不存在大规模官方主导的规划模式，但是这并不意味建设活动是处于一种无组织和失序的状态。地方社会自治特点形成了以同乡会和同业会为主导核心的局部的有组织的建设，而官方主要是提供公共物品和必要控制，例如明朝崇祯八年（1635 年）汉阳通判袁焻主持修长堤，同治三年（1864 年）郡守钟谦钧主持修建了万安巷等新码头。

《紫阳书院志略》记载了汉口徽商系列建设的活动，本书择其重点记述，希冀从中窥见汉口地方建设活动之一斑。

康熙三十四年（1695 年），汉口徽商合力创设了紫阳书院（也称新安书院、徽州会馆或徽国文公祠）。据记载：康熙三十三年（1694 年），余姓以基地求售，因该地“适当汉脉中区”，徽州人自然有意购买，只是考虑到此处系弹丸之地，“不足以展祀事”。然而，或许是天赐良机，此时，与余姓接壤的各个业主得知徽州人的想法之后，纷纷待价而沽。于是，徽州人一概以优价购置土地，“纵横得地若干丈”，从而为会馆的兴建奠定了坚实的基础。徽州人在获得土地后，先是上报督、抚两院和汉阳守令，然后主测形胜，招募徽州工师，遵照徽州世族祠堂规制，庀材修建书院。之后陆续购置土地，时间从康熙三十三年（1694 年）一直延续到嘉庆九年（1804 年），获得更为宽裕的土地。

雍正十二年（1734 年），为防止“回禄”之灾，方便来往行人，徽州人在汉口还开辟了义埠（即新安码头），宽 2 丈 9 尺，石阶 41 级，上建魁星阁。据《马头基屋照》记载：汉口循礼坊二总正街下岸有一所楼房，房价 1360 余两，其价不菲，因其地处河滨，接连新安书院，是人烟稠密的通衢，徽州人为便利居民商旅，照价承买，拆造通河火道码头。建魁星阁目的许登瀛《魁星阁记》曰：“正欲使吾乡之侨遇汉滨者，父兄训其子弟，朋友勉其同侪，相与砥砺，切磋浸淫于诗书礼乐之中……”魁星阁的建立，成为汉口一个重要景观（图 4-4）。接着，又对会馆附近的街巷加以系统地整治。如新安街，在书院照墙之前，原名新安巷，颇为狭窄。乾隆四十年（1775 年），徽州人将之开辟成康衢大道，广 1 丈余，长 32 丈，两旁市屋都是书院基业，每年所获利润均归书院所有。再如东水巷名太平里，在新安街以东，嘉庆九年（1804 年）徽商买宅重新扩充，深与新安街相等[2]。

此外，徽商还通过官府制订了严格的规定维持自家街道秩序。如嘉庆五年（1800 年）二月二十五日《新街谕禁示》记载：汉镇新安街作为紫阳书院的甬道，上首水巷窄小，水夫往来，多由甬道，“日无干路，未能洁净”。徽州人认为，照墙前大街乃是书院的中衢，应当开朗、洁净。为此，他们通过官府出面，严禁在照墙新安街和新安码头等处摆摊挑水，并由伺役随时检查。当时还规定，照墙前的东西铺

---

① 这里的“规划”是指事先有所计划，并按照计划实施的过程与结果；“全面”是指大规模的整体的规划，而不是局部的小面积的建设活动，实际上汉口并不乏局部的规划。

② ［清］陶晋英等著. 楚书 · 楚史梼杌 · 湖北金石诗 · 紫阳书院志略. 武汉：湖北教育出版社，2002.

图 4-4　汉水码头门楼

这是建于汉水码头的一座门楼，虽然不是魁星阁，但从中可以感受其建构的空间表达势力、领地、秩序等多重含义。资料来源：哲夫，张家禄，胡宝芳编著. 武汉旧影. 上海：上海古籍出版社，2006.

面，也应当整饬清雅，不许住居家眷，"严饬绮罗锦绣之交错，玩好百物之灿陈"，如有不遵守规定者，即令其退屋另召。经过一番整治，徽州会馆的出路一带街道店面在汉口最显"冠冕"，道光年间的一首《汉口竹枝词》这样写道："京苏洋货巧安排，错采盘金色色佳。夹道高檐相对出，整齐第一是新街。"①

从这个事例可以看出，徽商的建设活动是一种自发的、目的性的组织行为，具有较自由的建筑权，取得土地的整个过程是漫长的，可见当时产权制度的严格，也使得建设活动本身是渐进式的调适过程。街道修建已经超出单纯的交通考虑而秉有了文化层面的含义。这种建设行为已经超出单纯的商业谋利的考虑，使得建设行为自觉地整合周边环境，甚至为展现本帮的"堂皇"而有一些"义举②"。街道的产生浸淫了当时地方文化，空间的架构也孕育和传承了地方文化。

由于各个帮派争长竞妍，互比财力，可以推测这种以帮派为主导的、局部的但是能够与周边环境调适的建设活动的频繁和普遍，当然建设或改造的规模与程度和财力以及自然因素、历史条件等多种因素有关。所以虽然汉口难有全面的建设模式，但是这存在一种自组织的、有秩序的建设模式。这种自组织建设是存在目标取向的，一是为展现本帮的势力，二是维护本帮的利益与安全，三是维护地方秩序。汉口人

---

① ［清］陶晋英等著. 楚书・楚史梼杌・湖北金石诗・紫阳书院志略. 武汉：湖北教育出版社，2002.

② "义举"在汉口地方社会是被推崇和鼓励的，从各类地方志，多有记载义举的人物和事件。汉口可以经常性看到一些公益性行为，比如《汉口县志》记载前清乾隆四年，邑人崔元文募修三善巷至艾家嘴大街，邑人徐谓捐建米厂新码头；《扬州府志》记载李茂是流寓汉口的扬州客商，他看到汉口人烟稠密，经常受到火灾的威胁，就出资买下民舍若干楹，在寸土寸金的地段，开辟了一里多长的永宁巷。王葆心在《再续汉口丛谈》中写道："吾观汉口有父子两世行义者，莫如邬光德、明适父子。"王氏援引通志稿孝义传，讲了一段邬氏父子行义的事迹。邬光德是汉阳人。雍正五年(1727 年)，是个歉收年，流民四集。光德建席棚百间，收容流民栖息，自己先拿出粮食来，再求官方赈济。曹庄受了水灾，他捐筑长堤数百丈，设义渡，建石桥，置义冢，隆冬施衣煮粥，以拯贫民。又捐田二十石，银数百两，作为普济育婴二堂的费用。汉口镇市廛稠密，一旦失火，蔓延不止。光德买下一些民房，进行拆迁，修通一条火巷，这就是现在的大火巷、大兴巷。乾隆十二年(1747 年)，立旌门表彰其义行。

员来自全国各地、五方杂处，各地已经成型的“市坊制度[①]”起到示范作用，一方面市坊制度迎合汉口市场体系，二则维护坊制有利于以会馆为单位商人安全和管理的需要，三是有资料表明官方也的确朝市坊制度方向努力。所以使得虽然没有全面规划却整体形态上显现“市坊制度”的迹象，例如经常看到以“坊”命名的地方。

事实上，各地商人对汉口空间的影响远不止于此，各地商人云集汉口并生根发芽的过程是彼此文化与当地文化相互碰撞及整合的过程，这当然包括建筑的型制与规格。商人进驻汉口，资本的大量进入使得房屋重建和改造成为经常性活动，而人员的涌进、土地需求的强劲使得房屋改造和土地利用细化成为必然。在频繁的修建与改造过程中建筑的型制和规格完成了一个再设定的过程，匠人们也逐渐确立一套规范和程序，形成驾轻就熟固定的技艺。而汉口巨擘的徽商建筑文化的影响显然不能忽略[②]。

那么汉口建筑的基本型制是怎样的？图 4-5～图 4-7 是清末的文庙、县署、会馆三组建筑的平面和鸟瞰图，可以说这三种类型建筑是汉口最重要的建筑类型，是当时建筑的集大成者，从中可以略见当时重要建筑的基本型制。可以看出都是数进院子组成中轴对称式的狭长布局，坐北朝南，可由前街直抵后街。建筑物有平房，也有楼房，围合成院落。

据此可以大胆推测汉口建筑型制基本特点就是中轴对称式的与汉水、长江垂直的狭长合院式型制。一方面与汉水密切的关系使得垂直于河流的道路密集，这种面宽较窄的型制显然更为契合；另一方面合院住宅渊源较为深远，合院符合中国传统文化和封建礼治，具有较强的普适性，使得大江南北的商人采用容易而自然；第三方面受徽派建筑的影响较大。从图 4-7 中可以看出山陕会馆作为山陕文化的代表也采用了徽派一些建筑元素，可以想见徽商文化对于汉口建筑型制的影响。徽州地区人多地少，土地宝贵，故民居主体建筑一般为合院型制，形式狭长，天井狭小，井窄楼高，光线为间接漫射光，较阴暗。这些徽派建筑特点都符合汉口住宅型制特点，正如叶调元《竹枝词》描述：“华居陋室密如林，寸土相传值寸金。堂屋高昂天井小，十家阳宅九家阴。”内有小天井，雨水都向院内流，所以这种住宅被称为“四水归堂”，寓意肥水不外流，也迎合了商人的价值取向。从《紫阳书院志略》契约交易中，描述房屋都是采用“几进”，也可以佐证狭长的布局。

另外前文也提到因居住在汉口的居民相当多数为商户，沿街商铺类型住宅较为普遍（图4-8），有的还是前商店后作坊，由于面宽珍贵，所以也是一种狭长的布局。商铺型住宅几乎占据所有人流较大的街巷两侧，这种典型民居一般为二层楼，有独特的晒台，以立帖式木构架为主体，砌以砖墙，冠以青瓦，在一二楼之间架一粗大横梁，并雕饰龙凤图案，涂以红漆；门柱、楼板和顶架为木结构，屋顶铺以瓦片；朝街门面多以店铺的形式用多块木板拼成，店门可全部卸下；也有外窄内敞式，即朝街面只开一扇

---

① 中国古代市坊制度有新旧之分，所谓旧者指兴于唐代，将“市”和“坊”严格分开并加以管理。通常“市”和“坊”是方形的，四周有围墙，并有市门。如唐代长安的东市和西市，分别设在皇城的东南和西南，各占两“坊”之地，平面近正方形，四面围墙各开两门。因此，城市被由若干“城墙”分成相对独立的区域。而新的市坊制是在此之后随着商业勃兴，自盛唐开始酝酿，经历晚唐、五代及北宋，随着商品经济的不断发展，而逐步导向深入，至北宋晚年卒致打破旧的市坊区分规划体制以及集中市制与封闭坊制的桎梏，初步形成新型城市商业网制和开放型坊巷制，以及市坊有机结合的规划体制，并从而革新了城市总体格局。据武汉大学博士魏幼红考证：明清地方志文献中所见的“坊”不再是一种由坊墙来界定其地域范围的居民聚集区，而有四种不同涵义：牌坊、街坊、乡坊之“坊”和坊图之“坊”；牌坊为位于街口巷首的标志性建筑物，多是旌纪人事；街坊延续唐宋“坊”之本义，是城市居民居住的地理单元；乡坊之“坊”可理解为与“乡”并列的“坊”，属于人文地理概念，指城内外的一定地理区域，而不是行政或社会经济区划单位；坊图之“坊”等同于里、图，内涵亦与图、里相同，为城市编户征役的基层组织。作为“地域实体”的街坊，其规模与形态较之唐宋有明显的变化。明清代街坊不再是封闭的方形区域，而是开放式的条形街区；坊的中心不再是居民居住区，而是街巷。而且，社会商品经济的发展使得城下经济繁荣，城外街区亦得称坊，坊的数目增多，规模较小。但坊的数量与城市行政等级之间并不存在明确的对应关系。同时，街坊虽不再具有城市行政管理功能，但依然在编制里甲时发挥着某种基础作用。参见其论文：魏幼红. 明清时期江西城市的形态与地域结构. 武汉：武汉大学博士论文，2006.

② 罗威廉在《汉口 I》记载，在 17 世纪后期到 19 世纪前期，徽商一直是城市中占支配地位的经济群体以及时尚风气的带头人，他们充分意识到这一点，并以此而感到自豪，并且特意尝试着去影响和改变地方社会方式与风俗。参见[美]罗威廉. 汉口：一个中国城市的商业和社会（1796—1889）. 江溶，鲁西奇，译. 北京：中国人民大学出版社，2005：279.

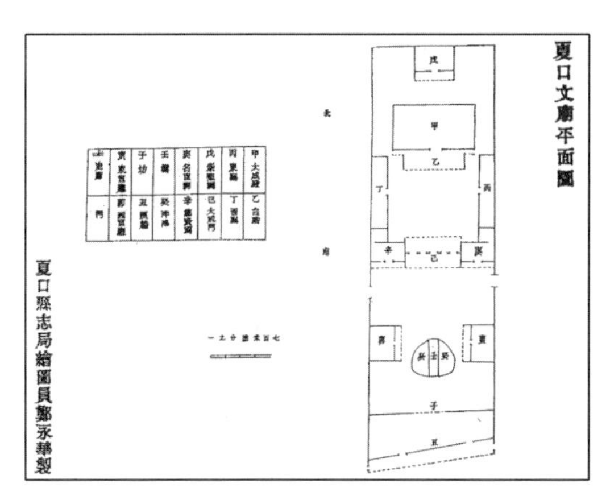

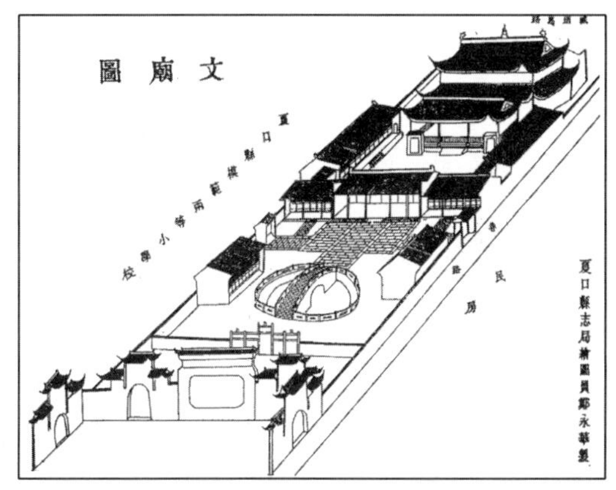

图 4-5　文庙平面和鸟瞰图

资料来源：[清]吴念椿. 民国夏口县志. 南京：江苏古籍出版社，2001.

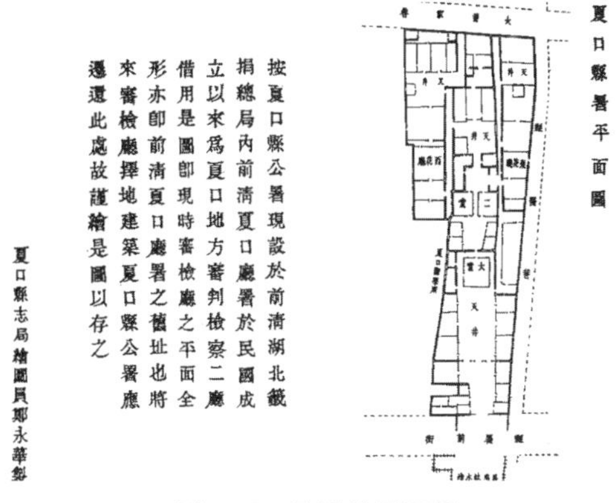

图 4-6　县署的平面图

资料来源：[清]吴念椿. 民国夏口县志. 南京：江苏古籍出版社，2001.

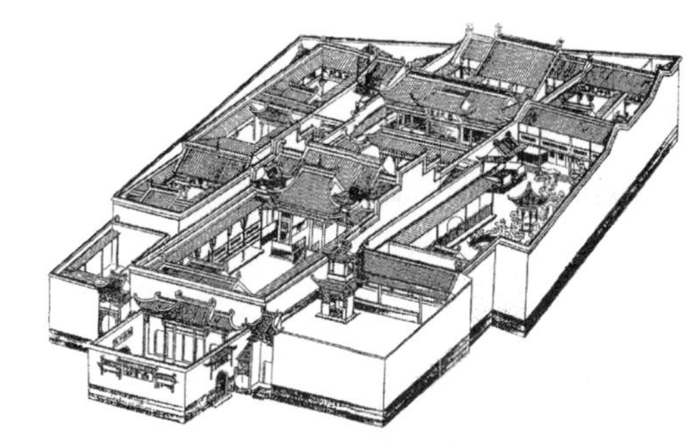

图 4-7　山陕会馆鸟瞰图

资料来源：刘富道. 天下第一街——汉正街. 北京：解放军文艺出版社，2001.

大门，上面布以铁皮、圆钉；大门两侧开窗户，入门后店堂内两侧设柜台。

狭长的房屋型制是汉口建筑的基本特点，规格化和规范化的房屋建造的确很大程度影响街道的形态，但也不能遽下断言说汉口栅格状的街道房屋型制使之然也，街道之于建筑的关系犹如鸡之于蛋，孰先孰后殊难定论。不过肯定的是，这种结果是长期多方面不断调适折衷的结果，是适合当时生产生活的最优解。如果说将管治阙如情况下民间自发建设活动定义为非正规性建设行为，那么这个时期的民间自发有序的建设活动可谓是一个最大的"非正规性"。

图 4-8　传统商住混合建筑

资料来源：李军. 近代武汉城市空间形态的演变(1861—1949). 武汉：长江出版社，2005.

4.3.3　房地交易

汉口具有一个非常活跃的房地交易市场，某些地产几乎几年就一换手，频繁的房地交易都有合法的文件记录。房地交易是房屋土地权益的转移，它是由契约所规定的，按成文法的固定规则确定的货币关系。房地买卖契约文书是一种民间房地交易中广为使用的文书，同时也是房地产权转移的法律文书，分为官契和民契，契约在城市房地买卖中是重要凭证。

户部是清代城市房地交易管理的中央决策机关，对房地管理施行宏观的管理，其政策与方针的推行与落实，还有待于各城市及地方政府来实行。满清一代，无严格的司法与行政的分工，因此房地的基层管理主要还是围绕着省、府、县衙门而展开。在各直省，主要由布政使行使房地、契税等方面的管理，汉口一级城市则主要依靠保甲制来执行。

民间典卖房地，保甲长作为官府在基层社会的代理人，承担了官府在房地交易管理上的部分职责。保甲须在契约签字画押，一旦发生产权纠纷，起管理调节作用。在清朝初年的官文书中就有了“责成坊长、里长、纪牙行”或“严令各属责成里甲牙行”字样。立契交割，须有总甲、房牙、立契人等签字画押。

产权的基本单元是地块，地块通常不是以面积的形式界定，而是以边界的形式出现(就是俗称的“四至”，对四周边界有清晰的界定)(图 4-9)。产权同时要受保甲制度和邻居的确认，并且在官府有存档，如遇天灾人祸，房契或地契丢失可到官府查底，一旦整个家庭无一幸存，可以传继给亲朋。亲朋无处寻觅，街坊邻居则有优先购买权，这在很大程度上能够平息纠纷、维护街邻之间和睦。契约可以很简单也可以十分冗长，但要注明地产的细节，以及交易的原因和过程，下面一则房产交易契约，摘自《紫阳书院志略》，是记载徽商购买朱坤林和其仝侄朱清泉一所楼房的契约，从中可以看到交易制度之一斑。

图 4-9 地界

地界标志在现在汉正街随处可见

立杜卖基房文契人朱坤林，仝侄清泉。有自髓土库楼房一所，并边厢平屋一间。四围墙垣石脚基地，鼓皮，门窗，及一切浮装俱全。坐落循礼坊四总。前至街心，后至本宅墙脚，左至街心，右至本宅墙脚。四至清白。今因移业就业，伯侄好作商量，先尽亲族，并无承买。请凭牙中说合，情愿卖与文公书院为业。当日得受时值价银足纹二百五两正，答贺表劝起神下匾折席小礼，一并在内。系伯侄眼同亲手收讫。此系自卖自业，遵奉新例，永远杜绝。自卖之后，听从书院移旧造新，倘有原业藉端及不明等情，尽是卖人承当。其门摊地粮听凭更名完纳。今欲有凭，立此文契存照。雍正八年八月立。大卖文契人朱坤林同侄清泉押。

另外，据罗威廉考察，当时汉口地产的租赁也十分普遍。在有关汉口的多数记录中，基本上是一个地主买下某处开发好的地产然后出租给某个生意人或一些居民住户。有时也会有某个投机商自己长期租下某个空地，自己开发后，然后租给别人。下面一则是载于《紫阳书院志略》中徽商为了维护自己家业，特作一公开印刷房契，以确保产权明晰，里面也顺带提及租赁一事。

特授湖北汉阳府正堂加五级纪录十次又军功加一级纪录二次明。为呈簿请印给示勒碑，以便稽查，以垂永久事。据新安书院绅商士庶汪湘、汪相、余兆昆、余大晶等呈称“窃汉镇新安书院，供奉文公，历为徽郡士商公所。置有基地，市屋司事。轮年承管收取租息，以备春秋二祀之需。自康熙七年，至乾隆六十年，先后买置公产契约六十七纸。唯恐年代久远，契约繁多，辗转流交，或有遗失散漫，无凭稽核。谨将各契汇录成簿，呈请钤印发执，卑有稽查。并恳给示勒碑，用垂久远。庶公产无虞，废失客民永戴鸿慈”等情，据此，除将呈到抄簿印发外，合行给示。为此，仰该书院绅商士庶人人等知悉，嗣后书院公产契约，遇有司事交替，均须按簿点收，秉公承管。如有遗失散漫，许即执簿鸣官，以凭查究。各宜凛遵，毋违。特谕。嘉庆四年六月二十日示。

罗威廉也指出，汉口大部分地带是被某些并不居住在那里的地主拥有着。例如，在新火街一带，在太平天国之前，就多是由江南的商家占据着，太平天国之后，江南的商家撤走了，却一直保留着店铺的所有权，只是把店铺转租了出去而已①。这说明汉口也存在较大地块的产权，这为开埠以后地块整体开发提供了可能性。

高回报的地产和房产投资，客观刺激了地产市场活跃，罗威廉在《汉口Ⅱ》中曾提到，一位名叫陈普仙的山西布商在 1870 年就曾拥有多处地产，包括在财正巷上一处 30 多个店铺组成的一个街坊，价

① William Rowe. Hankow: Conflict and Community in a Chinese City, 1796—1895. Stanford: Stanford University Press, 1989.

值高达800两银子。1873年因为他存钱的银行倒闭造成自己巨大的原本利润可观的产业瓦解，而他自己几乎全靠地产上的收入来渡过难关。

汉口存在一个界定森严的产权制度，私人产权者狂热地捍卫着自己的地产使之合法化，严格的产权制度在很大程度上维护了空间格局的稳定。产权明晰维护了空间格局的稳定，客观上也促进了房地产的兴盛，使得用地方式处于一种动态的流变当中，街道也处于稳定但不乏动态的调整当中，这种动态的调整显然有利于街道的使用方式不断趋向于优化。

4.4 浮世绘

4.4.1 丰富的街道图景

巨镇水陆通，弹丸压楚境。南行控巴蜀，西去连鄢郢。人言杂五方，商贾富兼并。纷纷隶名藩，一一旗号整。骈骈驴尾接，得得马蹄骋。傍傍人摩肩，蹙蹙豚缩颈。群鸡叫咿喔，巨犬力顽犷。鱼虾腥就岸，药料香过岭。黄浦包官盐，青箬笼苦茗。东西水关固，上下楼阁延。市声朝喧喧，烟色昼暝暝。一气十万家，焉能辨庐井。两江合流处，相峙足成鼎。舟车此辐辏，翻觉城郭冷。

这首诗是查慎行(1650—1727)所书，描写汉口商业繁盛，五方杂处，房屋鳞次栉比，街上车水马龙，人流如潮的景象。

人流密集、房屋杂沓、大小的巷子七拐八弯、横竖穿插，密集喧闹是首先的感官特征。《汉阳县志》记载说："沿岸居民蜂攒蚁聚，其舟居者鱼鳞杂沓，曲巷小口通道，辄十室之众纷然杂处。"[①]胡克神父在开埠之前十年曾造访于此，他也发现这个城市"异常的喧闹……在汉口的各个角落，到处熙熙攘攘，人群是这样的拥挤，以至于要想穿过他们中间寻觅去路必须费很大的劲[②]"。学者S·威尔斯·威廉姆斯依据中国人和早期传教士的资料，在1850年写道："只有伦敦和江户才能与汉口相比，中国再也没有另一个在同样的面积里居住着同样多人口的地方了。"[③]"在汉口大街上行走，停下来就会找不到你的向导。摆脱这种困境的唯一办法，就是以敏捷的步伐不停地走。"[④]W·阿瑟·考纳比(W. Arthur Cornaby)也写道：汉口的主要大街足有30英尺宽，可沿街两旁被无数的货摊和铺台占用了，剩下的地方就像伦敦桥的人行道一样拥挤；除了步行者，有乘轿子的，偶尔也有坐在手推车上的和骑马的[⑤]。

这个城市到处都很狭窄而不规整，但是密集带来的直接结果就是极大的丰富性，一种混合的图景，一种异质的拼贴，一种极大的丰富的场景，容纳五颜六色的景观，五花八门的活动，"景色、声音、气味，以及总体的刺激融合在一起，令人陶醉。"[⑥]时间在此褶皱，空间在此累叠。

在这里，街道是商业的空间，市场衍生了无数行当，百业杂处，三百六十行各司其职，它们区位竞争、合离无常，造就主次有序而又界限淡漠的景象。

中心区位的是"街道宽平，尽铺磐石"的正街，最壮观当属风格各异、气势恢弘的寺庙、会馆，汉阳府同知署衙(驻正街附近的四官殿)。更多的是街上布满的各种商店，招徕旗子迎风猎猎，星罗棋布；堆栈店房，鳞次栉比，有银楼、药材、匹头、海味；有官钱局、钱庄、字号、票号，不胜枚举。沿街的商号多为一层或二层楼，砖、瓦、木为主要建材，墙壁由红砖、青瓦砌成，以三合土作胶合。门柱、楼板和顶架为木结构，屋顶铺以瓦片(图4-10)。"商店没有很宽的开间，可是很多商店进深很长，它们让人联想到

---

① 参见1818年(嘉庆二十三年)《汉阳县志》卷七：20-21.

② 胡克(M. Huc). 中华帝国旅行记. 纽约，1859(2)：142.

③ S·威尔斯·威廉姆斯. 湖北地形. 中国知识库，第19期(1850)：101.

④ 加尼特·J·沃尔西里. 1860年与中国的战争纪事(伦敦：1862；特拉华，威尔明顿：1972年重印)：385.

⑤ W·阿瑟·考纳比(W. Arthur Cornaby). 漫游华中. 伦敦，1896：39-40.

⑥ [美]罗威廉. 汉口：一个中国城市的商业和社会(1796—1889). 江溶，鲁西奇，译. 北京：中国人民大学出版社，2005.

与其说是商店，不如说是拱廊。平板玻璃还不为人所知，一些商店装有光滑的百叶窗；许许多多的窗子都面对大街敞开着，经过时瞥一眼，就能看到商店里许多的货物和顾客。”[①]所到之处，触目所及，都是一种视觉应接不暇的餍享。

由袁公堤发展而来的长堤街也是比较繁华的路段，《汉口竹枝词》说：“堤之上下，民居店面不齐……悉是木货、铜烟袋等店，椎斧之声日夜不息”，沿袭了商店和手工作坊相结合，前店后作坊的经营方式。

图 4-10　丰富的街景

资料来源：叶调元. 汉口竹枝词. 徐明庭，马昌松，校注. 武汉：湖北人民出版社，1985. 一书的附图。

汉口是市场的结果，作为一个“经济景观”，空间体系格局是地域中各种市场力量相互交织在一起的大规模集中而形成的必然结果。聚集效应、市场分工以及专业细化使得各类专业性的商业街道举不胜举，与纺织业有关的如棉花街、白布街、花布街、衣服街、袜子街、绣花街，还有纬子街等；与印染业有关的靛行街；与土木建筑业有关的砖瓦巷、板子巷、芦席街；与五金业有关的打铜街、剪子街；与制革、山货业有关的皮业巷、油皮巷等。还有些街巷虽然不以经营的手工业取名，却取其制作时的声响、火光命名，别有韵味。如大火巷多铁匠铺，取“红炉当街，火光四溅”之意；万年街多制皮鼓、弦乐作坊，因乐声不绝于缕，取“万年长乐”之意；打铜街是专门生产铜器的专业性街道，小街热闹非凡，终日捶打之声不绝于耳。来回走动的小贩们敲击着特制的小皮鼓、拨浪鼓、铃铛、铜锣，叫卖他们的小东西，萦绕不绝；丰富的声响来自四面八方，充斥耳朵，余音绕梁。[②]

在这里，街道也是日常空间，市民住宅遍布市区，在正街的后面形成密集的居民区。居民的住家和街面经常只有一个门槛之隔，因此街道的活动很容易和市民的日常生活联系在一起，邻里之间交流无碍，居民喜欢坐在沿街的门口，在傍晚的凉风中彼此交谈。日常用品借进借出，无聊时的飞长流短，困境时嘘寒问暖，顺境时欢乐分享，或许，我们可以从今堀诚二（Imahori Seiji）描写北京的笔墨来描写这里：“街巷不是大马路，而是由两侧家庭组成的社会[③]”。

街道也是庆典空间，任何人、社会团体和组织都可以在街道举行诸如戏剧、游行、庆典等活动，不需要当局的许可，正如 C・吉尔兹（Clifford Geertz）所指出的：“仪式不仅仅是一种表达，而且是社会交往的一种形式。”这类活动需要大量的金钱、劳力、协调和沟通。一些学者指出，社区共同体利用节日活动去建构地方团结和秩序的形象。庆典仪式还表现了宗教对地方社区的控制，以及地方社会与国家文化的关系。街头的庆典有的反映了宗教信仰，有的提供了娱乐，有的具有经济功能，有的防灾祛病，有的与自然和环境有关，有的同社会习俗相连。因此，公共庆典是培养城市市民身份认同最有力的工具之一[④]。

凡此种种不一而足，总之“无休止的嘈杂声，明亮的灯光，丰富的商品，油漆的船只，街头艺人，富丽堂皇的行帮会所，东倒西歪的小屋，奇异的芳香，各种家畜，最重要的还有形形色色的人群，这一切的确使这个城市像一个欧洲人概括的那样，是一场精彩的杂耍[⑤]”。

---

① W・阿瑟・考纳比（W. Arthur Cornaby）. 漫游华中. 伦敦，1896：40.

② 皮明庥. 近代武汉城市史. 北京：中国社会科学出版社，1993.

③ 转引于 William Rowe. Hankow：Conflict and Community in a Chinese City，1796—1895. Stanford：Stanford University Press. 1989.

④ 王笛. 街头文化——成都公共空间、下层民众与地方政治，1879—1930. 李德英，等译. 北京：中国人民大学出版社，2006.

⑤ W・阿瑟・考纳比（W. Arthur Cornaby）. 漫游华中. 伦敦，1896：39.

4.4.2 混合的街民

尽管通常认为，货币经济的高度渗入和近代早期所特有的新商业形式造就了城市社会特权阶层，从而带来了阶层分异和阶级的对峙，决定社会等级的因素被认为是纯粹的经济对抗，例如：乔治·路德(George Rude)即沿用丹尼尔·德福(Danlel Defoe)的说法，认为现代早期的伦敦有六个等级的"阶级"层次，并简单地将此种等级差别归因于他们的经济生活水平①。但事实上，由于绝大部分劳动组织是以贸易或同乡纵向关系建立的，同时共同的信仰缓和了阶级对峙，正如罗威廉《汉口Ⅱ》所说，"无论如何，没有证据表明：汉口那些具有特权阶层限制的形成，伴随着重要的冲突或劳动纠纷。""正向工业化世纪迈进的这个城市中'阶级'更为普遍的作用：它慢慢地开始在界定一个人之社会身份、确定社会冲突之范围界线等方面，具有一定意义，但毫无疑问，相对于建立社会组织的其他类型的原则和标准而言，"阶级仍然处于次要的地位。"②

社会阶级对峙不严重、社会排斥较少，官方底层控制孱弱，形成街民公平占有街道，他们各自怀着生活的目的以街道为根据地或谋生或谋利，《夏口县志》记载汉口居民的从业状况是"多事贸易"，所谓"贸易"，包括的范围十分广泛，占主导地位的是商业、运输业和手工业。在从业人口中，大商人、小商贩、水手、船夫、码头工占绝大多数，与此相适应的是在这个城市里，为这些不同阶层服务的各类行业非常兴盛。从表4-3来看，占据街头的主要是小商小贩、工匠苦力、民间艺人、边缘游民等，街道从而幻化为街头市场、街头作坊、街头舞台、谋生场地等不同空间。

表4-3 汉口居民从业状况

<table>
<tr><th>大类</th><th>占比</th><th colspan="2">细类</th></tr>
<tr><td rowspan="2">专业人员</td><td rowspan="2">5%</td><td>政府部门</td><td>官员，编外的上层行政人员，胥吏，职业性的安全保卫人员</td></tr>
<tr><td>社会部门</td><td>职业文人(老师、生员、艺术家、作家)，上层管理者(绅董)，医生，牧师，僧人，占卜者</td></tr>
<tr><td rowspan="3">商业人员</td><td rowspan="3">30%</td><td>个体批发商</td><td>商品经纪人，代理人与批发商，钱庄主，批发坐商，批发行商，代理人，买办</td></tr>
<tr><td>个体零售商</td><td>零售店老板，放小额高利贷者，饭店老板，摊贩，游动小商贩</td></tr>
<tr><td>雇员</td><td>账房先生和学徒，商业劳动者</td></tr>
<tr><td>运输人员</td><td>30%</td><td>运输代理</td><td>船主与水手，长途挑夫，从事当地运输的驮夫</td></tr>
<tr><td>制造业人员</td><td>10%</td><td colspan="2">工匠，手工作坊的学徒和雇工</td></tr>
<tr><td>建筑人员</td><td>10%</td><td colspan="2">技工，建筑学徒和工匠</td></tr>
<tr><td>农业人员</td><td>5%</td><td colspan="2">土地耕作者，牲畜饲养人，渔民</td></tr>
<tr><td>边缘人</td><td>10%</td><td colspan="2">保镖，看门人，家仆，奴隶，艺人(演员、街头卖唱的人、妓女、说书人)，乞丐，罪犯与地方无赖，无业者</td></tr>
</table>

资料来源：William Rowe. Hankow: Conflict and Community in a Chinese City, 1796—1895. Stanford: Stanfold University Press, 1989.

街道是小商小贩叫卖歌者的世界，"肩挑入市力能胜，巷口铺摊卖亦曾"，巷口街头成了市口与叫卖之地，铺摊也不受限制，一巷之中，巷口临街，人来人往，是做生意的好地方。无论是窑货瓷器，还是白果红菱，裁衣典当，都是可以营生的。街头物品极其丰富："白纸扇头行革字，吴绫套裤锦镶鞋"；"洋货新奇广货精，繁华不数汉东京。"③臂挎竹篮，声声叫卖，如卖炒米花的、卖糖葫芦的、收旧货的、炸炒米的、瞎子算命的，真是三教九流，无奇不有，而吆喝声是各不相同的，小贩们的叫卖声构成"城市之

①② 转引于 William Rowe. Hankow: Conflict and Community in a Chinese City, 1796—1895. Stanford: Stanford University Press, 1989.

③ [清]范锴. 汉口丛谈. 江浦等，校释. 武汉：湖北人民出版社，1999：205.

音”为城市生活带来极大的生机。无数的街头商贩与固定的商店将街道连接起来，极大地扩展城市的商业空间，汲汲于生存，也为城市带来勃勃生机，为市民日常需求带来便利。

街道是工匠苦力谋生的作坊，这些凭借技术和力气维持生计的手艺人也是街头活跃的因素，长堤街铁匠铺叮当不绝于耳，出力时的大声吆喝此起彼伏，构成声色俱佳的生活场景。他们依据市场的需求，制作各类用品，满足了汉口的五花八门的需求。物流周转的需要，汉口的船夫、挑夫、驮夫，人数众多，他们不仅是地理上的流动者，也是职业上的流动者，他们随遇而安，大多别无长技，生活艰苦，过着朝不保夕的日子，其中成为汉口一景的当属挑水夫——市民的日常生活深深依赖。挑夫从汉水汲水，卖水成为一个常年不衰的行业，汉口的大水巷就是专门供卖水人的水担和轱辘送水的通道，所到之处，终日是湿地，徐志的《竹枝词》曰：“九达街头多水巷，炎天时节不曾干。”

街道也是民间艺人表演的舞台，在露天市场、酒店、茶馆等场所，有形形色色的流行娱乐节目和表演者：街头卖唱的、演艺者、吟夫、说书人等，《汉口丛谈》曰：“娈童俊仆更优俳，五五三三处处偕。”汉口独有的最显眼的是一种“唱婆子”，她们是职业的民间艺人，常常穿着黑色的衣服，涂着白脸，挎着竹篮子，打扮得像是走街串巷的女裁缝[1]，口头传媒不仅充当通俗文化和时事新闻的传播工具，也可能被谨慎地用于价值观念和信息的传播[2]。重要的节日就更为热闹了，新年、清明、端午和中秋节，按惯例，雇工们会有几天假，整个城里会放鞭炮、挂灯笼、装饰店面，有各种各样的赛跑、跳舞及高跷戏，居民和来访者聚集在市区不计其数——“各个阶层的人们似乎都能挤进去热闹整个通宵[3]”。

街道也充斥乞丐、妓女等城市边缘人，本雅明(Walter Benjamin)称这些人为游手好闲者，也是逍遥法外者，街道包容了这些逍遥法外者，乞丐生长在街道上，如同街道的物什，妓女隐藏在街道昏暗的阴影下招徕过往。“汉口青楼，有官私之别。上路以义和轩巷，下路以青莲楼为著名。义和轩巷近已阒寂，皆散处于巷之后街间，暗室低楼，郑声齐语，琵琶一曲，灯火留髡，所谓宜夜不宜昼也。”[4]皮肉生日的红火甚至诞生了“皮条客”名曰：打枪者。据《汉口丛谈》记载：“每至傍晚，有游手务闲者，名曰打枪，暗伺客过，辨色而起，蹑踪来问，必盛称某家有绝妙佳丽，可以歇足，闻者艳之，随其纡径而往，款门以入，一一出见，合则留，不合则去，略为赏给打枪者，虽历叩数扉，引走不倦。”[5]各色人等街道不吝啬胸怀，将他们一一包容。

清代汉正街(余熙摄自荷兰)

图 4-11 汉口混合多元的街民

来源：余熙摄自荷兰，转引皮明庥. 武汉通史，晚清卷(上). 武汉：武汉出版社，2006.

全城的商业和居住区域并不隔离，任何地方都是居住区，这样一个居住模式决定了汉口市民和街道的密切关系。由于室内空间非常小，所以诸如吃饭、做手工、休闲等日常活动，都不得不在室外进行，那些背街狭窄的街巷，更是常常塞满了货摊、小贩、桌子、临时搭的棚、居民等。

总之，中央集权在地方的松弛以及保甲制底层纤弱，传统中国城市缺乏正式的市政管理机构，由此而产生的地方自治使社会各个阶层的成员都能较为平等地使用公共空间。民众不分等级在街头自

---

① 范锴在《汉口丛谈》描绘，“大智坊各行寓中，商贾杂处，时有少妇，青衣布素，手挈竹篮，入市若缝纫者，实善歌小调也，名曰唱婆子。‘黑漆包头白粉腮，竹筐携去店门开。等闲爱听清平调，十个金钱唱一回。’”引自[清]范锴. 汉口丛谈. 江浦等，校释. 武汉：湖北人民出版社，1999：204.

② 19世纪60年代，在由地方士绅发起的一场反鸦片的运动中，就曾使用歌曲来描述鸦片的罪恶，并且把印有歌曲的小册子分发给城市大多数唱流行曲的艺人。

③ William Rowe. Hankow：Conflict and Community in a Chinese City，1796—1895. Stanford：Stanford University Press.，1989.

④⑤ [清]范锴. 汉口丛谈. 江浦，等校释. 武汉：湖北人民出版社，1999：512，532，208.

由从事各种休闲和商业活动，与他人分享诸如街头巷尾、广场、庙宇、桥头、茶馆、酒楼这样的公共空间。在外来人眼中，“街头总是充斥着行人、轿子、推车、凉棚幌子大招牌旗子把狭窄的街道挤得水泄不通[①]”。《汉口丛谈》亦曰：“桐油竿子大青牌，煤炭炉中小曲醅。囊便可沽赊亦好，无人不上酒楼来。”尤其到了节日汉镇于元夕前后，“灯市颇盛，刻翠镂花，裁云缀鸟，极为斗工争巧，半属武昌渡江而来者。耕云有诗云：‘上元将近月波澄，人集江头语沸腾。竹马鳌山争上市，梅花风里卖春灯。’”[②]

街道与人们的生活、生产的关系十分密切，街道是生活世界，是生态完好、人际关系和睦、社会网络亲密、关系复杂稳定的社会(图 4-11)。

4.5 街道形态的演变过程

汉水改道后，为避江上险风恶浪，船舶纷纷在汉水北岸停泊，汉水上游是汉口最初的发源地，《夏口县志》云：“鄂中物产最饶之区推襄河沿岸，故当开辟市场之始即定于襄河沿岸一带，盖一以扼上游之津要，一以便商船停泊避风涛之险。”[③]街道最初的开端也位于上游，原初居民是沿河择生活生产两便之处而居，因缺乏官治街道的组织是在先有房屋基础上踏践而出。

随着人数频增，房屋密集起来。由于得江汉交汇之利，水运贸易为第一要义，沿河自西向东码头[④]依次诞生，码头决定了生活的形态和轨迹，房屋组织以码头为导向兼顾自然条件大致沿河延绵而下，以线性的方式增长，道路自然也如影景从平行河道蜿蜒而下形成河街。到了后来，人口密稠，房屋选择向腹地发展，由码头发展到河街，又由河街发展到正街、夹街。生产生活模式决定与河流联系须臾不可分，为便于沟通纵深，垂直于河道的纵向街巷应运而生。码头城市注定汉口的使命是完成货物转运、交接、疏散以及由此形成的服务体系，纵向街巷的密集程度显然和疏散能力息息相关。汉口的发迹源于汉水，与汉水密切的生产生活关系可谓是“河与身”的水缘空间的共体生活世界。汉口的街道和汉水息息相关的性格与生俱来，所以即便后来变化挪移依旧不脱如此窠臼。

至明代中叶，汉口已经成为规模可观的市镇。汉阳县在汉口镇设巡检司，下设居仁、由义、循礼、大智四坊管理汉口，保甲制度也在此确立多时，然而主管官方身处一水之隔的汉阳管理松弛，并且街道格局基本已定控制极为有限，所以汉口街道大抵因了市场自发调节、民间自组织力量以及官方有限的控制蜿蜒变化。

由于汉口腹背受水夹击，累遭淹浸，明朝崇祯八年(1635 年)汉阳通判袁焻主持，在汉口筑了一道长堤，上起硚口，环绕汉口镇北，呈半月形，东至堤口(今王家巷)直抵长江之滨，堤长约 10 余里。初时称之为“袁公堤”，后叫“长堤”，这就是长堤街的前身[⑤]。自此汉口水患相对缓解，城市发展相对稳定，而城市扩展也从此困囿起来。

为了修堤取土，也为排除内涝，当时环绕堤外曾挖了一道宽约 2 丈的深沟，西由硚口引入汉水，东至今江汉区王家巷港边地带通往长江。这条深沟因沿堤回曲如襟带，故称之为“玉带河”。居民沿“袁

① 王笛. 街头文化——成都公共空间、下层民众与地方政治. 1870—1930. 李德英，等译. 北京：中国人民大学出版社，2006：52-55. 这种描绘程度街道文字可以比拟汉口。

② [清]范锴. 汉口丛谈. 江浦，等校释. 武汉：湖北人民出版社，1999：512，532，208.

③ [清]吴念椿. 民国夏口县志. 南京：江苏古籍出版社，2001.

④ 汉水北岸，有八码头之说。此说有徐志和叶调元的竹枝词为证。徐志写道：“石填街道土填坡，八码头临一带河。”叶调元写道：“廿里长街八码头，陆多车轿水多舟。”何谓八码头，叶氏注释为：“一云艾家嘴、关圣祠、五圣庙、老官庙、接驾嘴、大码头、四官殿、花楼为八码头。一云每坊上下二码头，四坊合而为八。”廿里长街也好，八码头也好，都不是实数。按 1920 年刊印的《夏口县志》，是时，汉口镇东西长只有 13.16 华里，没有 20 里那么长。而码头却远远不止 8 个，至少还有杨家河、沈家庙、宗三庙等一些大码头没有列入，而众多小码头都没有计算在内。

⑤ 长堤街在旧汉口镇的历史上，是仅次于汉正街、黄陂街的一条主要街道，路宽约三四米，可通车辆，两旁主要是各种手工业作坊和行、店、小商贩经营之处，店铺林立，颇为繁盛。一般多为砖木结构的二层楼瓦房的店铺门面，至今仍有少数旧房遗迹。

公堤"筑屋居住，并向玉带河两岸扩展，玉带河上便陆续架设起数十座桥梁，其中著名的有万寿桥、燕山桥、多福桥、卧龙桥、飞红桥、六渡桥、广益桥等。经年累月，堤岸逐渐化为道路，玉带河也因硚口上首淤沙，与汉水截断联系，居民纷纷建屋于其上，演化为居民密集区①。为抵抗洪水侵犯而筑长堤、挖玉河对后来街道的影响深远，这些历史痕迹即便今天依旧宛然。

17 世纪中叶，汉口开始陆续出现各类团体组织，各个以会馆为中心的帮派力量逐渐强大起来，他们之间竞争激烈，分割市场，彼此之间壁垒森严，形成了湖南帮、宁波帮、四川帮、广东帮、江西帮、福建帮、陕西帮、山东帮、徽州帮、河南帮、云贵帮和天津帮等。汉口社会人员依族群而聚集，化为空间斑块，这也反映在街道之中，街道往往化为分隔的界限，街道的形态也常常左邻异于右舍。但共同的生产方式、生活方式，同时存在大量频繁交往的节点以及信仰共同体的柔化，慢慢淡化森严壁垒尤其是社会阶层之间的严重对峙，空间斑块亦趋进同质化，街道也渐现统一的性格。

在各个帮派彼此间相互竞争中，地方社会形成力量在伯仲之间的动态的晶体状社会关系网络，维持汉口秩序运转，与官方也处于良性互动之中。这种均衡的社会关系网络也是长期的累积结果，实则也是一个整序的过程，在此过程中，汉口建设逐渐整序，建设型制和建设行为逐渐规范化，居民、工匠在共同的信念舆论中共享某种环境知识，无需明文规定却可以恪守这种约定俗成，可以说是生产生活实践的必然结果导致了街道统一的肌理。他们通过会馆、寺庙、街道等空间位置的特定化来表现权威、秩序，空间的组织方式可以确保某种目的(权力、礼制、教化)畅通无阻，从整个社会机体直到社会最小的组织部分，这使得汉口社会的秩序体系得以巩固。街道生成不是在某单一目标的操作下进行，它的发生和发展出于多种使用的需求，既适应于多种需求又带来了需求和利益的再分配。

长期囿于方寸之间，土地资源紧缺，在市场机制导向下，房地产迅猛发展导致土地的高强度和梯度使用，困囿的结果使得城市空间加密，造成道路密集纷歧。市场的调节并没有造成普遍意义上的圈层结构，究其原因首先便是洪水威胁，汉口自然的地形大致呈屋脊之形，正街最高，两侧渐低，洪水长期侵袭使得屋脊正街地价飙升，所以自然标高转化为社会标高，正街皆为会所、大的商号、官署、庙宇。其次是文化传统和生产生活方式影响，大量的庙宇、市场、码头等集会中心，地价峰值突起，所以整个汉口最高地价是呈正街轴线和散点分布，这些要害之处的街道通常受官方或商绅的控制，所以正街、夹街等主要街巷几百年来格局依旧。

这并不意味其他小街小巷形态一直处于流变当中，一是因为产权制度的明晰稳定，使得格局大致能够传承；二是民间各股力量均衡，街道的蜿蜒曲折，进退法度在邻里的掣肘牵制之间，相互制约的结果就是格局基本稳定。

当然不排除小街小巷形态有重大转折的情况发生，尤其当大水、大火等突发事件出现，在灾后重建当中局部会有一些比较大的调整，但是大水、大火②时常侵扰，加上房地产事业的蓬勃兴起，客观上起到优化洗牌作用，可以说这种格局是适合当时的社会背景的，换言之，当时的社会生产出如此的街道。

总之街道的曲折变化，在商绅主导下，在人们的日常生活取舍判断之间，在纷争聒噪之中，在自然选择之下，在官方控制之中，在便于生产生活的路径选择之中，在文化习惯的柔化之中，在封建宗法的制约之下生产，街道成为生活的一部分，历史的一部分，并参与历史进程而不再置身事外单成一道场景。同时其既成的形态必定会影响后者，或左右后来人的判断选择，或习性带动导致顺承格局出乎于自然。街道不言，潜移默化自在其中。

---

① 范锴在《汉口丛谈》提到："大硚口处沙涨日高，玉带河逐处淤塞。或有居民架屋街上，市廛相接，莫知出江之道矣。"

② 《光绪朝东华录》(四)，第 204 页。据载，1898 年 10 月 1 日(清光绪二十四年八月十六日)，汉口镇东岳庙地方居民火烛失慎，酿起一场大火。大火发生后，地方当局未能采取紧急有效措施，致使火势蔓延。据粗略统计，市区"延烧 573 户"，烧死 1 000 余人，受池鱼之殃者共达 16 100 余户。居民损失严重，"所失货物，不胜屈指"，广大灾民流离失所。是汉口历史上罕见的大火灾。大火刚过，10 月 3 日夜半，"废墟余烬复燃，延烧 400 余家住房，又使 2 000 多灾民露宿街头。大火是汉口非常普遍的事情，不胜枚举。

到乾隆、嘉庆年间，人们更觉得汉口“坊巷街衢，纷歧莫绘”，1822年，范锴在《汉口丛谈》记载：“汉口自明以来，久为巨镇，坊巷街衢，纷歧莫绘。是以按邑志之图，尚有差池未尽，盖因其地形如眠帚，上直而下广。其广处则街巷重重，难以缕纪故耳。”他大致描绘了当时的街道形态：“今就大略而言，则正街与堤街独长。自杨家河以下，始有河街，抵五采坊，止大马头上下。旧时亦有河街，近因水决岸墳，逐年崩溃，直达正街矣。自大通巷后以下，始有后街，至升基巷后，复分而有夹街，迨接驾嘴后，则夹街中更有夹街，因地广而人烟益稠密也。若堤街则自上关起，直至大智坊之堤口，迤逞由东而北，曲沿外江，形似帚末，又上广而下锐矣”。“河街、后街、夹街、堤街可寻而觅，不致迷途矣。僧寺尼庵，亦藉以附焉。”由此看出，正街、河街、后街、夹街、堤街是横向的主要干道，正街与堤街独长，范锴对此的描述是“街道宽平，尽铺磐石”，这几条主干道大体基本平行，其余则与其纵向交错。整个城市形态呈“眠帚”，“上广而下锐”，“广处则街巷重重，难以缕纪故耳”，下游街巷更加繁复复杂。

此时的街道一如罗威廉在《汉口Ⅰ》中所言“环顾汉口，汉口远不是经过规划的整整齐齐的方格子行政城市，它的自然布局显得实际上不整齐、不规则。”汉口街道主要是自然与商业贸易相结合的生态产物。

现在能看到最早的汉口街道全貌地图的是1868年《续辑汉阳县志图》(图4-12)，与范锴记述一致，东西走向与汉水及长江平行的为“街”，南北走向与其垂直的为“巷”。平行汉水、长江的街道与垂直汉水、长江的巷道构成了街道网络系统。街有正街、后街、夹街和堤街4条主要“街”，河街已经坍塌看不出踪影。垂直于汉水、长江的“巷”非常多，其中约43条主巷直接与长江、汉水码头相连。一般由街道和巷道形成的用地为长方形，而平行于长江与汉水的街道交汇处的用地地块形状为不规则形。巷道的分布也不均衡，靠近汉水、长江的巷道密度较大，用地划分也较狭窄；基本上汉口的街巷形成“鱼刺型”空间特征。正街主脊东西展开加诸密集的南北巷道，如鱼刺般密集仿佛汉口的血管和纽带，表现出城市独特的统一性格。这和一水之隔的武昌、汉阳形态截然不同(图4-13)，汉口的街道突破传统的“方正居中”的轴线格局。

与范锴记述不同的是多出一道城堡，是1864年(同治三年)10月汉阳知府钟谦钧为防堵太平军在后湖筑就，《夏口县志》记载：“堡基密布木桩 堡垣则全砌红石，外凌深沟，内培坚土，辟玉带、便民、居仁、由义、循礼、大智、通济等七门。”[①]汉口总算有了城墙，城门与城内的交通关系，其实也影响了其后城市道路的发展，比如居仁门连通的崇仁巷即是今天的崇仁路，由义门连通的利济巷就是今天的利济南路，城门的开辟或许没有太多的理由，但是对后世的影响深远，这可能就是历史的吊诡之处。

位于汉江和长江交汇处，在长堤街与大小夹街之间的街道呈纷乱之势，从其后1877年《湖北汉口镇街道图》(图4-14)和宣统年《武汉城镇合图》更可了然，究其原因和水患不无关系，从图中名称诸如，横堤、人字桥、文星桥可以蠡测一二。

事实上很多信息并非地图所能涵盖，貌似统一的性格也并非完全均质，总体来说，官方或士绅控制严厉的地方街巷大抵规则有序，而官方和地方自治失控的地方街道难以规则，其中因自然地形遭受水灾的影响较大，当然也有历史的原因。

例如长江与汉江交汇的鱼肚部分，上起大水巷，下至沈家庙一带，几乎是汉口最低处，从现有的地形图来看，平均在23米左右，而正街的标高在26米以上。可以想象水灾来时此处经常一片汪洋的悲惨景象。据汉口水文站的水灾记载，从1865年至今，超过27米水位的年份有：1869年27.00米，1931年28.28米，1935年27.58米，1937年27.06米，1948年27.03米，最高1954年29.73米，所以大的洪灾来临即便是正街也遭受“没顶之灾”。

---

① 城墙的修建和兵燹之后重建是在一个时期，修建城墙说明官方对于城市重视程度的提高。

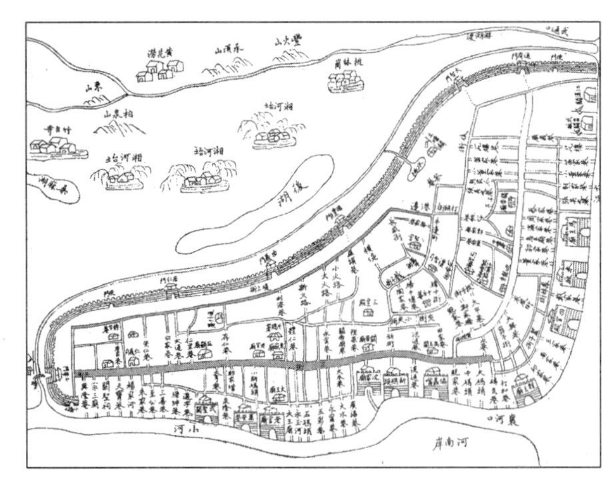

图 4-12　1868 年汉口城池图

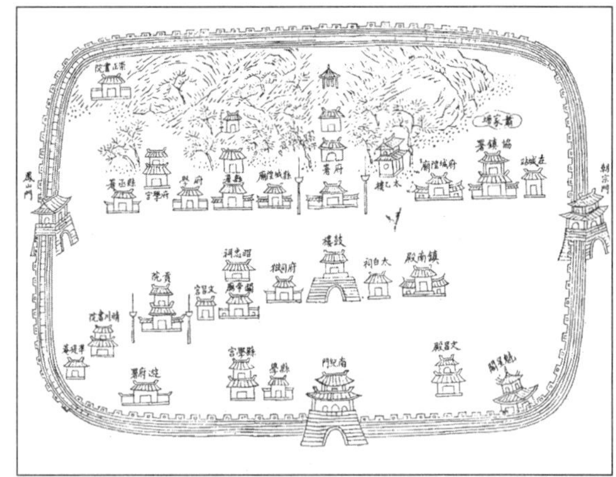

图 4-13　1868 年汉阳城池图

黑颜色为正街和堤街. 资料来源:武汉历史地图集编纂委员会. 武汉历史地图集. 北京:中国地图出版社,1998.

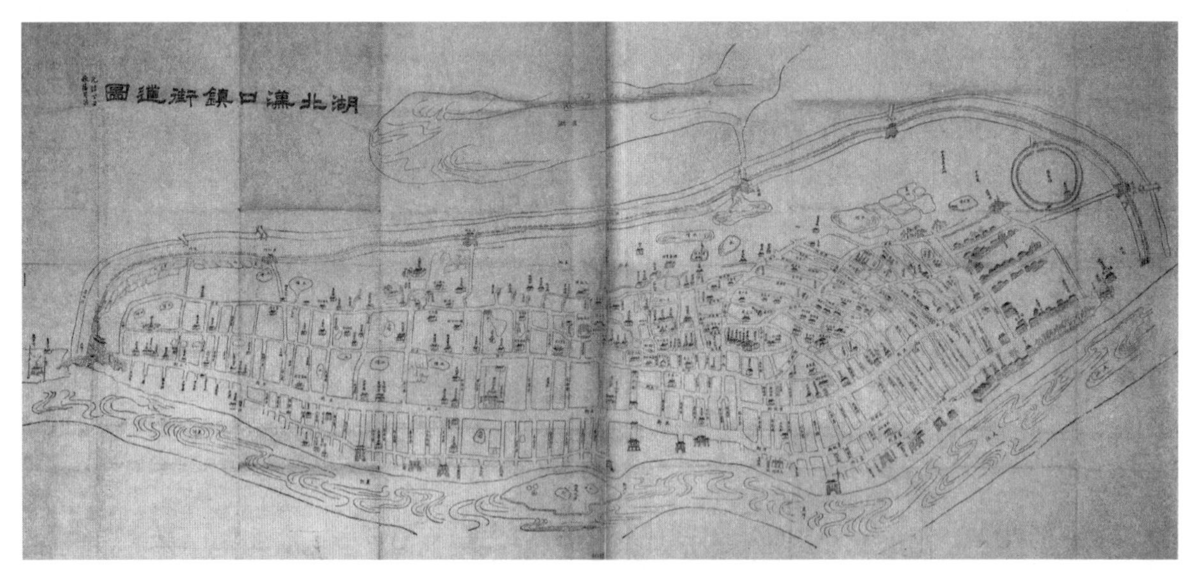

图 4-14　1877 湖北汉口镇街道图

资料来源:武汉历史地图集编纂委员会. 武汉历史地图集. 北京:中国地图出版社,1998.

因此鱼肚部分地势低洼常受水灾和内涝影响,加上官方控制缺失,街道自发生成一直弯曲多变,不像别处纵向秩序比较规则,建设秩序也处于混乱之中。直到嘉庆初年(1796 年),湖南宝庆府商人在此建了码头并修建了会馆,街道有了主导逻辑,据赵勇在其硕士论文《汉正街宝庆街区街巷结构历史演变研究》中考证,原来宝庆码头与宝庆会馆之间存在较宽阔的道路相连,只是随着码头移位等原因,现在秩序已经难觅其踪了[①]。但即便如此,宝庆人的秩序校正依旧回天乏术,此处的建设行为一直混乱,并影响至今,这在此后的一些地图上表现的比较明显。《湖北汉口镇街道图》(图 4-14)地图制法更多的是一种示意性质的地图,开埠之后西方的地图制法引入国内,其信息量、准确度才大为提高,但不妨碍窥见之一斑。

尤其鱼肚部分在清朝年间,为疏导沟渠内渍,沿今五彩正街、永宁巷、大水巷、汉正下河街一线开辟人工河,称为新河(图 4-15)。清末,新河逐渐干涸,但是一部分地区仍然存在着渍水,形成水塘。由

① 赵勇. 汉正街宝庆街区街巷结构历史演变研究. 武汉:华中科技大学硕士学位论文,2007.

于这些水塘的存在，居民在大水巷至汉正下河街之间建房更无严格的秩序，街道发展出现了不规则的自然网络形，以至于形成了今天错综复杂的迷宫式街道系统。

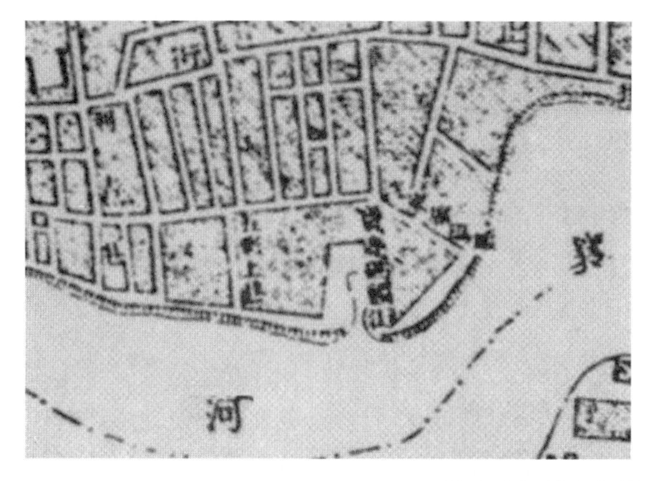
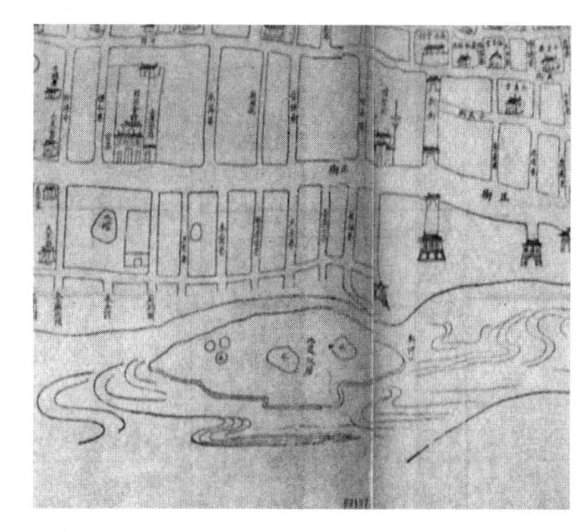

图 4-15　清末鱼肚区域示意图

资料来源：武汉历史地图集编纂委员会.武汉历史地图集.北京：中国地图出版社，1998 整理而成。

城堡与长堤街之间以及城堡外的区域则成为游玩的场所（图 4-16），《汉口丛谈》也提到："过河谓之堤外，复有土人筑室聚居。近已上下成衢，且有招提、梵宇、会馆、公所，以偈游人。再后则为后湖，俗名黄花地，又名潇湘湖，即昔之废襄河也。"[①]后湖一带，"昔时荒沙一片，嗣则居民丛聚，渐成街市"，成为汉口市民的游乐场。人们在这里经营起数十家茶楼酒馆，"市民来此品茶、饮宴、行医、卖药、杂耍……总之是医卜星相，百技咸呈"，可谓热闹非凡。

图 4-16　1876 年湖北武汉全图

资料来源：武汉历史地图集编纂委员会.武汉历史地图集.北京：中国地图出版社，1998.

1877 年的《湖北汉口镇街道图》反映了当时通向汉水、长江岸边的巷道比以前更加密集，此时的巷道已经增加至 50 多条，同 1868 年相比多出 10 多条，尤其是靠近租界附近的巷道密度加大，这表明了

① [清]范锴.汉口丛谈.江浦，等校释.武汉：湖北人民出版社，1999.

租界附近土地价值增高[1]。

需要考证的是，1868 年其时已去 1852 年太平天国起义占领汉口[2]十多载，据记载，太平军将汉口付之一炬，大火盛燎之下，汉口精华灰飞湮灭，不过战后恢复也比较迅速，“虽经咸丰乙卯粤逆一炬荡为平地，而复业以后，比屋鳞次，市廛之盛，肩摩踵接，东南于此称巨镇焉[3]”。

那么兵燹之后汉口如何重建？其对街道有何影响？很难想象寸土寸金的财富之地，在重入官方之手，在民间争夺自家地权如火如荼之际，官方能听之任之，城市夷为平地之后，在重建过程中官方触角趁势深入才是常态。事实上战争之后官方对汉口的控制的确陡然增强，史料记载，胡翼林、官文统帅清军击溃太平军后重返武汉，对被农民军冲击得七零八落的封建政权和经济制度进行重建和加强，兴保甲、办团练、设厘卡、修学宫[4]。1864 年，花费巨资在汉口修建长达十多华里的城墙，也表明政治的深入，城墙决不仅是简单的军事防御工具，在它出现之时就是一种符号，就与政治、地位、等级规范等联系在一起。

但是并没有证据表明，官方对战后建设活动有多大的干涉，笔者推测战后重建依旧遵循产权的原则，街道的改变是不可避免的，但也没有发生翻天覆地结构性的变化，有一点也可以佐证这个结论，当时汉口堡的修建“其费皆商民筹捐，共银二十余万两，大部则房捐也[5]”，商民踊跃筹捐，从侧面说明了官方对于产权予以了保护。

应该说街道的格局形成并非朝夕之功，其形成是多重因素协同的结果。既有自然选择也有人为使然；既是生产生活方式的厘定，也是社会空间结构的映射；既难条分缕析原因归属终难强分。街道因何而生，前生何者，今世为何，多重因素纠结盘错，彼此影响制约，因因相陈，因果互借，殊难定论，罄尽笔墨也无法言尽，而且一旦落入言诠，势必折损有效性。

确定的是，街道的格局是历史的创造，是一种文化的系谱，一种集体的记忆，成为融入人们血脉之中深入骨髓之中的浑然的一体，城市性格、街道性格、人的性格或许存在某种无法言说的内在联系，此时夯定的街道形态一定会反映到以后的城市当中，并一直影响后世。产权关系、邻里关系、已有的传统、集体记忆，一切原有的街道的传统，像梦魇一样纠缠着活人的头脑。后续的建设活动就在这“过去的使用情况、地形特征、长期形成的社会契约中的惯例以及个人权利和公众愿望之间的矛盾张力的基础上建立起来的。”[6]

4.6 街道的空间生产和意义

克鲁泡特金(Kropotkin)在《互助论》中，把西欧封建社会中的城市的兴起看成是来自民间的一种互助共济的观念与行为的产物。他指出：“中世纪的城市并不是遵照一个外部立法者的意志，按照某种预先订好的计划组织起来的。每个城市都是自然地成长起来——永远是各种势力之间的斗争不断变化的结果，这些势力按照他们相对的力量、斗争的胜算和他们在周围环境中所取得的援助而一再的自行调整。”[7]

汉口在某种程度上类似于西欧中世纪的城市，是在集市贸易的基础上产生和发展起来的，政府干预相对孱弱，民间自发良性互动，19 世纪的汉口地方社会创设了在自治水平上公共聚集方式来维持共

---

① 李军. 近代武汉城市空间形态的演变(1861—1949). 武汉：长江出版社，2005.

② 19 世纪中叶，金田起义的太平军长驱两湖，进克武汉三镇。从 1851 年至 1856 年间，太平军三次攻入武昌，四次占领汉口、汉阳，在武汉地区经营 1 000 多天，与清军多次发生战斗。1853 年初，太平军在长江、汉水上架设浮桥，将三镇第一次联结为一个整体。浮桥上走马行军，蔚为壮观。在太平军与清军的拉锯战中，武汉三镇受到战乱的破坏，商业一度衰退，人口减少。汉口在嘉庆末年(1820 年)时有 10 多万人，到太平军 1856 年退出时，已不足 10 万人。

③⑤ 同治《续辑汉阳县志》卷 3，《疆域》。

④ 皮明庥. 近代武汉城市史. 北京：中国社会科学出版社，1993.

⑥ [美]斯皮罗·科斯托夫. 城市的形成——历史进程中的城市模式和城市意义. 单皓，译. 北京：中国建筑工业出版社，2005.

⑦ 克鲁泡特金. 互助论. 北京：商务印书馆，1963：172.

同体的和谐，形成一种具有自治性质的社会共同体。

街道是城市最重要的公共空间，服务于这个自治的社会共同体，它们不仅负担着城市的交通，而且还是日常生活、经济行为的载体；不但满足了城市生活的各种需求，而且促进和培育社会共同体的形成。汉口相当异质化的街道是进行集体行动的载体，强化了人们的城市共同体意识，融合了纷繁复杂的生态行动，滋生出我们现在称之为“市井文化”的城市空间衍生物，这样的街道环境“提供着某种可能性的行为，暗示着某种习惯的发生。”[①]街道为丰富多彩的城市生活提供了广大而随意的场地，城市居民有机会更为广泛地参与和体验社会。人与环境、人与人之间因此达成更为有机的共融，建立相互的各种关系。它如同一幅散点透视的卷轴画，将一个个元素水平地编织起来，形成各种事件的同台演出。

街道除却商业空间、交通空间……更是生活空间，一个列斐伏尔看来“是生计、衣服、家具、家人邻里和环境。……如果愿意你可以称之为物质文化”的“生活的世界”；一个琐碎、些微的具有一种“生动的态度”和“诗意的气氛”的日常生活过程。街道消失在生活空间之间，界限淡漠，街道是生活的一部分，不单单是提供场景，而是生活不可或缺的用品，改造激发人们行为的氛围，其或被挪用，或被占用，或被改造，已经和生活密不可分。街道的意义因而丰富，时间空间在这里重叠，平面为褶皱替代，一个充满各种可能，语意含混，闪烁其词的多重含义的“生活世界”。这个意义丰富的世界，运用日常的语言和文化来破坏官方的权力体系，貌似恭顺服从却充满韧性的捍卫和巧妙的改造，营造出自我的生存空间，创造出法国米歇尔·德·塞都(Michel de Certeau)所谓的“新的空间”，书写了属于自己的故事。

也俨然具备了德国哈贝马斯(Habermas)在《公共领域的结构转型》提出的“公共领域[②]”的作用。罗威廉也认为“19 世纪的汉口已经具备了适宜于资本主义城市的土地使用模式和土地价值分配，长途贸易增强，商行、财政体制和组织化的商业网络已经出现，地方都市化持续推进以及城市印刷工业的急速发展、世俗文化的兴起等，提供了一种适宜公共领域运作的社会空间和氛围。”[③]

汉口的各种“街谈巷议”具备反映社会问题的“信号”功能和对政治系统的批判功能，例如《字林西报》驻汉口记者曾报道说：“街谈巷议都在谈论外国人觐见皇帝的问题……人们都说，虽然满清官员强烈反对外国人觐见‘天子’，但百姓却更为明智、更实事求是地看待自古以来的惯例，他们相信皇帝会接见外国使者。”[④]显然，这种议论的背后隐含着至少一部分汉口人的政治要求。尽管普通大众，正如格里菲思·约翰(Griffith John)指出的那样，事实上“已经被灌输了这样的思想，即：只有统治者才有权力去思考公众事业”，但汉口人却总是坚持他们自己的观点，而且在太平天国之后这种倾向与日俱增[⑤]。

---

①④⑤ William Rowe. Hankow: Conflict and Community in a Chinese City, 1796—1895. Stanford: Stanford University Press, 1989.

② 公共领域是德国著名思想家哈贝马斯(Habermas)在《公共领域的结构转型》提出的概念，是指介于公共权力领域与私人领域之间的自由交往空间。公共领域以日常语言为交往手段，以“理解”为交往前提，以“开放”为交往取向，旨在通过自由、充分的商谈形成高质量的公共意见，并以此为载体实现反映社会问题的“信号”功能和对政治系统的批判功能，认为代表私人领域的市民社会与代表公共权力的国家的分离是资产阶级公共领域产生的重要前提。

③ [美]罗威廉. 汉口：一个中国城市的商业和社会(1796—1889). 江溶，鲁西奇，译. 北京：中国人民大学出版社，2005.

5 现代性开启(1889—1911年)

5.1 现代性开启

5.1.1 西方文明楔入

1861年,汉口开埠通商。英(1861年)、德(1895年)、俄(1896年)、法(1896年)、日(1898年)五国接踵在汉口长江沿岸设立租界,租界区很快高楼栉比,洋行林立,成为"汉口的外滩"。

开埠以降,西方文化对汉口的渗透无孔不入。大至城市布局、建筑风情,小到家用针线、西装服饰巨细靡遗,开一时风气之先,成为不同社会阶层趋之若鹜追逐的时尚。各类新式工厂、学校、报馆、水电设施,如雨后春笋蓬勃而出,致使汉口人的日常生活都不同程度杂糅西方文明。租界成为国人窥视西方物质文明的成果并进而效仿内化的窗口。租界文明之于华界的影响既有摧枯拉朽的革故鼎新,也有润物无声的潜移默化。

租界与华界两个世界因比较而存在,两种文明因激荡而交汇。西方的物质文明、市政建设、街道管理、公共设施、建筑园林、议会制度、生活质量、价值观念、审美情趣、游乐方式等对华界显示出领先地位。宽敞的马路,成行的林荫,雅致的楼群,完备的下水道系统,方便的自来水、电灯、电话等公共设施以及严格有序的道路交通管理等,给予强悍的视觉冲击,发挥强烈的示范效应,推动汉口城市建设亦步亦趋;在行政层面上其示范效应也影响颇深,如晚清时警察的建立、马路工程局创建等,都表明汉口借助租界,迈开了效尤西方的步伐[①]。

开埠通商加速和强化了物流运输,带动了汉口外贸和内贸的发展。汉口与华中地区的土特产,如茶叶、牛皮、猪鬃、桐油、芝麻等大量出口到外洋。西方的机器、煤油、化工产品以及钟表、洋布、洋火等也经由汉口大量渗入中国内地。由此所产生的聚集效应,使工商业、金融业、交通运输业等在汉口迅猛地膨胀起来,从而城市规模日益扩大,发展一日千里。

自始,传统的行帮制度和家庭制度开始瓦解。城市人员荟萃、财富聚集,社会行业结构发生巨大嬗变;新式商人、企业集团、近代知识分子、雇佣工人也随之增多,阶层分化愈发明显。开埠通商无疑改变了沿河的生产生活方式,打破了传统城市的封闭式结构,转变了城市经济模式[②]。

在西方文明浸淫之下,开埠亦重新形塑了空间的发展走向。汉水漂浮的蚱蜢木舟终被驰骋长江轮运取而代之,一度热闹非凡的八大土码头也在洋码头的喧嚣中被夺声势而日趋式微。汉口中心从沿河走向沿江,昔日起迄于汉水的中心正街,风光已不在。汉口闹市中心从汉正街和长堤街、黄陂街等旧市区向租界方向推移,影响到整个汉口城区的走向,牵动着华界街市朝与租界平行方向发展。伴随近代交通工具的出现,商品集散的程度大幅提高,开启了汉口大交通的格局并与城市空间发展互为因果相随而行。

总之,19世纪60年代到20世纪初期,以汉口开埠为起点,中西文明在华洋杂处的汉口交融与冲突,牵引汉口从物质变迁、生活场景嬗变一直到社会结构、文化价值的深远变化。社会背景的风云变化,街道空间和街道意义无法置身事外,也处于重大变化过程之中。

---

①② 皮明庥.近代武汉城市史.北京:中国社会科学出版社,1993.

5.1.2 张之洞新政

1889年张之洞自粤调任湖广总督，是年张之洞奏准将阳(汉阳)、夏(夏口)分治，在汉口设夏口厅，汉口的独立建制由此开始。在其后他主政的18年间，勉力改革，兴实业、办教育、练新军、应商战、劝农桑、新城市，大力推行“湖北新政”。

督鄂期间，张之洞先后创办了汉阳铁厂、湖北枪炮厂、大冶铁矿、汉阳铁厂机器厂、钢轨厂、湖北织布局、缫丝局、纺纱局、制麻局、制革厂等钢铁、军工、纺织大型企业，初步奠定汉口近代工业体系。

在城市建设方面张之洞也不遗余力，为进一步解除汉口水患，扩大市区，1905年张之洞建造汉口后湖的张公堤是最堪圈点的功绩，东起汉口堤角，西至舵落口，自建堤后，作为襄河故道的后湖，十几万亩低洼之地上升成陆地，为汉口的发展创造了重要的条件。从此汉口的空间困囿状况为之一改，城市发展的态势异于从前，由以前内部加密开始外延扩张。

自1905年张公堤建成后，原先的汉口城堡已失去防水功能，于是在1907年拆除，就城基改建为马路，“西其硚口，东至歆生路(今江汉路)，全长4.5公里，宽10丈”，名为后城马路(后改名为中山马路直至现在的中山大道)。同时在张之洞的督办下，汉口至北京正阳门的卢汉铁路于1897年破土动工，并于1906年全线通车。这第一条近代马路——后城马路和第一条铁路——卢汉铁路，是具有地理学意义上的历史性的坐标，也是现代性开启的一个见证性的物事。

督鄂期间，张之洞脱离清廷建制草创各类新机构。从机构的性质来说，属于军警司法一类的机构有16个，主要是军械局、枪炮总局、营务处、警察局、督办公所；属于财税金融及清理一类的机构有6个，即银元局、铜币局、官钱局、膏税总局、清丈局；属于文化、教育事业的机构有20个，分别是舆图总局、洋务译书局和全省学务处等。张之洞孜孜以求兴办实业以及殚精竭虑积极转变地方政府职能，导致了社会生活生产方式随之一改，也转变了以往地方政府管理角色。同时因“湖北新政”所孵化的社会生产力、裂变的阶层最终成为空间革命乃至社会变革的根本力量。

5.1.3 理解现代性

安东尼·吉登斯(Anthony Giddens)创建了理解现代性的四维度模型：(1)“资本主义”，现代性的出现首先是一种现代经济秩序，即资本主义经济秩序的创立，“资本主义”指的是一个商品生产系统，“它发展市场经济，开展资本积累与资本竞争，推进商品生产和商品流通”。(2)“工业主义”，吉登斯认为，现代性就是人类通过科学技术的发展和劳动分工对自然和人类的主体行动所创造的环境的改造，其主要特征是机械化大生产，“在机械化大生产中借助大量无生命的资源生产商品”。(3)“监督”，指的是在政治领域对主体人口的活动进行监督，吉登斯认为，现代社会区别于传统社会的一个主要特征就是国家行政人员的控制能力巨大扩张。(4)“军事力量”，现代性断裂的一个突出表现就是民族——国家在自己的疆域内对军事暴力工具成功地实施垄断性控制，使政治中心获得军方的稳固支持和强有力保障①。

如果说异域文化侵入的效应是开启现代性外因的话，张之洞开创的新政则不折不扣归之为内因，内外合力，汉口现代性的闸门轰然开启。

此一时期，西方文明楔入，资本主义经济秩序逐渐沉淀、发芽、生根、膨胀，商品经济和流通进入兴盛阶段，商品化促使开展资本积累与资本竞争，推进商品生产和商品流通成为全民的准则，各类商业投机产生就不足为奇，阶层由此分化从而导致地理异质空间的出现；张之洞阐发“中学为体、西学为用”宏论，施行新政，大兴洋务，工业化的推动和时钟的采纳导致了生活的秩序化，使得生活处于统一

① 唐复柱.吉登斯现代性思想探析.高教论坛，2006(3)：58-59.

调配的同步振荡中;同时清末局势动荡,在镇压叛逆过程中军事力量逐渐壮大,在鄂形成"一镇一协"近代新型军队,官方政治获得军方支持力量空前强大,原初均衡的权力网络土崩瓦解,警察的出现,官方的控制触角深入到大街小巷每个隐秘的角落;传播、媒体、交通、邮电等资源的开发使得官方更加容易地渗透到社会中强化其监督力;法律和税务也成为国家控制的手段,一改以前依靠血缘、业缘、道德规范维系的价值体系。

现代性是一个宏大的论题,一直以来众说纷纭莫衷一是,又或许正如布鲁诺·拉图尔所言:"现代是一个想象出来的状态,就现代性是生活在纯粹的分离的领域里而言,我们从未现代过。"(Bruno Latour,1993)本书借用"现代性"一词,并且借鉴吉登斯模型做了肤浅的理解,不在于考证现代性为何物,不是为了借现代性之实行本文内涵之深刻,而是以现代性之名以强调"权力网络"变革的颠覆性,说白了就是为了申明社会背景的深刻革命以及权力网络发生的重大变革。这一切都大抵发生在张之洞督鄂期间,因而历史时期的划分不定在开埠而在张之洞督鄂之始。

5.2 权力网络变异

5.2.1 自治的瓦解与社会分异

开埠以后,随着经济结构的变化和内外贸易的发展,社会阶层和组织方面发生质变,原有均衡的权力网络体系开始分崩离析,代之而起的是官方的日常生活深入和社会组织的日益监管。

变化最大的当属传统行帮和会馆逐渐退出商业组织的基本形式。光绪二十九年(1903年)冬,农工商部奏定《商会简明章程》,规定:"凡前经各行众商公立有商务公所及商务公会者,应一律改为商会,以归划一"。"汉口属于商业繁富之区,宜设立商务总会"。自此基于地缘和业缘之间的传统关联纽带渐趋消解,自上而下的层级管理开始日渐强大。

商会的职责主要以开通民智,协和商情,发达商业为宗旨,通过商会这个载体,沟通信息、传递商情,了解商业惯俗,并为商业立法提供建议。商会通过法律制度保障其制度化和规范化建设,体现在选举方式、议事制度、办事规则、经费收支等方面。组织机构比较健全,职责明确,分工细致,并和官方通气相连。

随着汉正街地区近代商业的发展,传统行帮和会馆因为业缘关系的日渐重要而逐渐退出商业组织的基本形式,相同地缘之间的传统关联纽带渐趋松解,这使得同业公会获得了很好的发展。于是在商会领导之下,同业公会负责本行业的管理工作统摄整个商业体系。社会由原来"公社式"向"社团式"发展,亦即人们逐渐摆脱家庭和家族的羁绊,以群体和行业利益的团体取代原来建立在情感和血缘基础上的社会组织形态[①]。传统的会馆帮会以宗法伦理关系维系的拟家族血缘共同体再也难以为继,汉正街自治的地方社会逐渐开始松动瓦解。

不过,由于近代以来从传统会馆、行帮发展到同业公会、商会过程是一个政府急切规划的过程,并非经济社会自然发展的产物,这就使得同业公会遗留了很大的传统行帮组织的痕迹。汉正街商业素有所谓"八大行"之说,这些财力雄厚的行帮一般都成为了商会的基础和支柱。商会会董都来自各个行帮选举,商会的头面人物如果没有行帮背景和基础繁荣支持,是难以有所作为的。这样商会和同业公会带有过渡性的特征[②]。

这些头面商人在汉口呼风唤雨,风光无限。动荡飘摇、风雨如晦的晚清末年还成全了一个所谓的

---

① 王笛.跨出封闭的世界——长江上游区域社会研究.北京:中华书局,2001:568.

② 刘义强.街区社会公共领域的消失:汉正街,1949—1956——以商业组织和码头帮会的变迁为例.武汉:华中师范大学硕士学位论文,2004.

“买办阶层”，如“地皮大王”刘歆生等通过投资近代企业等方式转为暴富。1909 年，由汉口绅商、买办头面人物组成的汉口地方自治议事会、董事会成立，它是法定的地方行政事务的代议机构。与此同时，保安会、公益会、救患会、救火会、义成社等基层自治会如雨后春笋般出现。至 1911 年，此类组织发展到 30 多个，并在此基础上组成了汉口各团联合会。这些组织，多以消防、治安、商警、卫生、道路、慈善等为己任，其所辖区域内的一切公益救患事务均惟该组织是从，俨然是近代汉口基层政权，基层管理于是落入官、绅、商三位一体的城市管理机构彀中。

自治瓦解的过程也就是社会分化的过程，传统的会馆或者行帮，其实质是一个涵括了雇员在内的不同拟家族的联合体，内部虽然具有严格的等级，但是，并没有如生产资料占有为标准的明确的阶级分野。而商会和同业公会则是一个商人的商业组织。各个商会和同业公会章程均规定，只有同业中的业主或正副经理才有资格成为同业公会会员。其构成结构也是主要反映大业主的意志和愿望的，如汉正街洋货匹头业公会章程将会员分为四类，会费 800 两者为甲等，200 两者为丁等，大量经济实力不济的蝇头小商和小业主则被排除在同业公会组织之外[①]。

随着西方文明的楔入，各类新式生活用品、生产物什、新式文化娱乐（新安市场、民众乐园、俱乐部、舞厅以及跑马场）等行业大量兴起，在其冲击之下，一些旧式行业日渐衰落，行业的经营方式也在新的市场环境中发生了巨大的变化。现代的豪华宾馆使得小客栈相形见绌，装修一新的理发室和理发匠让传统的剃头匠温饱忧愁，现代银行的兴起使得传统的票号和钱庄不得不另谋生计……在某种程度上游离于商会和同业公会组织之外的小的商贩和自食其力的谋生者被剔除干净，沦落到社会的最底层。

社会异化的结果带来某些空间的分异，后城马路两侧，江汉路一带，灯红酒绿、霓虹闪烁；而河街附近的棚户区，却麇集着大量的流民、打短工的农民、一无所有的工人，疾病、瘟疫在这里肆虐，饥饿、寒冷或酷热四处袭击。买办阶层富可敌国，而小商贩惨淡经营，生活多艰。汉口既有富商巨贾的洋楼，也有殷实之户独门独栋的砖木建筑，还有里分中成排的出租房屋，更有大量的不规则、矮小的木板房，用芦秆、竹席搭盖的窝棚以及沿河的吊脚楼，形成“瓦屋竹楼千万户”的市街风貌。甚至在近郊，有一片片的棚户区。棚户多以竹木支撑，覆以茅草、竹席、油布，大都不超过两公尺高，进出须得弯腰。一般不设床铺，只在地下铺以稻草、布片，就地而卧，聊以度日[②]。

应该说汉口商绅、资本家、买办，积极倡导组织各种社团，参与近代城市管理，对于加快近代市政管理机制的成长具有不可忽视的独特意义，但是这个过程其实是社会阶层裂变和分化的过程，对于日益严重的社会对峙，国家机器控制的力量自然水涨船高。

5.2.2 控制

1）警察制度设立

20 世纪初的汉口社会最重要的变化就是履行城市管理职责的近代警察的设立，警察的出现针对地方社会生活的管理是首当其冲的事情，管理松弛的保甲制度逐渐退出历史舞台，民间自我关照缔结的权力网络发生质的转折。

1902 年 6 月 6 日（光绪二十八年五月初一），张之洞首先在武昌裁撤保甲，创办警政，设立武昌警察总局，以武昌知府梁鼎芬、试用知府金鼎总局务，归臬司管理。总局在城内下设东、西、南、北、中五局；城外下设东、西、水、陆四局。酌采外国章程，先募练警察步军 550 名，警察骑兵 30 名，清道夫 202 名，从上海雇来曾经当过捕头的英国人珀蓝斯充任警察总目。

警察经费除以原有经费充用外，大部分取自房捐。无论公房私房，一律以房产多寡核计抽捐。如

① 彭南生. 近代工商同业公会制度的现代性刍论. 江苏社会科学，2002(2).

② 皮明庥. 近代武汉城市史. 北京：中国社会科学出版社，1993.

属赁屋而居并设店铺者，均按房租抽取1%。

警察局主要承办和管理市政建设事务，如翻修街道，开通沟渠，统一划地建设市亭和菜亭、扫除垃圾、安装路灯等等。

1903年，驻汉口镇的汉黄德兵备道陈兆葵奉命改汉口保甲局为清道局，分居仁、由义、循礼、大智、花楼、河街6个分局，汉口襄河水师于是年改编为水上警察。1904年8月，汉口清道局改为警察局，以汉阳知府为总办，局下设5区。

这样，汉口近代警察制度已初具规模。由于早期地方警察制度的创设大多是参酌各地特殊情形，所以机构设置不一，系统分歧，办法互异。例如，清末武昌省城警察总局，其职掌不仅包括在马路上和街道站岗、巡逻，受理刑事案件和有关户口、婚姻、土地、债务一类的民事案件，举凡市政建设、环境卫生、城市消防等都在其管辖范围内。汉口警察也职责冗杂、巨细靡遗，所以，它实际上是一个管理近代城市的综合职能部门。

警察的出现，对街道日常生活进行严密的监视和控制，国家政权的触角深入到生活的各个侧面，在其形塑和监控下，往日的活力蓬勃的街道生活，如东去的长江之水，逝者如斯，终成记忆；自我组织的、自我管理的邻里关系也受干扰。虽然在一定程度上警察制度颇有可取之处，例如维护社会治安、改善公共卫生环境等，但从此民间内部的补偿修复机制丧失，民间的权力与职责让渡于国家，也是在此过程中，正规性与非正规性出现明晰的界限。

2）模范监狱

张之洞除了设立近代警察制度，强化治安管理机制外，对于狱政改革也身体力行。

清代在刑部及京师、各省和府州县均设有监狱，监狱关押的主要是未决犯，只有斩绞候羁押在监等候秋审。有清一代，各地监狱狱制陈旧，民以微罪入狱，私刑加诸罪人，许多人犯瘐死狱中。监狱的主要职责是刑罚犯人，以儆效尤。张之洞开始改良狱制，曾以江夏县监狱屋宇狭暗、人犯拥挤、污秽不洁、罪犯死亡较多及有失国家体面等问题，指令湖北臬司对所属监狱按照西方国家形式加以改造。1905年10月开始，张之洞又选派前署江夏县知县、试用道邹履和及由日本学习监狱回鄂的补用知县廷启在武昌江夏县署东（今武昌文昌门正街）修建一座占地30亩的大型西式监狱，历时两载，1907年5月竣工。张之洞在《新造模范监狱详定章程折》中说：监狱"管理、卫生、教育三事，现已规模具备，即名曰湖北省城模范监狱（model prison）"。

模范监狱在建筑模式上，系依照日本东京及巢鸭两处监狱，其管理方法则兼采东西各国成法。狱房分为4区，即内监（居已定罪人犯100人）；外监（居未定罪人犯300人）；女监（居女犯40人）；病监（居50人）。狱舍坚固、宽敞、清洁，通风采光良好，内设浴室、医务室，后还安装电灯、自来水管。监狱内还设有供人犯习艺的工厂，并注意到监内习艺与日后生活相结合，对其中习艺成绩突出，确有痛改前非者，可酌情量予省释，以示成全。对幼年犯，则教以小学课程，以迪愚顽，期于自新。对守卫制亦加改良，通过招考收录守卫军，提高监狱卫兵素质，以免虐待人犯[①]。福柯意义上"导致强制力与科学知识、权力技术以及包括强制劳动在内的社会化教育等因素交织在一起[②]"的监狱制度得以确立。模范监狱是湖北，也是全国第一所经过较为彻底改良，在管理上引进西方狱制的近代型监狱，该狱竣工后受到全国注目，各省纷纷派员前来学习创办新监的经验。汉口、汉阳所属监狱也借鉴省城模范监狱渐加改良。

监狱是现代性的殿堂，司法机构秩序森严的表现，象征国家权力与法律所及的威慑之碑。通过囚犯在铁窗里的日常生活的管制：标准划一的制服、严格管制生活作息的钟声、操场上的体操活动、排列整齐地进入餐厅，以及盥洗室的使用方法，监狱达成既是一种对人性的可塑性寄予厚望的教育使命，

---

① 皮明庥.近代武汉城市史.北京：中国社会科学院出版社，1993.

② [法]米歇尔·福柯.规训与惩罚.刘北成，杨远婴，译.上海：三联书店，1998.

又是一项企图灌输囚犯尊重社会规范的管训计划。这种感化式的教育不比以往威慑式惩罚，包含了知识运作、权力技术、教育灌输等多因素的交织。它的效用使得现代化精英将对罪犯的导正视为国家革新计划的基本成分，社会凝聚、经济发展和国家权力都只能借由塑造顺从的国民而得。因而此一教育使命延伸至全套监禁的慈善机构，诸如孤儿院、育婴堂(图 5-1)、救济院、感化院、养老院、贫民工厂、妇女感化院和精神收容所。这些得力于教育工具的机构，均凸显了将弱势族群转变为有益于道德群体、具生产力的国民之必要性，带有鲜明的现代性标记[①]。监狱的出现带有标志性历史意义，一方面其存在控制和改造民众的实体意义，另一方面它的出现也代表权力控制由宏观显然的展现威慑，变为微观隐然的运作的转折，显现汉口社会落后和国家直接相关，社会治安、改造、卫生、秩序维持等都成为官方“义不容辞”的职责，于是街道空间也成为真正的“公共空间[②]”即由官方维持秩序的空间。

图 5-1 汉口育婴堂孤儿在工作

清朝邮政局制作的明信片，背面的邮票是德国客邮，邮票上有上海德国邮局 1905 年 4 月 27 日的邮戳，另一邮戳表明该片 1905 年 5 月抵达比利时布鲁塞尔。资料来源：哲夫，张家禄，胡宝芳著. 武汉旧影. 上海：上海古籍出版社，2006.

3）税改与清丈

《辛丑条约》签订后，清政府分摊给湖北的庚子赔款，每年为白银 120 万两，加之推行各项“新政”，需大量开支。当时湖北财政赤字已高达 90 余万两，筹款问题遂为急务。面对财政严重拮据，湖北地方当局已知“民生贫困，商业凋敝”，“元气大伤”，“已竭泽而渔”[③]，仍于 1901 年初冬开始推行加税苛政。

---

① [美]柯必得(Peter Carroll). “荒凉景象”——晚清苏州现代街道的出现与西式都市计划的挪用//李孝悌. 中国的城市生活. 北京：新星出版社，2006：442-493.

② “公共(public)”一直是一个熟悉却未被认真反思的词。public 一词源于西方，原意是指在古希腊城邦国家中为使市民自身利益得到保障，市民积极参与政治辩论，自由地发表个人意见，通过民主的程序制定公共决策。由此可见，public 由“私”所构成并为保护“私”而存在。而在我国，public 通常被译为“公共”，但其内涵与在西方语境中的本意有明显差异。由于长期以来的东方封建专制政治的历史原因，“公”常常被等同于“官”，“私”等同于“民”。在“大公无私”、“奉公灭私”的价值观的影响下，“公”与“私”脱离，“官”与“民”对立，公权被无限扩大而私权被彻底否定。于是公共成为被国家行政所独占后强加于市民的东西，公共性被扭曲为政府的公共性。参见龙元. 交往型规划与公众参与. 城市规划，2004(1)：73-77.

③ 张之洞. 致开封行在军机处电//张文襄公全集. 海王村古籍丛刊，第 175 卷，第 9 页.

最先是“盐斤加厘”。即凡在省境内销售的川盐和淮盐，每斤一律加抽厘税 4 文，盐价相应提高 4 文，由消费者负担。

继“盐厘加价”后，张之洞又开办各种捐税，名目日益繁多。

一是“规复丁漕减征”。丁漕曾在 1897 年由部议减征。原先规定：地丁完钱者，每两减征 100 文；漕粮每担减征 140 文。自 1902 年起，原有减征部分一律照旧征收。

二是“加提平余”。1897 年部议规定：每丁银 1 两，凡完钱者应加缴钱价平余银 7 分；每漕一担，加缴钱价平余银 1 钱。鄂省当局在此原定加缴的钱价盈余外，再根据各州县情形分别等次一律加提钱价盈余。

三是“增加契税”。向来定例，契税照契约上房地产价格抽税 3%，即每值银 1 两抽税 3 厘，现又于定章外加抽 3 厘，使契税增加一倍。所征契税，1/6 留作州县办公经费，其余 5/6，一半按 1900 年（清光绪二十六年）部文规定拨补盐厘不敷之数，另一半专供凑抵庚子赔款所摊份额。

四是在全省城镇“开办房捐、铺捐”。凡有房屋出租，月租在银 2 两、钱 3 000 文以上者，每年抽一月房租作为房捐。城镇征收铺捐，上等月抽钱 4 000 文，分别等级，依次递减，下等月抽钱 2 000 文。房捐和铺捐专供凑解赔款。

五是“膏捐”。又议设省城膏捐总局，将全省境内行销的“土药”、“洋药”（舶来鸦片）委托给殷富商家统一熬膏后批发和零售，每膏 1 两抽取牌照税（营业税）100 文，由膏商承缴。

此外，还试办了“签捐”（彩票捐）。张之洞鉴于汉口彩票市场比较活跃，倡议试办签捐，并成立签捐所，向全省各州县分发彩票。

为防止偷漏税厘，张之洞当局绞尽脑汁，成立清丈局对汉口房屋产权进行普查，清丈局具备测丈能力，对建筑房屋测量并核对地契确定课税额度。对汉口房屋产权的普查，实际是对汉口房地产权的一次官方确认和记录，它的意义除了官方通过课税取得管控和普查民间社会之外，也提供了官方的产权记录，这份记录影响较大，甚至民国时期征税、赔偿的原则以及产权的厘定还依靠清丈局提供的产权记录。

在清丈过程中，酿出许多争夺土地所有权的讼案，其中较为有名的是后湖清丈风波，现择要记述于下：

汉口北部后湖一带地势较低，汛期一来，后湖之水汹涌侵入市区，张公堤修成后，免遭水患，堤内荒废的积水之地变为良田沃土。于是这一带地价不断上涨，张之洞乃在 1906 年设立汉口后湖清丈局，清理地皮。

1908 年 5 月底，清丈局贴出清理后湖土地新章程的布告，规定：“凡后湖基地无约据为凭者，即是官荒，一律充公；即有约书，（但所）写丈尺不符，亦是官荒，照章充公。”该处居民，遇上水涨，以捕鱼为生；水退之后，便种植瓜菜糊口。由于水灾频仍，兵燹连年，居民的地产“红契”大多遗失①。所以布告一经贴出，后湖一带地户面临破产失业威胁，“群相聚议”，并拟联名向省申诉②。6 月 1 日晨，清丈委员来到后湖丈地，地户群聚诉苦，央求停止丈地，而该局委员调兵弹压。巡警营兵殴伤请愿群众 8 人，并砍伤 2 人。群众大动公忿，将 4 名警兵击伤，夺去枪械军装；又拥至清丈局，将该局门窗捣毁，参加暴动的“人山人海，难以万计”，督部堂不得不贴出告示，声明“体察现在情形，斟酌妥善办法”，愤怒的地户才逐渐散去③。

清丈过程是官方厘定产权的过程，也是官方力量深入每个社会角落的过程，当然这个过程也并非毫无阻碍，遭遇民间一些顽强的抵抗。

---

① 张之洞. 张文襄公全集. 海王村古籍丛刊，第 105 卷，第 32 页.

② 《江汉日报》，1908 年 6 月 2 日。

③ 政协武汉市委员会文史学习委员会. 武汉文史资料文库 第六卷（社会民俗）. 武汉：武汉出版社，1999.

5.2.3 改造

1）水电既济

汉口的日常生活用电始于租界。1861年，汉口开埠后不久，便由英商集资创立了“汉口电灯公司”，专供英租界内用电，1896年新辟的法、俄两国租界亦由其供电。德租界则由美最时洋行附设的电厂发电，日本租界由日商设立大正电气株式会社，自备发电机供电。

1906年，宁波旅汉商人宋炜臣经张之洞批准，并投入少量官股，联合湖北、江西两帮巨商共同发起筹办水电公司，取“水火既济”之义，定名为“商办汉镇既济水电股份有限公司”。张之洞特拨官款30万元相助，并特许既济专利，规定汉口地区除租界外，不得另设电汽灯、煤油汽灯、自来水公司。

既济公司几经周折，终于勉为其成。该公司下设电气灯厂和自来水厂，由英籍工程师穆尔宾负责工程设计，于1906年8月同时兴工。电气灯厂设在汉口河街大王庙河沿，厂基计580余方，1908年建成送电。

电灯出现以后，确为汉口市民生活领域的一大变革，安全、便捷、卫生、光亮等优点使人们可以充分利用晚上来工作、学习和娱乐。这无疑开启汉口民众崭新的生活方式和想象方式，《汉口竹枝词》曰：“如云士女往来忙，百戏纷陈新市场。千盏电灯天不夜，平台高处月如霜。”

清末，汉口繁华街道开始安装公用路灯，据《汉口小志》不完全统计，当时汉口街巷路灯“由警察厅设置者271盏”，另由“各善堂会社设置”者尚不计入。路灯照明一方面将城市的秘密尤其夜晚的秘密赤裸裸呈现出来，正如一位西方犯罪学专家所言，“一盏灯就像一个警察”，他甚至强调“宁愿这里有更多的电灯和整洁的街道，而不是法律和公共准则。”①另一方面照如白昼的夜晚，也改变了既往的生活方式和节奏，重构了地方生活。

宋炜臣等筹设的既济水电公司，还兴建了一座颇具规模的自来水厂。其自来水厂设硚口宗关上首，厂基计1.5万余平方丈。该厂工程浩大，“有浑水池、滤水池、清水池名目”。同时，还在后城马路附近建水塔，作为水厂供水的配套设施，与水厂同时建成供水。“塔作八卦式，计高十四丈余，塔内铁水柱一，用机器吸水至塔顶，再由塔顶分布四旁以供居民之用”。此塔在当时是汉口地区最高的标志性建筑。自来水厂于1909年7月竣工供水，其供水人口当在10万左右。

自来水流入千家万户，汉口每天下河川流不息，穿梭于大街小巷的挑水者，成为永远的历史风景，“九达街头多水巷，炎天时节不曾干”的水巷也变为徒具其名。以前饮水要“投以明矾，以竹片或木片搅乱之”现在径取一瓢饮，无需耽忧。清洁、卫生的饮用水，而且还有利城市的消防，各种消防水龙及太平池布设，即便一旦火警发生，各处水龙可以闻声驰救。晚清汉口城市公用事业的初步发展，大大改良了汉口百姓的日常物质生活质量，人们的卫生观念也在悄然牵引改变。

2）消防救患

汉口人口众多，居住稠密，历代多火灾。清嘉庆年间的大火后，汉阳郡守刘倡率领汉口绅商筹措资金，购置水龙，分布城区各善堂。此后，汉口绅商市民相率举办水龙局。到了光绪年间，汉口又出现了类似水龙局的消防组织——“笆斗会”，这些早期消防组织所备消防器材十分简陋，消防效果多不理想②。

1909年，汉口既济水电公司自来水工程次第告竣，从而为建立近代消防救火系统创造了条件。

1909年3月，汉口大夹街一带的绅商，仿上海救火会章程，成立公益救患会，“以地方自治为宗旨，从救火、卫生、演说为入手办法”。不久，汉口其他地段的商民也纷纷仿效，成立以救火为主旨的各类自治组织，如“公益救患会”、“公善保安会”、“永济消防会”、“郭乐保邻会”、“（大智门）四区公益会”、

---

① 锡良.申明警示白话告示.West China Missionary News，1905(5)：76.

② 皮明庥.近代武汉城市史.北京：中国社会科学院出版社，1993：43.

“汉口慈善会”、“商防义成社”等。宣统三年(1911年)三月,以上各会共同发起组织“研究消防、联络感情之总机关——汉口各团联合会”。这些新构成的消防组织,组织比较健全。汉口各地段自治会都设有救火队长一职,由救火队长召集本地段各店铺、行栈派出的店员、学徒,组成消防队,经常加以训练。如成立于1910年的商防义成社,建有社所,所内陈设救火器极全,内容完备,章法井然,附设操场,队员早晚习练。救火队时时严阵以待,一遇火警,倾力救援[①]。

汉口水塔是武汉最早的、专门瞭望火情的瞭望哨,承担着消防给水和消防瞭望的双重任务。水塔建成后,汉口各主要街巷陆续安装了消防水门,从而有效地改善了救火的水源问题。水塔塔顶的消防瞭望台,由当地的民办消防组织和保安会派出望丁4人,日夜轮流巡视。瞭望台设有警钟一具,每遇火警,辄敲钟报警,遥远可闻。乱钟三十响后,再以响数告知失火地区:一响,洋火厂至华景街;二响,歆生路至前后花楼;三响,花楼至堤口;四响,堤口至四官殿;五响,四官殿至沈家庙;六响,沈家庙至大王庙;七响,大王庙至武显庙;八响,武显庙至仁义司;九响,仁义司至硚口。此外,塔顶白天挂红旗,夜晚则悬红灯,表示发生火灾。

新型的消防救火系统,缓解了火灾造成的巨大灾害,也在一定程度上维护了城市空间的稳定。

3) 时空缩距

在张之洞的督办下,1897年卢汉铁路破土动工,铁路线路选定在汉口的西北面,汉口火车站设在大智门外。1906年,汉口至北京正阳门全长1 200余公里的卢汉铁路通车,并改称京汉铁路。京汉铁路的贯通,不但使汉口的货物流通更加畅快,而且使汉口的商业地位更加凸显。

这件事物的出现不能简单视之,正如福柯所言,“铁路是一个空间与权力关系的新面相,这关系到建立一个不必然与传统道路对应的交通网路。”[②]“铁路造成了一些社会现象”,它刺激了人口的转化,货物的流通,相对缩短时空距离,对空间分化、大流通格局开创也推波助澜。其社会意义影响深远,铁路的出现和后城马路、人力车、自行车和汽车的出现系一组事物相伴而生,它们快速地移动,一无时间空间限制,《汉口竹枝词》曰:“京汉迢迢鸟通道,骤于奔电疾于风。羡渠历尽山川险,都在南柯一梦中。”[③]从此山川越,恍如一梦间。这种影响加诸城市每个角落,城市节奏暗中牵引不由自主地加快。不惟如此,城市用地开始向铁路方向扩张,造成城市空间形态的变动。这种效应正如多米诺骨牌效应,牵一发动全身,空间蔓延的速度和结果已在原来的预料之外。

1899年,汉口电报局兼办电话。次年,武昌抚署东厅、汉口张美之巷创设电信局,两地各安装磁石交换机二三十门,汉口电话始有。民国初年的《汉口小志》对电话这一新出现的通讯工具的操作程序津津乐道:“其法凡设电话之处,均有逐电器一架以铁丝二根达至该公司之总机房,如甲拟询问于乙,先须播电逐动总机器之铃接乙处,然后再遥电机,待乙回铃后,手执听筒然后娓娓而谈,如同视面。”如此详尽描述,说明电话在当时还是一个相当新奇的通讯工具。《竹枝词》也描绘这个曾是昔日的神话:“两地迢迢一线通,非关月老系丝红。声音宛在人何处? 消息传来在个中。”[④]

现代性旋即带来的物质变迁,这是特定历史形构下的产物,商品大流通的铁路和先进的通讯设备的出现正是其产物,同时也对其历史形构发生影响。物质变迁实则与周遭的社会结构息息相关,人与物之间互为指证并相互依存,最重要的是人与物之间诞生一种新的文化,文化是一种黏着剂,使社会人(social beings)与物质世界之间的关系得以建立,文化是在人与物的关系里衍生的资产[⑤]。文化、物质生活、社会结构、思想观念、城市空间等等都交织在一起彼此渗透影响,空中流荡的权力网络也受各股力量弯形改变,参与历史的建构。

---

① 皮明庥.近代武汉城市史.北京:中国社会科学院出版社,1993:44.

② [法]福柯.权力地理学,福柯访谈录:权力的眼睛.严锋,译.上海:上海人民出版社,1997.

③④ 罗汉.武汉竹枝词.武汉竹枝词.徐明庭,辑校.武汉:湖北人民出版社,1999.

⑤ 黄金麟.历史、身体、国家——近代中国的形成(1895—1937).北京:新星出版社,2006.

4）百货变迁

《汉口竹枝词》中，有一首描写汉口“八大行”：“四坊为界市廛稠，生意都为获利谋。只为工商帮口异，强分上下八行头。”其中八行头为“银钱、典当、铜铅、油烛、绸缎布匹、杂货、药材、纸张”。开埠以来，汉口辟为对外通商口岸后，商业“八大行”有所变更，八大行变为：盐行、茶行、药材行、广福杂货行、油行、粮食行、棉花行、牛皮行。这表明汉口的商业职能和商品结构发生变化，其背后则是生产生活方式发生变化和大流通格局的头角显露。

此外开埠以后，西方日用消费品大量涌入汉口市场。皮鞋、五金电器、洋颜料、钟表、眼镜、火柴、肥皂、假珠宝、化妆品、儿童玩具、西服、针织袜等洋货充斥市面，汉口市民的生活方式在欧风美雨的熏染下亦日益趋新、趋洋，传统的杂货行不得不转而兼销洋货。到20世纪初，这类货铺的经营重点都已改变，大都以洋货为主，京广什货为辅。1911年，汉口50户百货店所经营的商品，洋货占到80%[①]。

这些舶来品给传统的家庭手工作坊带来了挑战，劝业场某些商店出售望远镜、金银钟表、西式小鼓和一些穿洋装扮洋相拍照，给人们的日常生活带来新奇和无尽的想象。这并非是加诸于汉口的一套既定项目，而是一组新机会，是能以各式各样充满想象力的方式激发和推进民众思想的工具。大批进口货品无可避免地嵌入了日常生活的结构中，从有钱人豪华的锦衣玉食到穷人简陋的箪食瓢饮皆然，改变了人们的生活模式，置换了人们的思想观念。

物质生活的相应变化，导致文化生活的变迁，这种变化可谓翻天覆地，汉口人却已逐渐能对嵌入的外来文化习以为常、见怪不怪。对新事物的接受逐渐渗透进了精神生活，人们不仅能接受新的时尚和娱乐方式，也逐渐接受了新的诸如市政思想，这无疑有助于汉口空间变革的认同。

5）新式娱乐

汉口开埠后，西方的摄影技术、幻灯、留声机、电影、钢琴、手风琴等新器具和新式娱乐技术以及赛马、舞会等娱乐方式迅速引入，新的娱乐方式极大刺激汉口市民的视听想象。带有新奇因子的休闲方式与娱乐内容，迅速冲击着汉口原有传统的休闲娱乐方式。生活于华界的汉口居民先是惊羡，后来则尝试猎奇。“地皮大王”刘歆生，邀约汉口商界精英，共同聚资，于1908年修成了华商跑马场。徐焕斗《汉口小志》中记载过华商跑马场的盛况：“每年春秋二赛，游者络绎不绝，走马看花赏心悦目。场内建有西式楼房数栋，为普通游客列座观赛处。另有会员观赛亭，暨音乐亭，售票处。迤北楼房一栋为临时售卖茶点场所。南有花园数畦，为培植花卉之地。并有休息小亭，纵客坐卧。……沿途添设电灯，幽辟地一变为热闹场矣。”[②]1913年，刘歆生又与人合资修建了汉口华界的第一座高楼“楼外楼”，楼内装有近代汉口的第一部电梯，并设有戏院、茶座、弹子房、西菜馆等，吸引了大批的游人，到此进行娱乐休闲活动。清末民初时期，戏剧开始在大剧院、大舞台上演之后，民众观剧成为时尚，票友几乎涵盖汉口城市居民的各个阶层，既有官僚名流，也有商贾平民。戏剧观演热潮成为流行一时的大众娱乐生活方式。

自欧洲各式交际舞蹈传入之后，跳舞也渐渐成为汉口上流社会交际与休闲娱乐的时髦方式，当时许多俱乐部、游乐场、茶馆等场所都设有专门的舞厅。舞场给男女间的面对面交流提供了便利的场所，跳舞打破了千百年来“男女授受不亲”的礼教传统，使男女平等观念得到了具体的体现。从这种意义上来看，“西方交谊舞的传入为中国树立了男女公开社交的文明生活方式的典范。”新式的娱乐方式挑战了原有的社会规则，牵动社会潮流、转换文化价值取向。

6）新型商业

1902年（清光绪二十八年）湖广总督张之洞在兰陵街正式兴建两湖劝业场。1903年建成，该“劝

---

① 皮明庥．近代武汉城市史．北京：中国社会科学院出版社，1993．

② 徐焕斗．汉口小志·商业志．1915刻本．

业场内分南北两场，每场房 79 间，分三等[①]”。商人可入场营业，以售国货为主。场内商品陈列馆“南北长二十三丈有奇，东西深五丈有奇。内分三所：一曰内品劝业场(集本地制品)；一曰外品劝业场(展销外省、外国货物)；另划一大间，名曰天产内品场，陈列西湖各种土产[②]”。

劝业场是西方近代综合性百货大商场在中国的表现形式，它是在我国传统市场基础上，效仿国外陈列和推销商品的经营手段，采用新结构、新形式发展起来的一种综合市场。它集众多商店于一体，西洋和传统商品均陈列其间，所有商品明码标价，是闻所未闻的新事物，改良者将其看成迈向商业现代化的一个重要步骤，改变了城市景观和公共设施的面貌。虽然早在同治年间就出现了先例，汉口的零售市场是到了 20 世纪初期才开始搬到室内的，变成所谓西方式的百货市场形式的。不难想象，走进这样一个密闭的综合性百货商场里，宛如一个具体而微的城市，琳琅满目的商品、样式统一的建筑式样、整间相同的商业型态，从商品的摆设陈列到夜晚煤气灯制造出特有的光线，新的消费购物文化，创造了全新的社会空间。以往千奇百怪、五花八门的商业被放置并拢呈现相同的状态特点，此情此景一如本雅明笔下的“巴黎拱廊街”。

森尼(Sennent)在谈及 20 世纪前欧洲百货商店出现的时候曾说，百货商店的出现是将公共空间封闭起来的第一步，也标志着原本整合的城市共同体的破碎化趋势[③]。

5.2.4 整序

1) 生活整序

张之洞以军用工业、钢铁工业为先导，并采取轻重工业并举、军用民用并举的办法，兴建武汉近代工业体系，这一工业框架促进武汉近代化工业基地的形成。

工业体系的出现，需要以时间形式为行动的主要参考架构，钟表的出现可谓正逢其时(图 5-2)，依据钟表时间统一行动，维持工业生产秩序对地方日常生活也造成深刻影响，从此依日夜而作息的日常生活时间，依个人生命史而形成的个人时间，依族谱和家庭活动而形成的家庭时间，依地方发展而形成的社区时间，以及因地区共同经验而产生的区域时间被“钟表时间”凌居其上。因着不同个体活动或地理区域而产生的时间形式，不单凸显出时间的多元与不一，而且它们的存在也说明时间并不是以一种整全、普遍或合一的形式流动于我们的日常生活中。但是自从世界时间的采纳和挪用(appropriation)，汉口市民生活势必发生整齐划一的变化，这个影响后世深远的时间形式，不但对传统的时间意识和作息方式产生一种挑战，同时也对此后的社会和物质空间形成一个无可逆转的深刻形塑[④]。

图 5-2　20 世纪 30 年代汉口街上竖起了守时钟

资料来源：池莉. 老武汉：永远的浪漫. 南京：江苏美术出版社，2000.

钟点时间的采纳和普及，使得国家能通过时间的片段化，绵密地将民众置放在密集、有序的线性过程中来凝视和形塑。通过时间的有序安排以及空间的组合运作，民众个人的气质、意志、仪容、动作、感情、才干、智力、言语和社交能力等，都重获新生并焕然一改，身体形塑产生统一性格。它的采纳深深隐含一个空间化(spatialization)的发展性格在其中，空间与

①② [清]迈柱等监修，[清]夏力恕等编纂. 湖广通志. 康熙二十三年.

③ 转引自 William Rowe. Hankow: Conflict and Community in a Chinese City, 1796—1895. Stanford: Stanford University Press, 1989.

④ 黄金麟. 历史、身体、国家—近代中国的形成(1895—1937). 北京：新星出版社，2006.

时间相互融合,空间也具备时间的刻度功能。这一系列的变化说明,身体的钟点化开发和管理与空间秩序化、统一化以及国家化和民族化发展,有着一个紧密的内在关联。[①]

2) 建设整序

张之洞在物质空间也做了官方的"整序"规定,据《汉口小志・建置志》记载,张襄公颁定类似今天的道路规划和控规法文:

"汉口建筑房屋前清时张文襄公规定各让三尺,民军起义楚人一炬可怜焦土,遂建议仿巴黎都城改建西式楼房。自江岸至铁路旁修筑横直马路,设建筑筹办处一所公同研究。靡费至二十万之多迄无成效遂改为马路工程专局。规定建筑办法,街分三级巷分五等,只于城垣以内修筑,直马路三条、横马路七条(表 5-1)"[②],这可谓是汉口最初的道路规划雏形。

表 5-1　直马路与横马路

类别	起始	长度(尺)	宽度(丈)
直马路	城垣马路	14 100	10
	中间直马路	8 890	6
	江岸	17 600	12
横马路	张美之巷至堤口江岸	3 060	6
	张美之巷至六渡桥	1 610	6
	六渡桥至龙王庙	3 750	6
	满春茶园至集稼嘴	2 580	6
	青莲观至大王庙	2 870	6
	万寿桥至武圣庙	2 010	6
	新码头至大水巷	1 500	6

另外,鉴于现状"街道宽窄不一,各业户报请堪丈者屡起争端",于是"由业主会修改街道巷等级,呈请警察厅出示晓谕争端始息[③]"兹将官方和业主会"修改街道等第表及各等巷道说明书"抄录于下:

大街二丈六尺(8.58 米):前花楼正街直达黄陂街鲍家巷街口、花楼河街直达米厂、大码头河街直达码头玉带门正街。

中街二丈二尺(7.26 米):后花楼直达花市街口、大夹街系由花布街口直达安徽会馆、半边街系由万寿桥直达籁子街、小夹街下自田家巷上自人寿宫止、芦席街直达打扣巷河街、草纸街直达老水巷。

小街一丈八尺(5.94 米):棉花街至堤街直达硚口、万寿桥下由土垱街直达新堤、张美之巷火巷系由六度桥直达万年街、万年街、戏子街、得胜街、横堤篮子街、徽州会馆以上中路、新码头以上河街、新码头横街、沈家庙街、宝庆街、万寿宫街、梳子街、青龙街、关道街、剪子街、衣服街、凤鳞街、袜子街、回龙寺街、广益桥堤。

这个"整序"之于街道空间的影响无疑深远,街道第一次有了等级体系的概念,纵横有序、主次有别。街道功能越来越倾向服务于商品流通,其秩序维持越来越让渡于官方治安,其意义越来越简化和清晰。

此外,1890 年张之洞在武昌城十里外自开口岸,专设的商场局将武胜门至徐家棚一带,规划了一张 1∶5 000 武昌商埠全图,分甲、乙、丙、丁四区 123 块,计五等列号土地出售(图 5-3)。可以看到规

---

① 黄金麟. 历史、身体、国家一近代中国的形成(1895—1937). 北京:新星出版社,2006.

②③ 徐焕斗. 汉口小志・建置志. 1915 刻本.

划中的道路系统是以大小划一的方格网为主，也是为了提高土地利用率，有利于土地的租售。这是近代功能主义的初步体现，它代表理性规划原则，把原本丰富的密不可分的日常生活进行分门别类，秩序和功能至上的思想简约化繁复复杂的城市生活，这是一个按规格和管理方便为考量的空间设计，内在于现代性的语境之中。

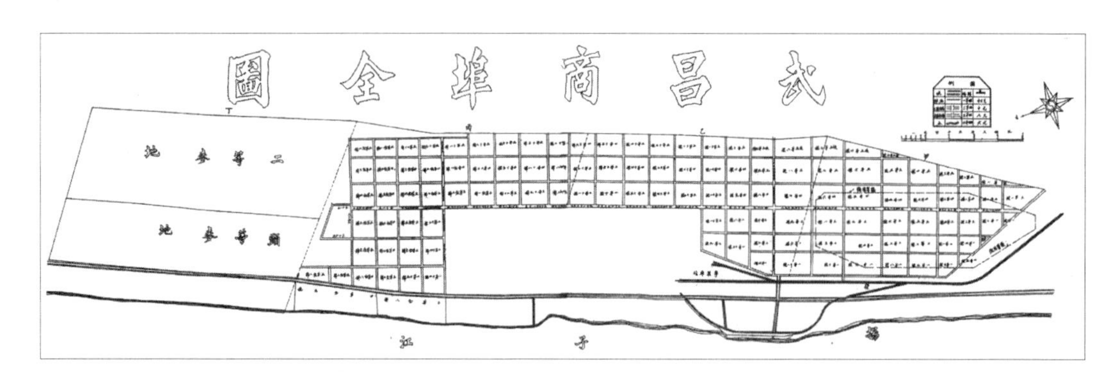

图 5-3　武汉商埠全图

资料来源：武汉历史地图集编纂委员会. 武汉历史地图集. 北京：中国地图出版社，1998.

自成一体的“国中之国”的租界本身就是一个功能分区（图 5-4），租界区的建设将西方规划理念、技术带入汉口，租界区内的街区结构和建筑风貌迥然不同于其他区域。笔直宽阔的马路、整体统一的建筑、有效的空间组织与自然发展形成的旧汉口的杂乱无章、嘈杂热闹的情景产生了强烈的对比，使人们的心态发生了微妙的变化，由原来的敌视，转变为欣赏和羡慕①。效率、环境、规划等观念开始在普通市民中引起重视。

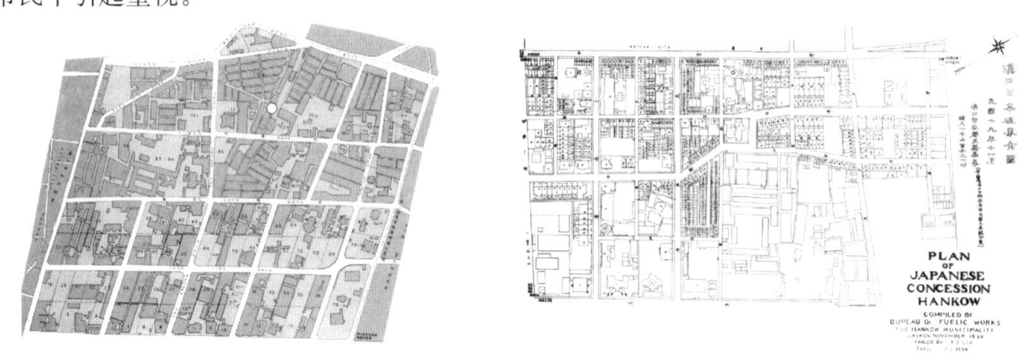

图 5-4　英租界(左)和日租界(右)

资料来源：武汉历史地图集编纂委员会. 武汉历史地图集. 北京：中国地图出版社，1998.

应该来说，这个时期的权力网络实难三言两语以蔽之，原因在于这个转折年代社会变革的激烈程度根本超出文本的表达能力之外，因社会关系复杂，其建构起来的权力网络也茫然不着边际，而且内部也不是均质的整体，可以说是一种弥散型的权力网络类型，也是一种过渡型权力网络类型，所以只能论述“前后变化”，使文本完全敞开，呈现一种“阅读状态”。权力关系建构既来自内忧也源于外患，既存在于有形的物质力量也受制于无形的文化价值迁移，既有自上而下的控制与自下而上的反抗的关系缔结类型，也内含于横向多重因素相互斗争折冲形成的关系生产中。力图剖析清楚权力网络的行为是徒然的，止增笑耳罢了，本书通过援引“现代性”这个词汇，希冀能揭示权力网络变化的基本特点。

① 李百浩，薛春莹，王西波，等. 图析武汉市近代城市规划(1861—1949). 城市规划汇刊，2002(6).

总之，这个时期权力网络是以张之洞自上而下的新政改革为推助，以商品经济秩序为导向，以租界异域文化为范型的革新过程中建构起来；是官方整肃、控制的过程，是生活的秩序化和净化的过程；也是正如拉图尔所言的"是将关于非人类领域或者说自然的知识，同关于人类领域的社会、文化和语言的知识区分开来[①]"的过程。

5.3 世俗画

现代性的开启，传统的生产生活方式发生质变，既有的传统商业形态逐渐被商业大街和固定的市场取代，新的迎合大流通的交通格局开始露出端倪；社会阶层裂化，国家开始渗透日常生活，这都将投射到城市空间的物质结构与组织结构上，反映到街道的使用和街道景观之上。第一条马路——后城马路出现了，马车、自行车、汽车还有各类出现在其两侧的消费场所也同时而生，其实是相伴相生的一组事物。而警察的出现、社会生活秩序化等，则应该视为与这些事物的"现代化"同一过程的诸多方面。现代性的开启仿佛打开潘多拉之盒并无可挽回。

5.3.1 马路上的现代主义

1846 年，上海英租界的国人在英国领事阿礼国的主持下召开会议，成立了"道路码头委员会"，专门负责租界的道路建设等事宜。黄浦江西岸不久就修筑起了第一条新式道路，上海人一时对这种宽敞的道路还不知如何称呼，因为外国侨民经常骑马在上面来往，也就随之称为"马路"[②]。

"马路"在中国近代城市中具有特殊的地位和意义，它使中国人直接了解了西方人的城市建设技术：西方人不把城市作为供战时人们避居之用的堡垒，而是一个贸易的场所；西方的城市不是"先有房子后有街"，而是先建造"马路"，有了"马路"就有了"市"。此风在中国一开，马路主义从此流于滥觞。

1905 年张公堤建成后，原先的汉口城堡失去防水功能，于是在 1907 年拆除，就城基改建为马路，上起硚口，下迄江汉路，名为后城马路，这是汉口第一条马路。在马路竣工几个月内，后城马路已经变成了夺人眼目的重要物事，是汉口市民趋之若鹜的主要的休闲地点。在此后的几个月内，在紧邻外国租界的马路沿线上，几栋体量和样式别致的楼房雨后春笋一般开张营业，金号银楼、呢绒绸缎、环球百货、金融钱庄鳞次栉比、高楼林立。马路旁的新楼房"日日人满为患"。华界区段的马路沿线社会生活活跃，与之前的荒凉景致形成极大的反差。正如张之洞所希望的，这条路很快就变成了一个为中国带来许多利益的繁荣商业区(图 5-5)[③]。

确实，从马路带来的多重影响来看，马路被证明是一种可彻底改变汉口经济、社会、市容景观和心理地景等多重面向的有力作用物。因为这条马路以碎石铺成，有马车和黄包车奔走，有西式建筑(图 5-6)，各类工厂、广告牌、国家管理的街灯……马路形成了别具一格的新鲜事物的展示区，充满了当时外国现代的物质文化。马路的兴建和这地区后续快速发展成一个闹市区，引发了大众对外国东西的狂热，或许外国文化本身就成为马路最大的卖点之一。

后城马路是展示现代批量生产的物品和新消费经济的各种奇迹的橱窗：家具与钟表，各色织物与服装，照相馆与书籍，都陈列在街道两侧鳞次栉比的商店里，引人目不暇接。其陈列出来的货物各国一一兼备，后城马路简直就成"一个不寻常的世界性区域"。就长期来看，马路势必改变汉口的空间、经济、政治与文化的形态，将其修建诠释为某种革命似乎更贴切，它不断向四周辐射能量，这是现代主

---

① B. Latour. We Have Never Been Moder. Cambridge：Harvard University Press，1993.

② [美]柯必得. "荒凉景象"——晚清苏州现代街道的出现与西式都市计划的挪用//李孝悌. 中国的城市生活. 北京：新星出版社，2006：442-493.

③ 张之洞. 致开封行在军机处电//张文襄公全集. 海王村古籍丛刊，第 175 卷.

义的发源地和灵感来源。这条马路既是外来的，也是本土的(domestic)，逐渐被百姓接受而成为汉口"本土的"和城市日常生活整体的一部分[①]。

图 5-5　汉口民国初期后城马路的街景

如此情景，可以领略马路的出现，带给汉口的巨大变化。资料来源：池莉. 老武汉：永远的浪漫. 南京：江苏美术出版社，2000.

图 5-6　怡和洋行汉口分行(1880 年)和早期英国领事馆

资料来源：转引自李军. 近代武汉城市空间形态的演变(1861—1949). 武汉：长江出版社，2005.

最重要它开启了"速度"的追求时尚，使得马路顺理成章地成为车辆而不是行人的天下。

后城马路修成后，马车逐渐增多，这几乎是一组相伴相生的事物。由于资料缺乏难以还原当时情景，所幸美国柯必得(Peter Carroll)在其文《"荒凉景象"——晚清苏州现代街道的出现与西式都市计划的挪用》中详细研究了马路与马车在苏州甫现时社会对此反应的情景，与汉口可堪一比，从同时代的苏州可以领略汉口当时状况之一斑。柯必得提到，租界带来的马路极大改变了苏州社会和空间形

① [美]柯必得. "荒凉景象"——晚清苏州现代街道的出现与西式都市计划的挪用//李孝悌. 中国的城市生活. 北京：新星出版社，2006：442-493.

态，随后马车在苏州的马路上亮相，时间是在1897年农历新年过后不久，当时几辆出租马车开始载着旅客快乐游街，马车似乎一下子就成了受欢迎的娱乐活动。而且柯必得还注意到马路在上海出现之始，搭马车兜风是从苏州及其他内陆地区到上海旅行观光客指定的节目之一。他援引1874年时上海的英国律师Medhurst的话，“据说，一大家子的人从苏州一路过来(当时搭船大概要三天两夜)，就是为了坐一趟梦寐以求的外国车”。他还从当时文学及报章资料来观察，似乎可以确定江南人对新马路真的感兴趣，甚至到了着迷的地步，因为街道是现代都会独特娱乐生活的展示场。马车尤其看来成为大众好奇的对象，以及大众谈论的话题。《点石斋画报》和其他报刊用很多的篇幅，为苏州、上海及其他许多地方的读者刊登许多故事，记载马车带给都市社会生活各阶段的影响。这证明了国人对外国物质文明的产品及科技的接受度与好奇心，认为这是当时都会生活有利且必要的组成部分[①]。在汉口于后城马路上驰骋马车无疑是心态上的极大享受，《汉口竹枝词·马车》描绘当时情景是：“驾轻就熟兴悠悠，闲向江边马路游。斜日歆生街上望，并肩同辇却无愁。”马车是迷人的景观，其迷人之处在于在宽阔马路风驰电掣追逐速度的快感，马车被描述为最具代表性的现代运输方式，开启了后世追逐速度和效率至上的序幕。

民国初年，汉口出现私人代步的自行车，当时叫“脚踏车”，为个人行动提供了方便。时人写的竹枝词咏道：“一轮高耸一轮低，爱逐香尘趁马蹄。来去不烦推挽力，自由行动任东西。”也能看出时人对于“脚踏车”这一新鲜事物的赞美和满足速度要求的喜爱之情。

汽车在汉口也较早出现。1903年，英国驻汉领事馆购进一辆美制福特汽车，名叫“来路卡”，该车体小，头面尖而椭圆，没有电气设备，安的是油灯，启动靠手摇，是汉口出现的第一辆汽车。1909年刘子敬在上海购回实心四轮马车、蒸汽发动机汽车各1辆，后又购买篷型、轿型小座车各1辆，成为汉口最早购买汽车的中国人。到1910年，汉口共有汽车20多辆，基本集中在租界区内。虽然这些以观瞻、炫耀为主的早期汽车，性能较差，且仅限于租界附近行驶。但它们在汉口的出现，毕竟标志着汉口以人、畜为动力的时代持续几千年以后，开始进入机器为动力的运输时代。由于汽车快速，汉口人视为稀奇，民国四年的《汉口竹枝词》描写道：“汽车活泼在司机，猛鼓双轮去似飞。拔拔一声刚入耳，举头人影望依稀。”

宽阔的马路给予人的想象是随意的驰骋，享受风驰电掣、景物迭逝、耳生呼啸的感觉。速度成为人们追逐的焦点，速度也加诸城市，使得城市节奏无端的加快。《汉口竹枝词》描绘的开埠初乘轿的情景：“人面赛花还赛雪，广藤轿子揭帘游”。“鹾务家来迥绝尘，玻璃轿子去游春。”此情此景，青山遮不住，毕竟东流去。

5.3.2 街巷中的警察空间

20世纪初履行城市管理职责的近代警察在汉口设立。在此之前，汉口维系地方控制和安全全赖保甲制度，传统城市社会生活的诸多方面主要是由地方社会来承担的，而不是官方行为。警察制度的设立实际上动摇了这种管理制度的根本，当然汉口城市日常生活也随之发生深刻的变故。

在此期间，政府官员一直设法重塑下层社会的价值观念和行为习惯，而警察机构的建立，为推行他们的理想提供了有力的保证。这与欧洲早期现代化如出一辙，社会改革都是经由警察机构推行的，并借此树立官方权威。汉口警察一开始是通过整顿街道和公共空间来扮演社会改良者的角色的，他们希望通过改造城市公共空间和纠正下层民众的公共行为，来提高“文明”程度，以迎合这个日新月异的城市[②]。

---

① [美]柯必得.“荒凉景象”——晚清苏州现代街道的出现与西式都市计划的挪用//李孝悌.中国的城市生活.北京：新星出版社，2006：442-493.

② 王笛.街头文化——成都公共空间、下层民众与地方政治，1879—1930.李德英，等译.北京：中国人民大学出版社，2006.

颇为遗憾，在现存档案中关于警察对于汉口民众日常生活的直接影响大都语焉不详，只言片语，很难竟全豹之貌，幸有王笛先生著有《街头文化——成都公共空间、下层民众与地方政治 1870—1930》一书，其中关于成都警察成立之初，对于百姓日常生活的影响描述资料翔实，可赖佐证。成都警察制度建于 1902 年，与汉口诸多相似之处，警察之于成都抑或汉口的影响大同小异。

王笛在文中详细揭示了当时成都日常生活加诸警察机构后的巨大变化，在其著作"控制"一章主要讨论警察如何处理诸如交通、公共秩序、乞讨、鸦片、赌博、流氓、卫生、消防及卖淫等问题。在此摘录其文，夹议汉口，以期勾勒汉口在警察制度设立初始，对于民众生活的影响，其目的就是探讨街道的管理如何交由官方，民间失去自我管理的基础；并且街道也经历着"净化"的过程，乞丐、神汉、尼姑、和尚等成为杜绝的对象，沦为一种"非正规性"的行业。

警察制度的设立，对于民众日常生活的影响可谓无孔不入，街头关乎"形象"、"面子"一事，最为要紧，所以街头管束便首当其冲成为第一要义。其管理小至老百姓的外表和行为，诸如"言语粗鄙"、"行为不端"、"装束怪异"、"胡言乱语"，唱"乱七八糟"的小调；大到聚众喧闹、"扰乱秩序"等危害公共安全的行为，面面俱到，无远弗届。警察还首次对交通、卖淫、赌博、卫生以及特殊人群的行为进行规范，对和尚、尼姑、收荒、端公等严加控制。

在交通管理上王笛写道：控制公共空间意味着对街头活动的限制，这样就给普通民众尤其是那些在街头谋生的人的生活带来了极大的不便。例如，成都首次进行交通整顿，当时轿子和马是城市最主要的交通工具，但它们的数量越来越多，交通事故和伤人的事件时有发生。为了改变这种局面，警方颁布了《整齐舆马及行人往来规则》，要求所有的轿夫、马车夫遵守交通信号，违者将受到处罚。同时，警察要求轿子和马车在晚上必须点灯，马车还要挂上铃铛。人力车是晚清才在成都出现的交通工具，也频繁地引发交通事故。为了解决这个日趋严重的问题，警方要求所有的人力车必须靠马路右边行驶，控制车速，不能乱停乱放。对违规者根据具体的情节分别处以 50 文的罚款或是体罚。警察局还给人力车夫颁发了一种印有红色号码的白色木牌作为执照，没有这种执照的人力车不能上街。如果出现事故，警察将根据情况没收车夫的执照。鸡公车(即手推的独轮车)也在被限制之列，例如那些居住在"整齐完善街道"上的居民，如果不想让鸡公车通过，可以要求警察局立一个禁止鸡公车出入的公告牌。新的交通规则还禁止人们在马车经过时燃放爆竹，如果马匹受惊狂奔，街众要关上街前街后的栅门，骑马者负责赔偿所有损失。此外，六岁以下的儿童禁止在街头玩耍。街上的居民不得把私人物品堆放在街道两旁，必须拆掉所有的附加在住宅外的棚子以及其他阻碍交通的建筑物。

商业管理上：警察对街头商业活动进行了限制。根据新的规章，小贩不得在十字路口摆摊设点，沿街的货摊不得超过建筑物的屋檐。四个城门附近那些临时蔬菜市场，一般在早上 10 点钟以前收摊，摊主们必须轮流清扫市场。警察也对食品卫生进行管理。例如不准出售不新鲜的肉类，如果有人违反规定，一旦发现，货物就会被没收。为了交通安全，小贩和摊主不得在像北门大桥那样的交通繁忙地带摆摊设点。警察甚至对价格进行严格管理，例如当粮食价格增长太快时，警察就会在各个粮食经销点进行销售监督。

《汉口海关十年报告》提到汉口民众对于环境脏乱习以为常，行人随地便溺，垃圾随地委弃，"摊担之皮壳仁核腐烂果物及挑炉卖熟食者之炉灰随地抛弃，住家各户无渣箱，将渣滓倒倾路旁，经行人踢散"；"商户不自清洁，当街开拆货箱，将箱内之稻草碎纸，随意抛置"；商店、住户当街倾倒污水，曝晒衣物；车辆随处停放，行驶争先恐后；商店招牌帐篷随意伸出街面，广告随处乱贴；路灯昏暗；浮尸露棺随意抛弃。加之城内污水烂塘甚多，散发恶臭，城市市容环境脏乱差，与现代城市的发展格格不入。此种情况颇似成都，在其书中王笛援引一些事例进行说明：

19 世纪后期，一位到成都的法国人曾抱怨到，他曾"误人不通之巷，时须跨过垃圾之堆。街石既不合缝，又极滑达，经行其上，跌撞不止一次"。有的街道正如傅崇矩在《成都通览》中提到的一样，"秽物之堆积，恶气触人"，若是阴雨天则道路泥泞，外加"屎酸粪汁及一切脏水"弥漫；晴天则"尘埃四塞，霉菌飞扬”。传教士也观察到，由于街头环境糟糕，女士们很难在街上行走。在街道的每个拐角处都会有“难闻的垃圾”，人们把垃圾倒在街上，而“肮脏的猪、家禽和老鼠就以这些垃圾为食”。

为此警察对街头卫生进行整顿，王笛写道：令清除垃圾和动物的死尸，病猪肉不准运入城，街边尿缸一律填平，各街厕所改良尽善。

从晚清开始，警察局就已经雇用街道清洁工。根据传教士J. 维尔(J. Vale)记载，他们穿着前后写着“清道夫”三个字的制服，工具是一辆手推车、一只柳条编的篮子和一把扫帚。所有的家庭必须在7点钟清道夫收垃圾和清扫街道之前把家里的垃圾拿出去，清道夫把收集的垃圾运到指定的地方堆放。

在城市卫生方面，公共厕所似乎总是一个很突出的问题。1903年，警察局规定所有的厕所都要按照政府规定的设计进行修建。在此之前，有些街道没有厕所行人就在街道旁的“尿坑”里小便。根据新的规章，这些尿坑将被填平，如果有谁在街上小便就会被处以50文的罚款，对于那些付不起罚款的人则责令其劳作一天。但当时许多成都人并没有卫生的概念，在街上小便的事情时有发生，有时还会引发违规者同警察之间的冲突。警察局采取了一系列措施禁止街头小便，违者坐一天监狱或支付至少一元的罚款，但似乎并没有起到明显效果，当局认为这是执法不严之故。

在维护公共秩序方面，警察局将维护公共秩序视为其主要职责，即“管制坏人，杜绝坏事”。任何“行为暴戾”、扰乱公共治安的人都将受到警告甚至拘捕。……成都街头巷尾经常有三五成群的地痞闲荡，他们在公共场合聚众赌博，惹是生非，甚至调戏妇女，成为影响市民正常生活的一个令人头痛的问题，因此他们显然是警察首要控制的对象。

在文中王笛还列举警察惩处调戏妇女的流氓和危害社会巨大的赌徒：警察对那些行为不检点的“无赖”进行严厉惩处，经常是采用公开羞辱的方式。例如，有些流氓经常朝那些坐着轿子路过的女人扔水果和石头进行骚扰，他们被抓住后就会被戴枷惩罚一天，被公众谴责，结果是“千人共观，大伤颜面”。

清末的成都有各种各样的赌博，如斗鸟、玩牌、打麻将等，这些活动经常在街头、巷尾、桥下、茶楼、烟馆、妓院等地方进行。改良者认为赌博危害甚大，由此造成的家庭纠纷和悲剧比比皆是，也因此扰乱了社会秩序。他们揭露一些赌棍经常设置圈套，骗取没有经验的参赌者的钱财。在20世纪初，改良者就呼吁警察将这些“著名害人之赌棍”送进监狱，警察局也颁布了规章制度来禁止此类行为，打麻将这一传统活动也被禁止。

警察大肆搜捕赌徒，收集赌窝和赌棍的有关信息，一旦发现，立即抓捕，或罚款，或体罚。以前卖糖果、糕点、花生的小贩可以采用打赌或抽签的方式诱使小孩买他们的东西，这种被社会认可的流行方式现在也被禁止。在这样严厉的措施之下，赌博现象虽然没有完全消除，但得到了一些控制。1910年春，警察机关试图斩断赌博的根源，规定三天之内停止一切麻将器具的生产和销售，销毁所有储存的麻将用品，任何人如果再制造麻将产品，都要受到严厉惩罚。从禁止赌博到禁止麻将，反映出改良者对赌博的愤恨，同时，也是对成都最流行休闲活动的否定。警察机关的这一系列行动并没有杜绝赌博，反而引起了成都居民的强烈不满。短暂的沉寂之后，非法赌博又逐渐兴盛起来。

警察职责还在于维持日常生活，在警察出现以前，城市的日常生活没有法规的限制。保甲和社区自发组织也只考虑安全、救济和社区庆典一类的事情。但是，20世纪初，从公共集会、大众宗教活动到人们日常生活，警察的控制已进入了社会的方方面面，社会影响力不断增加。

从晚清开始，警察开始规范所有的公众聚集。精英改良人士经常批评成都人特别爱看热闹，“成都人心浮动，往往于极无关系之事，群集而观遇”。到成都的外国人也发现，只要街上发生了一点儿不寻常的事，就会吸引“大批好奇的人群”。这样的情况经常会造成许多纠纷。新的规章制度出台以后，要求当公共场所围观者众多时，在场警察应“极力遣退观者”。任何要在公共场所摆摊设点的人，都必须事先获得批准。警察要负责维持重要活动的社会秩序，一些活动还禁止妓女、年轻妇女和儿童参加，以免造成混乱。在举行盛大的宗教活动时，警察站在拥挤人群的两旁，以维持秩序，防止局面混乱，保护妇女儿童，同时杜绝“扯厂集众”、“口角打架”、“割包剪绺”之类事件发生。

警察控制的社会活动范围不断扩大，社会约束力也不断增强。例如在1916年的"冬防"时期，警察严密盘查过往行人，特别是皇城这种特殊地方。地方当局还限制花会一类传统活动的举行，因为那里各色人等混杂，良莠不分。花会只允许卖农具、农作物和花草，禁止其他商品买卖，同时，也不允许在花会摆摊设点卖茶、酒、食品等。1917年，警察禁止在花会和附近路上赌博、随地小便、对妇女评头论足、算命、耍流氓、打骂和卖淫。任何违反规定的人都将受到处罚。

20世纪初，警察进一步对所有宗教和其相关仪式进行限制。例如，在阴历四月二十八——药王的寿辰那天，警察禁止人们进入药王庙为药王庆贺，也不允许人们在药王庙附近街道烧香磕头。1914年夏天的旱灾期间，地方政府在大街小巷贴满告示，禁止任何祈雨仪式。1917年，虽然警察没有禁止祈雨仪式，但是禁止在典礼中扮演鬼神。

清末民初，警察还禁止卜卦、算命，例如"观仙"、"走阴"、"画蛋"等活动，但是一般民众仍然相信占卦算命。人们拒绝放弃"迷信"，使改良者非常失望，因此寻求更严格的规章。

警察制度的确立对于成都日常生活产生了巨大影响，在此也只能提纲挈领引用一小部分，借此说明警察制度之于汉口的影响。应该来说汉口和成都还是存在一些不同，汉口人员更加异质，在警察控制方面的难度更大，在此过程中发生的故事一定更曲折生动。涂小元先生在其《试论清末天津警察制度的创立及其对城市管理的作用》的文章中，从刑事侦缉、治安管理、户籍管理、消防管理、交通管理五个方面也说明了1902年5月天津警察制度建立对城市管理的作用和对城市生活的影响，其结果类同于成都，也可以佐证汉口警察制度建立引起的城市变化。

随着警察制度的确立，官方管制机制发展得非常严密。原来只是作为地方事物以及个人生活习性的肮脏、洁净，或个人事务的疾病、健康，此时则关乎国家安全和民族形象，成为统治权力向普通民众日常生活弥散和扩张最堂而皇之的借口。它也灌输民众一个理念：街道等公共空间是国家管理的。这样以往本受控于民间自身的权力让渡于国家。官方制定了控制街道宽度的法律，官方的意志渗透到了空间形态上。

总之警察的出现，使得社会底层的权力网络发生质变，是国家权力触角深入到社会内部的一个标志。保甲制度崩溃，寺庙等作为交往和维系文化的纽带，也在警察的干涉下断裂。之前汉口的自治状况，社区和邻里基本上是由地方社会主导下自行管理的，国家权力在相当程度上远离。警察的建立，初步打破了这种行之已久的地方与国家二者间认可的默契和平衡。或许一如王笛的结论："当传统的社会力量被国家权力排斥在外时，城市的管理有时不但没有加强，而且还有可能削弱，因为警察无法完全填补传统社会组织所留下的真空。"[①]

当然国家控制过程也并非一帆风顺，时有反抗发生，《清稗类钞·讥讽类》中抄有一段稗史，说武昌知府梁鼎芬办理警察，"人怨其严，曾相率罢市数日"。郭沫若这样解释道："在漫无组织的社会中，突然生出了这样的监视机关，而在创立的当时又采取了极端的严刑峻法主义，这在一般的穷人不消说是视为眼中钉，而就是大中小的有产者都因为未曾习惯，也感觉不便。"[②]对依靠街头为生的人而言就更加困难，所以他们想方设法保护自己对街头的使用权，也就不足为奇了。甚而至之，还有一些警察监守自盗、欺良霸善："当时所募警察，无论冬夏，头戴暖帽、红绿绒项，身穿红号褂，绿袖口，白团心，下著黄色土布裤，一人之身，五色俱备。又仿上海菜场式样，筑屋数楹，晨收小菜捐，午后收洋杂货摊捐，夜收医卜星相捐，所收之捐用于警察经费。"湖广总督瑞徵也承认："所谓保卫商民之巡警，反以扰害商民，扰害商民且不足，复波及于往来行旅"，警察局几成盗匪歹徒"遭逃之薮"[③]。

---

① 王笛．街头文化——成都公共空间、下层民众与地方政治，1879—1930．李德英，等译．北京：中国人民大学出版社，2006．

② 郭沫若．反正前后．见《沫若自传》第一卷．北京：人民出版社，1982：187．

③ 《醉天斋笔记》，《湖北官报》，第2卷。

5.4 建设活动

1897 年张之洞督办的卢汉铁路于 1906 年全线通车，1905 年张之洞主持修建的张公堤竣工，1907 年张公主持的汉口华界第一条石渣黄泥路面"后城马路"完工。此外，除了颁布"控规"法令，以及对老城街道进行一些"迄无成效"的改造活动外，再没有资料表明张之洞政府主导进行大规模的城市建设活动。这主要一是源于筹集摊派的赔款已经有心无力，修堤、建工厂更使得财政捉襟见肘；二则因为汉口产权制度一直以来非常严格，加上张之洞为课房税，专门成立清丈局，对汉口房屋产权普查，本质上也是对民间房屋产权的一次官方再认定，所以大规模的官方主导建设行为较难发生。但是张公堤的修建、后城马路以及卢汉铁路的竣工，无疑开启了城市空间扩张的序幕。

现代性开启以后，社会阶层裂变，建设活动主导在拥有金钱和权势的阶层手中，这个时期城市主要的建设活动基本出自拥有大量钱财的官僚、商绅、洋行买办、资本家、会馆以及银行，其建设的目的自然是纯粹的经济谋利，而传统商业阶段商绅的一些"义举"、自觉地适配周遭环境的建设行为，因为资本主义经济原则的冲击以及文化的礼崩乐坏，而逐渐的消失殆尽。

《汉口海关十年报告》(1902—1911)关于人口记载表明："汉口人口为 590 000，汉阳人口为 70 000 人，武昌人口为 166 000 人"，总人口为 826 000 人，与开埠之前不过 13 万相比，人口暴增。这导致土地和房源的愈发紧张，报告中记载："地价上涨，使得一些工厂不得不向市郊伸展。汉口城区周边遍布着工厂：从硚口的面粉厂和酿酒厂，到涢水下游的官办造纸厂和扬子机器厂。"人口的暴增源自汉口近代城市经济的发展，产生的强大集聚效应。形成的广阔商机，吸引着周边地区的劳动力、资本和物资等向汉口的集中，这使得城市居民由客居向定居转化。正如报告所指出的，"汉口，由于它对劳动力的不断增长的需要和它所产生的吸引力，自然吸引着农民离开土地进入城市，一部分农民在城市里定居下来。"[①]除了农民之外，其他绅商和小商小贩也逐渐在汉口定居下来。落叶归根、衣锦还乡的观念逐渐在社会转折中慢慢淡薄。何炳棣说：不同省份与地区的商人在汉口经营商业到了一定时期之后，都不可避免地和汉口地方社会建立紧密的联系[②]。罗威廉在《汉口Ⅰ》也考证了旅居汉口的商人，虽然有浓重的家乡情怀，甚至到了令人费解的程度，但是随着其在汉口商业拓展，逐渐对汉口产生认同，以及对汉口人身份的认同。

这种城市化过程导致多重结果，一是土地的稀缺使得谋取土地成为开发商的逐利目标；二是人口增多造成房源的紧张，高效利用土地建设房屋是开发商的基本原则；三是家庭结构的转变，不可能再维持封建式的几世同堂大家庭，所以住宅不必苛求适合于几世同堂传统合院礼制，其型制可以更为灵活；四是涌入的农民加上破产失业的小商贩使得底层民众增多，社会阶层分化越趋明显，在经济中心转移过程中空间分异加大，出现大量棚户区。在这些结果的影响下，土地开发和住宅建设过程中街道的形态和意义发生较大的嬗变。

考察土地开发活动，"地皮大王"刘歆生无法略去，此公靠开发土地身价倍增。张公堤的修筑，使得城市涸出广阔空间，填土技术的进步使得大规模开发谋利成为可能，经济中心的下移致使毗邻租界的土地价值升值，刘歆生正是看中于此决心从事地皮经营。张公堤建成前后，城堡内外有很多低洼之地，后湖地带湖塘更多。夏汛来临，到处一片水乡泽国，地主和农民纷纷低价出卖土地。刘向银行、钱庄借钱，大肆收购土地。刘歆生以"划船计价"：先在四界插旗为标，然后乘船沿线按划桨次数为计量单位，以每桨一串或 300 铜元的低价，一片一片地购进。刘所购汉口土地，上起舵落口，下至丹水池，西抵张公堤，南至铁路边，地域广大，约占当时汉口市区郊区 1/4(图 5-7)。1901 年他还成立填土公

---

① 穆和德. 近代武汉经济与社会——海关十年报告(江汉关)(1882—1931 年). 李策，译. 香港：香港天马图书有限公司，1993：35.

② 何炳棣. 中国会馆史论. 台北：台湾学生书局，1966：107.

司，并创办铁工厂，为填土公司专门安装自用的轻便铁轨和运土机车、轮车。又购来推土机、法国小火车头，还雇佣大量劳工大兴土木，从姑嫂树一带长年累月运土填平今江汉路到华清街等处地面①。

刘歆生甚至还取得了毗邻英租界一带的土地，这里有一个关于今江汉路的小插曲：英租界当局为了繁荣租界市场，便利交通，计划从长江边一码头起，经太平街②（武汉关至鄱阳街口），再由后花楼街口起，向西延伸，修一条直街，以接通湖南街（胜利街）、湖北街（今中山大道江汉路口下）。但这一带土地已为刘歆生所购得。英方认为这块土地影响租界治安，要求借、租或购买土地，拟用租界内的垃圾煤渣将这里填平，并纳入英租界范围。刘歆生同意英方筑建马路，除路基外，其余土地纳入了英租界的范围，但仍为刘歆生所有，如此一来，英租界也扩大了 1/3，而路修成，地价提高，刘也可从中牟利。这条街命名为歆生路（今江汉路下段），路幅宽度 12 米，事实上这是商业牟利与政治空间隔离的产物。

随即刘将歆生路向北延伸，穿过后城马路，直达铁路边（即今江汉北路），统称为歆生路。后来又与这条路向南垂直，修建了歆生一、二、三路（今江汉一、二、三路）等（图5-8）。道路建设无疑是土地增值的前提，横平竖直，是事先统一规划的结果，这迥异于传统城区的街道模式，如果说后城马路是马路经济崭露头角，开创了汉口"先有道路后有房屋的先河"的话，那么歆生系列路的修建则将其推入佳境。街道规划和土地划分强调土地的利用率，以满足日益扩大的商业活动的需要。在这个目标下产生的标准化、单元化的棋盘格式规划，是商业城市典型的功利主义平面。地形、景观、人的活动和需要等因素被置于次要的地位③。歆生路以及毗邻租界道路的开辟，一方面扩大了城市面积，推动城市中心的下移；另一方面也加快权贵阶层的聚集，这个区域的建筑大多都是模仿租界建筑，是所谓的先进之区，导致城市社会空间分化的加剧，并且一直影响后来空间肌理变化。由于商人的投机行为引发土地和建房热，地价日涨一日，其中大智门一带基地，毗连铁路车站，竟然涨到每方一百五六十两。地价越涨人们越竞相购买，这导致城市蔓延发展，与十多年前无人问津的荒凉景象相比犹如隔世④，平行于租界的城市发展开始显现端倪。

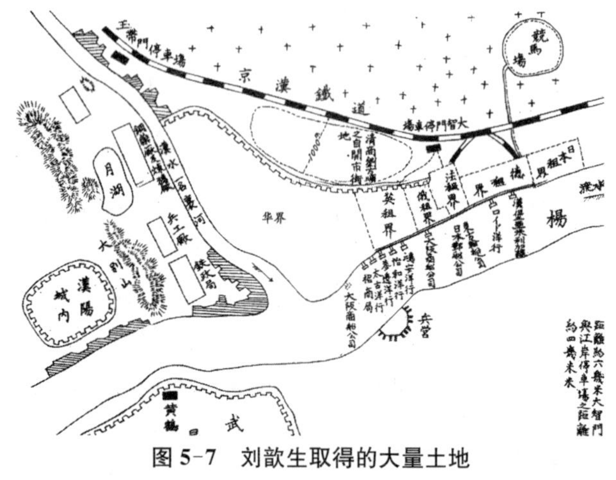

图 5-7　刘歆生取得的大量土地

资料来源：武汉历史地图集编纂委员会. 武汉历史地图集. 北京：中国地图出版社，1998.

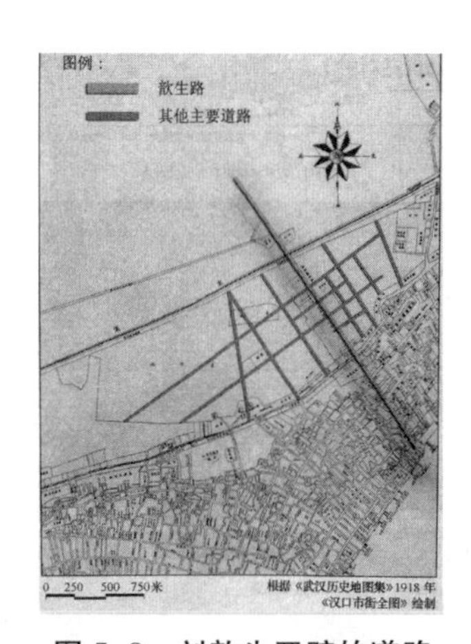

图 5-8　刘歆生开辟的道路

资料来源：李军. 近代武汉城市空间形态的演变(1861—1949). 武汉：长江出版社，2005.

住宅建设这个时期也发生沧海桑田式的变化，在租界建筑的影响下，随着西方建筑技术的不断传

---

① 皮明庥. 近代武汉城市史. 北京：中国社会科学院出版社，1993.

② 太平街原名"广利巷"。清朝末年，在地理学者湖北人杨守敬编绘的《历代舆地图》中的《武汉城镇合图》上，已有广利巷的记载。当时此巷只是由江边到现在的鄱阳街口一带，约有 300 米长。1861 年汉口被列强国家辟为通商口岸，并出现了外国租界。因广利巷紧靠英国租界，为便利商贸，当局把广利巷扩宽成为碎石马路，并取"对外忍让，惟求太平"之意，命名为太平街。

③ 田银生. 城市发展史讲义. 华南理工大学.

④ 张爱红. 1906—1907 年间的汉口商业. 武汉文史资料，2004(3).

入及新型建筑材料的大量运用，新式的民居建筑形式——里分适时而生，传统建筑型制逐步解体。

工业革命后，特别是在19世纪中期，欧洲各国城市由于城市人口过度增长，城市土地和房源紧张，地价和房价节节攀升。为了获得高额利润，在英国率先出现了建筑密度高、造价低廉的工人居住的多层联排式住宅（图5-9）。上海开埠以后，各国在上海划定租界，租界区内经济发展迅速，人口骤增，房地产商品化甫现，英国商人也适时介入，为了取得高额的利润，他们直接采用英国联排式住宅的布局方式。1870年，在上海英租界出现了早期里弄住宅形式，其特点是，总平面为联排式住宅的布局形式，住宅单元平面设计兼顾了传统民居三合院或四合院的特征（图5-10）[①]。

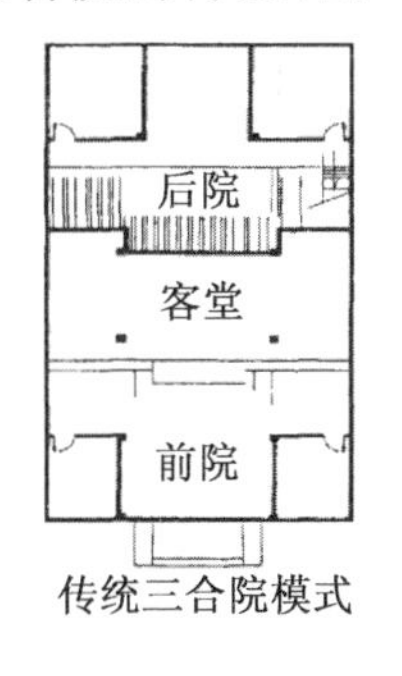

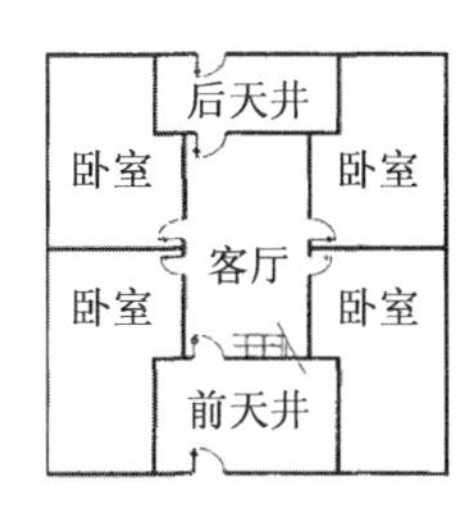

图5-9　1875年英国联排式住宅区　　**图5-10　传统三合院和典型里分平面**

资料来源：转引自李军.近代武汉城市空间形态的演变(1861—1949).武汉：长江出版社，2005.

1861年汉口开埠，随着人口增长，生产生活方式转变，上海的房地产开发商来汉投资，例如上海最早来汉的刘贻德、蒋广昌、胡庆余堂及曾任上海道上海关监督的袁海观等在车站附近的法租界购买地皮建造了汉口第一批里弄住宅，成为汉口里分[②]住宅的起源。里分住宅便从此在汉口生根发芽，并与上海里弄一脉相承存在谱系关系。

汉口里分的建设可以分为两种模式：一种是增量的规划建设，另一种是内涵式的改造。

后城马路完工、卢汉铁路的修筑以及歆生一、二、三路的开辟无疑为空间扩张打下骨架基础，于是里分增量的规划建设表现为依附该骨架增量扩张。例如19世纪末建成的新昌里以及在汉口大智门火车站附近建成的德兴里（1901年，36栋）、三德里（1901年，112栋）（图5-11）、长清里（1901年，72栋）等，随后建成的有泰兴里（1907年，17栋）、华清里（1908年，45栋）、笃安里（1910年，28栋）等里分。这些里分布局简洁规整，弄内主支巷道较窄，二层砖木结构，住宅形式一般为三间两厢或两间一厢式，为早期石库门式建筑风格，细部构造带有地方传统做法，多无分户厨房、厕所，由此组成的里分总体居住环境较为简陋；但由于其建造周期短，造价低，住宅布局尽可能地利用土地，提高土地利用率，每个单元住宅平面及空间组织紧凑，统一施工建设，对房地产商极为有利，这种住宅形式得到迅速发展。所以在清末民初建造者甚多，在成片建造时，总体规划大多横向呈“工”字或呈“丰”字形（图5-11），排列整齐，里分出口多，便于疏散人流，也有增量式成片规划布局呈纵向布置的，例如华

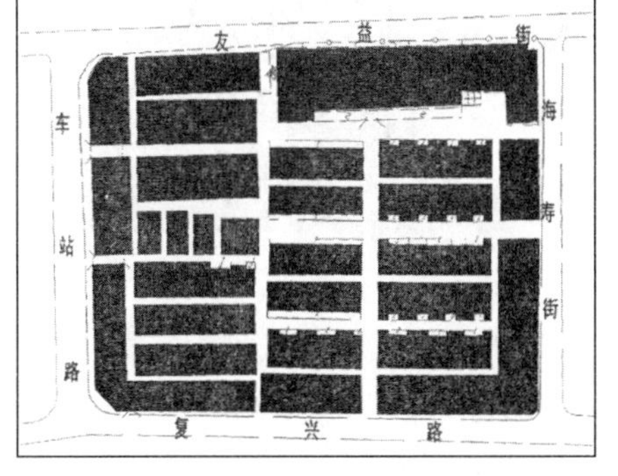

图5-11　三德里里分平面

① 王绍周，陈志敏.里弄建筑.上海：科学技术文献出版社，1987：91.

② 里分住宅，主要是指19世纪末到20世纪上半叶，在武汉较普遍建造的一种多栋联排式住宅，是近代武汉的一种主要居住建筑类型。这种住宅形式，在上海被称为“里弄”或“弄堂”；武汉则通常被称为“里分”、“里巷”或“里份”。除引文外，本书遵从武汉的称呼习惯皆称为“里分”。

清里。里分表面形态的背后是非常实际的功能和利益的考虑。西式联排式的单元平面连接方式，使昂贵的城市用地得到高效率的运用；改良的合院式平面布局满足中式生活方式，里分建筑的平面布局可谓是适应经济规律和生活模式的居住方式①。

里分的内涵式改造主要发生在汉正街传统的街区，也就是本书主要研究的区域。上文提到随着经济中心的下移，汉正街一带失去赖以生存的人气集聚，商业氛围大为消减，而房源紧张导致一些人气凋敝的商业店铺逐渐改造为住宅建筑，这基本是经济规律驱使下的必然，而改造的取径自然来自迎合时尚的里分式住宅。在第四章曾经论证汉正街基本的建筑型制是狭长式的进式合院和沿街的商铺式商住建筑，在这两种产权的制约下里分建筑不可能一如增量横向布置建设模式，而是采取旋转约 90 度纵向的布置，在不在乎朝向的前提下，迅速与这两种常见的产权方式契合，既能够达到极尽可能地提高土地使用的目的又延续传统，在几乎不改变原有肌理情况下逐渐普遍起来，这种端倪出现于清末时期，但真正臻于高峰是在民国时期，尤其辛亥革命大火使得得过且过的传统住宅成为焦土。

里分与传统的街巷有较好的适配性，如果两侧是商业店铺的街巷则容易改造为“一巷一口或两口、一巷到底”的主巷型里分，特点是里分主巷大门直接面向前巷，后门通向后巷或者不通。每家每户由主巷直接入户，这种主巷式里分的总体布置，又可细分为两种类型：主巷两侧为住宅和主巷一侧为住宅。现存古老的汉正街汉宜里就是两侧均为住宅的主巷类型(图 5-12)。

图 5-12　汉宜里现状

狭长式的进式合院则要么改为石库门的建筑群要么改为主巷型里分住宅。还有的是独门独户自行改造的里分住宅，例如在泉隆巷笔者发现存在多种里分住宅形式(图 5-13)。

如此强的适配性，与其说里分型制借鉴了西方文明不如说是里分契合了汉口的现实状况。原有的街道框架几乎未变，甚至纵向的街道某种程度上更加强化(图 5-14)。这种改造日趋频繁，难怪张之洞政府出台“控规”政策，绝非空穴来风毫无缘由。街道宽度受官方控制，街道也就成为塑造官方权威的场所。

当然也有少量在汉正街街区里分建设采取的是横向布置方式，例如清末形成的瑞祥里，有一条主弄和四条支弄，主巷北接正街，两条支弄与邱家巷相接，另外两条中的一条与小泉隆巷相接，是精心规划的结果，每家每户南北向布置，享受充足阳光。这在一定程度上改变了传统肌理，但是其自身四通

① 李军. 近代武汉城市空间形态的演变(1861—1949). 武汉：长江出版社，2005.

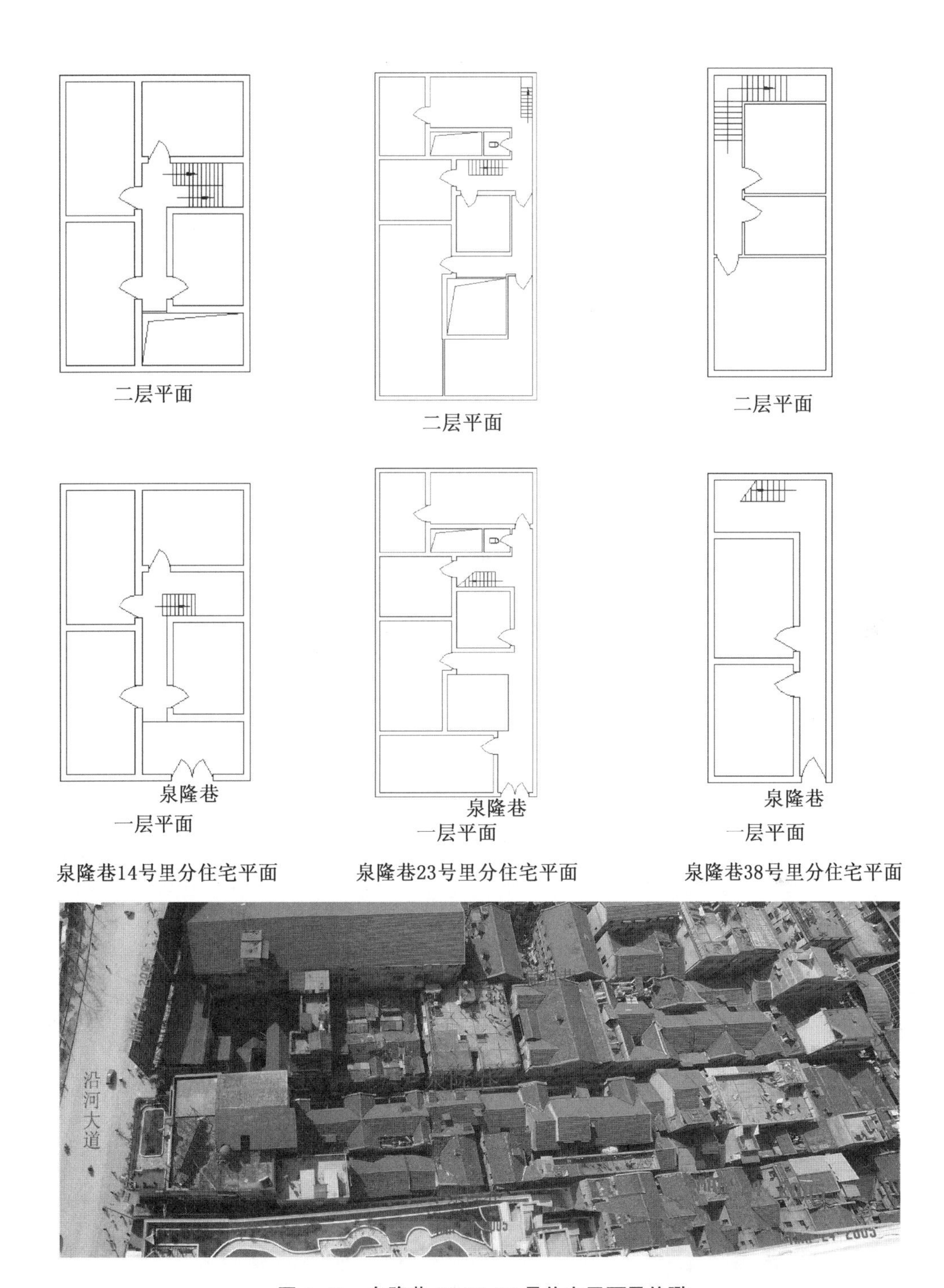

图 5-13　泉隆巷 14、23、38 号住宅平面及俯瞰

八达的街巷对于楔入的地方生活秩序而言也并没有产生太大的恶果。

似乎成规模成片里分建设，主巷道都称为“某某里”，而独门独户的改造或者一直是主要交通的巷道通常沿用以前巷的称呼，例如泉隆巷、唐家巷等。那么图 5-14 保留的里分建设的信息，虽然遗失很多，但从中我们依旧可以看到清末以来汉正街里分建设的频繁区位。鱼肚部分显然并不多见，这可以归因为区位条件差，居民无力改造或者开发商不感兴趣。那么鱼肚部分的住宅建设，在宝庆帮主导能力逐渐退化，官方力量又无法每时每刻填充，开发商又不屑进入，在人口增多住宅紧缺的情况下，其自行搭建改造的频繁和密集程度也就可见一斑了。随着底层人口增多、社会排斥加大、警察四处巡警驱

图 5-14　里分分布图(1980)

里分改造强化了纵向的街巷肌理，也可以看出鱼肚区域里分较少

逐，社会边缘人口进一步向鱼肚部分集中，进而又加大了自建的密集程度，甚至某些区域沦为棚户区。

这个时期的建设活动开发主导权虽然不在官方，但受官方严格的控制，而且官方鼓励改建西式楼房，所以新式里分建设是官方认可并积极推行的，如果说这是官方准许的正规性建设活动的话，那么非正规性就萎缩到了鱼肚的区域，从而呈现与正规性完全不同的面貌。

此外正街沿街商铺受西方文明的熏陶，洋式或半洋式的建筑增多。商业化无疑是汉口社会的灵魂，它左右着市民的行为和心理，经济利益的追逐使得商人们几尽所能的去寻求招徕顾客的方式，西洋化迎合市民猎奇的心理，于是店面纷纷被改造为西洋的样式(图 5-15)。

图 5-15　民初正街街景

图中是民初一张照片，可以看到正街商业门面已经改头换面，换上西方文化特征的柱式。资料来源：汉口明信片. 哲夫，张家禄，胡宝芳. 武汉旧影. 上海：上海古籍出版社，2006.

5.5 街道形态的演变过程

开埠以来，随着西方文化、资本、技术的进入，汉口地方社会可谓风云变色。西方文明以显性导入和隐性渗浸两种方式从不同方面改变着汉口的政治、经济、文化和社会心理。在传统经济基础和生产结构被破坏的同时，开埠通商和由此而产生的巨大商业力量，是近代汉口城市化的新动力和新特征，形成了以金融和消费功能为主的城市空间结构。同时，现代交通和营造技术的逐步引入，共同作用着城市的空间布局和形态特征的演化。张之洞督鄂，身体力行，锐意改革，官方的力量臻至巅峰，政治、政策结构的作用力骤然增强，迎合了这个空前巨变的社会现实。汉口街道的演化反映了当时的社会背景要求，形成了一个历史阶段的独特的物质文化景观。

后城马路和卢汉铁路无疑是西方示范、商业力量、官方力量、技术力量等综合因素显化的图景。

“城墙”沿线性方向延伸，并呈现为有一定量度的实体界面。这个高大界面形成的压力逼迫前后的建筑退让，形成自然的通道，将其修建马路是再自然不过的事情。城墙因其失去防水功能而拆除的理由终究牵强，不如说是城墙阻碍了近代商业社会所需要的人与货物的自由流动。传统的城墙是为了保卫行政中心的安全，政府的控制是帝国城市最先考虑的事务，而开埠的汉口是为商业和工业服务的，新的经济逻辑改变了城市空间。

后城马路的竣工恰似弹簧机关给予汉口空间发展的影响，一触即发而又一越千里。由于后城马路的修建，其与长堤街之间区域逐渐演变为市区。由于地势偏低，湖塘毗连，因此多以填土办法，将地面抬高，再以打地基或打木桩、水泥桩的办法，支撑高大建筑物。在填土建筑中，沙滩、低地、湿地、湖泊成陆地。

后城马路与长堤街之间区域原来是居民游玩、集会的场所(图 4-16)，也有一些零星的散户居住，但权属容易易主，清丈过程中官方或者巧取或者豪夺，收为所有而成为官地。此后官方在此区域设置占有较大地块的功能单元，这和其他区域体现了不断协商、不断变化的渐进过程面貌迥异(图 5-16)。其中工厂居多，最有名的例子是位于硚口下首的贫民工厂，系湖广总督张之洞在汉口静室庵堤外建的小型纺织工厂，招工生产棉布与毛巾等，名为“劝工院”。然而这个区域一直地势较低，在此后不断遭受洪水侵袭，而且经常积水经年不干，这些官地区域在社会动荡中，不断被民间突破占用，并且后续建设一直处于紊乱状态，这可谓是官方权力虽然强大但仍然无法面面俱到填充所有区域的一个明证。

如果说后城马路打开了城市发展的大门，而从东西向直贯汉口市区的卢汉铁路则带动了汉口城市空间的外延式发展。由于城市空间的释放，此前的 300 年中汉口内涵式的加密增长方式开始转变为外延式的扩展。

随着铁轨之铺设、工厂之勃兴，铁路沿线地价直线趋升。原来荒僻的玉带门、大智门一带，因铁路车站建立，仓库、工厂、搬运所相继出现，附近的贫民茅屋次第改为商店，辟为市场，这一带地价迅速看涨，“往时每方 19 两者，今涨至 44 两，但距玉带门外里许尚有每方六七两之价格”。正如《夏口县志》所指出的：“猥自后湖筑堤，芦汉通轨，形势一年一变，环镇寸地寸金。”1894 年以前还是“草庐茅店，三五零星”的荒凉景观，但自京汉铁路开通以后，很快变得“廛居鳞次，……三十里几比室直连矣”。

曾经是水陆交间、水网纵横，布满农舍棚户、农田菜地、湖塘荒坡的后湖郊野，五湖四海各类人等咸聚于此的游玩场所，渐渐演化为市区。处处是郁郁葱葱，青草遍野，湖光潋滟的绝好景致，清人彭似陶有诗云：“淤后襄河二百年，平芜十里望无垠。白云有情常垂地，青草无边欲上天。”此情此景终成记忆。

在经济利益的推动下，刘歆生购买了后城马路与卢汉铁路之间大量土地，并开发了新型的马路，其开发资本来自社会动荡而能左右逢源，其施工的方式受益于当时的先进技术水平，其街道形式取径于租界街道样式，形成了现代功能较大的城市街块和系统性的道路布局。这是商业资本推行的全面性的规划，由此而形成的街道形式相比汉正街传统街道区别是一目了然的。这些街道的两侧修建了

图 5-16　1918 年汉口市街全图

后城马路与长堤街之间功能单元较大的地块，黑颜色道路为刘歆生开发道路. 资料来源：武汉历史地图集编纂委员会. 武汉历史地图集. 北京：中国地图出版社，1998.

大量的二至三层的砖木结构的楼宇，形成纵横交错的新里分。“横平竖直”的街道加诸新式里分住宅和带有西方文化符号的建筑在潜移默化中形成一种与先进的价值目标相关联的文化，而汉正街尤其是建设混乱无序的区域则与落后文化相关涉，这正是正规性与非正规性的离析。

租界和铁路之间也迅速发展为汉口新兴的闹市区。近代汉口第一批马路大智门路、火车站前马路、何家路、小华景街马路、德华里下马路、短元里下马路等均介于租界与铁路之间，呈南北走向与铁路和租界呈垂直形状，清晰地显示出铁路兴起后引起的水陆联运对汉口城市发展的推动[①]。

后城马路和卢汉铁路还开启了速度效率等一些全新的价值追求。卢汉铁路通车以后，汉口市区建立了江岸车站、大智门车站、循礼门车站和玉带门车站等 4 个车站，汉口市场从此迈入火车、轮船、帆运时期，货运和客运很快出现水陆联运的趋势，大流通格局于此开创。

随着后城马路、卢汉铁路以及歆生路等的竣工，旧日“以上至硚口，下至黄陂街一带最为繁盛”的汉正街渐现迟暮之态。正如《海关十年报告》(1902—1911)记载：“及海禁大开，辟为通商口岸，迄东滨江一带趋繁荣。咸(丰)同(治)年间市场中心仍在黄陂街、四官殿上下，清季逐渐下移，初则在堤口以下，继则在租界以上。”清晰地显示出汉口市场中心的位移。此外还记载，前花楼至黄陂街一带为传统的市场中心，地价昂至“每方四百至五百两”，随着租界地带的日趋繁华，租界及其附近的地价益趋暴涨，“其价倍徒于中国”，地价反映了城市发展变化晴雨表的涨落。

动荡不安的社会使得均衡的权力网络倾覆，社会阶层分化出来，在城市中心由“沿河”向“沿江”转移过程中空间差异出现，形成差序布局。于是居民按照不同的“身份”进行空间选择，并结合自身状况展开建设活动，从而形成空间分异。

一般而言位于租界附近的区域是最好的区位，六渡桥附近是当时的经济中心，其建设模式通常是

① 李军. 近代武汉城市空间形态的演变(1861—1949). 武汉：长江出版社，2005.

依托横平竖直的街道作为骨架进行建筑安排，例如买办、官僚、银行、商绅等依托歆生路等开发了大批的里分，以供购买或出租之用。资本主义经济的发展也要求有新的建筑类型来适应，如宽敞的有一定规模的百货商店，对外展示商品有宣传作用的铺面房，有防卫性能的金融建筑——银行，可容纳众多观众的戏楼、剧场等。到清代末期，银行、剧场、百货商店、议会等资本主义经济性质的建筑依附道路而生，其建筑型制完全冲垮了传统建筑的束缚。

其次区位较好的是正街一带，建设模式通常是内涵式改造，汉正街街道的形态也在此过程发生改变，但是内涵式里分的开发并没有破坏纵向的城区肌理，甚至在某种程度上加强，这主要归为里分住宅有着非常强的适配性，也可以说里分建造模式契合了权力网络关系：它符合比较森严的产权关系，符合开发商极尽可能利用土地的经济利益的诉求，符合西方的时髦文化追求，符合传统习惯和生活方式特点，因而里分的普及或许是一个定数，这也是为什么在内陆除了汉口以外难以存有的原因。

在汉正街内涵式改造又可以分为两种模式：一是整体的开发模式，通常改造为"一巷一口或两口、一巷到底"的主巷型里分或者石库门的建筑群；还有一种是拥有房产的市民在自家产权基础上进行独门独户改建模式。由于都基本遵循了原有的产权关系，所以不会造成很大的街道形态改变，但是地图上看似波澜不惊的街道格局其细部变化之大实在不可以道里计。

而对于汉江与长江交汇的鱼肚区域以及卢汉铁路周边区域较差条件的区位而言，密集的都是底层民众。进城的农民、破产的小商贩、工资可怜的工人等等，由于社会排斥加强，他们大量流入，到处搭盖茅舍棚屋，以作栖身之所。自行搭建的现象涌现，大量质量低下的房屋摇曳风中，或许可以用竹枝词形容卢汉铁路周边的棚户区，可以从中知晓当时情景之一二："棚户星罗铁路边，矮如穹幕小如船。无情最怕星星火，长物无多倍可怜。"

在这些建设过程中，官方的力量是渗透其中的，警察经常在大街小巷巡警，对街巷宽度进行较为详细的规定。例如大街正街、花楼街规定为二丈六尺，中街大夹街、小夹街等规定二丈二尺，小街万年街、戏子街等规定一丈八尺。于是街道的形态在资本的利益寻求下，在西方文化的影响下，在民间自身彼此的牵制下，在官方的控制下变化发展，民生民计、悲欢离合、政治事件、日常琐碎等等都与空间的改变过程交互融合，终究难舍难分。

5.6 街道的空间生产和意义

在20世纪初，随着西方文明的楔入和地方改革如火如荼展开，汉口现代性闸门开启，城市生活的形式和内容彻底改变了，产生了"新的生活方式"。芒福德(Lewis Mumford)说"新的生活方式是从以下几种新的东西中产生出来的：一种新的经济，即商业资本主义；一种新的政治结构，主要是中央集权专制政治或寡头统治，常常以国家的形式出现；一种新的观念形态，是由机械的物理派生出来的。"[①]后城马路就是从"这几种新的东西中产生出来"的"新的生活方式"，是商业、政治、理性技术的综合产物。它的出现仿佛劳埃德·摩尔根(C. Loyd Morgan)和威廉·莫顿·惠勒(William Morton Wheeler)所谓的"新事物"(emergent)，"它的介入，不仅会使原有物质的数量有所增加，而且导致一场全面的变革，导致一次新的组合，从而使原有实体的性质发生变化。"[②]它的出现及其连锁反应导致了汉口社会的巨大变化，在1911年辛亥革命爆发之前，一位当地的记者报道说，汉口的主要大街上已经出现了新近建造的现代生意的办公楼，城市中心土地价格的飙升已经驱使该地的老商家出局，它们通常是搬迁到了汉阳[③]。可以想象在这巨变当中社会、经济、文化等变化的剧烈程度。后城马路这一空间所在具象化了(shape)现代性，它向四周辐射能量，推动了汉口现代化的迅速深入。

---

① [美]刘易斯·芒福德. 城市发展史：起源、演变和前景. 北京：中国建筑工业出版社，2005-2：364.

② 转引自田银生. 城市发展史讲义. 华南理工大学.

③ [美]罗威廉. 汉口：一个中国城市的商业和社会(1796—1889). 江溶，鲁西奇，译. 北京：中国人民大学出版社，2005.

同时后城马路也开启了速度和效率的追求。与早期的传统街巷相比，后城马路提供了更为宽广的空间让更多的人群涌入，人群移动的速度变快，人与空间的互动关系以及人与其他人的互动关系也都变得频繁而快速。

但是当享受马车在笔直的道路上奔驰的快感时，移动的焦虑也随着快速移动一起增加。频繁的交互、浅尝辄止的偶遇简化人与人之间的交流。坐在马车中，对于街上的行人或建筑物，移动没有太多的肢体参与，与路上的行人之间，也自然不必有任何的身体接触或互动。随着移动速度的改变以及空间的快速闪动，眼睛变成人们获得直接讯息的主要器官。奔驰在后城马路上，观看（seeing）成了快感的主要来源，不消说也不必说，说与谁人听？不消听听也无益，转瞬即逝。罗兰·巴特（Roland Barthes）分析这种观看的方法，称为“再现的影像清单”（image repertoire of representations）。当扫描街道上纷扰且不熟悉的景象时，眼睛会运用刻板印象，过滤所有的视觉讯息，将它们化约成简单的再现的范畴。于是身体经验被减弱了，身体感觉钝化了[①]。当追求速度成为首要目标时，街道变成车的而不是人的空间，街道简化为交通空间。迅速增长的街道和车流并不知道任何空间或时间的限制，蔓延至都市的每一个角落，将快速的节律强加于每个人的时间，把整个现代环境转变成了一团“运动的混乱”。[②]每个人无端匆忙起来，甚至不知伊于胡底？

波德莱尔（Charles Pierre Bandelaire）在巴黎行政长官奥斯曼修建的林荫大道——这是现代生活的最显著的标志——上发现到处是“光亮、灰尘、喊叫、欢乐和嘈乱”的兴高采烈的街头，在到处都是“生命力的疯狂的爆炸”的街头，波德莱尔却感到“喉咙被歇斯底里的大手掐住了”；有一种如鲠在喉隐隐刺痛的感受无法让他高兴起来，欣快背后始终难以名状的忧郁如影随形。或许这可能就是波德莱尔那种难以言表的失落感和荒凉感的原因了。

后城马路给予汉口的社会、经济、文化、社会心理等影响之大，在整个汉口社会发展史中都扮演了举足轻重的角色。街巷中警察空间的出现是现代性开启的另一个侧面，这是现代性开启过程中生产出来的空间，既是官方触角深入的过程也是民间权力让渡的过程。警察对于社会不同层面的管理和监督以及在此过程中呈现出来的场景意义都进一步形塑和改变在场或潜在的被管理与被监督的对象，使得官民之别，正规与非正规之别，合法与不合法之别分解更加明朗。街巷中警察出现，整日出没于大街小巷之中，街头生活不再由市民自主管理，而是逐渐受到警察日常维持和各种政策和法规的控制，固然可以带来很多市政、治安等方面的进步革新，是历史的进步，但是街道生态（street ecology）受到极大的挫伤，社会自我修复、约束、管理、教育等机能被扼杀，警察人再多也无法填充社会组织留下的真空，社会管理有可能得不到加强反而是削弱。更何况警察的处事方式也令人质疑，正如《汉口竹枝词》曰：“警视年年费不赀，各家分任不容辞。只须实事能求是，勿令旁人笑虎皮。”街道在警察的塑造下丰富的多重语义开始简化，乞丐、妓女等社会边缘人被当作城市无序化之根源，作为国家积弱民生不振的城市暗喻受到驱逐和取缔，街道作为丰富的生活世界、作为各种谋生的舞台、作为社会交往的公共空间被整肃和监控起来。当日常维持的各种政策和法规深入人心时，当对警察管理和监督场景习以为常时，官方意志在推行的时候便长驱直入而如入无人之境。

---

① 汪原. 从“fluneur”到城市的“步行者”——人与城市空间互动的新阐释. 时代建筑，2003(5).

② [美]马歇尔·鲍曼. 一切坚固的东西都烟消云散了——现代性体验. 周宪，等译. 北京：商务印书馆，2005.

6 民国时期(1911—1949年)

6.1 权力网络嬗变

6.1.1 政权更迭与权力网络变动

战争无疑是这个时代的主题,1911—1949年可谓是战争频仍、政权更迭的时期,辛亥革命创建了中华民国,但很快政权拱手于北洋军阀,此后,整个民国时期武汉的政权发生数次改旗易帜。从湖北军政府到北洋军阀、武汉国民政府、国民党政府、日伪政府、国民党政府,政权六易其手,可谓是历史上政局最不稳定的时期,是重大政治斗争多发地区。现代性的核心是国家力量的强大,战争的发动重新整合了社会阶层,国家话语凸显出来,在国家主导下工商业兴起,商品经济及其准则成为生活主要原则,传播、媒体、交通、邮电等资源日渐发达,其力量渗透到社会的方方面面。从这个意义上说战争推动了现代性向纵深发展。如果说张之洞督鄂时期是打开现代性的闸门,那么民国时期无疑是现代性闸门大开洪流倾泻而出的阶段。尤其国民政府时期,在物质生产方式、制度安排、文化教育内容等显性层面,现代性已占据相当大地盘,现代性一旦被证明可以成功地解说"现代中国"的内涵时,就被政治系统吸收并成为倡导培植的对象。在社会心理、民族性格、居民观念及行为方式等隐性层面,现代性亦有足量成长。

不过经由战争整合阶层之后,国家日渐强大,权力网络结构逐显明朗,所以原本借助"现代性"阐释弥散的权力网络至此可以将"现代性"隐到身后,或者说将由战争推动的现代性深入过程纳入战争以及战争之后的政权建设过程中进行理解。如果不结合政治就无法理解现代性,也无法理解权力网络纠缠在一起的同一过程。此时的权力网络打上战时政治给予的深深烙印,权力网络主要围绕战争以及战争之后的政权建设这个主题建构,所以这个时期受其影响的街道意义政治痕迹宛然。

每个政权统治阶段,权力网络各有所变化,但是变化中仍有相同规律可循,基于篇幅的限制,本书将不同政权时期权力网络熔于一炉分析。

对于权力关系理论而言,存在着两种互有关联的分析路径,第一种是"利益—冲突模式";第二种是"合法化—权威模式"[①]。(杨善华,1999)前者认为,行为者之间的关系本质上是一种利益相互冲突的关系,在争夺各种利益的过程当中,权力关系格局得以形成;后者认为行为者之间的关系不仅仅只是一种利益冲突的关系,其中也包括相互的合作与资源共享以及进行其身份合法性的运作、树立权威等方面。因此,在分析权力问题时,需要一种"沟通性权力"的概念的存在。(杨善华,1999)这就是一种"合法化—权威"权力分析模式,是寻求"合作、正当性"的过程,是与前者的分析模式相区别的分析路径。

当然二者在现实当中常常你中有我,我中有你,并非界限分明。"利益—冲突模式"常常包含寻求"权力运作的正当性"的温和式的沟通过程;而"合法化—权威模式"也不乏"血雨腥风"式的秩序维持。

反观1911—1949年这段动荡起伏的历史,虽然不能全部囊括所有的权力网络类型,但是基本涵盖最重要的两类,一种是以辛亥革命和日伪镇压统治为代表的激烈冲突的社会现实,是"利益—冲突"权力网络模式;另一种是国民政府时期为确立与推广国家正统意识形态,整合与控制民间活动,采取

---

① 尽管许多学者认为,"利益—冲突模式"和"合法化—权威模式"两种权力网络分析路径,是将权力概念"贫瘠化",但本书认为这两种研究的取径方法依旧是揭示社会关系的有效工具,而且本书只是将对两种路径的分析作为构成权力网络的一个维度。

与地方合作，维护秩序、树立权威形象，温和式地寻求“权力运作的正当性”的“合法化—权威”模式。所以冲突模式和革命、专制、镇压、战争等事件有关；而权威模式则和改造、树立形象、宣传、动员等事件有关。权力关系外显化为事件的发生，事件的过程与结果在街道上上演，并将其痕迹遗留于街道；事件的过程与结果又重新编织权力网络关系，进而影响街道形态与街道社会景观；权力关系生产出来的街道空间与街道景观又参与了新的权力网络的建构过程。有如游戏般的文字恰恰反映了空间、事件、权力网络三者互动、纠结的复杂性。

1）辛亥革命

“晚清王朝腐朽无能、百姓水深火热民不聊生，帝国主义侵略更使其每况愈下，辛亥革命是在中国民族资本主义初步成长的基础上发生的，其目的是推翻清朝的专制统治，挽救民族危亡，争取国家的独立、民主和富强的一场革命。”这是教科书描述辛亥革命常规的词语，既是革命，那就是矛盾积重到了不共戴天的地步，是冲突模式的权力网络，是围绕一方推翻另一方建立起来的关系网络，革命战争是其外显形式。

1911 年 10 月 10 日，武昌爆发辛亥革命，清军与民军激烈鏖战，武汉三镇一时战火纷飞，硝烟弥漫。

次日黎明，起义军占领总督衙门，武昌光复。继而中华民国军政府鄂军都督府（中华民国湖北军政府）成立，宣布改国号为中华民国，黎元洪担任都督。

12 日汉阳新军起义，光复汉阳、汉口。

辛亥革命战火殃及城池，武汉三镇的建筑、设施等俱遭到炮火夹攻，百姓也遭受无妄之灾。10 月 30 日，清军第一军总统冯国璋下令在汉口租界外市区纵火，以火攻摧毁民军的抵抗，汉口繁华市区化为一片灰烬。

纵火地段下起今车站路、大智路，延及江汉路、民生路、六渡桥，上迄硚口玉带门一带，火头达十几个之多，火势由下而上，席卷一二十里。在这场大火中，汉口街市约 1/5 被焚毁。“汉口遂成焦土，所余者上仅硚口至遇字巷一带，下仅张美之巷（今民生路）至花楼街一带而已。”[①]既有的街道格局遭受破坏，战争的“痕迹”势必或多或少以某种形式存在于街道形态之中，并且客观上刺激了汉正街建筑更新的速度，在随后几年之内，汉正街的旧式住宅改造为里分趋势加快。

革命本身是一种手段，不可能成为目的，革命的目的是要建构新秩序，建立新形象，为此新生的革命政权不遗余力来建立新的气象。首先在物质空间上建造宏伟蓝图，眼睛的刺激最为直接，也最容易产生新感观，所以废墟上的重建成为当务之急。

1912 年 2 月，临时大总统孙中山饬令实业部通告汉口商民重建市区，并责成内务部筹划修复汉口事宜，使“首义之区”变成“模范之市”[②]。参照西方城市建设和租界区市政，草拟了规划，这一计划包括重建较为新式的商店、人行道及明暗排水沟等公共设施，改造街道和市容等内容。黎元洪还发布《示谕维持汉口商市文》，强调重建汉口规划的利益和意义，认为这是“吾国第一次开辟商埠之伟大事业”。

在此之后出台规划方案不在少数，但是一则规划过于理想化，二则财政见绌，虽经实施成果却甚微。不过能够看出这种热切实现目标和提升新形象的想望，具有浓重的政治意味，是维护新生政权的一种努力。

除此之外，为弘扬新生政权、改革旧体例，树立政权权威，官方制造大众舆论和文化希望引导下层民众，改造民众的思想观念，接受新的社会理念和政治主张，不失时机借用一切手段来“开民智”，创造崭新的城市形象。例如湖北军政府成立伊始就颁布一系列重要电文、告示、檄文，解民倒悬的政策，伸张革命正气，揭示推翻专制制度，建立共和民国的宗旨。此后还陆续颁布一整套具有进步意义的措施

① 武汉指南. 汉口广益书局，1933：11.

② 孙中山. 孙中山全集（第二卷）. 北京：人民出版社，1983：69.

和法令，其内容广泛涉及稳定金融与物价、整顿财政、改革司法制度、对外政策、清除奸细、改革陋习以及实行低薪制等方面，表明政府资产阶级革命的性质①。

他们或者改造街道物质形象，或者更新街道表皮景观，或者制造街谈巷议的舆论场景，街道空间不可避免成为政治的工具。

2）武人专制

武昌首义导致了政权的鼎革，社会的变动。鼎革中的宦海沉浮，人事升黜，显得五光十色，政权的追逐成为政局中的轴心。正如《国民新报》评论："但做事的人不过是想争夺一点权柄在手里②"当时在都督黎元洪的周围环绕着一大批旧军人、旧官吏、旧政客和立宪党人，以黎元洪为核心，形成了一个武昌集团。当江浙联军攻克南京，上海亦光复的时候，革命派力量的重心在长江下游形成，也集结出一个上海集团，与武昌集团遥相对应。这两个集团为争夺中央政府中的席位和建都地点，进行了一系列党同伐异、成王败寇的斗争。

最终武昌集团因有"首义元勋"的招牌加之袁世凯暗中扶持，取得更多的席位而胜出。但其内部又生派系，派系间政治角逐，上演一幕幕政治剧。黎元洪为首的武昌集团与袁世凯也是貌合神离，于是在辛亥革命、南北议和之后，武汉政局不曾稍稳，武汉地方势力派之间，北洋派与武汉地方实力派之间的斗争纷纷粉墨登场，上演诸如"鄂人治鄂"自治运动等好戏。

武人专制是军阀及其军阀集团以武力为后盾，对社会进行统治的一种过渡政治形态。由于在社会转型时期，原有的政治秩序逐渐被打破，而新的政治机制又不可马上建立起来，于是就必须依靠强大军事力量来维系政治稳定与统一。其"实质是实力之下的武治，它比寻常的封建统治带有更多的动乱性和黑暗性。"③

这个阶段的党派斗争、军事战争、政权易主、政制和官制的变化包含着"利益—冲突模式"和"合法化—权威模式"难以确定分野的权力网络模式，权力网络的变动都无疑会以具象的形式表现于城市之中，街道的使用方式、街道的形态、街道景观与意义都会相应发生变化。

3）民国形象

1926 年广州誓师北伐的国民军相继占领汉口、汉阳、武昌，武汉迎来了武汉国民政府时代。在此后一段时间内，虽然阵营良莠不齐，存在国民党右派和共产党、国民党左派的严重党派之争，导致兴衰治乱情况复杂，但是毕竟相对以往要稳定许多，少了军阀之间的兵戎相见的混乱局面。

新政府的成立意味建构新的秩序。新秩序建立的一个重大意义在于：它要为新政权提供了某种合法性证明。新秩序的建立基本结束了分崩离析的状态，创造了一个比较安定的社会生活秩序，"而一切正当的政府即产生于它，并根据它来论证它们自身延续的正当性④"。为此武汉国民政府进行一系列措施，以建立新的形象，表明合法性。正如 1927 年 7 月 11 日武汉市政委员会报告中所言："去岁革命军抵鄂，政府以汉口为华洋互市之区，实全国商务中心，首都所在，若不力为革新，不足以壮观瞻而宏耳目。"⑤

首先武汉三镇终于摆脱县、厅的狭小建置，首次形成统一体，着眼于三镇一体的建设开创汉口发

---

① 皮明庥主编. 近代武汉城市史. 北京：中国社会科学院出版社，1993：277.

② 原文如下：满清已推倒了，民国已成立了，一切军民的制度已漫漫的兴起来了。照这样看来，不下五年，我们中华民国就要成这地球上面一个雄富的大国。我们同胞皆是多好呢。何以那甚么二次革命、三次革命总有人肯去做哩？并且还是军人去做哩？但做事的人不过是想争夺一点权柄在手里。纵然就是如了你的愿 还不晓得别人相信不相信你。倘若是不相信你，他又不来革你的命吗？何况不能如愿呵。看起来做事的人，做的成也是死，做不成也是死，要是以鄙人相劝，赶快洗心革面，将这个念头丢开些，来做一个正大光明的人，谁也害不着我，你说好还是不好咧？参见《国民新报》，1912. 7. 23.

③ 陈旭麓. 近代中国社会的新陈代谢. 上海：上海人民出版社，1990：358.

④ 参见王泳杰. 革命法律秩序——对法国大革命的解读. 重庆：西南政法大学硕士学位论文，2006 年 4 月.

⑤ 1927 年 7 月 11 日武汉市政委员会报告——武汉市政府行政概况，引自《长江流域商民代表大会日刊》，1927 年 7 月 12，14 日。

展的新的视野，沟通汉阳、武昌的大桥在商议之中，外部交通也势必影响汉正街内部街道形态的演变规则。

继而在金融整顿、政治改革、市政规划与管理、社会治安等方面大张旗鼓进行改革，成果颇丰。在政治上重申三民主义，即民族主义、民权主义和民生主义，三民主义的理念促使在保护私人财产权、扩大民主等方面效果突出，而私有产权的保护和着力于建构市政建设的民主体制以及开拓体现民主精神的城市空间等无疑对于街道形态和意义影响深远。同时在市政和治安方面成绩也立竿见影，城市规划作为指导城市建设的一种专业的技术手段确立起来，在提升城市形象、协调功能运转方面功不可没。

在20世纪初，在日益壮大的现代语境冲击之下，政治社会论述、国家行政、市民社会对于城市空间形象都显现出一种共识，即要将物质空间形象当成首要改变的基点。他们坚信，空间形象能改造社会、文化、经济以及政治，所以空间形象与政治紧密相连，其形象好坏关涉国民品性和国家主权。孙传芳在1926年5月上海演说，“每次从租界到华界，我们都会感到穿过了两个截然不同的世界。前者是上层社会，而后者则是下层社会，因为华界的许多东西马路、建筑抑或是公共卫生，都无法和租界相比。”孙传芳这番评语中毫不掩饰这种对比构成了“我们民族最大的耻辱”，他强调说“比我们丧失的主权还要大得多”[①]。这一时期，针对中国城市景观充斥着社会和环境的失序、流行病及罪恶的“实情”，外国撰述中国的惯用描述方式也是和国民性相关，例如日本德富苏峰恶毒的评断：“支那的街道乃是支那人欠缺公德心的铁证。”[②]

所以将汉口向外国的现代发展的标准模式推进，用新设施来有效地管理一个现代化的汉口，隐藏着国民党饱含的期望，为了建造一个处于该党指导下的现代化国家，国民党依赖建筑师和城市规划师来建设一个有利于现代国家的环境与空间，以便使制定的法规合法化，这些目标达成需要经由与现代化生产和行政管理方式相适配的侧重理性秩序和效率的新空间布局。他们还需要创造国家社会的新象征和新的仪式空间[③]。

经过努力，民国中期，武汉市政水平名列前茅。抗战前夕，云集武汉的外国记者对此留下了深刻的印象。安娜·利泽在她的游记中写道：“进入十九世纪以后，汉口被列强视为重要的商业中心而加以建设，现代化的大厦与银行，巨大的仓库，那些有美丽花园的别墅和高级宾馆，都是汉口有代表性的建筑物。不管什么时候看上去，汉口给人的印象与其说是中国的城市，不如说是国际性的都会。即使在中国人居住的地区，在一条条宽阔的街道上，现代化的建筑和华丽的商店也是相连并立。”[④]詹姆斯·贝特兰“对汉口第一个印象颇为良好”。他写道：“汉口像上海及天津一样——三个最受国外影响的城市——比较是有一种现代化的景象。沿着埠口，当潮水增涨的时候，列强的巡洋舰碇泊着，而各种西方建筑的银行、写字间、仓库、别墅及领事馆等，无异是代表着最近一世纪来西方企业的纪念碑，这一个城市，的确非常配作中国战时的首都的。”[⑤]

4）国之大殇

1937年12月13日，南京沦陷，作为临时陪都的武汉即为日寇所必争之地。抗日军民以武汉为轴心，把豫皖湘赣作外围，进行了一场艰苦卓绝的保卫战，在其后10个多月，战火绵延之处，城市一片废墟。当国民党军队在武汉地区撤退的嘈杂的马蹄声消失之后，武汉开始了日伪政权的殖民统治。

日军为了控制武汉市区，在汉口划分了安全区、难民区，在武昌划分了军事区、轮渡区、难民区。

---

① 《申报》，1926年5月6日。此段演说词的翻译稿刊登在《中国年鉴，1926—1927年》，上海：字林西报和北华捷报馆，1927年，第1012—1014页。

② 德富苏峰. 78日游记. 东京：民友社，1906：259-260.

③ Yeung Y M, Sung Y M. eds. Transformation and Modernization under China's Open Policy. HongKong: Chinese University Press, 1996: 493－528.

④ ［德］王安娜. 中国——我的第二故乡. 三联书店，1980：200.

⑤ ［英］詹姆斯·贝特兰. 华北前线. 北京：新华出版社，1986：291.

同时设立宪兵队，其任务是管理警务、交通、收集情报、侦查、缉捕、关押、刑讯，汉口在宪兵队蛛网似的监控中，陷入暗无天日的恐怖世界。拥有百万人口的商业都会——汉口，在被沦陷的 7 年，经济功能变得支离破碎，一落千丈，市容和基础设施残缺凋零，满目疮痍。人口从 1938 年沦陷前的 800 000 人，到 1939 年锐减为 287 991 人，1940 年更是减少为150 000 人[①]。

此时汉口社会缔结的权力网络主要是家仇国恨型的利益—冲突模式，于是在大街上不断上演着烧、杀、抢、掠、反抗、斗争等系列激烈冲突的故事，街道也在有意或无意的改造或破坏中，打上战时给予的深深痕迹并影响其后的发展，战争导致的一些房屋产权的丢失，也或大或小或显性或隐性或短暂或持久地影响着街道形态的改变。

1945 年 8 月 15 日日本政府投降，国民党军政府又发动全面内战，汉口又陷入战争和经济崩溃的深渊中。总之 1911—1949 年这个时期可谓最动乱的时期。战火、死亡屡见不鲜，枪杀、恐吓所在多有。街道和房屋常常被突如其来的战乱严重损坏：前有辛亥革命时期冯国璋在汉口纵火，继有北洋军阀统治时代的城市兵变，国民革命军北伐时的围城战，抗战初期日军对武汉的轰炸等等，再加上 1931 和 1933 年的水淹汉口，均严重影响了城市发展的进程。战争导致的社会失序使得原本稳定的空间形态变得充满不确定性，而且这个时候种下的“因”有的或许在很久以后才显现出来。

6.1.2 阶层裂变与中间治理组织

辛亥革命之后社会阶层发生重大调整，表 6-1 来自《汉口小志》[②]的记载，统计不是十分准确，但透过这些数字依然可以发现，大体上就业于新式产业的“实业工人”，其数寥寥无几，从事政、法、学等“上层阶层”其数所在多有，更多的人口不得不在苦力、手工业、宗教等行业谋生，汉口出现了严重的职业结构失衡。

表 6-1 清末汉口居民职业概况表

行业	人数	行业	人数	行业	人数	行业	人数
政界	135	水手	324	矿师	28	道士	195
军界	196	划夫	1 479	僧侣	220	石工	384
警界	224	车夫	2 157	苦力	3 671	木工	3 507
法界	97	轿夫	671	废疾	98	小贸	9 464
学界	2 025	码头夫	7 914	船业	251	小艺	4 625
报界	33	医士	401	洋伙	749	使役	500
绅界	293	种植	704	渔业	588	厨役	3 203
商界	30 990	畜役	57	乞丐	494	司事	572
律师	20	挑水夫	820	公差	487	优伶	109
馆幕	60	实业工人	2 221	佣工	9 256	无业	4 579
儒士	571	术士	47	水泥工	1 914		
美术	737	教士	101	窑工	44		
地理星卜	177	机匠	640	金工	1 801	总计	99 833

资料来源：徐焕斗．汉口小志．北京：商务出版社，1915.

---

① 日伪汉口市政府编．新武汉．1940：13-14.

② 徐焕斗．汉口小志•户口．1915 刻本。

日本人水野幸吉在《汉口——中央支那事情》一书中也谈及汉口市民职业："如汉口等之大商业地，其有力之商人，大概为广东、宁波人，而湖北产之土人，却不过营小规模之商业。工业颇幼稚，锻冶、染业、木工、石匠、织物业、家具制造业等，犹不免于用手工。在武汉三镇，被使役于诸工场之工，其数当不下三万。特如汉口百货辐辏之地，运搬夫更为多数。到处各工场及仓库之前，居然成列，无非从事于货物之运搬，仅汉口一地，其数可统称十万。"①

近代汉口城市社会中，既保存有传统市镇中的阶层成分，又出现资本主义的阶级关系，同时还有军阀的武力统治，因此城市阶级、阶层结构特别复杂。这里有地主、资本家、买办、作坊主，有小商人、个体手工业者、自由职业者，也有雇佣工人、游民、城市贫民，还有猥食于城市的大小军阀、官僚、绅士和高等职员等。其中占人口绝大部分是身处社会底层的苦力、小商贩、贫民、工人等等，而在政治上、经济生活中起着主导作用的是上层的官绅阶层、军阀、买办阶层、资产阶级，这构成了近代汉口城市社会中的两极②。

汉口城市的建构与破坏、城市政潮、动乱和经济风波，莫不与上述四种主导阶层力量有关（图6-1）。在其引发的社会急遽变革、政权争夺、矛盾冲突中，社会阶层聚散离合，各类社会关系重新建构，权力网络也蔚为大观。反映到城市的街道物质空间上，形态和景观光怪陆离、斑驳多样。

图6-1 《国民新报》一则漫画

揭示革命乃是军阀、官僚、买办、资产阶级操纵的戏剧。

事实上正是由于上层政治彼此间的政权争夺，在下层露出较大的权力真空，两极的社会结构需要中间沟通治理机构来维系全局。在开埠之前，商绅作为重要的社会力量，是联结地方和中央权力系统的纽带。在地方上商绅既具有对中央系统修残补缺的作用，又具有代替中央进行局部整合的功能。但由于社会的巨大变故，商绅主导下的汉口自治渐已瓦解。

以工商同业公会制度为法定的行业组织制度无疑契合于中间治理机构的角色，并且它也是历史和市场选择的结果。商会制度由来已久③，政府出于完善商会制度、加强社会管理、促进经济发展等方面的需求，不断通过立法对同业公会制度充实；企业出于节约市场交易成本、抵制外资压迫、维护行业发展的目的，也有行业团体组织协调的诉求。自1918年北京政府颁布《工商同业公会规则》以后，武汉也出台了一系列同业公会法规，对同业公会的组织设置及职能范围进行了规定。1929年南京国民政府颁布《工商同业公会法》，规定"凡在同一区域内经营各种正当之工业或商业者，均得设立同业公会"。汉口市政府即行贯彻法令，督促各个行帮团体改组，"不得其用公所、行会会馆或其他名称，其宗旨在于增进同业公益及校正弊害者，并应依法改组。"在政府的监控之下，汉正街各行帮会馆次第更张，改换名称、章程。在商会和同业公会的关系上，一般而言，同业公会在商会领导之下负责本行业的管理工作，因此，同业公会是商会的下一级构成单位。作为中间治理机构的商会

① 转引自皮明庥.武汉通史晚清卷（下）.武汉：武汉出版社，2006：124.

② 皮明庥.近代武汉城市史.北京：中国社会科学出版社，1993.

③ 1903年，清朝农工商部颁布的《商会简明章程》规定：汉口属于商业繁富之区，宜设商务总会。1907年，商务局邀请各商董遵章程设立商务总局，同时商务局废止撤销。这是汉正街区域近代商会设立的开端。其后的20世纪前半期，虽然政局动荡，但是商会组织基本变动不大。

与同业公会制度可以说迎合了当时机制，既是同业企业及商人的自我治理和维护，也是上令下达的渠道和一个调控社会的组织工具。

实际上同业公会制度在汉口有着悠久的传统，其前身是传统会馆和行帮组织，不过传统行帮组织只是作为商人团体或者行业组织而存在的一种行业治理机制，而新兴的工商同业公会则具有更为深刻的制度内涵，蕴含着政府与企业、国家与社会间的复杂关系和变量。虽然这些社会组织与政权常常有着千丝万缕的联系，甚至直接卷入在当局者政权的角逐中。不过同业公会制度与商会制度共生互连，对于民国时期的国家与民间工商社会的政治、经济和社会运行均有相当程度的影响力①。

尤其随着资产阶级法统的确立，在资本主义的财产原则、契约规范、民主精神等的影响下，在对西方的工会行会制度的不断效仿下，汉口各个市民阶层中又出现许多市民组织，如工会、联合总会、商民协会、学联和妇女协会等，在组织下层民众生活、抵抗官方侵害、维护社会秩序方面发挥一定的作用，在汉口市政建设中也提出自己的诉求，发挥自组织作用积极推动汉口市政事业的发展。例如汉口工会针对市政建设中存在的问题，要求把市政的重点放在满足贫民、工人的需求上，提出了“建设大规模的士兵营防及士兵医院；创设武汉市医院；建设大规模之平民寄宿宿舍及平民饭堂；建设公共浴池与厕所；增加清道夫”等改良汉口市政的一系列建议。木船总工会建议“筹设图书馆”，“以备各工友工作之余得以观览”。码头工会“为禁止赌博，发出告工友书”，自觉参与社会秩序的整顿。商民协会等为争取商人的经济利益，对苛捐杂税等弊端进行揭露，“查中国工商业之不振，民生之凋敝，莫不以苛捐杂税为之厉阶”，对于当时的厘税总制度，提出“厘定税则；取消比较制，实征实解；取消复查制，裁撤复查局卡；划一度量衡等”；“取消硝矿、烟酒、糖、竹、木、牛羊各骈枝捐局”，“主张兴办统捐，在出产地一次征足货厘，废除杂税，以利商民等”革新的建议，并且“汉口商民协会为急谋收回海关，以为取消不平等条约之初步，特组织加税运动委员会”，维护民族利益。汉口商民的觉悟在参与市政实践中也不断提高，对不合理的政府决议开始据理力争，如商民协会与印花税收处争持许久的“印花税纠纷”以商民协会的胜利为最终结果，汉口商民协会还要求市政厅给予“商协以监察权”，以便及时对政府决策、措施进行监督，并提出改进措施②。汉口市民以行业组织团体的形式来维护了自身的利益，并参与市政等政务，在当时既成风气也确实某种程度上起到参与政治、制衡政治的积极意义。

两极的社会结构，中间的治理组织，就形成类似沙漏型权力网络结构(图 6-2)。它的特点是权力网络主导力量来自上层阶级，整个社会运行的话语权来自其自上而下的建构，来自上层的政治活动通常会影响整个权力关系网络的走向，这当然也会反映到城市的物质空间当中，反映出鲜明的政治色彩；同时上层借助社会中间治理机构将下层统摄起来，下层也经由中间治理机构反映一定的民意，这体现了“民主”的进步。

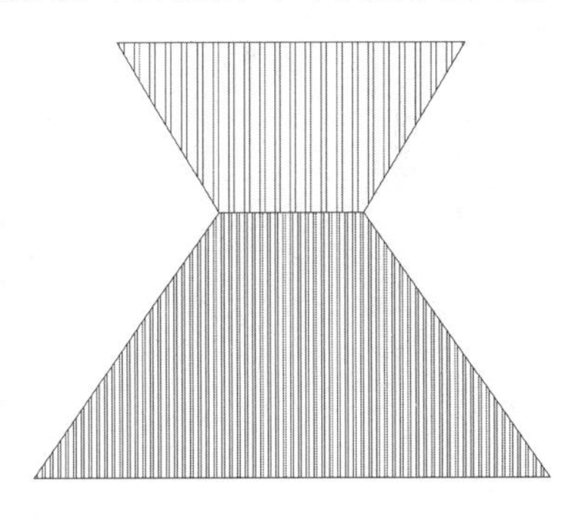

图 6-2　沙漏型权力网络结构

6.1.3　文化双重变奏

民国时期是续晚清之后进一步由传统社会向现代社会艰难转型的“过渡时期”，也是一个中西文化既激烈冲突，又相互胶着、日益融合的历史时期。新旧递嬗的持续过渡型社会形态，铸就了此时期社会生活变迁过程中的二重性的特征，弹奏出文化的双重变奏曲。时代过渡的性质在汉口社会生活中打下鲜明的烙印而别具风貌。

可以说西方文化开埠初时进入汉口是通过外在的耳濡目染而内化于传统的文化生活，而辛亥革

① 魏文享. 民国时期的工商同业公会研究(1918—1949). 武汉：华中师范大学中国近代史研究所博士学位论文，2004.

② 涂文学. “市政改革”与中国城市早期现代化——以 20 世纪二三十年代汉口为中心. 武汉：华中师范大学博士学位论文，2006.

命之后代表封建制度的传统文化与代表现代民主政治制度的西方文化对峙凸显出来而升格为意识形态的斗争，新兴的政权势必然要强化西方文化尤其和政权存有血统关系的文化，以有别于旧封建制度的文化。当然在推行过程中也并非一帆风顺，遭受不同程度的抵抗，这些抵制而又最终融合的痕迹和景观都会表现于街道之上。

1912年上海《时报》曾有《新陈代谢》的评论文章，对辛亥革命后社会和文化的深刻变迁作过生动的描述："共和政体成，专制政体灭；中华民国成，清朝灭；总统成，皇帝灭；新内阁成，旧内阁灭；新官制成，旧官制灭；新教育兴，旧教育灭；枪炮兴，弓矢灭；新礼服兴，翎顶补服灭；剪发兴，辫子灭；盘云髻兴，堕马髻灭；爱国帽兴，瓜帽灭；爱华兜兴，女兜灭；天足兴，纤足灭；放足鞋兴，菱鞋灭；阳历兴，阴历灭；鞠躬礼兴，拜跪礼灭；卡片兴，大名刺灭；马路兴，城垣卷棚灭；律师兴，讼师灭；枪毙兴，斩绞灭；舞台兴，茶园灭；旅馆兴，客栈灭"。上述兴灭过程事实上也是源于时下政治需要由政权推动的过程，因而与政治的联系盘根错节，并且政权的强势进入极容易形成较强的社会动员，从而更加促使社会的巨变以急风暴雨式的革命方式进行，许多传统文化、习俗渐次隐入历史的深处。

尤其新文化运动以来，这种以西方为参照尺度、以历史进步为诉求的意识形态革命，对中国传统文化进行彻底清算，更加促使传统文化的灭亡和西方文化的兴起。试图移植现代西方的自由民主价值和科学理性来取代传统中国的儒家等级专制不免矫枉过正，这使得社会各个领域都全盘欧化，例如在工商业方面，一时之间，模仿西方经营作风，树立近代工商业观念，引进外洋机器，进口西方商品，蔚为风气。1920年《汉口指南》之中所刊出的所有商店广告，无不带有近代色彩，无不染上一些"欧化"风貌，鲜明表现出市民的崇洋的心理。商店经营所采取的股份制，商店的商标和电报电话系统，商店的建筑和门面，商店的经营方式和经销内容，概莫能外。在建筑设计方面也极尽模仿之能事，公共建筑、民用建筑、基础设施无一例外都带有西方文化的建筑符号。从1911年到1949年期间，武汉城市规划借鉴西方逐渐确立起来，其规划的方式方法与西方城市规划可谓如影随形，这都深刻地影响着汉口街道的形态以及街道的景观(图6-3)。伴随着这一崭新城市文化特质的形成，它还会随同营造它们的主体一起迅速地在城市里不停地飘荡、扩散与传播，引起了生活观念的突变和社会风俗习惯的飞跃。汉口人的居住、饮食、服饰、婚丧、岁时、庆典、礼仪等民情风俗，都有了巨大改变，城市面貌因之出现了新的较大变化。

图6-3 1938年非常西方化的中山路街景

资料来源：池莉.老武汉：永远的浪漫.南京：江苏美术出版社，2000.

6.2 乱世间

6.2.1 政治空间

在政治和社会动荡之中，街道不再仅仅是一个谋生、日常生活和娱乐的地方，它实际上成为一个政治秀的舞台，不仅为各种军事和政治力量占据并且演变成血腥的战场，同时街道也被用做政治宣传的舞台，成为传达社会风尚、树立形象改造民众观念的物品，街道演出了无数饶有兴味、活生生的政治戏剧，成为典型的政治空间。

1）战争

辛亥革命爆发之后，揭开无休止战乱的序幕，此后军阀混战、党派内讧、日军入侵给汉口带来深重的灾难。战火蔓延之处，数日不熄，繁华市区化为焦土，民众忍受持续和难以名状的恐惧，一首《竹枝词》真实描述这种处境："街头巷尾断人行，密密层层布哨兵。予取予求谁敢侮，无权抵抗是平民。"

例如，1911 年 10 月 30 日冯国璋指挥清军在汉口纵火，汉口日本总领事馆 11 月 1 日午后 8 时第 19 号情报记其事曰："汉口市区昨夜大火，始终未息，由今日正午越加炽烈，市中心满春戏院附近，因此化为焦土。今晚火势仍极猛烈，盖因革命军坚守市区不退，官军迫不得已实行火攻之故也。受灾市民扶老携幼，狼狈逃难，情形极惨。"[①]大火持续达 5 天之久。汉口市区烈焰冲天，"遂使锦绣之场，一旦化为灰烬[②]"，各行商业"残破殆尽[③]"。清政府资政院总裁李家驹在奏折中也说："十三日（10 月 31 日）接南省各团体电称，汉口并附近一带地方，官军恣意残杀，惨及妇孺，焚烧于市，绵亘十余里，奸淫掳掠，无所不至，人心愤激，达于极点。"[④]时任第六镇统制的鄂籍将领吴禄贞在致清内阁电文中，也记曰："官军占领汉口，始以巨炮轰击；继则街市被焚，烟焰数日未熄"。"在本国财赋荟萃之区，人民生命财产，忍令妄遭荼毒"，"武汉人民，哭声震地"[⑤]。图 6-4 也可以看出当时的惨状。

图 6-4　汉口，清军炮击后的废墟

资料来源：湖北旧影．武汉：湖北教育出版社，2001.

日军入侵时汉口的境遇也非常凄惨，1937 年 9 月 24 日武汉遭受第一次空袭，当时上海的《字林西报》做了报道："第一次空袭把五井庙变成存尸场……，这个地区的街道仅有 6 英尺宽，路边破旧的棚屋已经坍塌，像撒在地上的一堆纸牌。居民和路人都被埋在里面，救护组把到处摊着的尸体集中成堆。更可怕的是，砖石下面有时伸出一只手或一只脚，在无力地摆动着。"[⑥]

据统计，从 1937 年秋至 1938 年 10 月 25 日止，日机侵入武汉 61 次，共 946 架次，投弹约 4 590 余枚，炸死居民 3 389 人，炸伤约 5 230 余人，毁掉建筑物 4 900 余栋[⑦]。

战争之惨，正如《申报》描述辛亥革命汉口被披战火之惨状所言，"诚浩劫也[⑧]"，战争之于城市社会和物质空间的影响既远且深。

2）冲突

中外矛盾、军阀混战、党派之争，这些明争暗斗的冲突也都在街道上演。

---

① 辛亥革命资料．中华书局，1961：555.

② 武昌起义档案资料选编（上卷）．武汉：湖北人民出版社，1981：267.

③ 《夏口县志》1920 年刻本。第 21 卷"杂志"。

④⑤ 转引自皮明庥．近代武汉城市史．北京：中国社会科学出版社，1993：293.

⑥ 转引自陈晓卿，李继锋．一个时代的侧影：中国 1931—1945．桂林：广西师范大学出版社，2005：193.

⑦ 黄永华．开军侵占武汉罪行一斑．载于《武汉春秋》，1982（5）.

⑧ 原文是："汉口商店住户被野蛮狠毒之清军于九月内连次纵火焚烧，乘机抢夺，计其损失约在三兆之谱（约亿元以上——引者注），诚浩劫也。"

例如1927年1月3日，为庆祝国共合作、国民政府迁都武汉和北伐战争的胜利，国民政府中央军事政治学校宣传队在江汉关前的江滩上演讲，慷慨激昂的陈词吸引了越来越多的民众。而英租界派水兵进行干涉，并调来大批水兵，架起机关枪，威吓听讲群众。在民众后撤过程，一英国水兵逞凶举起刺刀向听讲群众乱戳。工人李大生被当场戳死，另有数十人被刺受重伤，轻伤者不计其数。面对英军的暴行，愤怒的群众群情激奋，包围了水兵，与其搏斗并相持不下。

此事成为收回英租界的导火索，5日，武汉市各界群众在济生三马路举行反英示威大会，参加的群众达40余万人。当时国民政府对英态度与民众并无二致。大会结束后，以码头工人、海员工人等为主体的群众游行队伍一直冲入英租界内，赶走了英国巡捕，英国水兵也逃回军舰。接着公安局抽调警士进驻英租界站岗，省总工会派去300名工人纠察队，控制了整个英租界，英国巡捕房和江汉关插上了中国政府的旗帜。3月15日经过多轮会谈，汉口市政府派员接收了英租界，中英冲突收场。

军阀之间矛盾冲突表现于街道之上也屡见不鲜，其中"鄂人治鄂"颇为有名，鲁籍督军王占元一手把持湖北军政，大量引用山东人，形成了"鲁人治鄂"的局面，这是湖北当地实力派所不能容忍，于是他们提出"鄂人治鄂"的口号，矛头直指王占元，实质上是统治湖北的北洋军阀势力与湖北地方势力的矛盾①。从而在街道上上演一幕幕政治剧，在斗争中失败的原拟为湖北省长的夏寿康被调走，离开那天"绅商'欢送'之鞭炮不绝于途，汉口大智门火车站，送者达两千人，放鞭炮至三小时之久②"。

而因党派之争造成的杀戮也是非常多见，自1927年7月15日，汪精卫发动反革命政变后，济生善堂场坪、江汉北路一带，就成为集中屠杀革命人士的杀人场。为了制造白色恐怖的气氛，也曾在江汉关、老圃游乐园、水塔等地杀人"示众"。例如1930年5月15日，共青团武汉市委书记张宝珍被武昌军法处提出，反动军警为了增重汉口白色恐怖的气氛，特将张宝珍从武昌押至汉口，沿途"示众"。张虽年仅18岁，视死如归，高呼"打倒反动的国民党"、"中国共产党万岁"的口号，并向围观群众发表演说："革命党人，是杀不完的，一人倒下，千百起来，革命一定会胜利的，劳苦大众一定会得到解放的。"到达老圃游乐场，张宝珍直立不屈的饮弹牺牲③。

再如，1930年7月，红军一度攻占湖南长沙，武汉周围也有红军包围之势，这就极大地震动了代理武汉警备司令叶蓬的心魄，他派兵包围了武昌文昌门模范监狱政治犯集中监押的东监，提出了已判刑的48人在武昌文昌门外枪杀。又将监押在湖北高等法院看守所的19位政治犯，提到武汉警备司令部军法处重审。仅押在该处数日，为了制造白色恐怖，就将这19位政治犯，派重兵押到汉口，从江汉关起，逐个斩首于马路当中，直到怡和蛋厂④。

这些冲突与杀戮成为当时汉口非常常见的街景，这些街景常常被刻意渲染成一种场景：意图借助空间布景以及在布景中的表演，展现某种意图，身体与空间被纳入政治的目的。

3）治乱

政权建立之后，破坏新生政权的现象时有发生，官方为稳定社会秩序，拨乱反正维护政权，常出台一系列的政策、告示等甚至采用公开行刑的方式来威慑反对势力。例如1911年10月11日湖北军政府成立于战火纷飞之际，颁布了《刑赏令》、《荆州满州将军向革命军投降条例》、《军政府示》等法律文件。军政府运用这些法律文件，严厉镇压叛徒、内奸、反革命分子，制裁土匪、流氓。起义后第三天，都督府卫队司令方定国向清军传递情报，被当场抓住，经审讯后，方及其同党20多人被处决；前线总指挥张景良临阵通敌，被枪决于汉口江汉关附近；清天门知县荣浚企图向革命党人反扑，也被处决。10月13日，汉口花楼街发生火灾，土匪趁火打劫。革命军立即出动，擒获3名土匪就地正法，后又捕斩土匪数十人。湖北军政府设立湖北全省临时警察筹办处，辖东、西、南、北、中5区，维持社会治安。继

① 皮明庥.近代武汉城市史.北京：中国社会科学出版社，1993：289.

② 转引于皮明庥.近代武汉城市史.北京：中国社会科学出版社，1993：291.

③④ 转引自皮明庥等.汉口五百年.武汉：湖北教育出版社，2000.

而又建立了警卫司令部，下辖警卫团，主要负责军政府首脑机关的警卫任务。这些治安措施对打击和镇压反对势力，保护新生政权，维护社会秩序，分化敌对营垒，都起到了积极作用[①]。在此过程中街道空间要么张贴满告示，要么被着意渲染处决犯人的空间氛围(图 6-5)，这些建构出来的空间都刺激和威慑着看客。

图 6-5　武昌街头斩首头颅示众(1911 年)

资料来源：哲夫，张家禄，胡宝芳. 武汉旧影. 上海：上海古籍出版社，2006. 原图出自 1911 年 10 月 21 日的《伦敦新闻画报》.

社会动乱加剧人们的危机感，而人们的这种惶恐不安正是谣言散布之温床，辛亥革命之后政治乱象，公共场所成为谣言散布之地。有些谣言并非空穴来风，而有些纯粹哗众取宠或居心不良。官方为安抚人心对甚嚣尘上谣言的制造者严惩不贷。例如《国民新报》一则夏口县徐知事"以近日谣风甚炽居民惶恐"颁布"严禁造谣"的告示，其文曰：楚人多谣成为风气，民国初立宜兴更新，近有布告各宜镇靖兵队驻扎为民保障，从有匪徒岂能窝藏？凡尔百姓勿须张皇，各安各业各执其事，勿信浮言徒自扰乱，倘再造谣定予拿办，各宜凛遵法不可玩。"[②]如此例子比比皆是，维持政权稳定构成动乱年代的经常性的社会景观。

为了维护稳定，警察巡逻也成为日常生活最常见的一道风景，例如《国民新报》一则关于"令悬挂门灯"的告示，其文言道："汉口五方杂处良莠不齐，近因街市尚未规复，地方辽阔督察岗位不敷分布，在白昼尚易，巡逻夜间则防不胜防，警视厅长刻已电传，知各客栈一律悬挂门灯，以便缉匪而保治安。"[③]警察加上灯光构筑的空间是杜绝动乱的有力保障。

还有，为维护社会秩序，1927 年 7 月 11 日武汉市政府在"武汉市政委员会报告"中强调"目前预定之计划而著手进行者"有："筹办警察教练所，以养成真正之警察人才。由各区署所指定相当地点，为摊担买卖之处，实行禁止摊担沿街摆设，此事已得摊担工会之同意。于六月十日实行就地视察形势规定车辆安放规则，与车夫工会相商执行，以免车辆无一定安放地点。规定地点为乞丐收养所，禁止沿街乞食，已与乞丐教养委员会筹商，六月份即可实行。着手调查户口，以备一切市政之设。发给出人证，凡住户迁移必须领取此证，以便稽查，而清反动。各街安设门牌，以便市民识别。"[④]这是通过空间安排，或者将空间编码化来管理，以调控维持社会秩序。

4) 革新

从辛亥革命开始，革命者力图从各个方面革陈除旧，引领革命潮流。不但政治思想和政治态度必须体现革命，而且与人们面貌有关的一切，从服饰到发型都纳入了革命的范畴。个人外貌、装饰都从特定方面显示了对这场革命是支持还是反对的态度。例如被视为满人统治象征的辫子成为众矢之的，在汉口、武昌都在上演剪辫子风潮(图 6-6)。当然被剪之者，会有抵制，甚至冲突。据《国民公报》报道，一个被该报称之为"愚民"的农民在街上被警察抓住勒令剪辫，气急之下竟把警察打倒在地，引起众人围观。针对革命不同对象都会做出不同反映。有留辫子的，有剪短发的，不同的发型是社会变迁过程的缩影和生动写照，也显现其对革命态度的赞成与否。剪辫与蓄辫成为赞成共和与拥护帝制的分水岭之一。当时《竹枝词》："辫发从来北狄风，武灵胡服亦相同。垂垂脑后休多事，削尽烦丝万虑空。"

---

① 转引自冯大庆. 民国时期武汉司法研究(1912—1937). 武汉：武汉大学出版社，2004.

② 国民新报，1912. 7. 26

③ 国民新报，1912. 7. 21

④ 1927 年 7 月 11 日武汉市政委员会报告——武汉市政府行政概况，引自《长江流域商民代表大会日刊》，1927 年 7 月 12，14 日。

图 6-6　左图是辛亥革命后鄂军在街上抓人剪辫子。右图是 1912 年 4 月 20 日《国民新报》一则漫画

该漫画喻讽时下依旧抵抗剪辫之人。左图资料来源：池莉. 老武汉：永远的浪漫. 南京：江苏美术出版社，2001.

再例如对于一些不良的社会风气，如赌博、娼妓，当局者也加以禁止，在《国民新报》有一则“示禁小孩掷钱”的通告，内容如下：“警察十署辖内所有制造赌具及贩卖赌具已经取缔禁绝，在聚赌一事尤宜认真查禁，近查该署门首近日有多数小孩时常聚集掷钱嬉戏，小有输赢迹近赌博。诚恐积久成性，养成恶劣气质，署长昨特布告附近各小孩之父、若兄须知，蒙以养正始易成人亟易，成人亟宜自行严加约束，倘有小孩掷钱嬉戏迹近赌博者，定即拘留署内仍传该孩之父兄处相当之罚。”[①]

对于娼妓，当局更是煞费苦心进行管理，例如出笼划定娼区办法，当局宣称有“别良莠，维风化”，“分别清浊”，“便于集中管理”等优点。在 1930—1948 年，警察局共制定过 21 个娼区、35 个娼区、34 个娼区和 3 个娼区等方案。具体还规定过“当街铺面的楼上，不准居住妓女”；“学校对门和左右隔壁 5 家之内，不准开设妓院”；妓院门首需悬挂红底白字的“乐户住处”牌。1934 年 2 月 “新生活运动”后，对妓院再要求“夜间加挂玻璃门灯”，妓院悬挂“乐户丁口表”，还要游客在“游客登记簿”上登记备查等等[②]。划定娼区是通过空间隔离、管理，以达到官方掌控的目的，空间生产出来成为管理的一种工具。

5）动员

为了政治理想和目的，各政治集团和社会精英分子具有动员和组织社会力量的较强动机，他们总是有把自己的核心价值观和主流意识形态扩展到社会各个阶层的激情和渴望，这个时期，社会思想混杂，良莠不齐，精英分子或者为了维护主流意识形态，鼓吹政治理想；或为了摒弃旧的习俗，树立新的观念；或者为了抵抗侵略，倡导保家卫国，于公开场合进行演讲、表演、展示等方式来唤起社会各个阶层的认同(图 6-7，图 6-8)。

例如民国初期新剧的表演者刘芝舟，1912 年 4 月在汉大舞台公演《吴禄贞被刺》，自扮吴禄贞，因愤袁世凯窃国而挂冠南下，深情地在台上呼喊：“寄语南方同志，革命前途，阻碍尚多，且莫争权夺利，自起党争。”后又演出《皇帝梦》，嘲讽袁世凯帝制，被王占元逮捕[③]。

1934 年 7 月，蒋介石在湖北开展“新生活运动”，成立了“湖北省新生活运动促进会”，蒋介石提出的《新生活运动要义》是：“国家民族之复兴，不在武力之强大，而在国民知识道德之高超”；“提高国民知识道德，在于一般国民衣食住行能整齐、清洁、简单、朴素，过一种合乎礼义廉耻的新生活。”《新生活运动纲要》规定，“新生活运动”就是“提倡‘礼义’、‘廉耻’的规律生活”，把“礼义廉耻”作为“新生活运动”的“中心准则”，把“做国家的一个良民，家庭的一个肖子，在学校做一个守规矩的学生，在社会能成

---

① 国民新报，1912. 7. 15

② 黄兰田. 汉口市政府“废娼”闹剧. 武汉文史资料，2004(3).

③ 《武汉文化史料》，1983 年第一辑，第 44 页。转引自皮明庥. 近代武汉城市史. 北京：中国社会科学出版社，1993.

图 6-7　门前五色旗

清朝推翻，百姓门前挂起五色共和旗，成为检验是否拥护革命诚意的标志。资料来源：池莉.老武汉永远的浪漫.南京：江苏美术出版社，2001.

为一个守法的君子”作为“新生活运动”的根本任务。经蒋介石的一声令下，便采用行政手段，成立“湖北省新生活运动促进会监察总队”将“新生活运动”强制推行，演讲、动员成为推行的主要方式①。

图 6-8　武汉街头墙壁

墙壁上画的是反抗日军的宣传画，借以激励、动员武汉市民。资料来源：湖北旧影.武汉：湖北教育出版社，2001.

再举例，1938 年日军大敌入侵前夕，武汉进行大规模的宣传周动员工作，4 月 9 日是宣传周的音乐日，汉口中山公园的人民体育场内汇齐了武汉的歌咏队伍，由冼星海任总指挥，张曙任副总指挥的万人大合唱，响彻天空，震动大地，激发起全民抗日的满腔豪情。晚上，大光明戏院的歌咏宣传大会，更卷起了三市民众的狂潮，“在里面已挤得没有插足地，在铁门外还有锁着五六百渴望听民族解放歌声的广大群众”②。

宣传周的最后一天是游行日，数万民众“从南从北，歌声不绝，口号如雷，各色的大旗横招，迎风招展着，闪入会场”③。8 月 9 日，冼星海指挥 5 000 多人的歌咏大军高唱抗日歌曲，又指挥浩浩荡荡的队伍进入市区。游行的队伍每到一处，即把这一条街道活跃起来，把洪亮的歌声充满了天空。然后，武昌的歌咏火炬队伍像一条火龙似的游过江去，与汉口的歌咏队伍在三民路孙中山铜像前汇集，两条火焰的洪流汇合起来，蔚然壮观。在军乐的伴奏下，万人歌咏大军高擎火炬，举行“保卫大武汉”的歌咏火炬大游行，不尽的人流滚过汉口繁华地段，火光载着《义勇军进行曲》、《大刀进行曲》、《保卫大武汉》的歌声冲上云霄，久久在上空回荡④。

6）杀戮

近百年来汉口城市经历的灾难莫甚于日伪统治下的 7 年，日本入侵者的残暴杀戮，将血腥和罪恶倾入这座城市，造成了它从未有过的灾难。

1938 年 10 月 25 日，日军都城联队首先由汉口东北角冲入市区，27 日全部占领武汉。继而在汉

① 武汉地方志编纂委员会.武汉市志·大事记.武汉：武汉大学出版社，1990：427.

② 新华日报，1938.4.10

③④ 转引自皮明庥等.汉口五百年.武汉：湖北教育出版社，2000.

口划定难民区和良民区，来不及疏散避难的市民，全被集中到难民区。

难民区只设两个出入口，难民出入时必出示从日本人手中购得的通行证，并且在门口要向宪兵脱帽、三鞠躬，还要在门口接受喷洒消毒药水。一些人例如汉剧演员黄鸣振进行反抗，被日军数人将其捉住，活活摔死①。

日军又成立"大孚"宪兵队，在汉口进行密集的监控和排查，不仅在汉口的水陆出境处和交通要道设置检查哨，还经常到旅社、行栈、民宅以及任何他们想去的地方，随意逮捕中国人。刑讯时拳打脚踢、鞭子抽是家常便饭。有时还将人的四肢反绑悬吊；或把人背起来往地上摔；或先灌大量盐水，然后再在肚子上踩；或用电刑；或叫狼狗撕咬……"阎王殿门朝西开，胡里马里抓人来；各样刑法都用尽，天天都把死人抬；惟愿鸡叫天快亮，惟愿鬼子早垮台。"当年流传的这首民谣，表现肆意杀戮之惨。

宪兵队半夜搜查也是时常发生的，一首《竹枝词》写道："防疫查'奸'屡戒严，偶遗凭证死刀尖；兵来半夜推门急，男女条条立画檐。"

街道在这些杀戮与被杀过程中，扮演不同的角色，或者被精巧设计以便有利的控制人群，或者被改装成为民众暂时隐蔽的屏障，或者被着意布置和渲染以使得恐怖的氛围更加浓炽，不同主体都借助空间达到自身的目的。

林林总总，仍不过是沧海一粟，历史的记述文本常常会把空间隐藏起来，我们也只能从文字的字里行间略见空间的使用，窥测其意义一斑。总之，社会动乱带来街道使用的重大变化，民众的日常生活、生活方式、地方文化前所未有的与地方政治紧密相连，街道常常成为意味浓厚的政治空间。

6.2.2 空间政治

所谓空间政治是利用空间作为工具或手段以达到政治的意图和目的，而政治空间则指受政治的因素影响的空间。事实上两者的区别并不可以清晰界定，不过为行文方便或者迁就于分门别类的书本格式，本书分开论述，也希冀从中看到在事件当中空间的被动性与能动性。

1）社会隔离

日本人为了控制汉口市区，在汉口划分了安全区、难民区。难民区在今硚口以下、利济路以上，左至汉水边，右至中山路的地带②。难民区地域如此之大，但进出只有两个门，一设硚口，一设利济路汉正街口。难民区周围立木栅，街道也成为划分界限。难民区宛如军事监狱，其状十分凄惨。每日上午9时开放，下午3时即关闭。这种空间的管制造就了社会排斥非常明晰，下文是1943年7月15日《大楚报》一则《汉口的夏夜，夜市的形形色色》的文章，从中可以洞见"社会隔离"之冰山一角。

汉口的夏夜，夜市的形形色色

都市的夜，是动荡的，活跃的，在夏天，动荡与活跃得更厉害，这就是因为夏夜不易使人们安眠的缘故。汉口，东方芝加哥，多么响亮的名字！它的夏夜市场当也有一番热烈的情绪。但汉口的夜市，却并不完全是一样的。

清爽的幽适的夜市

旧日的法租界，目前的第四区，便是夜市场最热闹的中心地，黄宫、天星的歌舞，东亚、维多利的夜花园，谈起来不是够使人惬意的么？被一般有闲有钱阶级的阔佬们捧入云霄的红舞女、红舞星，尽量地在她们的陶醉者面前卖弄歌喉，卖弄舞姿，色情的眼媚、销魂的灵肉，在青春与钞票的交流中狂泻着、奔涌着……一直到夜阑，到人散。……

啤酒与汽水的喷气，牛奶与咖啡的冰凉，电风扇的回旋，收音器中的舞声缭绕，精美的桌椅，柔和的灯光，这样的夜市与幻景没有丝毫两样，充满了刺激与麻醉，虽然这种现象，在禁舞声中只能维持得

① 转引自皮明庥等．汉口五百年．武汉：湖北教育出版社，2000．

② 沦陷区现状，载于《半月文摘》第3卷第3期，1939年1月25日。

今年一个夏季，但他的热烈，却并不减少。

走出了夜花园，走出了舞歌榭，走到平静如洗的马路上，走到扬子江滨的洋梧桐下，无论是法汉的操场或者船只逼仄的码头，都是一样的乘凉兜风的盛境，虽然人一多，空气的寂静被扰坏了，但是凉意是有的，披着便衫，让悠悠的江上清风，沁人心脾，江涛撞岸，夜露横江，云月的掩映，征帆的去来，无论是闲着还是静听，都不会乏趣，所以，在这儿逗留徘徊的哥儿们，多如过江之鲫，尤其是一对一对不知今夜落谁家的家鸡野鹜，款款漫步，不知吸引了多少青年的薄幸儿郎。因为人一多，静寂的江滨，也成了热闹的市场。这是清爽、幽适的夜市。

蹩脚粗率的夜市

在中山马路，汉正街一带，又是一番风味，这里比起第四区，或扬子江滨，好像时代倒退了半个世纪，浮沉于眼前的，是四五十年以前的景象，这里是一堆一堆的人，围住一张桌子，抱着一把热腾腾的茶壶，呷着、谈着，大颗的汗珠，在每一个头颅上、背脊上流留着，组织成一团一团黑压压的人群，像在灯光下与飞蛾蚊虫争取空间似的。在这一爿一爿的茶馆中，除了嘈杂鼎沸的人声外，还有劈拍的麻将声，这种夜市的繁嚣，虽然并不痛快，并不十足够味，但它这种情调，却也能吸引一部中下层社会的人们！这是蹩脚而粗率的夜市。

贫乏污秽的夜市

在利济码头的河边，以及未修竣工的凸凹的马路上，三民路集稼嘴的码头上，襄河边的垃圾堆上，也有着夜市的场面，拆字先生的摊子，说书者的人圈，卖瓜食凉水的小担子，以及夜炊的乞儿，与睡地盖天的露宿者，虽然没有大的灯光，只有几支蜡烛或半盏油灯，黑压压得有些可怕，但这里的社会情调，却依然的生动的活泼的，这是贫乏的，污秽的夜市。

淫佚下流的夜市

在汉正街沈家庙、淮盐公所一带，中山路新市场一带，清芬路一带，生成里一带，这里的下等妓女，摆起了龙门阵，在生擒活捉地捕获她们的俘虏，沉重的下等脂粉，没有灵性的笑颜，没有生气的女性温柔，始终只能蒙感到性的饥渴的苦力朋友的青睐，她们与他们的夜市，一直到夜街死了，行人断了，才会收市，这是淫佚的下流的夜市。

把汉口的夜市，一一书之，集成一册，至少有一部商务的辞源那么大，记者没有那么大的能力，只能就其表面的肤浅的记一些，等于一部书，记者所写的不过是几行目录而已。真实的内容，留待读者诸君去实地翻阅吧。

2）城市新空间

国民政府为了塑造新的形象，告诉"中国人民国民党是将国家带入现代时期的最好的（也是唯 一的）运载工具[①]"，它需要重建一个城市，一个崭新的社会实体，也是为了缔造新国民。在这个时期出现了许多以西方文化为模板新的城市空间。

城市改革者希望通过提供公共空间促进新市民的形成，汉口民国时代的地图上应时而生了新的城市空间：公园、市政广场、博物馆、图书馆、体育场、电影院、百货商场、舞厅、旅馆、火车站和公共广场等，教育人们并引导他们培养新的公共精神和国家意识。

1927年，国民党汉口特别市政府在没收的私家园林——西园的基础上扩大修建了中山公园（位于今天汉口解放大道中段），1929年10月建设完成并向公众开放，园内按欧洲对称几何式园林进行布局，铺设大量几何形草坪，种植树木植物，设有花坛，在轴线上布置喷泉、水池、亭子及网球场（图6-9，图6-10）。很明显这是一座具有欧式风格的公共园林。

① Yeung Y M, Sung Y M. Transformation and Modernization under China's Open Policy. Hong Kong: Chinese University Press, 1996: 493-528.

图 6-9　民国中山公园平面

资料来源:《汉口市建设概况》第一期,民国十九年九月.

图 6-10　民国中山公园一景

资料来源:古卡社区,http://bbs.goodcar.com.cn.

而汉口市政府前公园平面也体现相同的设计模式(图 6-11),欧式公园加诸市政府建筑,形成纪念碑似的空间,这是巴洛克君主权力式的规划,目的使观者对于政府的尊严和现代化的国民党政权敬畏不已①。

20 世纪 30 年代初汉口出现了第一家现代的百货商场,这就是 1931 年在江汉路上建成的国货商场(今中心百货商店)(图 6-12)。该建筑由景明洋行设计②。建筑处于街道转角处,这是西方城市常用的选址,形成街道的对景以衬托该建筑的重要性;在建筑造型及风格的处理上采用欧式风格;在功能上趋向复杂化,不仅有商场,同时还设有其他公共娱乐休闲及餐饮设施。

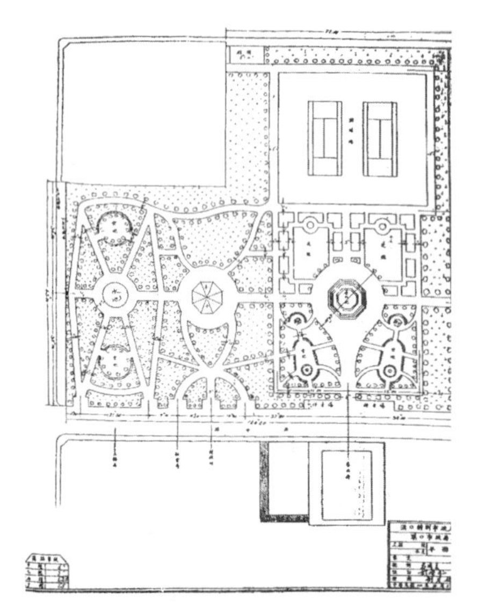

图 6-11　民国时期汉口市政府前公园平面图

资料来源:《汉口市建设概况》第一期,民国十九年九月.

图 6-12　原国货商场(中心百货商店)

1931 年建成的江汉路璇宫饭店则为汉口较早的规模较大的饭店;1931 年建成的上海大戏院(今中原电影院),位于汉口原俄租界两仪街(今洞庭街),浙江商人陈松林投资、卢镛标设计,是武汉市近代最重要的文化娱乐场所。

---

① Yeung Y M,Sung Y M. Transformation and Modernization under China's Open Policy. Hong Kong: Chinese University Press,1996: 493-528.

② 汉口租界志编纂委员会. 汉口租界志. 武汉:武汉出版社,2003:160.

街道的形象也被给予期望，1927—1936 年期间，最重要的沿江大道修筑开通，并与租界内的沿江马路连为一体。该路顺承租界区沿江马路布局，道路总宽 40 米，其中车马道 23 米，车马道北侧的人行道宽 5 米，临江人行道宽度 6 米，草地 6 米。道路与江水之间也为宽大的绿化带，绿化带设内有座椅和步行小径(图 6-13)。由此可见它不仅满足沿江码头的货运、车辆交通的需要，同时考虑人行交通及城市居民休闲游乐的需求，居民在此滨水休闲空间，徜徉散步、休闲游憩，这是一个真正具有现代意识的公共空间[①]。

图 6-13　沿江大道街景

资料来源：哲夫，张家禄，胡宝芳. 武汉旧影. 上海古籍出版社，2006.

凡此种种，不一而足，城市新空间包涵深厚的政治期望，成为典型的空间政治，从这些意义上说，规划与安排这些新空间的城市规划无疑是最大的空间政治。

伴随着城市空间的这些变化，城市社会和文化发生怎样的变化？或许我们可以通过周锡瑞在《华北城市的近代化——对近年来国外研究的思考》振聋发聩地连串发问中获悉些许的答案：新的城市空间是如何影响城市文化演变的？城市空间是怎样影响到社会变革的发生，同时又被社会变革所影响的——例如，女性在公共场所出头露面和她们在近代中国担当公共角色不断增多有怎样的关系？当人们更加频繁地走出邻里相互熟悉的街区时，他们是如何适应新的生活空间和挤满陌生人的大城市生活的？既然大片的开放公共空间使人们很容易聚集，那么现在人们的聚会是怎样形成和如何活动的？随着百货商场的出现，人们是怎样改变他们的购物习惯的？当人们越来越喜欢个性化的服装和发型——这些服装与昔日帝国时期的长袍相比，人体暴露的部分多了许多，那么个人的自我认识又有哪些改变呢？[②]

6.3　作为政治与技术的城市规划

从 1911 年到 1949 年期间，武汉城市规划借鉴西方逐渐确立起来，形形色色的规划据不完全统计

---

① 李军. 近代武汉城市空间形态的演变(1861—1949). 武汉：长江出版社，2005.

② [美]周锡瑞. 华北城市的近代化——对近年来国外研究的思考. 孟宪科，译//天津城市科学研究会，天津社会科学院历史研究所. 城市史研究. 天津：天津社会科学院出版社，2002

不下十种[①]，城市规划的制定，功能分区的划定、一系列城市管理制度和规定的出台，将城市的发展纳入了制度化、规范化运行轨道之中。本节选择与汉正街街道有关的规划活动加以记述，虽然汉正街一带人烟密集，规划往往追求宏大壮观往往无疾而终，一厢情愿的宏大构图常常因为没有可实施性而沦为一纸空文，但是通过对规划的初衷以及其包含的预期的梳理，能够判断当时社会的共同认知和街道形成的背景及其生成的意义。

值得重视的是民国城市规划的确立从来不会闭门造车自成一统，几乎是从西方全盘的摩抄而来，而摩抄的初衷来自政治期望：通过西方现代的空间规划制度的引入来塑造空间的"伟大的计划[②]"以促使国内现代化的深入和"国民性"的提高。城市规划在新旧社会交替的战乱年代包含了深刻的政治诉求，但是其产生伊始还是以技术的面目面世，因而城市规划是作为饱含政治期望与技术诉求而确立的。

6.3.1 建筑汉口全镇街道图

辛亥革命后，由于战争及1911年大火的破坏，重建汉口城市规划活动在汉口迅速开展，1912年2月孙中山任命李四光为"特派汉口建筑筹备员"，设立建筑公司筹备处，该公司草拟了市政建筑规划，将汉口市场、街道全部加以改造。

1912年汉口建设公司筹备处仿照巴黎、伦敦规划绘制了汉口全镇街道图(图6-14)。这张图反映了明显的西方规划理念，仅规划城市街道就多达百条，道路系统规划追求理想的构图形式——"斜线＋格网"式构图。这种理想化的规划手法自然和现实情况凿圆枘方格格不入，所以也就没有实施的可能性。不过作为一种规划思路和目标取向还是清晰可见，追求巴洛克美学特点，"以遍布整个城市的一系列聚焦点为基点，形成整体的雄伟而宽广的城市组织[③]"，与华盛顿朗方规划同根同源(图6-15)。

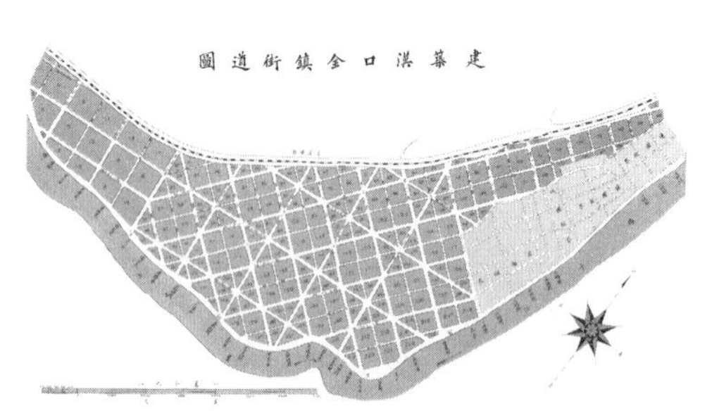

图6-14 建筑汉口全镇街道图(1912)

资料来源：武汉历史地图集编纂委员会.武汉历史地图集.北京：中国地图出版社，1998.

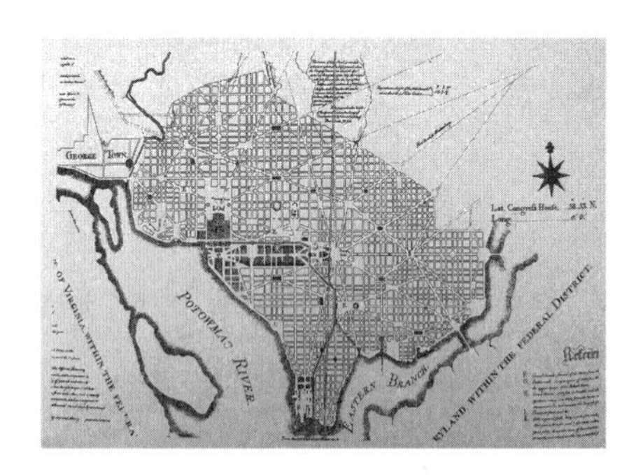

图6-15 华盛顿朗方规划

资料来源：转引自[美]斯皮罗·科斯托夫.城市的形成——历史进程中的城市模式和城市意义.单皓，译.北京：中国建筑工业出版社，2005.

6.3.2 汉口市政建筑计划书

1923年12月，《汉口市政建筑计划书》由汉口地亩清查局付梓刊印，共五章二十七节。由该局督办孙武署名，孙称辛亥革命后，考虑城市"阛阓崇窿，赭为焦土"，破坏很大，应当"吾乡市政宁不当拜共和之赐，而与伦敦、巴黎、柏林、纽约之盛一相颉颃乎。"因而有改造汉口市政之志，遂编成此计划书。

① 李百浩，王西波，薛春莹.武汉近代城市规划小史.规划师，2002(5).

② 正如孙科在1927年1月《计划武汉三镇市政报告》所言："复次，我们讨论市政的计划问题，就是所谓都市设计。我们办市政，不是一年二年可以了事的，是预备要永远办下去的，汉口的一百余万人口一天不消灭，我们办市政就一天不休止。我们既然预备继续办市政，所以当我们初办的时候，一定先要立下一种伟大的计划。这种伟大的计划定了之后，无论是五十年或一百年，都可以照此计划进行，不必改弦更张，以免除破坏的损失。这种办市政的大计划，就是所谓都市设计。"转摘于武汉地方志编纂办公室编.武汉国民政府史料.武汉：武汉出版社，第358页.

③ [美]斯皮罗·科斯托夫.城市的形成——历史进程中的城市模式和城市意义.单皓，译.北京：中国建筑工业出版社，2005：210.

孙武从整个夏口县的区域出发,全盘规划考虑,把夏口全县280余方里内,分为甲、乙、丙三大部(图6-16)。各分区的用地功能及范围是:甲部为汉口旧市镇及张公堤至舵落口一段,辟作商场;乙部以张公堤外之东湖至柏泉山一段,辟作工场;丙部以西湖巨龙岗至新沟一段,辟作农场。

城市分部依次建设,考虑到建设款项需数甚钜,采取分部经营之法,按甲、乙、丙分部依次建设。甲部建筑时又分前、后、上三段:后城马路至江岸河段为前段,后城马路至张公堤为后段,硚口以上至舵落口为上段。建设之顺序,宜先从后段着手,并以开辟马路及掘浚出水河道为要图,俟后段告成,再将前后段之马路衔接一气。这样计划可使前后段不能入江入河的雨污水能相连接流通,且后湖地价低廉,"划荒地,辟马路,化无用为有用,与业主大有利益,地价可望捐免",其中官地颇多,除用于马路河道和公园外,尚有余裕,容易建设;另一方面,如果首先开发建设前段,则会带来拓充原有太狭街道,以至拆迁过多屋宇和地价昂贵的弊端,开发后段是以发达商场为宗旨,增加收入为目的的,也可改变"迄今坐令租界日新月异,大有喧宾夺主之势,以视吾之汉口依然不改旧家风,相形见绌可耻"的局面,能"亡羊补牢,未为迟也"。

建设汉口后段马路河道规划一是确定马路线,开辟东西三条直线路为经,南北八条横线路为纬,作为基干路,马路划分为甲、乙、丙、丁、戊五种,其宽度:大马路20丈(66.6米),中马路12丈(40米),河边马路10丈(33.3米),小街道6丈(20米);二是掘积水潭,不能将广大之地面所有湖沼填之以土,只能以沟积水,俾房屋不受湿浸即可,否则危害滋甚。另在东端掘一广袤之深潭,仿效荷兰办法,用取水机随时将积水向外吸出,预防汛期渍水之患;三是开积水河道,在三条纵马路之中,开直干河两条,宽15丈(50米),深2丈(6.6米),在八条横马路之中,开横支河四条,宽5丈(16.6米),深1丈5尺(5米)。开河余土,即用以筑河边之马路,既便于驳船之运货,又便于行驶小汽艇,可称一举三得(图6-17)。

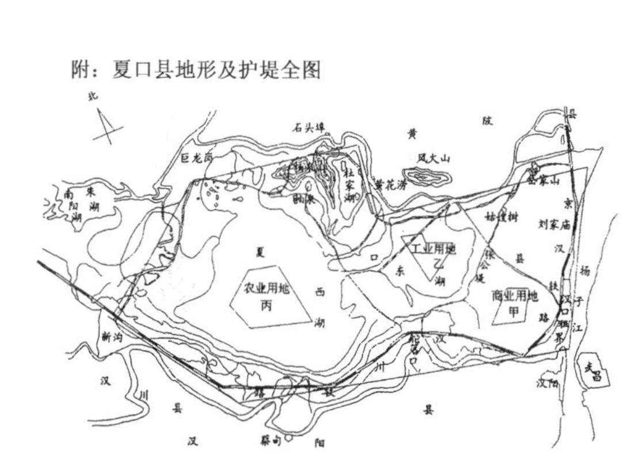

图6-16 夏口县地形及护堤全图

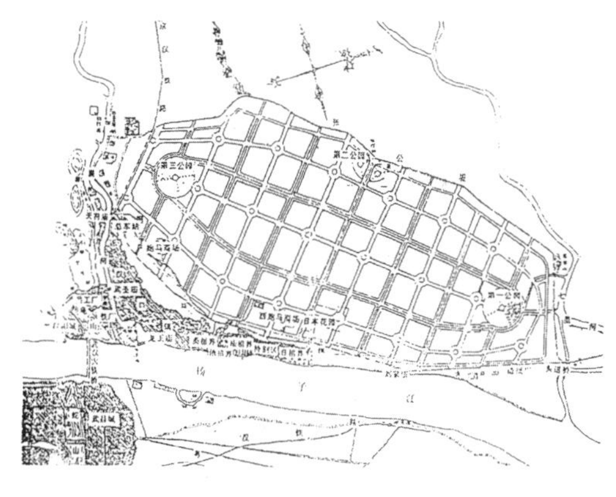

图6-17 汉口商场建筑及交通图

资料来源:武汉市城市规划管理局.武汉城市规划志.武汉:武汉出版社,1999.

1923年所作的《汉口市政建筑计划书》中,在构图手法上虽然与1912年的汉口全镇街道图相似——脱离现实,单纯追求几何构图形式,但在规划思想上已有进步,考虑问题比较深入,如在发现现状交通拥塞,道路交叉口处车辆滞留的现象后,提出解决问题的方法:一是将道路划分为甲、乙、丙、丁、戊5种等级;二是将道路交叉口放大,以解决堵车问题①。再如,基于经济考量的规划时序设计也可圈可点。由于诸多原因,这个规划也最终流产。

6.3.3 计划武汉三镇市政报告

1927年,国民政府迁至武汉,将三镇合组,定名"武汉",武汉市首次在行政上达到统一。这一时期

① 李百浩.图析武汉市近代城市规划.城市规划汇刊,2002(6).

在武汉近代城市建设中占较长时间，规划上从开始的局部地区的规划发展到整个武汉市的总体规划，完成了武汉三镇"从三到一"的过程，在汲取了西方当时先进的城市规划理论的同时，与具体实际相结合，强调规划的可实施性，并出现了如道路系统、用地分区、公园绿地系统等专项规划，开始步入真正近代意义上的综合城市规划[①]。

1926 年 12 月 31 日表决通过孙科的"武汉三镇市政计划报告"提出办市政"一定先要立下一种伟大的计划。这种伟大的计划定了之后，无论是五十年或一百年，都可以照此计划进行，不必改弦更张，以免除破坏的损失。这种办市政的大计划，就是所谓都市设计。"[②]这标志武汉三镇综合城市规划的思想于此发端。

在报告中孙还不无惋惜地指出："以我们汉口来讲，当辛亥革命那年北军南下，把汉口的华界大部分的地统统付诸一炬，留出一片荒地。当我民国元年来汉口的时候，看见那一片瓦砾场，觉得那时候如要重建汉口市，应该在那一片荒地上预先定下计划，何处筑马路，何处建公园，何处造工厂，何处辟商场，把计划一一定好了，以后按照计划一步一步地进行，经过十五年之后，到今日恐怕已可以造成理想的汉口市了。可惜当时不知设计，各不相谋的盖造房屋，到了今日华界虽已恢复繁华，可是有许多不好的地方，再要改造，就要来收买很贵的地皮，拆毁很好的房子了。所以我们以后办市政先要立定大计划，以便将来不至于再蹈覆辙。"[③]

同时报告指出："目前汉口市可以先做基本工作，最要紧的就是测量。根据精密的测量制出地形图和经界图，因为将来的大建筑，一定要有这种测量好作根据的。所以汉口工务局先要举行汉口市全部的测量，特别区和租界也要测量在内。这种测量最好能够在半年或一年之内办竣，否则即是请到外国专门家，因为没有精密的地图作根据，也是茫无头绪无从着手的。广州将来预备设一个土地局，专办土地的测量、登记、估价、征税等事。上面所说的地税和土地增价税，也是归此局办理的。"[④]这标志土地的精确管理的开始。

此外报告还将开辟马路是汉口目前第一紧要的工作，"因为汉口的马路太不像样了，市政委员会非把马路修好不可。这是实际建设的工作。我看汉口现在荒地很多，汉口马路可以不必从旧马路翻造，可以就荒地新辟马路，这样可以减少破坏。"[⑤]

6.3.4 武汉市之工程计划议

工程计划议刊于民国十八年（1929 年）四月五日武汉市市政府秘书处编辑出版的《武汉市政公报》第一卷第五号的武汉市建设计划栏目内。在其序言中称：建设事业最急而最重要的，"则以缔构良好都市，创办完善市政，以促进国家文化，增长人民幸福为第一义。盖市政窳，凡百事业皆萎，市政良，则凡百事业皆振。"

在计划中功能分区思想更趋完善，说道："分区适宜，方不致有碍都市的发展，否则不能使都市进步无阻。分区标准应将交通便利的沿江、河两岸和铁路两侧划为商业或工业区域，有山有水之处，合于住宅教育区用地，行政区与商业区相近最为适宜"（图 6-18）。

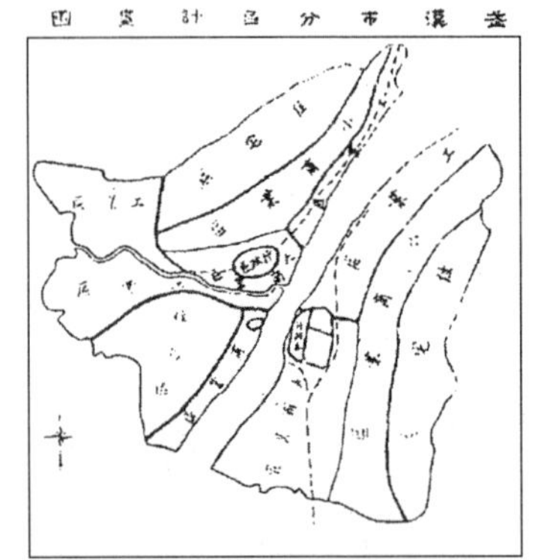

图 6-18　武汉市分区计划图

资料来源：武汉市城市规划管理局编. 武汉城市规划志. 武汉：武汉出版社，1999.

对于城市道路规划该计划指出：道路必须按各分区的要求来计划宽度，大商业区为十二丈（行政区同），住宅与教育区为八丈（应植树木以改良空气）。三镇的人行道有太狭的，有尚未修建的，对未建的或新辟的，应仿照欧美各市及上海、南京等市办法：责令各业主各自修建，如工务局代建，则建筑费用亦由业主承

① 李百浩. 图析武汉市近代城市规划. 城市规划汇刊，2002(6).

② 计划武汉三镇市政报告，市声周报，1927 年 1 月。

③～⑤ 计划武汉三镇市政报告，市声周报，1927 年 1 月。

担;对太狭的采取改良办法。由工务局规定宽度示谕业主,限期扩宽。各分区道路横断面如图 6-19,道路的宽窄与断面的取舍取决于两侧用地功能,其蕴涵的思路直可追当下的道路交通规划。

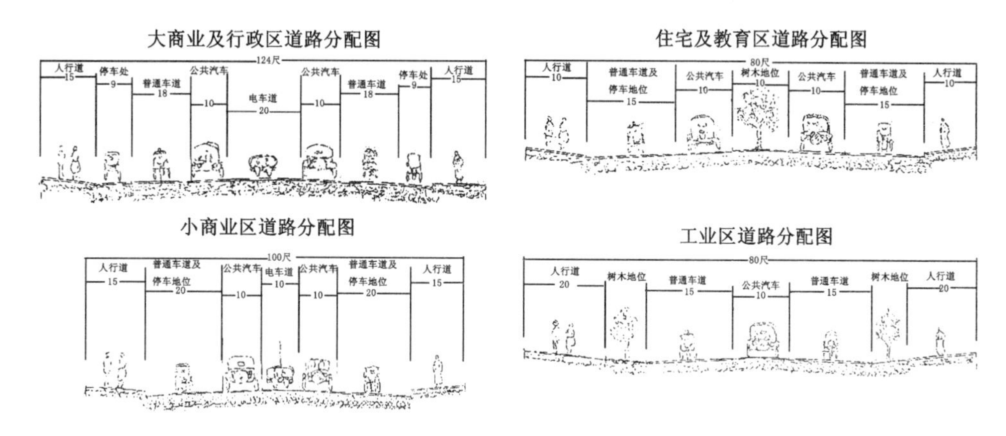

图 6-19　各分区道路横断面图

资料来源:武汉市城市规划管理局. 武汉城市规划志. 武汉:武汉出版社,1999.

6.3.5　武汉特别市之设计方针

1929 年 4 月国民政府成立武汉特别市政府,由市政府总工程师张斐然撰写《武汉特别市之设计方针》作为建议载于民国十八年六月武汉特别市政府秘书处印行的《武汉市政月刊》第一卷第二号上。《方针》从"三镇虽号名都,然纯系自然发达,缺乏人为整理,以及街市窄隘,住居凌乱等情况出发,本三民之目的,为革命之建设"拟订今后全市工程计划的进行步骤及应取方针,以为异日建造最真最美的武汉市区实施的标准。

在方针中,鉴于"三镇因大江阻隔,人车来往和货物运输都不便利,首先应请铁道部门设法修建武昌汉阳大铁桥;其次在财政大有增加时,拟就原汉口日租界及武昌徐家棚之间增修一地下隧道。至于汉口汉阳之间交通,应在襄河下游分筑钢筋混凝土桥数座。"武汉三镇的实体连接纳入到"方针"之中。

在道路规划中考虑了道路网密度和出行方式的划分,"全市街道面积与全市陆地面积的比例,先进各国无一定标准,但就通例而言,街道总面积占全市陆地总面积的比例为 20%~40%。本市旧街巷为不规则式,纯系自然发展的,既不方便又不雅观,有急于改善的必要。交通工具种类有电车、火车、高架铁道、地下铁道、马车、汽车等,其中以最大号的公共汽车最为便利,且容易经营并省费。电车虽不用汽油,但敷设不易,倘遇停电,不但运转不便,且因线路又有一定,一旦来客拥挤,即无法调剂。"

考虑到街道放宽的难度,特针对汉正街街道宽度限制作了放宽的规定,"除特别规定自 15 米起道路宽度分五等外,对已有三、五尺或十数尺宽窄不等迂曲不直的街巷,要另行规定一种放宽街道规则,宽度最小应自 4 米起至 10 米止,分为五等,即 10 米、8 米、6 米、5 米、4 米,等级与里弄相同,于市民建筑房屋时放宽之,亦不补价。"

6.3.6　汉口旧市区街道改良计划

在 1930 年《汉口旧市区街道改良计划》中,从汉口的实际出发的,包括现有的旧城格局、人力、物力、财力等,主要是以拓宽原有街道为主,必要时新辟街道,并斟酌缓急,权衡轻重,将应新辟或拓宽的各个街道,分为主次要干道及内街里巷等级、分区、分期逐步实施。这反映规划更加考量现实的可实施度,其规划逐渐走向成熟。

计划指出:"汉口街道都改弦更张加以拓宽,不但非市经济能力所允许,且市民牺牲大阻力多,难以实施。规划从现状及将来发展趋势出发,斟酌缓急,权衡轻重,将应新辟或拓宽的各街道,分为主、次要干道及内街里巷等级,分期逐步实施,则全部计划可望实现。"同时计划对各街道等级、名称和选线做如下规划：

“主要交通干道有水陆客货运交通要道的沿江沿河马路，宽为40米，以及中山路宽为30米，中山路环绕旧市区，是全部内街出入和与新市区联络以及通向硚口工业区的要道。”这近乎明确了汉口城市交通的快速环路。

“次要道路多与江河垂直，两端接中山路及沿江河路，共有八条，即民生路、民权路、民族路（宽24米）以及五权一、二、三路宽为24米，五权四、五路宽为30米。至于前后花楼、土挡棉花街、半边街、黄陂街及直通硚口的正街等以及其他小街等都作为内街，规定其线路，宽度自10米至20米不等。其余小街里弄只将其宽度稍为加大。模范区景家台一带，当须增筑马路数条，延长铭新街接大智门马路并加以放宽和衔接友益街，延长模范区各马路与济生各马路相接，已规划的府东二、三、四路，并向东延长府北一路、市府路、府南一、二路，使市府附近各马路与模范区切实联系。市府以西地区可能发展，宜将各马路向市府以西延伸，尤其是府南二路延长后可直通硚口，能减少中山路拥挤，便利硚口工业区与已有商业区之间的交通。”依托现状基础考虑可操作性的路网体系确立起来。

计划还对具体执行方法做了建议：“旧市区内放宽或开辟马路，须选择妥当方法，始能按决定的路线进行，其办法有缓进与急进之分。缓进的，系由市政机关规定路线宽度，以后市民如拆旧建新或灾后重建，均须按照新定的路线宽度退让，退出基地，概不给价，也无所谓拆迁费；急进的，则将街道线路宽度规定后，公诸于众，凡在规划线内应拆迁的房屋，限期拆迁至新定线路为止，对其让出的地基，公家予以补偿和拆迁费。凡主要次要干道开辟或拓宽，宜采取急进法，内街或里弄巷道则采取缓进法。市内街路的路线及其宽度，需预先制成图样，以便市民建房照图退让。小街里弄则只需规定其宽度，市民建房时，依照原线路两边平均退让即可。”同时指出，“以上就是旧市区改良而言，至于适宜开辟新市区的地区，如平汉铁路以北的后湖一带，毫无阻碍，可选择一最良道路计划，加以建设。”

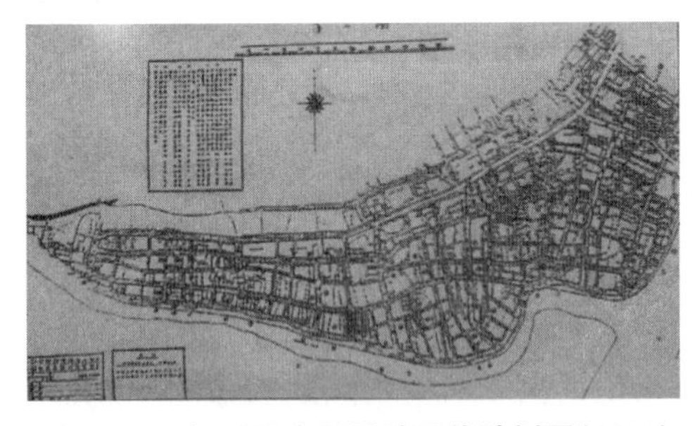

图6-20　汉口旧市区马路干线计划图(1930)
资料来源：转引自李百浩.图析武汉近代城市规划(1861—1949)，城市规划汇刊，2002(6).

需要指出的是1930年6月第62次市政会议通过公布的《汉口旧市区马路干线计划》(图6-20)对于汉口街道的影响非常深远，汉口街道的修筑基本遵循该计划，而该计划就是在《街道改良计划》基础上重新调整的，而《街道改良计划》又是延续了1927年工务局的“将来计划”的思路，从而形成来龙去脉的相承关系。考虑其影响的重要性以及较完整的实施程度，本书将《汉口旧市区马路干线计划》放在建设活动中详述。

6.3.7　汉口市都市计划书

图6-21为民国二十五年(1936年)《汉口市都市计划书》绘制的汉口特别市略图。其道路系统规划不仅从现状出发，而且还考虑到将来发展趋势。为便于将来发展区与市中心的联系，选择格网式配以放射线的道路系统。而且出现专门的“土地利用分区”(图6-22)，这在《汉口市政建筑计划书》和《武汉市之工程计划议》也有所体现，而这始创于德国，是在工业革命之后，为了适应居住和工业的要求出现的，以土地分异规律为理论基础的土地用途管制手段。

在计划书中对道路系统进行如下规划：“汉口市三面濒临江河，其发达仅限于一方，不适用环状配以放射线的道路系统，市行政中心区既经决定，当以该处为中心，向市内各部设放射线道路数条，大部分市区则以棋盘式的街道构成，再于各处设数个交通中心，以避免交通集中于一点。市周围沿江沿河及张公堤等处，设宽40米的环市林园大道，在市政府周围辟大马路四条，其与沿江、中山两路平行的为60米宽的中正路(现解放大道)，与中正路成垂直并直达张公堤的马路亦为宽60米，此两路为全市最宽的干道。再从市政府起东至二道桥西至舵落口，各辟40米宽的干路一条，以联络全市的交通，其余主要干路宽度多为40米，并与林园大道衔接，成为林园都市。”该“汉口市道路系统”，虽经行政院批准，但是由于抗战爆发，政局不曾稍稳，只有小部分实施。

图 6-21　汉口特别市略图

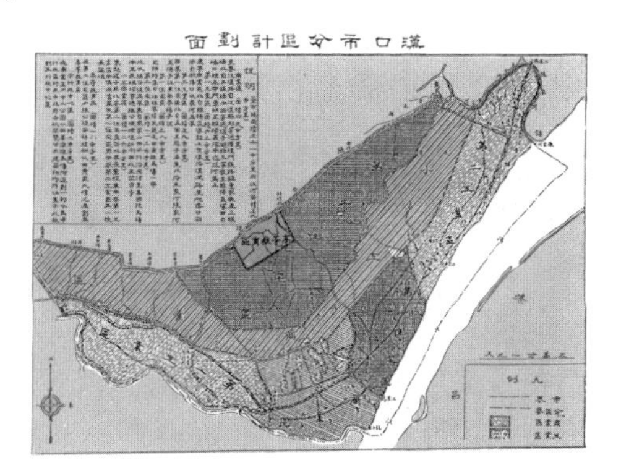

图 6-22　汉口分区计划图

资料来源：武汉历史地图集编纂委员会. 武汉历史地图集. 北京：中国地图出版社，1998.

在该计划中还对街道的交叉作出以下规定："以直角为原则，因地形或干线街路的关系不能直交时，则要注意交角的大小，以使车辆行人往来得以缓和转折，不至动辄冲突。两条以上道路相交，可特设广场，以缓和交通，其仅为二路直交的，为避免交通危险及易于建筑，特规定街角的切角标准，以资遵循。至于人行道转折处，则为半径二米以上的圆弧。"这带有明显的技术规范性质。

同时对于道路面积率也做了规定："旧市区街巷狭窄，交通混什，欲拓宽道路，则受巨大的牺牲，破坏多数房屋，所以设计新市区的道路必须有相当的宽度。欧美各都市道路面积，约占全市面积的20%，甚至40%，汉口新区道路设计，每隔106.50米交互设15米及20米道路一条，每隔一公里左右则设30米的干路一条，在深度各106.5米的区段内，设10米宽道路一条或6米宽道路两条，总计新市区道路面积约占新区全部面积的35%。至于旧市区将大街与巷弄合并计算，其道路面积不足旧区全部面积的16%，如将新计划的路线加入，仍不足旧市区面积的25%，此旧式道路，只可因陋就简，稍事整理，不能大为更张。汉口三面临江河，已有道路走向，都与江河成直角及平行，故新市区的道路为便于与旧市区道路联络，也多与江河成直角及平行。"从中又可以看出技术规范的性质，道路规划严格遵循指标体系，也能看出全盘照搬国外的痕迹，例如其中"106.50米"是从英尺转算而来，约350英尺。

此外对于街道的横断面也有明文规定，"街路车步道及草地，除45米以上的街路及其他另有规定外，凡10米至40米宽的道路均按下列规定(表 6-2)"。

表 6-2　道路横断面规定

街道宽度(米)	车道宽度(米)	每侧人行道宽度(米)	草地宽度(米)
40(沿江河道路)	23	沿江河6、沿房屋5	6
40(市内)	20	6	车道两侧各4
30	20～21	4.5～5	
24	16	4	
20～21.34	13～14.34	3.5	
15	9	3	
10	6	2	

资料来源：转引自武汉市城市规划管理局主编. 武汉城市规划志. 武汉：武汉出版社，1999.

总之，这一时期，在吸收西方当时的城市规划理论的基础上，武汉城市规划制度确立起来，对城市性质、未来发展规模等进行了宏观、系统的规划，所作的规划也涉及很多专项规划，特别是对各类指标的控制与追求，也表现了理性规划的特征，是西方城市规划理论与中国具体实际相结合的尝试。虽然这个时期所做的规划要么因其过于“宏大”难付实施，终归夭折，要么以其实施不力而不了了之，要么源于战争之故而中道停滞，但是规划的思路和方法会通过局部的建设活动而显现出来，尤其当时街道的规划已呈典型的系统化、等级化、指标化的特征，汉口街道的演变于此时期出现一个转捩点。

6.4 建设活动

6.4.1 战后重建

武昌首义之后，汉口繁华市区化为灰烬，城市面目萧条，百业待兴。1912 年 1 月 25 日，汉口总商会召开会议，“筹议重建汉口市面办法”。2 月，临时大总统孙中山饬令实业部通告汉口商民重建市区，并责成内务部筹划修复汉口事宜，使“首义之区，变成模范之市”。南京临时政府还以李四光、祝长庆、周汝冀为“特派汉口建筑筹备员”，调派工程师进行测量，参照西方城市建设和租界区市政，草拟了规划，绘制了建筑汉口全镇街道图(见图 6-14)。这一计划，包括重建较为新式的商店、人行道及明暗排水沟等公共设施，改造街道和市容等。

但是无论是南京临时政府和湖北军政府均财政见绌，加上规划实施难度较大，无从谈复建汉口。重建汉口规划无力实现，只得先改修马路。旋将建筑筹备处撤销，另设马路工程局。由湖北省财政司向德商捷成洋行借款 10 万两，一年多时间内，仅在后湖修造几段马路(图 6-23)。

图 6-23 1912 年 4 月 15 日《国民新报》漫画

漫画喻讽当局财政债台高筑。

从 1912 年到 1914 年的三年间，汉口被焚房屋大量重建，但是窘于资金，无法按近代城市建筑规格进行统筹规划和施工，汉口商民为恢复创伤，谋求生计，各自根据财务条件，重建房店民宅。其建筑规格普遍偏低，但也为此后居民完全摒弃原有的清代的建筑风格自行改造为西式建筑提供了契机。“到 1914 年，城市 80% 得到重建，在现代原则基础上改造城市的机会丧失。”①

汉口民众如何进行重建？笔者有幸觅得刊于民国元年《国民新报》上一则新修订的题为《关于建筑之问答》②的通告，句读不分，现照录于下：

汉镇业主会对于市场建筑权衡全镇利害决定办法八条呈请副总统核示副总统饬建筑处于日前邀集商会及建筑参议开会研究秉公评议将原有八条逐一解决兹合录于下以供众览

第一条(原有)款项须有中央政府担任不得以地方及捐税为质(解决)此项借款已经参议院及鄂军政府画押毋庸再议

第二条(原有)路线须酌量减少丈尺须酌量减窄(解决)路线多少计划已定颇难更改至宽窄尺度可随时酌量核减

第三条(原有)地皮由地方公司估价方少损失仍以前清丈局章程为标准(解决)地价一节建筑处已拟定数目应请都督饬业主会速派代表与商会及建筑公司酌议以期公允而昭划一

第四条(原有)路线必由之地公家收买须给现银(解决)路线所经之地如由建筑处收买拟付现银如有不愿收入现银者建筑处即以相当地址与该地主掉换

第五条(原有)上下未烧房屋一概不拆凡大工程须设法偏绕其小工程不能偏绕者照价赔偿(解决)

---

① 穆和德.近代武汉经济与社会——海关十年报告(江汉关)(1882—1931 年).李策，译.香港：香港天马图书有限公司，1993.

② 国民新报，1912-4-12.

上下未绕房屋地段亦能暂时不拆将来马路路线至该处仍须一律拆卸至庙宇会馆工程浩大者查其性质如能设法偏绕当予通融否则由建筑处拆卸并估定相当之价值酌给赔偿

第六条(原有)业主于建筑税则须有参议权(解决)建筑之事应请都督饬业主会举代表二人前来参议至税则一项例由中央政府之划诺及两院之通过不但业主无参议权即建筑处亦未便过问。

第七条(原有)建筑江岸河岸须筹划船户停泊办法以免危险(解决)江河两岸船户停泊办法建筑处自当代为筹划以利商民愿意不为无见

第八条(原有)人民服从公家沟渠巷道定式外须有自由建筑权(解决)自由建筑闻各国所无不能俯从原议

从中可以推断,事实上官方制定了街道的规划并规定不同级别街道的宽度,只是当初的规定尺寸过大,不切实际,所以居民重建之时,“酌量减少”。居民在“服从公家沟渠巷道定式外”有“自由建筑权”。道路走向也进行调整,如遇“必由之地”需要拆迁,或以“前清丈局章程为标准”勘定的地价现银解决,或“以相当地址与该地主掉换”;“未烧房屋一概不拆”,“大工程须设法偏绕,其小工程不能偏绕者照价赔偿。”所以照此看来在民众重建过程中,并非无所凭据随意处之,产权的原则无疑是重建的基点。因此在官方管束下,民众彼此间也会相互约束,虽然重建过程中街道局部发生一些变化在所难免,但格局和走向大部分还是依从既往。

民众对于产权的维护非常坚决,即便对于“公产”被别人侵占也不愿听之任之,同样是《国民新报》一则题为“公产岂能占耶[①]”消息:

夏口学界公产因兵燹时被闻杂人等侵占会经学绅方阜等禀请夏口知事示谕各占户如限拆退无如该占户等延岩藐抗逾期不遵学绅等复禀夏口县署经徐知事批准候传案究办

此外还遵守了一定的民主精神,对于官方《关于建筑之问答》的通告,业主们专门成立业主会,参与决策的制定。比如业主通过会议作出一个“业主会之决议[②]”,于民国元年 5 月 18 日在《国民新报》刊登如下:

业主集合于前十三日在福建巷开会集议办法业经公同认可兹复于昨十七日下午一句钟在福建巷开会由正干事金次×(笔者注:该字模糊难以辨认)君报告前日汉口团联合会长周允齐君所议办法六条次由王开廷蓝希周周尤齐邓倬云诸君再三磋商决议办法八条(一)备款要中央政府担任(二)路线要缩减(三)地价由公估价方无损失仍以前清清丈局章程为标准(四)地皮归公须交现银不要地券票(五)上下房屋不拆凡有大工程者路线需设法偏让其小工程不能偏让者照价赔偿(六)业主于建筑税则一切须有参议权(七)江岸河岸修筑马路建设滑坡须兼筹船户停泊办法以免危险(八)自由盖造房屋惟服从军政府改定形式沟渠巷道众皆赞成定于初五日上禀都督要请批准施行如不能邀允即自由动工建造房屋以谋生计决不再延议毕至四点钟散会

由此看来,产权原则以及一定的民主精神在民国初年灾后重建过程中成为一个普遍遵守的原则,因此汉口街道形态在大火之后依旧保持相对稳定。并且随着其后经济和社会的发展,产权制度和民主制度不断完善,在民国的一些重大灾害过后的重建过程中,也扮演重要的角色。所以我们可以推测,在 1911 年到 1949 年,天灾人祸接二连三(图 6-24),汉口街道形态能够维持相对稳定,产权制度和民主制度其功甚伟。街道形态常常被偶然的因素改变,要理解街道的历史除了要考虑街道演变的常态因素也要包含福柯所言的“糟糕的计算”,这就是为什么本书要考察灾后建设秩序的原因。

---

① 国民新报,1912-5-22.

② 国民新报,1912-5-18.

图 6-24　1931 年汉口大水街景

灾后重建过程由于遵循产权原则和民主原则，街道形态保持相对稳定。资料来源：汉网论坛，http://bbs.cnhan.com/.

6.4.2　房产开发与自建

战争使得阶层分化，与汉正街居民重建的规格较低的建筑相映成趣的是，1912 年至 1927 年间在接壤租界的空地和废墟上，富商巨贾、军阀官僚兴建了大批新式里分。

战争使得住房短缺更加凸显，建房热达到白热化的程度。在这一空前的建房热中，六渡桥、江汉路、满春街、前后花楼街、统一街一带新建里分建筑鳞次栉比，密密层层。六渡桥到江汉路一带宽阔的柏油马路两旁也修建了大批仿洋新式楼宇店铺，奠定了市区中心的格局。拥有权力的达官和资金的豪商，在这一带还修造了当时惹人眼目的近代大型公共建筑。

“地皮大王”刘歆生 1912 年后先后置有百子里、生成里、义祥里；新泰洋行刘辅堂及其子阜昌洋行刘子敬 1912 年修建辅德里后又陆续建有辅堂里、辅仁里、方正里、景福里；和记洋行杨坤山等修建了三合里、慈德里、春和里；周扶九(五常)先后修汉寿里、五常里(后称永康里)，并购置了汉润里等共有房屋 126 栋；程沸澜及其弟程栋臣父子在汉口置有房屋 200 栋，23 个地段，还购买了一些里分房屋，如汉寿里购自周扶九、辅仁里购自刘子敬；资本家黄少山置咸安坊等。1914 年至 1918 年间，沪商蒋广昌和胡余庆堂，在江汉路与南京路之间合资修建义成总里；官僚袁海观修建了长怡里、长乐里、长康里、长寿里等里分；任过上海道的桑铁珊修建保和里、保安里、保成里[①]。

这一时期的里分，在总体布局上，规划排布整齐，街巷拓宽，街面是底层商店住宅，街后则是联排式住宅，西式风格，多为 2～3 层砖木结构，注重整体格调协调和细部装修特色。在单元平面上，里分留存传统住宅的基因，将厢房和堂屋之间的院子压缩为天井，减少了住宅的幅面，将厨房等辅助用房和后天井居住部分隔离，后天井成为过渡性和通风空间。在空间利用、分户功能、通风采光、厨房厕所等方面大为改善。房屋建造设定标准，茅房、板房一律不得修建，均须建成混合或甲级砖木结构，房屋建成后，一律报当局备案，区内设有警察局，专司治安。

需要注意的是，在此期间由于地价高昂，里分在规划中也极尽可能地利用土地，所以也造就一些里分并非十分规则，尽可能契合地形的需要(图 6-25)。

从 1917 年由华商总会的买办们发起以“与租界媲美”的倡议建设“模范区”，西起江汉路、东至大智路、北达京汉铁路(现京汉大道)、南抵中山路，至 1925 年建造了约 2 000 栋房屋，共计约 35 个里分，标志着里分住宅的建设进入了兴盛阶段。之所以称模范区，以取孙中山民初将汉口建为“模范之市”之义。模范区的道路分布是纵横交织、经纬分明，横贯东西、南北直达的道路，逐次罗列，经纬二线，层次分明，构成了棋盘式的整齐匀称而又四通八达的格局[②]。南北东西的每两条道路之间，又形成“井”

---

① 皮明庥. 近代武汉城市史. 北京：中国社会科学出版社，1993.

② 横贯东西的道路为：今之江汉一路、江汉二路(北段为华商街)、江汉三路(东段为吉庆街)、江汉四路(东段为铭新街)，南北直达的道路为：江汉路北段(原欲生路北段)，保成路、南京路北段(原汇通路、伟雄路)、黄石路(原云樵路)、瑞祥路、交易街。

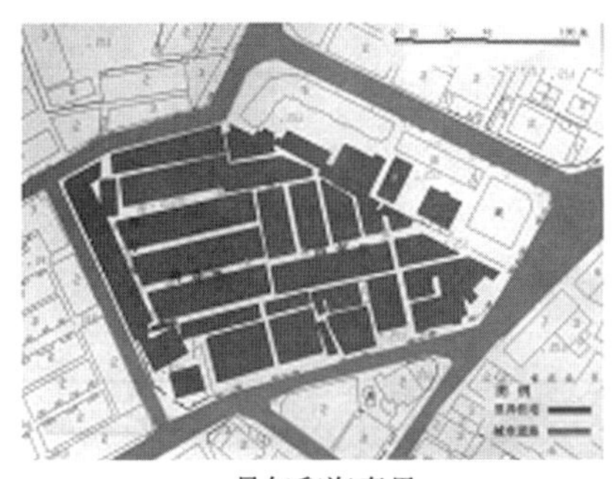
昌年和海寿里

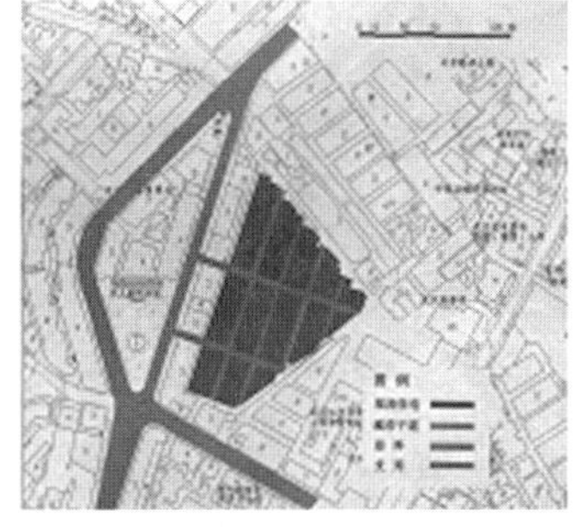
兴国里

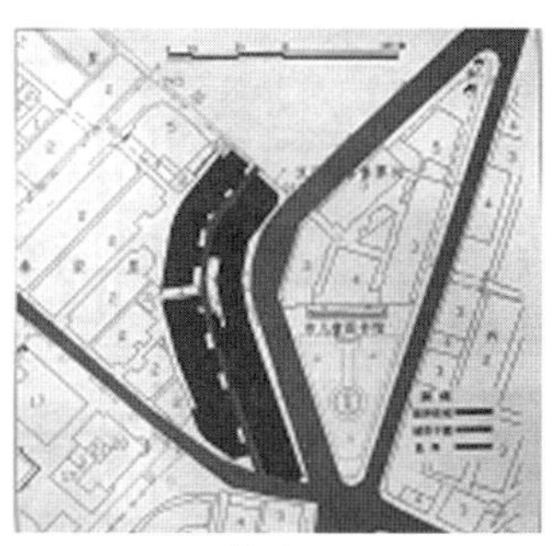
保元里

图 6-25　四个里分平面

图中里分布局极尽可能契合地形的需要。资料来源：转引自李军. 近代武汉城市空间形态的演变(1861—1949). 武汉：长江出版社，2005.

字状，方方正正，四周开通，人行其间，方向分明，交通便利[①]。主要有丰寿里、云绣里、辅义里以及在租界边缘或扩界区修建的坤厚里(图6-26)、昌年里、永贵里等。这些均为较大规模建设的砖木结构或混合结构的里分住宅，不仅功能齐全、样式新颖、空间应用灵活、户型标准多样、装修简洁精致，而且由其组成的里分有着围合性强、建筑质量统一、基础设施配套等特点。这较之汉口传统的汉正街老区及棚户区，确乎有一番新的面貌(图 6-27)。在这一时期所建设的里分中，还包括一些由单元式集合住宅所组成的里分，如上海村。

在这一建房热中，汉口闹市区的地价飞速上浮，在数年之间地皮价格一番再翻。如 1912 年建义成总里时，每平方丈地价 100 两银子，数年后上浮到每平方丈 360 两银子。1914 年修建五常里时，每平方地价 50 两，1915 年涨至 200 两，1917 年涨至 1 000 两。富商、买办、官僚、军阀、政客在建房中又发了一笔横财。冠冕堂皇的政治口号常常文饰以权谋私的行为，政治、商业达到了各自利益的最大化目的。

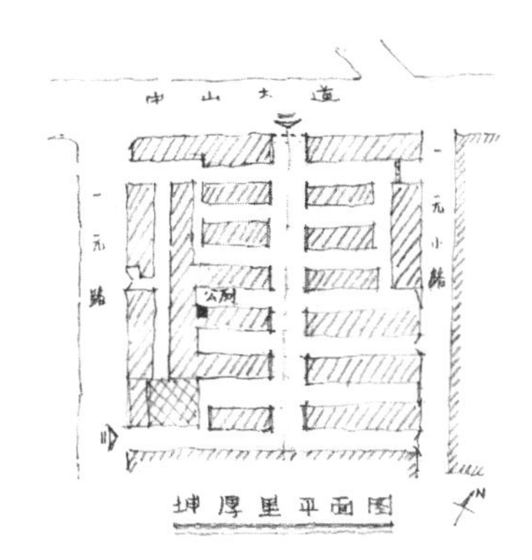

图 6-26　坤厚里平面图

图 6-27　空中俯瞰联保里

建房活动如火如荼，可以推测汉正街毁于战火的住宅因其规格较低，其自建和改建也在并行不悖地进行，建设的模式一如第五章提及的"适配式"的模式，在新式里分风格和时尚的引导下模仿建设以至达到风行，建筑风格逐渐统一(图 6-28)。1924 年《湖北实业月刊》刊载了一篇"汉口房产地皮之近状"的文章证实了这点："汉口自辛亥革命以还，旧式房屋立被于火者，皆逐渐建筑新式，而后城马路之进化，大有一日千里之势，如新辟之新马路一带，即由偏僻之区而进为繁华之域，比租界有过之无不

① 万澄中，岱石. 汉口"模范区"今昔谈. 武汉文史资料，2005(10)：50-51.

及，于是此处不动产，亦变为汉口绝好之产业，从前囤有此处地皮或水淌者，皆利市百倍焉。”[①]“适配式”的建造自然是依据产权原则，在自家地基的基础上加高加密，风格趋向于新式里分。当然富商巨贾、军阀官僚热心于地产开发，他们或者公平购买或者以权强买原有住家产权，以便于大规模开发，在此过程中也存在大规模里分开发的事实，汉正街街道形态也必受其影响。

图 6-28 汉口鸟瞰图

本照片是日本国内制作明信片，上面的邮票是清末民初政局交替阶段邮政系统过渡局面的一个真实写照：大清政府发行的邮票上敲了“中华民国”几个字。片上的邮戳表明此片 1913 年 5 月从汉口发出。从图可以看出里分式建筑已经非常的流行和普遍。资料来源：哲夫，张家禄，胡宝芳. 武汉旧影. 上海：上海古籍出版社，2006.

总之在 1927 年之前，虽然官方制订若干城市规划方案，但是都因为各种原因而以失败告终。汉口建设活动大多集中在富商巨贾、军阀官僚的地产开发活动和民间蓬勃的自建活动。这些建设活动因受官方不同程度的控制，并和官方意愿相符，符合当时的流行趋势，可谓是一种正规性建设活动。当然集中在鱼肚部分以及区位较差的地段，非正规性的建设也一刻不曾稍停，例如 1930 年《汉口市政建设概况》记载，“沿江沿河一带，则吊楼屋柱，栉比鳞次，参差凌乱，污秽不堪”；在今前进一路与前进五路之间“棚户林立”、“多未开辟”之地[②]。

6.4.3 1927 年以后政府主导下的城市建设

1）道路建设

1927 年初汉口市政府建立伊始，在城市政府中设立工务局，开始官方主导下的城市建设，更多地从不同角度介入道路和住宅等建设，制定了比较完整的建筑法规、道路设施建设规范、房屋租赁制度等，同时也着手规划和兴建新居住区、治理棚户区、建设平民住宅等。

首先在道路建设方面成就斐然。道路已经呈现现代道路交通规划体系的雏形，为求旧市区道路顺达与系统完善，1927 年武汉市工务局出台了“将来计划”。

① 《湖北实业厅月刊》第 1 卷第 7 号，1924 年。

② 《汉口市政建设概况》第 1 期第 1 编，汉口市政府 1930 年 9 月印行。

按1927年武汉市工务局"将来计划"，修沿江马路（包括江汉关至襄河口沿江马路和襄河口至硚口码头沿江马路，并修沿江沿河堤岸）与后城马路构成汉口旧市区两条干道。除东西两端有歆生路与第五条马路硚口横马路外，中间添设四条横马路，"皆始于后城马路，而终于河岸及口岸，将来襄河内部一切商货，均可在硚口或大王庙起卸，同时大江内运来旧市区之商货，均可在集稼嘴及招商局起卸"。规划的五条横马路是：

一马路——张美之巷至河街横马路，已测量完竣。即今民生路。

二马路——满春至河街横马路。大约与今友谊南路平行，今无。

三马路——利济巷经大王庙巷直达大王庙码头，即今利济路。

四马路——自居仁门经崇仁巷及粉馆巷至河街横马路，即今崇仁路南段。

五马路——由硚口码头起经后城马路过玉带门直达西满路（今解放大道），即今硚口路。

1930年制订了《汉口旧市区街道改良计划》顺承"将来计划"的思路，继而1930年6月第62次市政会议通过《汉口旧市区马路干线计划》，对《汉口旧市区街道改良计划》又有一些调整和补充，重新规定了主次干道的宽度，并拟定的旧城干道网为2条主干道，9条次干道。

主干道仍然是沿江马路和中山路（原后城马路，现在的中山大道），沿江马路规定总宽40公尺，中山路规定宽30公尺（当时满春路至硚口段实际宽不过8公尺）。次干道路宽21公尺至30公尺不等。

民生路、民权路、民族路，路宽均定21.34公尺，三民路定宽30公尺。另有五权一路至五路5条马路：

五权一路——为计划完全新辟马路，自中山路府西四路（今民意四路）口起，经药王庙、广福巷、宝庆正街等直达宝庆码头河边止，定宽24公尺。今无此路。

五权二路——自中山路玉皇阁起，经里仁巷、大王庙达沿河马路。路宽定为24公尺。即今利济路。

五权三路——自中山路观音阁上首水淌起，经过里仁巷直达沿河马路武圣码头止，"为建桥适当地点，亦即阳夏交通要道"。即今武胜路南段。

五权四路——自中山路居仁门起，经过崇仁巷直达沿河边止。因拟"居仁门为将来总车站地点"（即玉带门车站），路宽定为30公尺。即今崇仁路南段。

五权五路——原路面很窄，拟放宽至30公尺。即今硚口路。

内街如前花楼（今黄陂街）、后花楼（今花楼街）、棉花街（今花楼街）、土挡（今统一街）、半边街（今统一街）、黄陂街（今大兴路）及直通硚口正街、堤街等，定总宽10公尺至20公尺不等，小街里弄规定4公尺至8公尺不等[①]。

这个旧城道路系统改造计划对民国中期以来的汉口道路建设具有实际的指导作用，产生了重大的影响。

最先修筑的是民生路，此路开辟之前，居民稠密，巷道狭窄，是一条被称为张美之巷的小巷，房屋之间的距离狭窄，马车不能行。但这条小巷恰恰又是连接江边码头至中山路的最佳线路。由于马车不能通行，从江边码头上岸运到中山路一带的货物必须绕行特三区的太平路，费时费事。1929年5月，市政建设者们决定动工建设"从中山路青莲阁原址（今中山大道和前进四路交汇处）起，沿旧张美之巷路线，直达招商局码头（现沿江大道十七码头），共长850公尺"的道路。建设过程中，拆除了张美之巷两边的墙屋，将狭窄的巷道改建为宽约19米的柏油马路，并装设暗沟，建成了武汉市第一条钢筋

① 《汉口市工务局业务报告》第1第2、3合期，《计划》第2—4页，1930年12月出版。另参见1930年9月出版《汉口市政府建设概况》。

水泥混凝土结构的下水管道。1933年出版的《武汉指南》对当年便完工的民生路有这样的美誉："宽宏大道，商务正盛。"[①]与此同时沿江大道也开始动工，西南起长江、汉水交汇处的龙王庙大兴二路，沿江曲折向东北，直到堤角，全长约12公里。当时这条路除德租界、俄租界与日租界为现代化的柏油马路外，其余上下两段华界地区没有修通。1929年8月沿江大道上段华界开始拆房，自江汉关起修筑柏油路和水泥人行道，1932年5月筑至打扣巷，1936年至1937年修至集稼嘴。在修筑马路的同时，全线新建以木桩、片石和白灰水泥护堤脚、蛮石护坡的铁筋三合土驳岸，新建江汉关、熊家巷、民生路、周家巷等大小出江下水沟；江汉关至打扣巷修筑规范的石级大小码头21座；1933年续建仓汉码头1座，增强了汉口港埠的吞吐能力[②]。沿江大道的修建减轻了汉口人饱受江水冲堤之苦，但与汉水的亲密关系也被从此隔断。

此后又在汉口新筑的是民权路、三民路、民族路等。民权路1930年6月5日开始拆迁房屋，自棉花街、福建巷、堤街，经大小郭家巷，直达马王庙江边，与沿江马路垂连。这里原来是玉带河的下游，在玉带河没有淤塞之前，小桥流水，风景秀丽。清嘉庆年间，随着玉带河的逐渐淤塞，小桥流水不再，由于靠近租界，临近长江，居民逐渐到此聚集，形成了清芬马路、郭家巷等聚居区。修建民权路，目的就是打通一条通向马王庙江边(今王家巷码头)的大道。要想完成民权路的修建，必须清理清芬马路、郭家巷至马王庙江边的棚户，工程难度较大，这条路直到1931年5月25日竣工。原定宽度为30米，后来调整为21.34米，该路宽度减小的主要原因是为了避免过大的拆迁量。民权路修筑完成之后，其巨大的商业价值迅速体现出来，享誉三镇的陈太乙中药房、被誉为"锦上添花之笔，汉镇鄂发一枝"的邹紫光阁毛笔厂、顾客盈门的天香村食品店都迅速入驻此路，成为这条街上的招牌名店[③]。《汉口竹枝词》曰："民生路接民权路，路上行人为底忙。月黑天阴浑不怕，通街满放电灯光。"[④]

三民路为民权、民族等路接通中山路之孔道，原有马路宽不满10米，路面崎岖，沧海茶楼也横亘于长胜街与六渡桥之中，阻碍交通。在该路拓宽过程中，为避免拆毁马路东面的质量较好层数高的建筑，马路向西面拓宽至30米而东面的建筑保留。1930年5月5日动工，11月竣工，成为当时武汉市最宽敞最平坦的大马路。修建完成后的马路两旁，店铺密布，车辆如梭，人流如织。汉口盛名一时的老会宾酒楼、德华酒楼、东风绸布商店，都在这里扎堆，共同营造着浓郁的商业气息[⑤]。

图6-29 孙中山铜像(2011年)

资料来源：新浪乐居网，网址：http://city2011.house.sina.com.cn/detail_258640.html

民族路修建的最晚，俟1931年才动工修建。1933年《武汉指南》如是记述："自六渡桥、棉花街沿长胜街、延寿街、张美之巷至沿河马路集稼嘴码头一线，为民族路。"民族路长约570米，宽度20米有奇。这条路从汉口闹市中心直抵集稼嘴码头，成为连接汉口和汉阳的一条生命通道。源源不断的货物通过民族路送达汉口市区，也通过民族路运输到集稼嘴码头运往汉阳。

民族、民权、三民三路交叉口筑直径60米一大圆圈，

①②③⑤ 董玉梅.铜人像和三民路.武汉文史资料，2006(12)：53-54.

④ 罗汉.武汉竹枝词.载于徐明庭辑校.武汉竹枝词.武汉：湖北人民出版社，1999.

中间屹立孙中山铜像(图 6-29)。这种规划手法颇类巴黎凯旋门做法,隐约有巴洛克星形规划的影子[①]。三民、民生、民族、民权四条道路位于汉镇中心地段的繁华商业区,新建后对汉口商业区的市容面貌有较大的改观,之前的破旧棚户区由此焕然一新,尤其是加强了中山路与长江、汉水沿岸港口客货交通的直达与快速联系,进一步加强了汉口港埠的吞吐功能[②]。

从 1927—1938 年汉口特别市工务局对主要街道的路面维护和断面形式也做了很多改造,例如对中山路进行改造,使之变成沥青路面或是水泥路面,以便满足城市汽车日益增长的需要。

《汉口旧市区马路干线计划》对于汉口街道体系影响久远,其中一些道路在武汉沦陷前没有完成,但其后的市政当局依然循着这个计划逐步实现。如五权二、三路,于沦陷后的 1941 年,由曾留学日本、民国中期任过汉口市工务局科长的伪市政府工务局局长高凌美主持拆屋拓宽修筑为利济路、武圣路。武圣路原本就是拟作未来联通汉口、汉阳大桥的引道,新中国成立之后设想遂成了现实。而五权四路则于新中国成立后的 50 年代建成崇仁路。

此外,在今前进一路与前进五路之间"棚户林立"、"多未开辟"之地,《干线计划》规划了府东二、三、四路(今前进二路、大兴巷、前进四路),并计划向东延长府北一路(今自治街)、市府路(今民主街)、府南一、二路(今民主一、二街),"使市政府附近各马路与模范区切实联络" [③]。

1930 年,市政府还将汉口中正路(原西满路,今解放大道一段),计划为第三条主干道,"自循礼门车站起至硚口,拟改宽为 60 公尺,作铁路外新市区之干道。"[④]

这样民国初期,汉口街道等级结构大致建立起来。市区以沿江马路、中山马路为纵干,穿插一马路(民生路)、二马路、三马路(利济路)、四马路(崇仁路南段)、五马路(硚口路)、江汉路等主要横街,而横街串结成片里巷,形成扫帚形狭长市区。其受西方道路网络系统规划思想影响一目了然,道路系统框架建构初成,以马路为框架的发展模式自始流觞,从此"水路经济"开始转向"马路经济"。

此时期民主精神逐渐深入人心,市民自发组织起来参与到市政建设当中,甚至自筹资金进行建设,《汉口民国日报》一则"五常街翻修马路[⑤]"的消息说明了这个潮流。内容称:"本埠后城马路之五常街,每届天雨,淤泥满路,不可行人,往来是处者,无不咏蜀道难,该处附近之商协五十六分会,有鉴于此,特筹款项,从事翻修,并于昨日二十八日呈报武汉市政府,业已成立五常街翻修马路委员会,请予备案,市政府当以此事归工务局范围,该商协翻修马路,成立委员会,须得工务局同意,方能执行,即令饬该委员会遵照。"该报另一则消息:"武汉市政府据大智门大同里商民喻兴发等一千余家请愿要求","拆除特二区围墙,来便利商民"[⑥]。从中可以看出市民建设的自觉性,自发成立委员会、自筹资金,不过此举需要得到工务局的同意。这种制度可以优化街道更加适合民间生产生活的使用,换言之,有利于水路经济向马路经济平缓转化。

2) 住宅和公共建筑建设

在住宅建设方面,采取官方主导、商绅参与的方式,规划和兴建新居住区、治理棚户区,包含很强

---

① 星形道路规划通常做法是设置广场,然后放射出许多道路,广场上设置纪念性的建筑物或构筑物。据芒福德在城市发展史所言,星形道路规划的前身是皇家猎苑,是仿照打猎公园制的。在皇家猎苑里,从树丛里开辟出一条条长长的小道,骑在马背上的打猎者可以先在中心地点聚集,再向四面八方的小道上奔驰开去。直到今天,打猎和随之而来的惊险骑马疾驰,仍然是各国贵族遗留下来的特权阶层的运动。这个圆形的中心地点,最早是狩猎小屋所在地。参见刘易斯·芒福德. 城市发展史:起源、演变和前景. 北京:中国建筑工业出版社,2005:390.

② 董玉梅. 铜人像和三民路. 武汉文史资料,2006(12):53-54.

③ 《汉口市政建设概况》第 1 期第 1 编,汉口市政府 1930 年 9 月印行。

④ 刘文岛. 汉市之现代与将来,载《中国建设》第 2 卷第 5 期.

⑤⑥ 《汉口民国日报》,1927. 8. 15.

的政治目的，有主要考虑平民的向度[1]。

汉口政府先后组织规划和投资建设了媲美租界的新住宅区，作为城市住宅建设的样板。开发方式一般采取统一规划，划定地块，或者自行投资建设，或者提出对住宅的设计要求，然后售与私人或开发商进行建设。它们的规模比较大，由中国的建筑师设计，规划中明显借鉴了西方规划思想，所表达的一些规划理念在当时确实具有领先意义。20 年代末开始由政府投资建造的模范新村位于今解放大道下段，由余伯杰设计，以新式石库门住宅为主。模范新村的总平面布局灵活，交通流畅，辟有专门的绿化和运动场，已具有现代小区的特点(图 6-30)[2]。

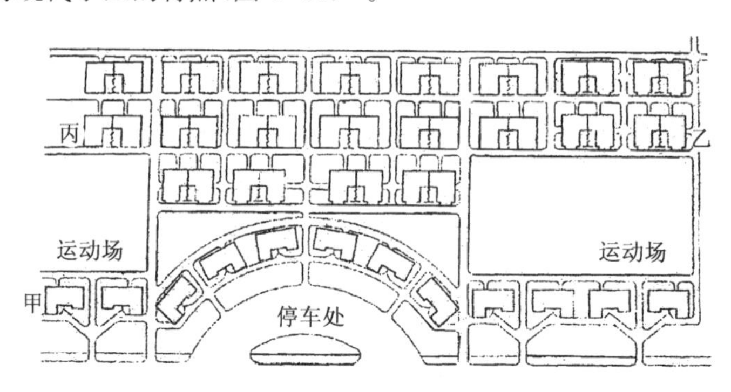

图 6-30　汉口模范新村总平面

资料来源：转引自吕俊华，[美]彼得・罗，张杰. 中国现代城市住宅(1840—2000). 北京：清华大学出版社，2003.

20 世纪 30 年代，汉口特别市政府还颁布了较为严格的规划与建筑法规，建立了一整套较完善的近代行政管理体制，对城市建设实行较为全面的综合管理，法规中对于建筑控制的要求巨细靡遗，因而民间资本开发的里分住宅在总体平面布局上与早期相比有了较大的改善，例如里分内主次巷宽度有了明确规定和分工，总弄及支弄空间较原来为宽，并考虑房屋的间距以满足采光与通风的要求，可以看出现代建筑及规划思想的影响。住宅内设有卫生设备，天井的应用越来越广泛、灵活，后天井功能主要用来解决辅助房屋的采光与通风，居住建筑的平面已经表现出现代居住建筑平面的特征。洞庭村、金城里、同兴里、大陆坊、江汉村等一大批优秀的里分都在此一时期诞生。

此外在国外风气熏陶下，汉口住宅形式趋向多样化，这个时期还出现独立式住宅、公寓住宅等新类型。

最早的独立式住宅是洋人在租界区建设的，住宅内各种功能房间齐全，有卧室、书房、客厅、餐厅、厨房、佣人房，设有卫生及取暖设备，汉口上流阶层此时期不乏效仿建造。而公寓则是伴随近代的汉口城市人口增长迅速，市区土地价格上涨而出现的。一些投机商及国外洋行投资房地产，建设集中的单元式的多层及高层公寓。

应该说，以城市政府介入引导，以房地产开发为主体的城市集居住宅建设在城市住宅中占据了越来越大的比例，并且呈现出现代住宅设计以及现代小区规划的基本雏形。但从住宅的建造来看，居民分户自建的形式继续存在，除了掌握大量住房所有权的官僚、军阀、买办、地主、资本家和房地产商人，有可能进行较大规模的成片开发外，由于住房的奇缺也必然导致自建行为的大量出现。不过受到官

---

① 例如 1929 年《武汉特别市之设计方针》提及关于平民住宅要“未雨绸缪”，以防未来第二次贫民窟的出现，出台解决此问题的大要办法：由市政府划拨近郊相应公地，作为建平民住宅用地；在国府未划分中央与地方税收以前，必要时由市政府报请中央拨助平民住宅资金；奖励或强制本市公众法团慈善大家捐助此项建筑资金；由市政府以此项建筑用地及将来新房屋做担保，向各富户作还本不给息(或给五厘以内薄息)的借款以充平民生宅基金。此项平民住宅经营成功后，即由市政府规定租额便宜出租，或廉价拍卖与各平民。

② 吕俊华，[美]彼得・罗，张杰. 中国现代城市住宅(1840—2000). 北京：清华大学出版社，2003：54-55.

方建设法律的控制，改建、加建是遵从一定的法律规范和技术规则，于是民间较低规格或旧式类型的住宅也就继续在新型里分风气引导下进行更新与自我淘汰。

而沿河、低洼等环境较差的地方集中大片的棚户区却常常违背建筑法规，1929 年，《汉口特别市工务计划大纲》载："本特别市为我国中部工商之中心，棚房极多，据调查所得汉口汉阳两地棚房一万三千所，居民五万六千人。"所以棚户地区依旧存在大量的自建、加建、改建等活动，五花八门的建筑材料、凌乱的景象、规格低下的建筑结构……非正规的建设自然难以入官方的法眼，将其改造成为官方梦寐以求的目标。而开辟马路，通过交通区位的改变而改变用地性质从而改变原有秩序紊乱的局面，就成为一项非常惯用的途径。事实上民生路、民权路、民族路、三民路几条马路的修建即是如此，借此契机也的确引发了焉附其上的里分、商业建筑、公共建筑的开发狂潮。

此外，这个时期在租界区（英租界、俄租界、法租界）及其与华界交界处的地段形成商业中心最繁华的街区。在新的中心里，出现大量占地大、建筑体量也比老街的建筑体量大、适于近现代需要的公共建筑，例如有大量的影剧院、百货商场、娱乐设施、公园、银行及商业办公建筑等。

3）管理的法规建设

特别市政府成立的一年内"先后修订公布各项章则数以百计"，制订发布了大量的城市建设和管理的法规，为建设和管理的实施和依法行政提供了依据。

从 1929 年起，一批法规陆续推出，如《武汉特别市工务局招工承包各项工程投标规则》、《包工通则》、《招工投标程序》、《土木建筑工程师及技术员登记条例》、《营造厂及泥木作注册规则》、《汉口特别市取缔营造厂暂行规则》、《取缔土木技师执行业务规则》、《掘路暂行规则》、《市街行道树保护规则》、《奖励捐助修筑道路公园暂行条例》、《汉口市政府处理旧有街市余地暂行规则》、《征收土地暂行章程》、《汉口市政府办理土地给价征费规则》、《解决汉口市开辟各马路土地给价征费整个步骤》、《汉口市码头驳岸管理租赁规则》、《汉口市土地登记施行细则》、《发给土地执照规则》、《收管无主土地暂行办法》，以及 1929 年武汉特别市制订、后又不断完善的《建筑暂行规则》等。

本书着重列举《建筑暂行规则》，因为它对于街道的空间和街景影响甚大。《建筑暂行规则》共 13 章，200 多条，包括总则、请照手续、执照费、建筑时之责任及设备、取缔危险建筑物、拓宽街道、建造限制、设计准则、防火设备、公共建筑物、禁例、罚则、附则等，是管理城市建筑物的总纲性法规。

在"总则"中规定：本市区内一切建筑构造以适合卫生、便利交通、预防危险及增进美观为原则：凡在本市区内新建暨修理等公私建筑物本规则均适用之；凡在本市区内不论住宅、商用、工业等任何区域，如有新建、改建或修理房屋者须经工务局（1933 年后改为市政府分管工务的第三科）核准给照后方得兴工。

"请照手续"包括开工前向工务局领取执照，请求表二份填明签名盖章，连保证金和工程图纸交工务局审查，审查合格后填发执照，领照人缴费领照等。

在"建筑之责任及设备"一章中规定：凡建筑物须遵照工务局划定之路线建造或退让；凡修造房屋因其他原因必须掘动路面时，应遵照本市《掘路规则》办理，不得自行动工等。

"取缔危险建筑物"规定：凡建筑物之一部分或全部有危险情形，经工务局查勘认为危及公众或居住人之安全者，工务局得通知业主限期拆卸或修理，违者工务局得强制执行，所有费用须向业主追缴。

在"拓宽街道"一章中规定，由于"以前定街道宽度太狭，办法亦不适当，殊不足应建设新汉口之需要……参考世界都市情形，将本市道路宽度，依照重要繁盛比例，分为五级。即如一等路宽定为 40 公尺以上，二等路宽定为 30 公尺以上，三等路宽定为 20 公尺以上，四等路宽定为 15 公尺以上，五等路宽定为 10 公尺以上。凡市民新建或改建房屋，均以上项规定宽度为标准，遵照退让。至里弄宽度，则以房屋数之多寡而分宽狭。如三层楼以及以上之房屋，两面前门里弄，至少须宽 5 公尺，一面前门或前后门相对者，至少须宽 4.5 公尺，后面里弄至少须宽 4 公尺，总里弄宽度不得小于 5 公尺；如内部支里弄，在四条以上者，总弄至少须宽 6 公尺。至二层楼房屋暨平房，则两面前门里弄至少须宽 4 公尺，一面门前或后门相对者，至少须宽 3.5 公尺，后门里弄至少须 3 公尺，总里弄宽度不得小于 4 公尺；如内部支里弄在四条以上者，总里弄至少须宽 5 公尺。独家房屋后门私巷之宽度，得减至 2.5 公尺。"并且规定，工务局因本市原有道路过于狭窄，交通拥塞，为逐渐拓宽起见，凡再行建造房屋时，均须照上述规定退让。这表明房屋建造要服从于道路交通的需要。这些规定被列入《市建筑暂行规则》，以法规的形式固定下来，对于街道的形态产生较大影响。

在"建造限制"一章中，对房屋高度、面积、里弄、突出道路之建筑物、地面做法、墙基、墙脚、防火墙、砖柱、门窗、屋顶、楼板、楼梯、烟囱、厨房、厕所、阴沟、凿井等都提出了限制或技术性规定。如"里弄"一项，分三层楼及三层楼以上和二层楼及平房两类具体规定了里弄的各种宽度，从 3 公尺到 6 公尺不等，并规定里弄宽度不满 4.5 公尺而有房屋在 30 幢以上者至少须有出路两条与道路相通。该规定考虑到了消防的需要。"突出道路之建筑物"的规定充分考虑到了建筑物对道路交通的影响，如规定沿道路线的第一层房屋之门窗不得向外开启；凡建造小塔凸窗凉台等须在宽 10 公尺以上之街道及最低部分离路面须有 3.5 公尺以上高度，突出不得超过 1 公尺；沿道路房屋之出檐不得突出正面墙身 1 公尺以外；建筑物上突出之美术饰品其最低部分须离人行道面 2.5 公尺以上，其突出部分不得超过 5 公寸；沿街路房屋不得装设披水板，如属铁架雨棚配嵌厚 6 公厘之铅丝玻璃并接有水落管不突出人行道之侧石以外，其最低部分高出人行道面 3.5 公尺者始得装置；墙身墩柱及阶级等概不准突出建筑物以外。墙基、墙脚、墙身、防火墙、砖柱，屋顶、楼板、楼梯、烟囱等的建造都主要从安全性上提出了技术性要求(图 6-31)。而厨房、厕所、阴沟、凿井等项则主要从清洁卫生的角度提出要求，如规定厨房与厕所不得混合一处，原有饮水井距离邻近阴沟或污水池在 6 公尺以内或经卫生局检查不合卫生者，须一律填闭，凿井须离开厕所 6 公尺以外，并规定自来水到达之处一律不准凿井。对房屋"高度"的规定中，建造楼房须经工务局派员实地查勘，认为不对周围造成妨碍方准建造①。

图 6-31　汉口民国和现在民生路的街景

图中可以看出墙基、墙脚、屋檐、方窗等在法规影响下整齐划一。左图资料来源：哲夫，张家禄，胡宝芳. 武汉旧影. 上海：上海古籍出版社，2006.

总之，武汉城市政府建立以后各类建设法规逐渐出台，使得建筑活动纳入法规的控制轨道之中，市容市貌因而有了较大的改变，当然也使得正规性与非正规性有了较为细致的分别。

可以说 1927—1938 年是汉口城市发展史上的黄金时期：独立的、具备现代政治形态的城市政府正式建立；具有现代民主政治意味的市组织条例被批准实行；特别市的建制使汉口获得了前所未有的发展条件和发展机遇；城市规划的制定，功能分区的划定、一系列城市管理制度和规定的出台，将城市的发展纳入了制度化、规范化运行轨道之中；市民对城市的责任观念、公共意识开始形成；市容市貌大为改观，现代化都市风貌初具规模。1933 年，《道路月刊》记者到汉口采访，对其整洁美丽的市容留下

---

① 转引于涂文学."市政改革"与中国城市早期现代化——以 20 世纪二三十年代汉口为中心. 武汉：华中师范大学博士学位论文，2006 年 10 月.

了深刻的印象:“近两年来,市府修路的成绩,出乎我们意料之外,由牛蹄跳过了马路的阶段,进而为现代的柏油路。汉口法日两租界,觉得自惭形秽,竟步市府之后尘而翻造柏油路了。记者这次到汉口来,从三个特区到两个租界,走的都是康庄大道。”“租界及特区以内之各种旧式拱堂,大半已翻造为新式整洁的拱堂。从前残破的房屋,暗淡的市容,无不一扫而空,而从前蹲伏在路旁褴褛不堪的乞丐,已差不多完全肃清了,今日的汉口市,已不是蒙不洁的西子,而是装束入时的少妇。”[①]

1938 年 10 月武汉失守,从此开始日伪统治,城市建设基本处于停滞状态,据 1946 年汉口市政府有关统计资料,自沦陷以来,除了利济路、武圣路有限几段路遵循民国的计划坚持修建外,全市其他道路失修者达 7 年之久,所有柏油路、碎石路几乎全部毁坏,约 1 100 万平方米的路无法继续使用。各类房屋建筑也几乎陷入停顿,7 年间新建里分仅有 22 栋(1939 年同德里 12 栋,1941 年荣华村 10 栋)。新增加公共建筑仅有 2 处(1942 年建的野味香餐馆、1943 年竣工的市一男子中学),新建的房屋不及损毁房屋的 3%[②]。日伪统治下的汉口,满目疮痍,建设活动萎缩到了零点。

6.5 街道形态的演变过程

1911—1949 年这段时期,战争频繁,内乱不止,权力网络发生巨变,官绅阶层、买办阶层、资产阶级、军阀与下层民众构成上下两端的沙漏型的权力网络结构,这种结构使得城市建设主导话语控制在官方和权钱阶层手中,建设活动如果是官方主导则包含较强的政治意图,如果是商绅或买办掌握则是谋利的工具;并且上端的阶层推动战争、引发内乱进而使权力网络不断自上而下动态建构,政治、经济、文化、生活都在此过程中重新整合。连年战争对于城市的创伤不消说,它也使得城市空间在此过程充满了强烈的政治色彩,甚至使其成为一种目的性很强的政治工具,底层民众日常生活都卷入政治漩涡之中,从而其生活的方式、轨迹等都反映着政治的阴晴变化,而这些改变在与物质空间的互动中,城市空间无疑打上了深深的痕迹。

城市建设大致可以按 1927 年作为分水岭。1927 年以前城市建设的主导者是商绅、买办、军阀、资产阶级等,建设的主要内容是以谋利为主的里分住宅开发。虽然官方在城市建设方面也作出努力尤其在借鉴西方规划理论对汉口进行多种方案规划,但是由于政局不稳,方案本身也缺乏可实施性,最终不了了之。但其预设的取向很明显,参考了西方理论,并受巴洛克规划、田园城市、城市美化运动的影响,带着鲜明的政治目标。而 1927 年武汉特别市政府成立之后,城市建设是官方主导、商绅、买办等合作、民间通过中间治理组织参与的模式,这符合沙漏型的权力网络特点,也迎合了官方倡导的民主精神。官方致力于市政建设并出台政策、法律对于民间资本开发进行控制,开发则依靠商绅、买办等民间资本,民众也表现了较大的参与热情,城市面貌因之焕然一新。

1911 年汉口遭兵燹涂炭之后,城市一片废墟,在灾后重建过程中,囿于财力民众自建规格较低的住宅,但因遵循产权原则和遵从一定的民主精神,这就使得汉正街的街道格局大致框架不变,当然在重建过程中街道局部改变避免不了,尤其低规格的重建引发了后续的改建潮流,从而成为汉正街的住宅与街道不断调整的催化剂。

而汉口某些区位优良的地段成为众多势力觊觎的肥肉。例如六渡桥、歆生路与租界区毗邻的地段,辛亥革命之后,成为炙手可热的地盘,各类投资商、军阀、买办在此巧取豪夺购屋买地,大批里分由此诞生。在短短几年间,形成了从六渡桥到江汉路、南京路、大智路、车站路的今中山大道两侧的闹市区和街后腹区的大片横街、里分。

我们可以从下表里分建设业主情况,来窥测战后住房紧张,不同资本类型参与投资建设的情况

---

① 转引于涂文学.“市政改革”与中国城市早期现代化——以 20 世纪二三十年代汉口为中心.武汉:华中师范大学博士学位论文,2006 年 10 月.

② 皮明庥.近代武汉城市史.北京:中国社会科学出版社,1993.

（表 6-3）。而且其建设的里分总体布局类型也趋向多样（表 6-4），可谓处心积虑千方百计利用每一个地块，里分建设与地块形状结合的十分紧密。

表 6-3　里分业主类型一览表

序号	业主类型		代表里分	备注
1	外国人	外国洋行建设型	新庆里	20 年代由法商义品洋行建房成名
2		教会建设型	济世里	20 年代初由天主教投资建房成名
3		工商业资本家建设型	泰兴里	1997 年由白俄茶商投资建房成名
4	中国人	买办建设型	生成里	法商立兴洋行买办刘歆生建房成名
5		华侨建设型	贯忠里	20 年代初菲华侨伍端爰投资建房成名
6		金融银行占有型	金城里、大陆坊	分别由金城银行、大陆银行投资兴建
7		保险业建设型	联保里	由上海联保水火保险公司投资建房成名
8		会馆建设型	庆余里、吉庆里	由绍兴会馆、吉州会馆投资建房成名
9		官僚军阀建设型	仁静里	由黎元洪的庶务司长胡仁静建房成名
10		私人合资自建型	三义里	20 年代由唐、王、谢三家合建成名
11		私人合资委托建设型	义成里	1915 年由蒋广昌、胡庆余堂等开设的四成公司委托比商义品银行建房成名
12		房地产商建设型	长春里	1910 年地产商袁云栋投资建房成名

资料来源：李百浩，等. 武汉近代里分住宅研究. 华中建筑，2000(3).

表 6-4　武汉里分住宅总体布局和道路网形式一览表

类　型		举　例	建成年代	特　点
主巷型	两侧均为住宅	洞庭村　江汉村	洞庭村：1931 年 汉江村：1936 年	只有一条主巷与城市街道相接，即“一巷一口或两口、一巷到底”，住宅大门直接面向主巷，住宅后门通向主巷
	仅一侧为住宅	大陆坊	大陆坊：1931 年	
主次巷型		铺堂里　德润里	铺堂里：1921 年 德润里：1911 年	只有一条主巷与城市街道相接，里弄内有“次巷”“支巷”与主巷相通
综合型		生成里　咸安坊	生成里：1918 年 咸安坊：1915 年	具有两个以上的出入口与城市街道相通，主巷有时非直线状，里弄内一部分次巷和支巷为尽端式等
网格型		三德里　华中里	三德里：1901 年 华中里：1920 年	主巷、次巷、支巷整齐划一，土地利用系数高，常常采取和城市街道正交的网格式道路系统

资料来源：李百浩，等. 武汉近代里分住宅研究. 华中建筑，2000(3)

这种大规模的里分建设，虽然也有为数不多里分处于汉正街区域以内，但绝大多数位于区域以外对汉正街区域街道形态影响不大，但是整齐划一的里分却成为一种建筑文化导向，尤其前朝的建筑风格因代表陈旧文化而成为众矢之的，所以拷贝里分建筑样式成为一种众人所趋的风尚，可以想象辛亥革命之后，汉正街区域规格较低的住房逐渐被新式里分建筑"适配式"取代的演变过程。

另外里分的建设基本上是一种马路导向式的建设，通常里分的建设依托道路骨架的，其建设基本面向主要道路，底层设置商业，形成顺沿街道的肌理，大规模整体开发呈行列式布局秩序感很强，这和传统的纵向秩序明显区别(图 6-32)，因此里分住宅街区的空间肌理与汉正街肌理颇为冲突，例如六渡桥、歆生路一带新式里分比较密集的区域其与汉正街传统肌理接壤区域街道势必要发生一些微调。

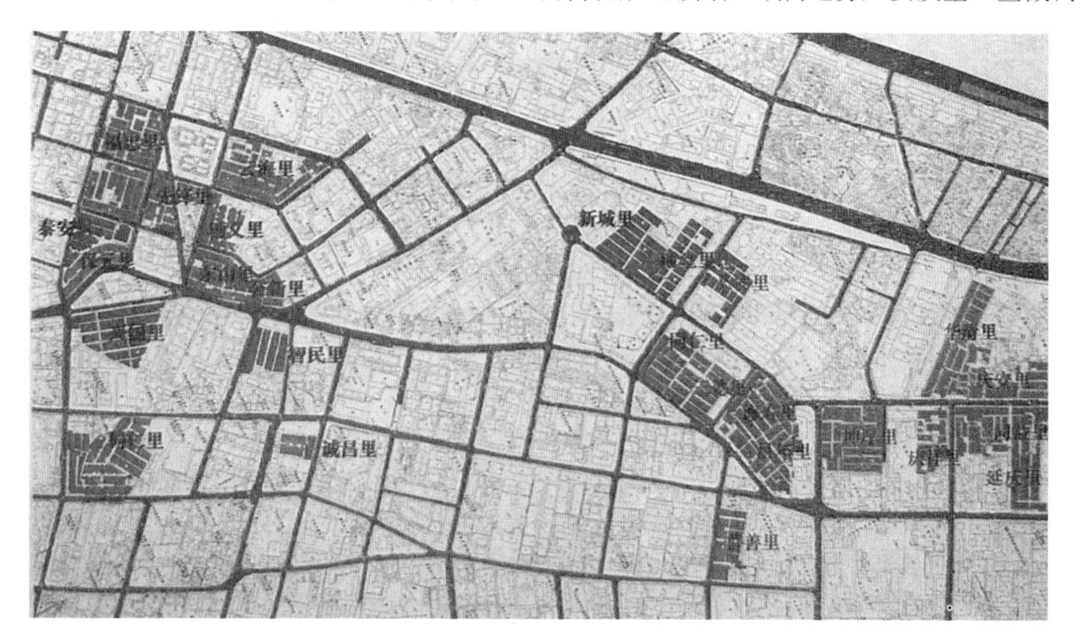

图 6-32　联排式里分住宅的布局形式

里分肌理与传统的空间肌理形态形成了鲜明的对比。资料来源：李军. 近代武汉城市空间形态的演变(1861—1949). 武汉：长江出版社，2005.

总之，1911—1927 年汉正街区域的街道貌似整体框架未变，但是内部街道血管微循环已经发生较大的变动，各个户主依据房产的地界形状、周边种种限制条件，依照里分的建筑样式和排列方式，遵循经济的原则进行原班照抄或灵活变通的方式进行建设，可以想象八仙过海各显神通的本领。不过这种建设过程势必受到各种政治因素的影响，例如以往和睦的邻里之间因战时人人自危而影响到里分建设朝向的向背，生活的轨迹与生产的方式与先前颇为不同也导致空间建设的变化，战火波及之处造成无家可归产权易主其之于空间的影响无法蠡测，由于各类政治事件造成空间表皮的变化更无法胜数。连年的革命、战争、动乱使得汉口发生一场剧烈的社会变革，正如法国史专家 L. 亨特在讨论法国革命时指出的："法国革命同时是一场'社会革命'，这样说不是由于它从基础上进行反叛并使社会结构发生明显变化，而是因为它把秩序的建设伸向了道德和宗教领域，试图改变人民生活的全部——他们的工作、宗教信仰和实践、家庭、法律制度、交际类型，甚至他们空间和时间体验。"无疑，这都将反映于里分和互为图底的街道建设过程中，投射于街道的空间当中。

1927 年武汉市政府成立，从此武汉进入一个相对稳定的国民党统治时期，国民政府效法欧美建立比较健全的市政制度，设立专管市政建设的工务局，开始在更广范围、更多层面、带着更明确的目标，介入城市街道的建设与发展。城市规划理念和技术的发展都在城市建设计划中渐渐出现，包括道路公共空间引领城市化建设的作用、道路网的体系化观念等[①]。还设有维护城市治安、卫生、促进公用事业发展的公安局、社会局、土地局、公用局、卫生局等机构。汉口市政建设进入官方主导商绅参与的高速发展时期，城市街道面貌在几年间发生了一次跃迁式的变化。

事实上民国汉口的城市街道修建，几乎全盘接纳并输入了欧、美的城市规划理念和方法。同时，这些规划与理念经由意识形态调整满足了汉口城市特殊的社会状况及空间形态。尤其是，在面对西方帝国对于领土及经济的征服时，以经济成长为中心考量，作为发展地方、提升形象、稳固政权、提高国民性的因应办法，使得街道建设有其迫切性。街道的政治意义直接和国运联系在一起，在 1937 年 10 月 9 日《申报》刊载一则关于"中华全国道路建筑协会十二周年纪念展览游艺大会"的宣传介绍大会情况，在会场，一名名为王正廷的要人题词："我不努力宣传筑路救国，是我对不住人，即是对不住国；人不争入会，提倡筑路救国，是人对不住我，并且对不住国，大家勉为其难，表示建设精神"。[②] 表明道路的多寡、宽阔与否和国家兴衰息息相关。

这些源自外国的新技术：诸如柏油路、街灯、新形态治安技术以及现代化街景等开启了一扇门，使得汉口有机会跟上看似放诸四海皆准的文明进步模式的潮流，并借由这种可以和外国霸权并驾齐驱的方式，现代街道建设和管理许诺汉口终将摆脱落后封建制度的宰制面貌[③]。如何将汉口重新打造成一个拥有都市化街道的城市，这是汉口现代化的建设方案中的一个核心所在。

尽管介入的目标带有很强烈的政治目的，但是介入的手段却是技术性的，例如 1927 年武汉市工务局"将来计划"和 1930 年 6 月《汉口旧市区马路干线计划》规划 2 条主干道，9 条次干道带有非常明显的技术化的特点，即追求道路交通结构的清晰和路网间距的匀称，道路宽度、间距、对景、道路断面等已经具备了现代城市道路规划理论的基本雏形。就连描述街道存在的问题也颇具现代交通规划的着眼点："汉口旧市区街道，大都狭窄潴湿，屈折异常，车马往来，肩摩毂击，稍有拥挤，交通即完全阻塞。""其街道与江河平行者，稍为整齐，而路线较长，其与江河成垂直线者，则狭而短，路线屈折，又不能接连。"而"沿江沿河一带，则吊楼屋柱，栉比鳞次，参差凌乱，污秽不堪，上下码头之处尤多不便行旅，故水陆运输不能联络，前后市区，不相贯注" [④]。而在今中山大道至京汉大道(当时的京汉铁路线)之间；模范区以西长墩子(今江汉四路、自治街一带)，济生新马路(今民生一街)一带，马路"多未开辟，且棚户林立，污秽遍地，火灾疫疠，危险堪虞"。[⑤]

这当然也和当时的"专家治市"特点吻合，汉口特别市建市伊始，就委任具有巴黎大学博士学位的刘文岛为第一任市长，土地局局长吴国桢也取得普林斯顿大学经济学硕士学位和政治系哲学博士学位。而工务局局长兼公用局局长董修甲则是加州大学市政管理硕士，工务局局长陈克明也系英国格拉斯哥大学工学士。各部门人员也大都是技术人员，刘文岛用人方针是："市政为重要建设事业，所有职员及各项工程人员，应有专门之技术；故本府及所属各局处绝对以用人唯才为主旨，不分省界、性别，凡学识经验有一己之特长者，无不尽量延用，否则无论如何，均不录用。"[⑥]刘文岛、吴国桢等尽管服膺于国民党"党义"的体制内人物，遵循国民党和蒋介石的意志，但是城市建设的技术性则显而易见，所以 1927 年汉口街道计划带有政治性和技术性双重含义。

技术的取径自然从西方而来，从历次规划也可以看出其中抄摹的痕迹，从功能分区布局到街道构图形式、从道路宽度的限定到断面形式的确定可谓亦步亦趋。

随着沿江马路、后城马路、五条横马路、民生路、民权路、民族路建设完工，汉正街区域干道路网结

---

① 孙倩.上海近代城市建设管理制度及其对公共空间的影响.上海：同济大学博士论文，2006.

②～③ [美]柯必得(Peter Carroll)."荒凉景象"——晚清苏州现代街道的出现与西式都市计划的挪用//李孝悌.中国的城市生活.北京：新星出版社，2006：442—493.

④ 《汉口市政府建设概况》第 1 期，第二编，《工务》，第 15 页，1930 年 9 月出版.

⑤ 《汉口市政府建设概况》第 1 期，第二编，《工务》，第 17 页，1930 年 9 月出版.

⑥ 刘文岛.汉市口之现在与将来.载《中国建设》，第 2 卷第 5 期.

构基本完善,如果说先前汉口是与汉江、长江须臾不离的“水路经济”,那么汉口从此进入了“马路经济”时代,从水路调整为陆路导向,马路、铁路和运输技术使得城市空间形态产生了巨大而深远的裂变(图 6-33)。让城市的物理空间及人们的心理地图彻底改观,“陆路运输技术,诸如马路和铁路是现代化计划的基础[①]”,预示汉口现代化的来临。陆运系统所代表的绝不仅是现代技术而已,它们体现了“进步”的本质,这符合政治的意图,所以技术和政治互为援用,施加于马路空间的形成。马路加诸公共建筑、公园、广场等空间,提高了生活质量,培育了公共观念的形成。

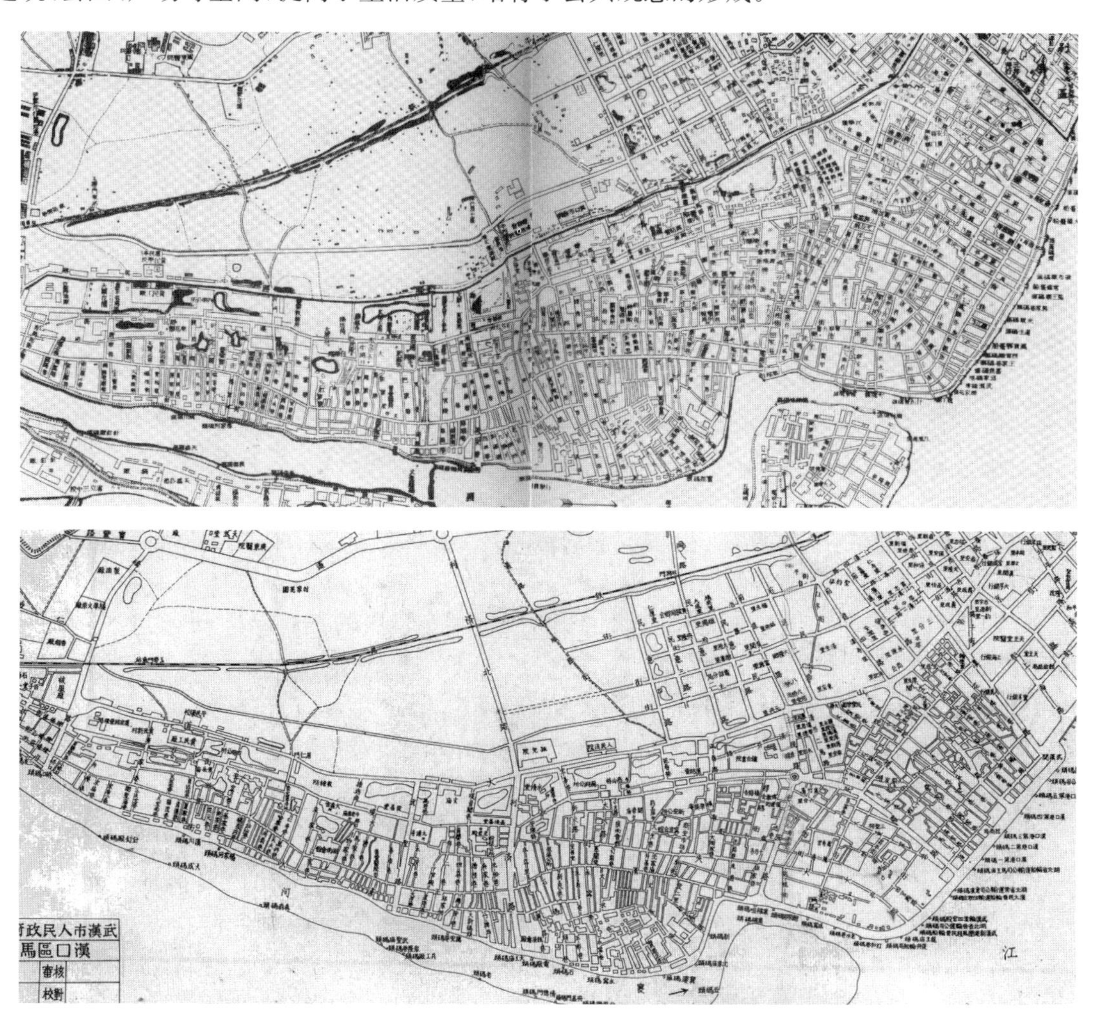

图 6-33　1933 年(上图)和 1951 年地图(下图)对比

通过对比可以清楚看出道路网络系统渐趋完善,“水路经济”向“马路经济”转变。资料来源:武汉历史地图集编纂委员会. 武汉历史地图集. 北京:中国地图出版社,1998.

除了政治与技术外,街道形成也受制于经济和实用的原则,通常是利用已经存在的道路加以拓宽以便满足新的城市生活及活动的需求。例如在 1927 年依托张美之巷修建民生路,1930—1931 年修筑的三民路与民权路,1932 年修筑完工的民族路都是在旧城道路基础上拓宽形成的。而打通的位置总是居于便于贯通的薄弱环节,这个经济性的常识提示了一个准则:历史的既有格局总是左右道路规划的现实选择,历史的发展很多时候存在因果关系,从历时态看,前一时期的结果又可能成为后阶段事件的原因从而构成一种复杂的因果链,历史痕迹之种种一定或存多少地保留于未来的格局当中(图

---

① [美]柯必得(Peter Carroll). “荒凉景象”——晚清苏州现代街道的出现与西式都市计划的挪用//李孝悌. 中国的城市生活. 北京:新星出版社,2006:442—493.

6-34)。三民、民生、民族、民权四条道路位于汉镇中心地段的繁华商业区,扩宽改建后,对汉口商业区的市容面貌有较大的改观,尤其是加强了中山路与长江、汉水沿岸港口客货交通的直达与快速联系,进一步加强了汉口港埠的吞吐功能,它的实用性也是一个基本的原则。

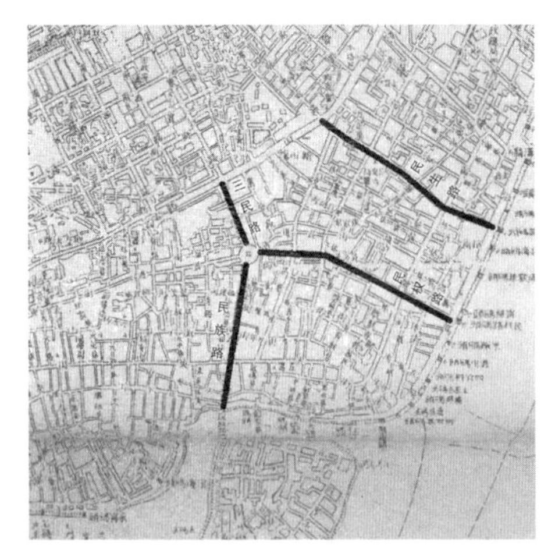

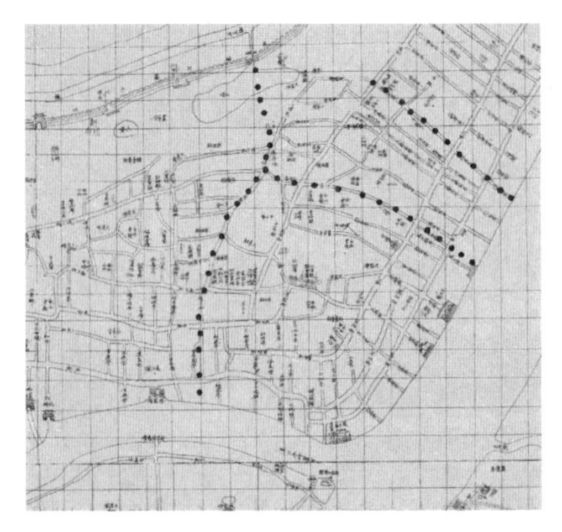

图 6-34　民族、三民、民权、民生路

左图是 1933 年武汉三镇地图,右图是清宣统年间武汉城镇合图,从中看出四条道路的开辟几乎是一个必然,从清宣统地图来看,民族、民权、民生路三条路已经出现贯通的趋势,三民路的走向是由原来城门的位置决定的,这是历史造就的必然结果。资料来源:武汉历史地图集编纂委员会.武汉历史地图集.北京:中国地图出版社,1998.

另外街道的形成事实上是需要一个时间的跨度,成败也取决于过程中的政治、经济等诸多状况,街道的形成也往往带有非常强的偶然性,这个过程浸透很多未知因素,各类事件充斥其中导致结果的不确定,所以街道的考察应融合到历史的过程当中,既看到其发展的必然趋势,也要考虑偶然因素造成的副产品和未竟的过程。

汉口新筑的第一条道路是民生路可谓好事多磨。早在 1918 年,汉口工巡处就曾准备张美之、六渡桥等 5 条马路次干道的扩建工作,然终未成事。1927 年武汉市政府已将命名为一马路的张美之巷测量完毕,因政权变化而搁浅。1928 年,武汉市工程委员会成立之始,即建议开辟此路,将街道加宽取直。1929 年 2 月,武汉市市政府布告拆房,3 月底一律拆完。同时,招商投标,由工务局局长赵心哲与财政局局员兼扬子贸易公司经理於忆辛签订承包合同。开工未久,时局突变,蒋桂更替,赵心哲与於忆辛卷款潜逃匿居日租界。1929 年 4 月,武汉特别市政府又重新招标,由袁瑞木营造厂中标承建,于 5 月 25 日继续开工,10 月底竣工[①]。这些偶然的因素都使得民生路一拖再拖,或许因此也引发其他建设活动的连锁反应从而改变全局,这就是历史饶有兴味之处。

马路经济的到来也使得街道逐渐成为主要为车辆交通服务的空间,在民国十八年八月汉口特别市政府秘书处编印的《汉口特别市市政计划概略》中提到:"此外阳夏之旧有道路,仅前一二特区,尚有可观,其余多具无规则之形式,且街面太狭,自有汽车以来,实不敷用,亟应逐渐拓宽,以利行驶。"人流、车流混合其中,组织交通流的隔离带也出现了(图 6-35)。用斯

图 6-35　1936 年汉口路路街景

路中的木条交通界标线把人力车与马车、汽车分开,马车汽车走中间,人力车走两边。资料来源:哲夫,张家禄,胡宝芳.武汉旧影.上海:上海古籍出版社,2006.

① 转引于涂文学."市政改革"与中国城市早期现代化——以 20 世纪二三十年代汉口为中心.武汉:华中师范大学博士学位论文,2006.

皮罗·科斯托夫(Kostof Spiro)的话叫做,“对街道布局设立种种条例[①]”。

随着交通流量的增加,为有效地进行交通管理,汉口市政府成立以后在繁华路段中山路与民生路交叉口、怡园口(今江汉路中山大道口)、六渡桥府东一路口(今前进一路中山大道口)共装设了三盏交通信号灯,帮助警察指挥交通。信号灯是于1905年左右在美国发明的,是国家早先试图调控资本主义的混乱并使之合理化的一个奇妙象征,这表明汉口街道上“运动的混乱”已经显现。此外,还在各重要街道的中间装设了交通指挥台,交通标志也在这一时期逐渐完善。

马路经济带来的还有建筑秩序的改变,长堤街与中山路之间的区域房屋建设的逻辑明显改为以马路为导向的平行模式(图6-36),这与传统以沟通河流为导向纵向模式根本不同,这也将改变和调整局部的街道循环。另外,此处一直是官地,不过由于积水严重(中山路和长堤街之间区域由于水塘大且多一直留存到解放后),地理条件较差,除了沿中山路的建筑,其他可以推测是底层民众不断突破官方规定的自建建筑,建设秩序颇为凌乱,这也说明,虽然建设有官方的控制,但是控制依旧无法填充所有的权力空白(图6-36)。

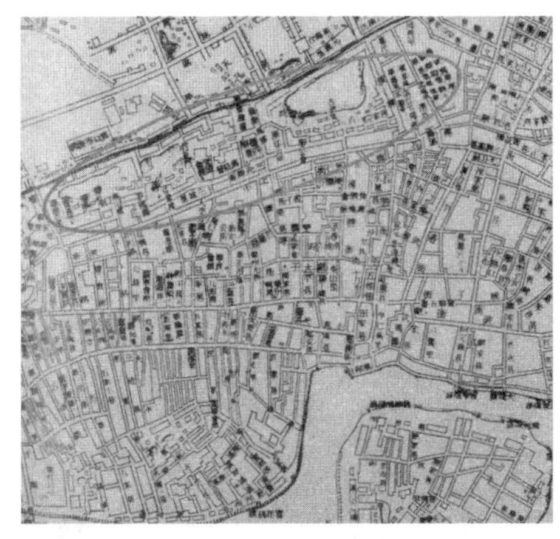

图6-36 1931年武汉街市图(左)和1933年新汉口市实测详图(右)(局部)

两图显示长堤街与后城马路间建设较为混乱。资料来源:武汉历史地图集.北京:中国地图出版社,1998.

同时马路带来交通区位的改变,迅速引发了沿街的用地性质的更新,在功能的置换中牵涉区域的街道随之发生改变,而与之相关的街道系统也会发生重组。民生、民族、三民、民权道路的开辟可以很好地说明这一点。城市道路的新建与改造,带来沿线房价的普遍上扬,从而带来功能的置换。1930年2月6日汉口《碰报》刊载了一篇题为“民生路民不聊生”的文章,抱怨民生路新建后所带来的房价高昂的现象。惠民里、华德里、木恕里等的形成和三民路的建设有着直接的关系。

而马路没有进驻的汉正街区域,建设活动主要由民间顺乎历史格局以及鉴于产权界定等因素的内部自组织的结果,改造的模式依旧是适配式的里分建设方式(图6-37),当然也有资本取得较大地块整体开发的里分,这在局部也将改变街道路径。各种建筑法规出台也都会影响里分的建造方法,从而改变原有的街道空间。再者受政治的影响,党派内部的政治斗争和不断的动乱等所有的痕迹都留印在城市空间之中,而政治引发民众的日常生活和行为模式发生改变,也将在其与街道空间的互动之中改变街道形态。警察流动于街巷之中也控制着街道空间。如1934年《汉口市政概况》提到,汉口市公安局挑选精壮警士,配备“锐利之武器及新式之自行车”,成立车巡队,专司巡查之责,“设有事故发生,相机应付,较为迅速,其在平时,亦可协助各分局整顿交通,清理街道,及促进新生活运动等业务,诚一举两得也”[②]。

---

① [美]斯皮罗·科斯托夫.城市的形成——历史进程中的城市模式和城市意义.单皓,译.北京:中国建筑工业出版社,2005.

② 《汉口市政概况》(1934年),《公安》第1页。

图 6-37　武汉沦陷后汉口鸟瞰

照片中能看出建筑的材料和型制已经非常西化，里分建筑基本普及。资料来源：哲夫，张家禄，胡宝芳. 武汉旧影. 上海：上海古籍出版社，2006.

需要注意的是，一些水灾时常侵袭的河边，分布了大量的棚户区，监管的力度比较薄弱，居民基于自身经济条件进行房屋自建，街道形态与老城区迥异。尤其鱼肚部分，清末为了排涝，开挖新河，后来新河逐年干涸而变成几个大的水塘，由于水塘的存在，居民建房，几无规律可言，非正规性建设成为常态。此后水塘逐年淤积，人们于其上盖房筑屋，从 1918 年到 1938 年的地图上可以看到这个过程(图 6-38)。在 1932 年的地图上，已经看不到水塘的踪迹。不同的地形条件造成了地块开发的难易程度的差别，也决定了人们选择地块的先后顺序，水塘的存在直接影响了街巷的结构布局，从而造就了局部的混乱，这也是今天这块区域里街巷空间错综复杂的原因之一，水灾的影响杂糅于街道的形态之中。

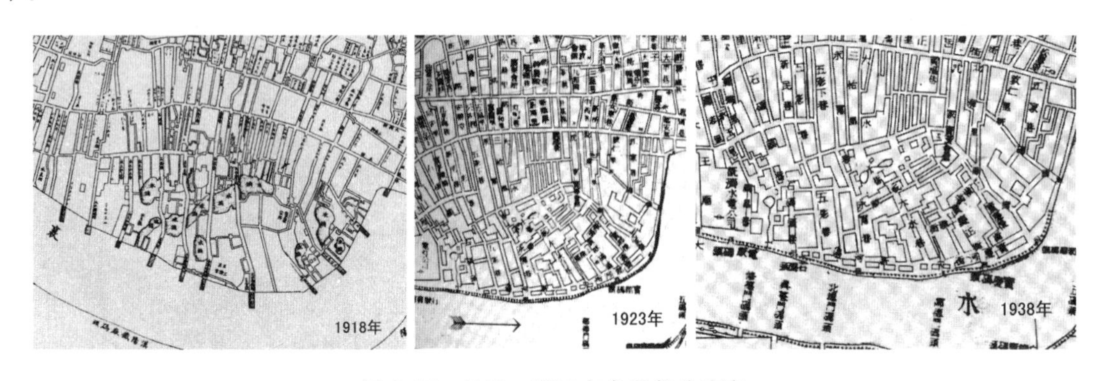

图 6-38　1918—1938 年鱼肚部分演变

由于水塘的存在导致鱼肚区域建设处于无序状态。资料来源：武汉历史地图集编纂委员会. 武汉历史地图集. 北京：中国地图出版社，1998.

1938 年汉口陷入日伪的统治，建设活动处于停滞状态，日伪以抢掠和焚烧为能事，在肆意破坏中，街道的形态发生较大变化，例如“黄陂街原为旧市区商业最盛最整齐之旧式街道，沦陷期中，敌伪将街东一带房屋强行拆除，修筑围墙，划建仓库，后街一带房屋，又陆续被炸，百不存一，荒凉满目……[①]”如此境况，这些都将影响街道形态，并保存于街道演变的历史进程之中，甚至如蝴蝶效应影响无限深远。

例如《汉正街市场志》记载，1939 年，帝主宫市场被日军纵火夷为平地，划为军事据点，修筑了围墙。原有商户失去经营场地，只得迁到广福巷一带摆摊设点。广福巷场地局促，生意做不开，正好公安巷边的三镇茶楼楼下有 200 平方米的卖菜空地，适于小商品摊贩集中经营。于是，商人茅贡南邀约刘甲山、刘仁山等人投资，将茶楼下空地整修成小商品经营场所，然后划地招租，开张应市。因有三镇

① 武汉档案馆馆藏：1946 年汉口市政府有关统计资料。

茶楼在此，小商品市场就定名为三镇市场。

三镇市场两端分别与公安巷、旌德小巷相接，场内摊架成井字形，场周设置木栅栏，早晚定时开闭。三镇茶楼就成为商家联络洽谈的场所。原帝主宫商家，纷纷从广福巷回迁过来，三镇市场日益红火，并且带动了周边的街巷，汉正街小商品经营区又具规模。40 年代，三镇市场商户占汉正街市场商户总数的一半，其发展颇为繁荣。新中国成立后，三镇市场遭受压抑，至 80 年代又重拾发展势头。到了 80 年代末期三镇市场首当其冲成为“网格＋高楼”模式改造的重点，实在是种因于此。

虽然此一时期汉正街街道发生较大的调整，但是从明末清初经过市场磨砺的严格的房产和地产的产权制度，以及文化、习性一脉传承未曾断层，在很大程度上维护街道形态相对稳定。但是新中国成立后，随着产权制度的改革，文化、习性传承发生断折，生产生活方式变化，经济制度转换等等，街道的传承基础开始发生松动。

6.6 街道的空间生产和意义

街道是最理想的展示政治主张和具有示范意义的场所，在动荡不安的社会冲突中，街道政治贯穿了整个时期，呈现出浓重的政治意义。角逐政权各方都试图通过其语言、形象和日常政治活动来维护或重新建构社会。他们或者改变街道形态，或者改变街道命名，街道的图景折射光怪陆离的政治格局，是政治的晴雨表。它的举手投足、一颦一笑都是政治的面孔。不管是犹抱琵琶遮遮掩掩的含羞浅笑抑或是面目狰狞的放声狠笑都是政治的表情。街道的意义不断被诠释、修改、涂抹甚至扭曲，是国家权力在地方空间进行微观运作的符号体现。街道与政治构成了一种密切的对喻关系，它们互相喻指着对方，又互相成为对方的所指，在街道政治风暴的语境中，共同书写辞章。

当毗邻租界时，街道成为华界与租界社会隔离的界限，街道充当汉河楚界，宛如天堑鸿沟。这正如《竹枝词》所言：“鸿沟界限任安排，划出华洋两便街。莫向雷池轻越步，须防巡捕捉官差”[①]。

当街道成为告示空间时，告示空间并非告示前人群集攒形成的小块天地，当口口相传而成满城风雨时，其在民众心智中建构的是当权者耳提面命的空间想象，声音在空中回荡，不绝于缕，街道成为官方规训的空间。

当街道成为戒严搜捕空间时，秋风肃杀，大街冷冷清清，唯有警察巡逻往回，间关犬吠，搜捕者不速而来，人人自危，每家每户成为当权者凝视的对象，街道空间建构了白色的恐怖想象。

当街道成为行刑杀戮空间时，血光一闪，给予看客不仅触目而且惊心，其刻意建构的行刑可以使看客不敢越雷池一步，达到了以儆效尤的目的。

当官方通过聚众、演讲和呼喊口号的方式，以身体的集聚和公众化来表达政治主张或者为即将国破家亡而进行捐款动员时，街道变成政治表演的舞台。若再加上街道两旁商家所悬挂的爱国口号，街角看板所张贴的爱国文告、漫画和拒买日货的启事，这个物理空间俨然已经变成一个身体、政治和各种文化实践交错表演的空间。[②]

当当局者建造宽敞的民生、民权大道并以政治主张冠名时，街道成为彰显权力的手段，向观众灌输理念，它一定拥有奥斯曼式的快感：“为了呼吸新鲜空气，新的规划师和建设者们，推倒了拥挤的围墙，拆掉了小棚棚、小摊摊、老房子，从许多弯弯曲曲的小弄中开辟出一条笔直的大道或开辟出一块长方形的开阔的广场。在许多城市里，人们一定有一种被长期关在阴暗潮湿、满是蜘蛛网的小屋里突然打开窗子的感觉。”[③]

当武汉沦陷日军鸠占鹊巢时，街道与当权者为虎作伥，其封堵与组织皆为日军镇压方便服务，街

---

① 罗汉. 武汉竹枝词. 徐明庭，辑校. 武汉：湖北人民出版社，1999.

② 黄金麟. 历史、身体、国家—近代中国的形成(1895—1937). 北京：新星出版社，2006.

③ [美]刘易斯·芒福德. 城市发展史：起源、演变和前景. 宋俊岭，倪文彦，译. 北京：中国建筑工业出版社，2005：349.

道成为玩于股掌的政治工具。

凡此种种，无法一一道来，街道成为政治空间或者说是空间政治，不过街道作为最大的空间政治的是：民国时期，官方、士绅、商会甚至一般民众共同热切地促成街道的改善及街景的规范，包括附属措施，借以作为振兴商业、敦化社会秩序与改善都市环境的首要机制。在汉口，随着街道改善的到来，街道被当作有益于促进当地乃至于全国的各种社会的、经济的、甚至是政治的转型的手段，而这种转型也逐渐被视为与中国城市现代性的复合性典范一致。街道的空间既包含物质性的道路，有纵深和高低之地景、铺设道路地基和路面的工程技术、实际坡度与一般物理条件，又包含街道两旁的街景，成为都市现代性中最具实用性与象征性的空间。[①]

事实上街道空间加诸各类公共建筑无疑改善了人们的生活和认知。自从以公园和广场为核心的西方空间系统强行介入中国传统社区生活以后，汉口民众对周边世界的感知被彻底改变了。这个“异质空间”的介入破坏了民众维系原有的对周边事物的合理想象。

也正如涂文学先生所言：“汉口市政建设与管理的发展带动了汉口市民市政观念的变化，将城市市民从对市政文明的被动接受引导到广泛参与市政与监督市政，城市市民在乐于接受和享用近代市政发展带来的诸如宽敞平坦的马路，干净卫生的街道等种种物质实惠时，产生了对先进的管理以及崭新的城市面貌的认同，实现市民与新型市政建设与管理制度在一定程度上的整合。”[②]

当“横平竖直”的街道与先进的价值目标相关联，“崎岖羊肠”与落后愚昧相关涉时，改造的动力不仅来自于自上而下的官方强制，更多来自民间一种自发诉求，这种诉求推动街道改造呈燎原之势一发不可收拾。街道空间的这种影响又以或大或小或长或短地左右和建构人民的生活和观念，从而糅合于城市的历史进程之中。

---

① [美]柯必得(Peter Carroll).“荒凉景象”——晚清苏州现代街道的出现与西式都市计划的挪用//李孝悌.中国的城市生活.北京：新星出版社，2006(10)：442-493.

② 涂文学.“市政改革”与中国城市早期现代化——以20世纪二三十年代汉口为中心.武汉：华中师范大学博士学位论文，2006.

7 计划经济时期(1949—1988年)

1949年,武汉解放。此后改造是汉口社会变革和日常生活中的一个关键词汇,这是一场以国家建设和社会改造为主线的行动。党和国家以前锋(pioneer)形式,运用全新的方式改造全社会,飙进的国家建设基于对于社会的全面改造[①]。

在国家主导话语的社会主义改造中,以往的权力关系大厦轰然倒地,新的基于经济关系和国家制度的权力网络重新建构。

首先改造的是资本主义工商业,“在资本主义企业和国家的各项经济政策之间,在它们和社会主义国营经济之间,在它们和本企业职工、全国各族人民之间,利益冲突越来越明显。打击投机倒把、调整和改组工商业、进行‘五反’运动、工人监督生产、粮棉统购统销等一系列必要的措施和步骤,必然把原来落后、混乱、畸形发展、唯利是图的资本主义工商业逐步引上社会主义改造的道路。”[②]这是描绘这个时期资本主义工商业改造的国家总语境。通过建立起各个工厂和行业的新工会组织以取代旧公会,党和政府找到了可以将政府权力和行业机制联系起来的途径。新建立的工会成为领导运动的机关,并坚决依靠工人,团结争取一切同情和赞助这个运动的力量,组成一个有强大群众基础的统一战线,积极开展资本主义工商业改造的工作,除了打倒包工头、封建头佬以及他们所寄身的旧章法、旧秩序和组织,国家力量深入到行业组织内部。

在资本主义工商业改造过程中,并行不悖的权力关系建构过程在地方社会中全面展开。传统国家并不事无巨细致力于社区层次的公共物品提供,为大量的社会组织的活动留下了较大的空间,建立起自主于官府之外的地方社会空间。但是随着国家改造的推进,国家权力将整个社会纳入自己的控制之下,代之而起的是层层级级、面面俱到的管理机构,自治的社会空间被国家力量侵入并萎缩殆尽。国家力量不断通过扩大社会管理机构、整饬封建的社会因素,建立国家权威对于社会的更加严密的控制,社会公共领域的公共性行动和话语空间被国家吞噬,形成社会公共领域狭窄化和丧失[③]。

1949—1956年间,汉口的改造过程不在于地域社会中矛盾发展机制,和大多数城市相同,是在于国家宏观话语的刻意构造,借用黄宗智的说法就是“把革命理论应用到社会实践,并改造现实以符合意识形态的建构。”[④]飙进的国家机器在成长过程中逐步排斥乃至消灭了社会的自治自主空间,创造了一个前锋式国家和被国家组织起来的民众的统合体。然而,这种动员机制要能有效发挥作用却需要不断地运动和不断地献祭[⑤],动员的机制在排除封建主义、资本主义之后依然需要敌人,那就是任何对集体组织、社会主义制度的稍有不满的行为。所有人的行为必须循规蹈矩,这就排斥了来自社会的生机和能量,甚至这种敌人来自于假想,爆发了“文化大革命”无目的的杀戮[⑥]。

共产党在建国初期以国家政权的力量在政治、经济、社会和文化等领域进行了全面的改造,并通过一系列的群众运动将国家意识形态排山倒海地向社会各个领域渗透。1956年社会主义改造初步完成,以社会主义公有制为特征的计划经济全面开启,以“政治挂帅”、“意识形态领先”为口号,经济组织

---

①③⑥ 刘义强.街区社会公共领域的消逝:汉正街,1949—1956——以商业组织和码头帮会的变迁为例.武汉:华中师范大学硕士学位论文,2004.

② 关于建国以来党的若干历史问题的决议注释本.北京:人民出版社,1985.

④ 黄宗智.中国革命中的农村阶级斗争——从土改到文革时期的表达性现实与客观性现实//中国乡村研究 第二辑.北京:商务印书馆,2003.

⑤ 魏忻.论当代中国的新德治.战略与管理,2001(2).

与政治、意识形态互为援手，将整个社会纳入社会主义国家控制的轨道。

7.1 计划经济和权力网络革新

新中国在进行社会主义改造完成之后初步建立社会主义制度，实行集中计划经济的体制①。集中计划经济体制是对经济活动进行集中计划和集中控制，一方面一切与目标有关的决策和大部分生产性决策保留在最高层次；另一方面，决策是以直接的命令或指令的方式自上而下传达给执行者的，带有命令和指令性；集中的计划经济体制某些方面执行职能效果立竿见影，计划是能保证按计划者最满意的方式分配现有资源，并且保证资源转到那些施行计划者目的作用最大的行业和产品上，实现既定的目的；前提是必须保证在生产资料公有制的基础上，并且在分配方式上也要体现集中的计划体制，如此才能够确保计划者的直接控制。与市场经济相比，整个经济成为一个从上而下多层次的垂直系统，由此决定的行政模式也是自上而下的垂直领导，其联系以纵向为主，而横向联系则不甚重要。此一时期的权力网络也是附着于这种体制建构和生成。

7.1.1 公有制与社会均质

在公有制经济中，个人既是所有者（任何个人都不可分割地拥有一部分所有权）又不是所有者（作为个人，不能单独地主张或行使他那一部分权力）。这种对立统一构成了公有制经济一个基本悖论。由于不存在任何个别人代表公有权，个人又不能单独行使公有权，解决办法只有靠集体行动，这种性质决定了国家天然便是公有权的代表。

这个时期住房产权的变革，体现了公有制度下国家行使代表权的思路。下面以住房产权变迁为例，说明私人财产如何被褫夺为公有财产，住房产权对于街道形态影响无疑巨大，街道格局某种意义上是产权的格局，产权的变更意味着既有的街道格局变化的可能性加大，所以以住房产权变迁为例取得一举两得之功：一方面从中看到公有制话语下的改革使得生产资料、生活资料公共化而造成社会均质；另一方面也从中看到产权如何变更，从明末清初经过市场砥砺的严格的产权制度，在很大程度上维护街道形态稳定，随着经济制度转换、生产生活方式巨大的变迁，街道的形态相对稳定的基础开始发生松动。

在新中国成立以前，城市住宅是以私有制为主的，1949 年武汉私有房屋占城市房屋总量的 84.32%（蔡德容，1987）。新中国成立后，随着社会主义公有制的形成，新政府接收了国民党政府财产，接管没收了帝国主义国家、官僚资本家等的财产，在此基础上形成了公有房地产。

对于城市私有房屋，新政府认为不能像土地革命解决农村土地问题那样采取剥夺的方式。因为“城市私人房主对房屋的占有一般不是封建性质的，而是资本主义性质的。在新民主主义革命时期，

---

① 新中国在进行社会主义改造完成之后初步建立社会主义制度，实行集中计划经济的体制。集中计划经济体制是与分散决策的市场体制完全对立的，构成这一体制基本特征的要素包括以下几个方面：a. 迅速增长和工业化为主要目标，计划制定者的主要目标在于保持比市场经济一般具有的增长速度更快的增长率；b. 强调优先顺序，为了实现这一目标，生产资料部门的增长被置于优先地位，从而使国民经济呈现出客观上的不平衡发展状态。最突出的表现为优先发展重工业；c. 对经济活动的集中计划和集中控制，一方面一切与目标有关的决策和大部分生产性决策保留在最高层次；另一方面，决策是以直接的命令或指令的方式自上而下传达给执行者的，带有命令和指令性；d. 垂直领导，经济活动的联系以纵向为主，行政管理是经济管理的主要方式，企业间的横向联系大都不重要；e. 排斥价格作用的实物经济，力图避免市场体制诸种弊端的强烈愿望导致了对市场机制或者说全面的价格功能的否定，价格的存在只是作为换算的工具；f. 重财政，轻金融，预算拨款是决策性的，银行的作用很小；g. 较高的积累率，是实现迅速增长的目标的手段，决策权的集中化、使高积累率获得体制上的保证；h. 粗放的增长，计划工作的重点不在于技术创新和改变生产函数，而在产品数量的不断增加；i. 生产资料共有制为基础。参见刘东，陶骏. 比较经济体制学. 南京：南京大学出版社，1991：287，转引于黄立. 中国现代城市规划历史研究（1949—1965）. 武汉：武汉理工大学，2006. 6.

这种资本主义性质的房屋所有权，应当和其他官僚资本以外的私人资本的所有权一样地受到保护[①]”。从 1949 年至 1956 年期间，政府对于城市中小房地产主采取了保护政策。所以，直至 1956 年，城市住宅中私有房屋依旧占了较大比例。

随着社会主义过渡时期的结束，中国进入社会主义时期，开始加速全面实施社会主义公有制。在 1952—1956 年的生产资料所有制的社会主义改造基本完成后，政府在 1956 年提出了《关于目前城市私有房产基本情况及进行社会主义改造的意见》，开始了私有住宅的公有化。1956 年和 1958 年，武汉市对出租私房分别进行两次改造，源于政治的形势要求以及公房缴纳的租金比房子的维护修缮费用更为低廉，私房上缴公家托管成为一时之风，尤其“文革”期间，房屋上缴成为体检其是否忠贞爱国的试金石，私房上缴更成为一种争先恐后风景，私房比重由解放初期的 84.32%下降到 1958 年的 27%和 1975 年的 8%[②]。虽然“文革”之后房屋产权部分归还原来房主，但是托管期间很多产权变更已经是面目全非了。加上政治风波、经济制度变更，造成权属关系的复杂化，这为 90 年代以来市场经济建立以后居民建设活动的五花八门复杂多样埋下伏笔。

住房产权的公有化，使得在落实“先生产，后生活”工业优先项目，以及市政建设和“解危”工程变得通行无阻，国家征用土地和拆迁房屋变得理所应当。工程中涉及的私有房地产，一般是政府无偿征收后，通过分配公房来解决住房问题。当时的城市房屋拆迁原则是“居者有其屋”。由于人们受“一大二公”思想的灌输，对私有财产的观念淡漠，城市拆迁工作几无障碍。街道的形态在此期间发生较大的变化。

当然其他生产资料也是通过社会主义改造逐渐纳入公有制，生产资料由国家统一调度是这个时期的主旋律，国家统筹了社会中的所有产品，意味着完成整体社会的均质化以后再由国家完成计划分配。

1949 年新中国成立，面对的是战争遗留下的千疮百孔的国民经济。为了缓解严重的通货膨胀与财政赤字，政府采取了集中统一管理财政经济的政策，使人力、物力和财力集中起来，对于迅速恢复国民经济，保证财政收支的平衡，居功甚伟，政府对集中管理体制自信不疑。随着苏联援助下的第一个五年计划的开始，对苏联模式的仿袭进一步强化了这种高度集中的计划经济体制，即企业和地方的人、财、物及产、供、销由中央有关部门统一管理的经济管理体制，使其成为重工业优先发展政策的有力保证。

国家作为公有权的主体，直接深入到生产、交换、分配、消费各领域，进行直接的计划管理。因而国家往往把经济职能附着在政治职能上，或者把其他职能附着在经济职能上。这种制度对于汉正街日常生活和各类建设影响深远，它的影响在于把日常生活的各类行为纳入政治的轨道，整个社会被统筹起来而概莫能外，整个社会服从于自上而下的管理，社会的横向联系打断，权力网络形成金字塔型的等级结构，民间的自发活力被扼杀，自下而上的建设活动遭到了前所未有的遏制。

7.1.2 人在组织

武汉解放之后的三个月中，武汉军管会以及所属的四个接管部、武汉市政府共接管机关、企业、事业单位 700 多个。其范围涵括国民政府的军政机构以及工商、金融、海关、农林、水利、房产、公共设施、交通电讯、学校和文化卫生机构等。1949 年 9 月 5 日接管工作结束，汉口街区被三个行政区划分开。在这个过程中，接管组织方式沿袭了共产党比较习惯的农村方式，即划分小区，区下划分街道，以街道为主要载体，建立居民组织协助工作，建立社会秩序[③]。此后政府又对街道改组，1952 年进行新

---

① 关于城市房产、房租的性质和政策. 人民日报，新华社信箱，1949.8.11.

② 蔡德容. 中国城市住宅体制改革研究. 北京：中国财政经济出版社，1987.

③ 刘义强. 街区社会公共领域的消逝：汉正街，1949—1956——以商业组织和码头帮会的变迁为例. 武汉：华中师范大学硕士学位论文，2004.

的调整，到 1953 年 1 月，全区先后建立了民族、大董、交通、花楼、严家湾、洪益、居巷、积庆、统一、三新、得胜、六夹、满春、江汉、循礼门、桃源、前进、自治、民意、民主、公园、西马、解放、六渡等 24 个街道政府(1954 年 3 月更名为街道办事处)[①]。这样街道办作为维持基层民众生活秩序的组织制度，正式确立起来。

随着轰轰烈烈的工商业改造结束，一个新的组织建立起来，即武汉市工商业联合会。从组织传承上看，工商联取代的是民国的商会组织。以工商联为载体，将原属于商会之下的同业公会和没有行业公会的行业合并整理，商业的行业组织雏形建立起来了。兼且建立起的各个工厂和行业的新工会组织，工商业的控制完全收拢在政府手中。

将工商业控制起来无疑是构建国家化的单位制度的前提，所谓单位制度就是整个社会依靠单位组织形式的运行结构，建国后随着党的组织系统延伸至一切社会组织而确立。单位制度内在融合了政治、经济和社会职能，党组织和工群团组织体系掌握单位组织的领导权，这样，国家就可以通过星罗棋布的组织系统实现对于微观社会的全方位监控，制度化的空间成为规训的细小单位。华尔德(Andrew George Walder)将单位组织作为中国集体主义时代的基本政治社会格局，这个组织体制实现了近代以来国家控制社会的梦想，国家政治和基层民众政治在单位内部相遇[②]。

单位既是个人工作的场所，又是生活的场所。单位成为个人生存的唯一保证，离开了单位，不仅寸步难行，而且还失去与生产资料相结合的条件，丧失其“国家主人”的身份。单位不仅控制了货币收入和实物福利等生活资源，还包括重要的制度资源，如机会、权利、社会身份等，从而控制了个人发展所需的一切社会政治经济、文化生活资源，造成了个人对单位的全面依附。在传统体制中，单位作为国家为实现工业化而动员组织社会的方式，是国家全能在组织上的体现。[③]

单位制具有多功能：非契约性就业、短缺经济下的福利配给性、资源的非流动性等。诸多因素的联合作用造成了单位“与生产社会化性质相反”的条块分割的蜂巢状的封闭半封闭的组织结构[④]。再加上国家全能主义的背景，使规制和决定单位成员的行为模式和行为准则是来源于革命斗争的“政党伦理”和来源于传统生活的“家族伦理”。单位成员之间的关系是“同志加兄弟”，成员则视单位负责人是“领导和家长”。“它为高度集权的一元化的政治体制和高度集中的计划体制以及严格的意识形态控制体制的运作提供了强有力的组织保证。”[⑤]

于是街道办和单位制把监控大网撒到社会生活的任何角落，密密匝匝，即使每一个黑暗的角落都会有一双明眸善睐的双眼，穿过黑暗。所有人被严密有序组织起来，每个人都隶属一个单位，各级工会、街道办事处形成一个巨大的网络，过去那种散漫无组织的状态完全改观，工人有工会，妇女有妇女联合会，甚至青年儿童也有自己的组织，所有人都有自己的归属，人们以不同的身份被规划统一在一起。

这种无远弗届的监控体系直到 1970 年代末以后的市场化变革才出现松动。最大重要的变化

---

① 1952 年 6 月，武汉市人民政府重新调整区划，城郊区均以地域命名，设 5 个城区、4 个郊区。城区为江岸、江汉、硚口、汉阳、武昌等区；郊区为惠济、东湖、南湖、福成等区。后于 9 月全市先后建成街人民政府 94 个，随后在 1953 年底至 1954 年初陆续改为街道办事处。同月，撤销市政建设委员会。到 1953 年 1 月，全区先后建立了民族、大董、交通、花楼、严家湾、洪益、居巷、积庆、统一、三新、得胜、六夹、满春、江汉、循礼门、桃源、前进、自治、民意、民主、公园、西马、解放、六渡等 24 个街道政府。(1954 年 3 月更名为街道办事处)。尔后，江汉区所辖地域又多次变更：1955 年 3 月，西马、解放两个街划归江岸区管辖；1957 年，汉桥区航空街划入江汉区；1964 年，合作公社所辖村全部划为汉桥区(城区不带郊区，后又撤销汉桥区，并入洪山区)；1985 年，又实行城带郊体制，将洪山区长丰乡所辖的航侧村、贺家墩村、姑嫂树村、鲩子湖村、唐家墩村等 5 个村交江汉区管辖。区内街道办事处，经多次撤、并分合，由 24 个调整为现在的 13 个。分别为民族、民权、民意、花楼、前进、水塔、万松、满春、新华、北湖、唐家墩、常青、汉兴街道办事处。此资料出自皮明庥. 近代武汉城市史. 北京：中国社会科学院出版社，1993.

② 转引于刘义强. 街区社会公共领域的消逝：汉正街，1949—1956——以商业组织和码头帮会的变迁为例. 武汉：华中师范大学硕士学位论文，2004.

③～⑤ 谭文勇. 单位社区——回顾、思考与启示. 重庆大学硕士学位论文，2006.

就是全能性国家的有限化以及“权力的分裂”。前者指的是国家从随时地、无限制地侵入及控制社会的每个阶层和每一个领域转向逐步退出一些经济和社会领域，由此，形成了一个相对自治的社会空间。而所谓“权力的分裂”则是指整个社会的政治、经济和社会领域不再处于权力的总摄中，而是日渐划分出一个比较清晰可见的距离。“政治领域垄断一切权力的状态为一个政治、经济、社会三个领域相对分离并分享社会权力的二重权力结构所取代。”[①]随着经济市场化进程的深入，带动了中国政治领域和经济领域关系的巨大变化，社会领域也呈现出纷繁复杂的状态，最突出的就是城市社会人群组合方式的变化、利益分化与阶层分化并行；社会运行的制度化规则体系因为权威体系的变化而发生着变化[②]。

7.1.3 阶级的诗学

如果说“人在组织”通过垂直的组织方式将社会秩序重整是一种物质性的格局的话，那么与之相对的另一种横向的属于一种无形的“政治社区”(杜赞奇，1995)，则使人在其中，与生俱来就烙有身份的印记，即“用一个想象的、横向而不是等级性构架的国家政权取代了被想象成由一个将宗族关系反映到皇帝同他的被统治者之间的关系中的一系列类同的关系组成的帝制政体。”[③]共产党耗费了很大的力气力图打破宗族忠诚而促成一种横向的以通过话语和体制建立起来的阶级作为参照的认同(威廉·韩丁，1966)。

这一新设想也就是阶级的划分促进了一种新形式的社会身份的出现。工人阶级、无产阶级、资产阶级等冠以阶级的词汇喷薄而出。在“工农兵联盟”政权的话语中，工人、农民、知识分子以为国家服务的名义占据了政治位置，他们虽不一定真正占据，却以其历史上的政治地位来证明他们领袖地位的合法性(J. B. 格里德，1998)。

一方面每个人为属这个阶级而洋洋自得，身份的优越感赋予一种能动性，是他们“授权社会主义政权作为他们的代表而运作”。它具体表现为多种方式：语言和文化运动，用新学会的阶级分类法积极地表演生活叙事，在阶级斗争大会上表演政治的符号学和关于阶级压迫的道德话语。故事讲述和仇恨诉苦，尤其是个人生活历史的叙事，国家将最平凡的事件和活动赋予了民族的、政治的和象征性的庄严意义。看似平常颇具诗意的举动因为表演、模仿成为产生重要后果的政治活动，就如大卫·阿普特(1995)所指出的：“行动变成可效仿的，每个人都是某种榜样。”意识形态的规范和道德政治的奖励和惩罚机制促进了对阶级划分的采纳(让·弗朗索瓦·比勒特-毕来德，1985)，这意味着将个人生活同国家紧密地交织在一起。

另一方面阶级划分制造身处阶级之内对属于阶级之外抱有一种难以名状的仇恨，“阶级斗争为纲”的政策感召下，在无数次观看“表演”的熏陶中，这种仇恨放到不共戴天的程度，排斥了所有和本阶级相对的事物。当“普通老百姓”成为一个可辨别的社会类别时，社会主义者力争赋予这一身份有效的和有意义的革命能动性，并将其纳入新形式政治权威的范畴之内(安·阿诺斯特，1997)。并且阶级标签和阶级划分总是被不断置疑，连续不断的政治运动不断重新划分阶级类别，最终上升到最广泛的和最暴力的运动：“文化大革命”(1966—1976)。白杰明(Geremie Barmé)就此指出，“技术官僚重新规划社会契约，在新的社会契约中，共识代替了强制，合作瓦解了批判。(思想)审查不再是由笨拙的政治机构来进行，而是成为艺术家、读者观众和政治人员共同参与的合作结果。”这是一种“进步了的审查制度”，它大面积分散了管理的职能，同时又始终维系着一个金字塔式的权力体系。

---

①② 转引于刘义强. 街区社会公共领域的消逝：汉正街，1949—1956——以商业组织和码头帮会的变迁为例. 武汉：华中师范大学硕士学位论文，2004.

③ [美]罗丽莎. 另类的现代性——改革开放时代中国性别化的渴望. 黄新，译. 南京：江苏人民出版社，2006：25.

7.1.4 权威政治

空前震撼的革命,它推翻了旧的系统认知,在语言、家庭生活、社会道德观念和政治生活中建立新的观念模式,创造一个关于国家的新的道德话语和权威诠释的能力。主导道德标准的话语权和权威诠释者是掌控在少数大权总揽人的手中,毛泽东无疑是权威中的权威,他的语录奉为圭臬人手一本,主导社会生活的方方面面,这是一种权威式政治。组织学习毛泽东思想和语录成为人们日常生活不可或缺的一部分,对于领袖个人的崇拜从某种程度上也成为那个时代政治合法性的来源之一。

权威模式可以在当时的社会生活的细部中俯拾即是,在国家组织的精神号召下,各类权威不断涌现,当"劳动"在设想的新社会里成为一个基本的社会美德以及作为公民最首要的标准之一(贺萧,1986)时,劳模就适时而生,量大质好,各行各业应有尽有,铁人王进喜、纺织工人郝建秀、掏粪工人也有权威,时传祥与周总理温暖握手一刻,无数人为之潸然泪下。当社会呼唤英雄时,英雄自然不会吝啬出头的机会,各种英雄事迹层出不穷。行业内部也有权威,"工业学大庆,农业学大寨"曾激励无数热火朝天的场面和万众一心的场景。

"权威是结构性的,它是活生生的,通过人与人之间复杂的联系,即所谓的关系而运作,但它也是阶级-地位制度、党的官僚作风和不平等的关系中产生的。权威是结构性的,它会存在于日常生活最微小的部位中,是一种无法逃避的顽固的东西。"①

权威构建的权力关系或许我们不能从"物质"的生产关系中了解或推论它们。最重要而实在的活动是通过确定的社会分工广义地理解和构建的劳动(马克思,1967),或许权威政治本意就是为了建构劳动关系,属于意识形态的范畴,是文化建构的,是由对尊敬的幻想组成的,并被政治化和泛化②。当权威政治达到极致,我们就可以理解"文革"时期一些关于毛泽东崇拜的匪夷所思的事情。

总之此一时期权力网络的缔结是基于"计划经济要求的高度集权与政府对社会的全面管制",国家对各种社会资源实行全面垄断,政治、经济、意识形态三个中心重叠,从而形成垂直式的金字塔式一元化的权力结构。在这种一元化的权力结构内部不存在权力制约因素,政治权力触角深入彻底地渗入社会的各个领域。国家组织结构由高度同质同构的等级制(纵向)和"蜂巢状"(横向)的单位制构成③(图 7-1),每个层级蜂巢状的单位又各自成为以"权威"或"党组织"为核心的组织结构,每个组织惟核心的命令是从,惟权威的马首是瞻。从而形成层级上的高低上下的"向心"结构,这就形成了福柯所谓的"圆形监狱"范式,造成"残忍的可视性的不对称","看者的无所不能的窥阴癖的感觉,被看者的受规训监督的感觉"。

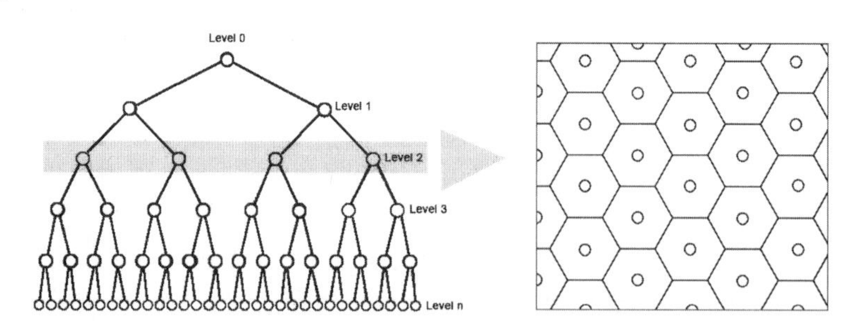

图 7-1 金字塔等级制和蜂巢状的权力网络

圆形监狱是在中心有个警戒塔的圆形建筑。外围建筑包括了独立的小房间,其结构设计使得房中犯人始终受到监视而他们却看不见其他犯人和警戒塔上的人。福柯把边沁功利主义的建筑设

①② [美]罗丽莎.另类的现代性——改革开放时代中国性别化的渴望.黄新,译.南京:江苏人民出版社,2006:176-177.

③ 参见李强.国家能力与国家权力的悖论.中国书评,1998(2).

计——圆形监狱——转换成对现代规训凝视的比喻，根据福柯的说法，圆形监狱通过等级化的、连续的和高度功能性的监视为监视执行人提供了进行规训的完美设施，它创造了一种永不停止的凝视。凝视的力量虽然可见但又无法被证明，因此通过这种建筑结构创造出的权力是无所不在的、隐匿的，而非压迫性的，它培养一种被规训的人群。

隐匿性结果生产出知识，这些知识无所不在并内化而形成的一种自体看管技艺[①]，即人的自我监视，它不再局限在有形的空间范围之内，也不需要在地面上构筑类似圆形监狱有形的东西，只需知识，最高级的监视便是借助知识来完成。它让任何抗拒、反叛的念头，在没有出现之前就已经在个体的身上自生自灭了[②]。

7.2 众生相

1949年5月16、17日，汉口、汉阳、武昌先后解放。继而，新生的政权领导人民群众掀起新民主主义改革的红色风暴，以摧枯拉朽之势荡涤污泥浊水，开展了包括经济、政治、思想文化等多方面的新民主主义建设，通过一系列富有成效的工作，使国民经济得到全面恢复和初步发展。1956年1月23日，《长江日报》在头版头条宣布：武汉市的资本主义经济和个体经济已经全部过渡到社会主义的合作经济和高级形式的国家资本主义经济，武汉已开始进入社会主义社会。从此武汉气象更新，街道景观焕然一新。

7.2.1 票证生活

社会主义中国摒弃了市场经济，包括商品的交换关系和货币元素被一概否定。1956年汉正街商店经过社会主义改造归为武汉市百货公司管辖，汉正街小商品市场从此偃旗息鼓。国家用强制指令取代市场对经济运行的微观指导与调控，对社会的生产及资源、财富进行统一分配。新中国为计划物品供应，对商品物资实行统购统销的政策，开创票证生活。从常见布粮油到稀罕的禽蛋、副食等全在统筹之列，就连一盒火柴、一块手帕也需要有相应的票证，而且按照每人每户限量供应，武汉的居民就生活在这花花绿绿的票据之中，每项开支都在被计划之列，从吃的粮食、肉类，穿的布、鞋到日常用品都严格按照供量供应，在商品严重匮乏的年代，票证是人们生活间歇不离的凭证。

那时，老老实实地吃凭票定量定点供应的粮油肉鱼和豆腐干子，穿凭布票买的布，烧凭煤票买的煤，成为公民的生存模式和行为规范，稍有违抗进行商品交换买卖就被视为“投机倒把”。尤其从1966年“文化大革命”开始，汉正街每天都有戴着红袖章的纠察队巡逻，《天下第一街——汉正街》的作者刘富道先生列举汉正街一位盲人郑举选，因为倒卖铰链而遭抄家，被割了“资本主义尾巴”，并请进了学习班。为了生存而经商，经商即是投机倒把，就是和社会主义的精神背道而驰，政治充斥居民整个的日常生活之中。各类生活资料极度贫乏，房屋的自发建造成了很难实现的奢想。相同的生活物资使得日常生活的场景均质化，相同的服饰，相似的生活轨迹，相同的建设模式，相同的建设材料。

票证生活颠覆了传统商业时期的“水路经济”，也影响了民国渐入佳境的“马路经济”，生产资料的运输依靠计划调度，居民只需定点集体化生产就可，消费则按劳分配，依赖各类票据进行换领。民间生产的方式不再依赖水路和马路，最重要的日常路径则是上班的路途。这就完全改变了以往的生产生活方式，甚至是文化和社会心理，而生产生活方式的改变，无疑是与之呼应空间发生改变的最核心的力量。

---

① 黄金麟. 历史、身体、国家——近代中国的形成(1895—1937). 北京：新星出版社，2006：9.

② 杜爱民. 在安康和汉水的上游. 读书，1999(6)：100-103.

7.2.2 单位的围墙

单位虽然在纵向上隶属一定的党政机构或行业机构，但在横向上却彼此间缺乏必要的联系而各自为政，兼之受单位办社会的影响，形成一个个相对独立的小社会。单位体制上的自我完善却带来了空间上的自我封闭，或者说是空间上的自我封闭强化了体制上的自我完善。从城市空间层面来看，每个单位依据自身的规模占据着或大或小的城市空间，形成散布于城市中的一个个“岛状”空间。本质上每个单位形成一个“圆形监狱”，亦即由中心监视的围合的向心结构。

大量封闭的单位社区的存在对城市空间起着“割裂与阻碍”的作用。单位各自独立与封闭，用一个个围墙将自己围合起来(图 7-2)，以体现内外有别，这种局面实际上在平面空间上割裂了城市。单位与单位之间没有什么联系，之间没有什么渗透，人们再也不能自由地从“此”地到达“彼”地，城市空间呈现出强烈的“阻隔”的局面。

图 7-2 汉正街武汉钟厂厚重的围墙

此情景颇有“侯门深似海”的味道。

“割裂与阻碍”的局面势必使得汉正街区域交通发生重组，一方面单位社区的封闭状态使得道路一般不能随意穿越单位，只能选择绕行或避开，这使得路网发生局部调整，尤其用地规模的较大单位，对城市道路系统的影响更大；另一方面，单位的楔入，强加的空间实体也改变了居民的日常生活逻辑，它调整了居民的空间、时间的分布状态，日常生活轨迹的改变也就促使了空间的同步变化。再有就是单位办社会的影响，由于政府把资金最大限度地投入了直接生产部门，极不愿意向城市基础建设和生活福利事业投资，这就必然要导致“单位办社会”，以填补“政府空位”。这种政策的直接后果是重单位轻城市，或者说是先有单位，后有城市，道路等城市公共设施从属于、滞后于单位社区的发展步伐，在其后的梳理建设过程中处于被动的地位。此外单位可以自主规划设计，由于没有全局的观念肆意建设，例如在大庆的“干打垒”精神学习下，因陋就简地自行解决职工居住问题，代行城市政府的规划和建设职能，造成建设的整体无序。

7.2.3 意识形态的斗争

以“阶级斗争为纲”无疑是这个时期流行的政治话语，在如此意识形态的影响下，社会各个方面都表现无遗，街道不断上演意识形态斗争的政治剧目。

小到居民的着装打扮、日常行为规范，大到城市的规划方法和街道的面貌无不和“阶级斗争”千丝万缕。本书列举和街道形态与意义有关的事例，以管窥豹，略见一斑。

跟资本主义、资产阶级思想作风作斗争是日常的行为，“在很短时间内，人们把高跟鞋、皮货、美国兵剩余的夹克和其他过时的东西包包扎扎收藏起来或变卖出去①”带有奢华风格的丝绸、毛皮等质料的服饰也因其明显的“资产阶级”风格而受到抵制。服饰是社会变迁的晴雨表，在政治因素的主导下封建主义和资本主义的腐朽事物被人们所抛弃。与此同时，列宁装、干部服带有社会主义特色的服饰广为流行，形成了整齐趋同的态势，各阶层的服饰越来越统一，服饰中的男女性别特征逐渐模糊。

来自纽约和伦敦的记者对中国的最深刻印象，就是大街上人群的那些质朴服饰，它汇聚成了一片深蓝色和灰色的海洋，仿佛是大地的呼吸，缓慢流动在北京的广场和上海的外滩，成为严格的精神管制的外在象征。那时，全体中国人民都居住在僵硬的中山装里，仿佛是一个庞大而单调的蝼蚁化社会②。

---

① 李普.上海正在欣欣向荣.新观察，1951 年 6 月 10 日.

② 朱大可.流氓的盛宴——当代中国的流氓叙事.北京：新星出版社，2006：29-34.

这是一种非凡的钳制作用力，它将人群分门别类贴有标签并一望而知，所有具有自发性的利己主义病毒都以资产阶级或小资产阶级的名义被一网打尽。人们照顾自我和身体的本能完全被改造成某种自上而下颁行的身份，当国家扩张到无微不至的地步，当国家照顾完全取代了自我照顾时，民众的自发性下降到历史上的最低点①。

这种高度一体化的“服饰共产主义”，中国一度成为全世界独一无二的“青一色”国家，呈现出禁欲主义的普遍特征。道路的面孔、建筑的表情也被政治化，呈现出清修苦行的面孔。街道被冠以具有强烈政治色彩的名称“解放”、“红旗”等(图7-3)，建筑面貌一改民国时效仿欧化的风潮，而变得清心寡欲，甚至郁郁寡欢，清一色的方块，不事装饰，表现刚正不阿的政治面貌。

图 7-3　1966 年的武珞路

武珞路被改名为政治色彩很浓的红旗大道，资料来源：《武汉晚报》，1966 年 9 月 5 日。

城市规划也效仿苏联社会主义国家而与资本主义的城市规划模式自觉地划开界限。武汉的城市规划制度几乎是全盘照搬苏联的规划制度体系，从城市规划、道路专项规划、居住区规划、公共设施规划、住宅设计等等几乎完全来源于苏联，苏联城市规划专家巴拉金等甚至直接参与武汉的总体规划工作，它对此后的武汉市城市总体规划的构思和布局发展产生了较大的影响。

此外，阶级为纲的工作中心导致了阶级斗争的扩大化，从而爆发了“文化大革命”运动，这种运动综合了高层的权力争夺和意识形态斗争等多重复杂因素于其内，政治参与作为衡量政治体系中个体政治态度的重要指标，个人、集体和大众以高度的热情参与政治过程中，这种狂热的状态在社会以诸多的形式普遍扩散，大街小巷到处是群情似火的群众运动，到处都是铺天盖地张贴的标语与告示。虽然成百万、上千万的人参加同一个政治运动，尽管他们可能呼喊着同一个口号，但是政治参与的动机是多样的，不同的动机决定了政治行为的多样性，由此演变为势同水火的派系斗争，派系斗争以阶级斗争的面貌出现，但实质是以夺取政治统治权力为依归，成为十年“文革”上演的主要社会场景，给社会秩序、社会心理、城市空间等造成极大的破坏。尤其一些红卫兵，处于政治癫狂状态，政策和法律观念淡薄，无政府主义思潮在他们中间迅速泛滥起来，做出许多荒唐的举动。在“革命造反”的旗号下为所欲为，造成骇人听闻的恶果。1966 年 8 月，毛泽东登上天安门城楼接见红卫兵代表。自此，红卫兵狂潮迅速席卷全国。23 日，武汉红卫兵像一股股决堤的洪流，陆续冲出校园，走上街头张贴标语、传单、大字报，发出通令、倡议书，横扫“四旧”(即所谓的旧思想、旧文化、旧风俗、旧习惯)，打、砸、抢、抄成了“革命行动”(图 7-4)，武汉地区的大批文化瑰宝、文物古迹、风景名胜惨遭浩劫；街道、学校、工厂、商店名称大多被改成具有“政治意义”

图 7-4　武汉市红卫兵们走上街头宣传“破四旧”

资料来源：皮明庥. 武汉通史(图像卷). 武汉：武汉出版社，2006.

---

① 冯原. 自发中国序. 城市中国，2006(9)：11-12.

和“革命色彩”的名称。在“横扫一切牛鬼蛇神”等革命口号下，抄家、游斗的浪潮开始泛滥。许多无辜的干部、群众遭受残酷迫害。据不完全统计，红卫兵在全市共查抄2.1余万家，在抄家和揪斗中发生自杀事件112起，死亡62人，被游斗折磨致死的有32人①。这些发生于大街小巷的政治事件都将或多或少遗存于街道的形态之中，其影响直接或间接、因果或互为因果地与空间互动，揉进街道形态的演变过程中，编纂着社会发展的历史。

7.2.4 权威崇拜与组织生活

对于毛主席的崇拜由来已久，十年“文革”时期，这种崇拜臻于巅峰，达到极度泛滥的程度。“对毛泽东的崇拜，是社会力量异化为人们盲目崇拜的政治权威的一个历史上最极端的实例。”②“个人迷信达到狂热的程度，风靡全国的‘表忠心’，‘红海洋’以及跳‘忠字舞’等花样繁多的活动，漫天飞舞的所谓‘一言一行让毛主席放心，一举一动让毛主席满意’的形式主义，给人民带来精神的桎梏，许多机关每日上下班前要列队站立在毛泽东画像前，进行‘早请示，晚汇报’，‘天天读，天天用’，逢必会喊‘万寿无疆’‘永远健康’；有的还在行进的火车上，也要喊‘敬祝毛主席万寿无疆’。”③

经常可以看到的场景，例如“在北京各地，军宣队召开各种恳谈会，在会上，对立组织的成员坐在一起绣毛主席的画像。在家庭里常常设有毛泽东思想的‘忠字台’，全家人围坐在台边献忠心。学校的孩子们不再以‘早上好’而是以齐声朗诵‘敬祝毛主席万寿无疆’来开始一天的活动。在全国各地都修建了用传统宗教象征装饰起来的纪念馆以记载和纪念毛主席的生活和业绩，人们有组织地来到这些被官方新闻机构称为‘圣地’的纪念馆朝圣以表现自己的忠诚，而检验对毛主席是否忠诚的标准，也不再是看其是否能按照毛泽东思想而采取革命行动，而是看其背诵的毛主席语录多不多，其挂在街上或家里的毛主席像大不大。”④

在公开场合“表忠心”、跳“忠字舞”，这些游移的身体在街道和公共广场上，进行游行、呼口号、讲演，他们的存在和装扮，以及激情的诉求和集体情绪沸腾(collective effervescence)，经常使一个单纯的物理空间，在急遽的时间内变成一个深受各方关注的政治或社会文化空间(图7-5，图7-6)⑤。空间的建构并不单单由地理位置、都市建筑和其他物理条件来决定，人的进入其身体的聚集和展演，以及它所表现出来的威力也对空间建构与衍生产生关键性影响和作用⑥。

事实上本书更加关注的是，“忠字台”、“毛主席的画像”、“纪念馆”、“恳谈会”、“讲演”、“呼口号”在这些行为或环境当中，建构了大量的向心式空间，它表现为有一个中心，其他的行为或人群将其围绕，这当然需要物质空间的配合，于是这个时期大量向心式空间生产出来。

组织学习也是如此，生产着向心式空间，在很长一个时期，国家通过定期的“政治学习”来强化国家话语对民众的支配力。“政治学习”就是国家话语自我呈现的庄严仪式，它包含着阅读(公文或报纸)、讨论和自我反省等环节，借此清理各种意识形态垃圾，不断滋养和发展对国家的信念。在学习过程中主要领导、每个发言人都需要到前台地方进行各类政治行为，而且需要听众围绕，这需要向心式的空间建构，组织学习无处不在，可以在街头、办公室、开敞空地等等，向心式的空间建构也无处不有，这都将影响于街道的空间和意义。

---

① 皮明庥.武汉通史.武汉：武汉出版社，2006.

②④ [美]莫里斯·梅斯纳.毛泽东的中国及其发展：中华人民共和国史.张瑛，等译.北京：社会科学文献出版社，1992：492，457.

③ 纪希晨.史无前例的年代：一位人民日报老记者的笔记.北京：人民日报出版社，2001：236.

⑤⑥ 黄金麟.历史、身体、国家——近代中国的形成(1895—1937).北京：新星出版社，2006：192，149.

图 7-5　1966 年 8 月 16 日汉口街景

武汉学校的红卫兵，纷纷走上街头张贴大字报，向一切旧思想、旧文化、旧风俗、旧习惯发动了猛烈攻击。他们高呼：文化大革命万岁、毛主席万岁。资料来自：《武汉晚报》，1966 年 8 月 16 日。

图 7-6　1966 年 8 月 15 日武昌街景

洪山区贫下中农最热烈欢呼党的八届十一中全会的胜利召开，热烈欢呼毛主席思想的伟大胜利。资料来自：《武汉晚报》，1966 年 8 月 15 日。

7.3　作为落实政治意图的城市规划

随着大规模的国家工业化建设展开，与之配套的中央集权式管理全面建立，1953 年 9 月中共中央发布《关于城市建设中几个问题的指示》，强调重视和加强城市规划工作，同年开始对重点城市进行规划工作。1954 年建工部召开了第一次城市建设会议，会议提出“城市规划是国民经济计划工作的继续和具体化”的原则，重新界定作为技术的城市规划与体现国家意志的机构关系，城市规划被定位为从属于国家经济发展计划，在机构设置上不再是独立的设计机构，而是成为政府机构的部门和技术手段。

规划模式与方法，甚至城市建设的各项具体指标都是全盘沿用苏联的，例如道路宽度，绿化带，厂房人均面积，住宅标准（按人均 9 平方米的标准，据说这是列宁签署过的），这些细微的规定和其所蕴含的功能指涉，显示这是一个按规格和管理方便考量的空间设计。一些规划手法如追求广场轴线单纯的构图形式等也源自苏联并影响了一些国内城市。规划作为一种落实政治意图的手段本身就打上深深的政治烙印，其规划程序只能是苏联式的，否则就是怀疑社会主义。

规划制度的直接嫁接，与其说是苏联的引入，毋宁说是需要“苏联模式”来应付当时的状况，它适应于计划经济和层级制度，也暗合了近现代中国国家权力统一的诉求。

武汉在此期间进行多次规划，从 1953 年到 1988 年林林总总规划有六种之多，以工业化推动实施的城市规划，几乎涵盖了这一时期所有的城市建设活动，城市规划藉由计划经济体制成为这一时期影响城市重要的技术手段①。

本书选择此期间与汉正街街道形态有关的规划加以梳理和阐述。从中可以看清规划思路的变化以及规划和落实的关系。尽管有的规划没有可实施性而束之高阁，但是它代表了当时建设的目标取向以及整体的社会认同，我们也可以和当时社会背景互相印证下，从中蠡测影响街道形态变化的潜在因素。

7.3.1　武汉市城市规划草图

1953 年是国家第一个五年国民经济建设计划开始实施的第一年。为更好地适应国民经济的大规

① 黄立. 中国现代城市规划历史研究 1949—1965. 武汉：武汉理工大学，2006 年 5 月.

模、有计划建设带来的城市各项建设的迅猛发展和城市规模的不断扩大，武汉市城市建设委员会着手编制《武汉市城市规划草图》，以指导城市各项建设。1953 年 12 月 23 日《武汉市城市规划草图》及其说明和盘托出，经由市人民政府上报中南行政委员会审查批示，并转报中央人民政府国家计划委员会审核。

由于新中国成立前汉正街道路的网络系统已经基本形成框架(图7-7)，鉴于城市的扩张以及三镇的联系迫切性所以在其道路规划中更多的是着眼武汉全局的道路整体系统进行规划，并在道路宽度上有所规定。

图 7-7　1951 年汉口地图

1951 年汉正街街道基本形成体系. 资料来源：武汉历史地图集. 北京：中国地图出版社，1998.

规划中指出：“草图上的全市性主要干道及各区间的次要干道分为平行和垂直江河两类。汉口方面规划平行于江河的干道有 8 条，其中基础业已形成的有解放大道、中山大道、沿江沿河干道(自舵落口起至黄浦路为干道，黄浦路以下的不作为干道)；垂直于江河的干道有 11 条，较重要的有六条：汉口下段与武昌联系的主要干道(自长江公路桥头起，向北延伸直达汉口客运总站)、建成区新居住区与郊区联系的干道(自三阳路直越解放大道，经陈家湖市六中、三眼桥之东，达周家墩与旧万国路相合，延伸至姑嫂树)、客货航运码头通往居住区兼与编组场联系的干道(自天津路与中山大道交后，西北向直辟新路，过解放大道至旧万国跑马场南侧，可达铁路编组场)、长江客运码头与汉口铁路总站相联通的干道(自民生路经前进四路，穿解放大道，北经三眼桥至总站)、市中心主干道(自市中心广场新辟通往集稼嘴襄河边，将来可为林荫大道)、汉口汉阳公路桥联络干道，也为市中心与汉阳武昌联系的干道(自武胜路过中山大道辟新线与利济北路相合，再经解放大道与宝丰二路延长相交)。”

市中心主干道是以现有汉口中山公园前的人民广场作为市中心广场，从广场开辟一主干道直达集稼嘴，作为市中心的中轴线，此轴线透过南岸嘴和黄鹤楼遥遥相对。市委和市政府的大楼设在广场的中央，广场四周以及沿主干道中轴线和解放大道两侧，可以逐步布置市一级的各种机关。从中可以看出苏联轴线设计的影子，也能看出街道承载的政治涵义。这种通过轴线建立空间秩序进而升格为政治表达的空间方式，古今中外莫不如此并屡试不爽成为津津乐道、喜闻乐见的法宝祭器。事实上也的确与苏联规划模式关系密切，前苏联城市规划专家巴拉金于 1953 年中应邀来武汉时，曾勾画了一份武汉市总体规划草图，它对此规划甚至此后的武汉市城市总体规划的构思和布局产生了较大的影响。

同时为沟通三镇，进行了桥梁规划：“长江上计划修建三座桥，近期修建龟、蛇山之间的公路、铁路两用大桥，另计划在汉口分金炉与武昌徐家棚之间修建长江公路大桥，远期视需要修建跨天兴洲至谌家矶大桥，将北来的京汉铁路与青山工业区铁路联通；襄河上计划修建公路桥四座，桥址分别选在武胜路和硚口路的襄河两岸之间以及崔家墩与郭茨口之间和集稼嘴两岸之间。”

道路的宽度设计，按照道路的性质、建筑层数和人口密度来决定。主要干道拟定的宽度为 60 至 80 米，次要干道的宽度为 30 至 60 米，道路两侧房屋层数主干道的应在四层或五层以上，次干道的应在三层或四层以上。

值得注意的是该规划指出“汉口已有居住区分布在上至硚口下至黄浦路，外以长江襄河为界，里以解放大道为界，面积 1 161 公顷，人口密度每公顷高达 537 人，房屋陈旧，服务系统分布零乱，需按国民经济的发展，逐步进行改造。城市居住用地包括居住街坊、公共绿地和街道广场以及各种社会服务机构，例如，各种行政和经济机关、文化设施、中小学校、儿童机构、体育运动设施、保健医疗设施、合作社、商店、食堂、浴池、洗衣房等。整个社会服务系统，必须合理分布在全市各个居住区内，使能适合居民的生活条件和生活需要。”在该苏联规划模式的导引下，各类公共设施逐渐进驻汉正街片区，这无疑极大调整和改变了既有一些街道形态。

7.3.2　武汉市城市总体规划

“一五”初期国家确定在武汉市兴建一些大型规模的现代化工厂，城市规划转移到以为大型工业建设服务为重点的阶段。《武汉市城市总体规划》1954 年 10 月重新编制，于同年 12 月经由武汉市人民政府报送国家计划委员会，1955 年 11 月又经由省、市政府审查后，报送国家建设委员会。

城市道路系统规划着眼于落实工业项目的布局与安排，构建仍以长江为主轴，与旧有道路相适应的路网系统，如图 7-8 所示，其中较为突出的是由现在的洪山广场经汉阳门过长江穿汉阳南岸嘴直至汉口中山公园和武汉展览馆，开辟一条贯穿武汉三镇的城市主轴线。将武汉三镇空间连为一体。其政治意图也昭然，这种轴线因其过于理想化而最终难以付诸实施，不过汉正街的路网体系规划却颇符合现行的技术规范，路网间距合理，密度均匀，也因此与其后 1996 年的武汉总体规划中的道路专项规划，有诸多相合之处(图7-8)。

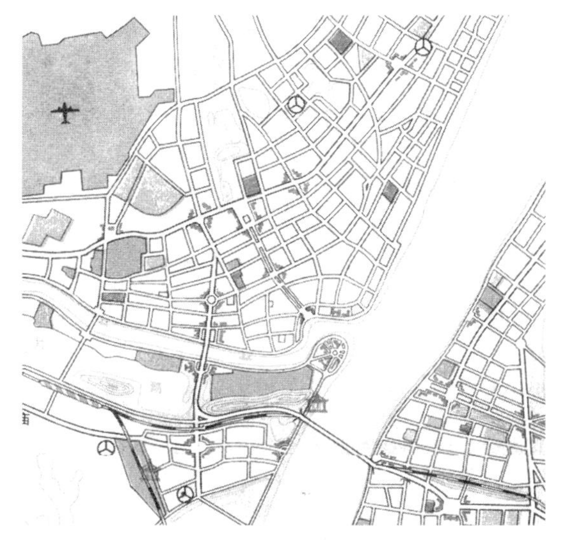

图 7-8　1954 年武汉市城市总体规划图(局部)

资料来源：武汉历史地图集编纂委员会. 武汉历史地图集. 北京：中国地图出版社，1998.

中心轴线宽度为 80 米，其他 60 米宽的道路共 5 条，长 47.99 公里；50 米宽的道路共 4 条，长 11.75 公里；45 米宽的道路共2 条，长 13.71 公里；40 米宽的道路共20 条，长 78.83 公里；30 米宽的道路共 35 条，长 125.67 公里；25 米宽的道路共 18 条，长57.23公里。总计宽 15 米以上道路 85 条，共长 339.14 公里，基本形成等级合理的金字塔形的路网体系。

7.3.3　武汉市城市建设 12 年规划

时至 1956 年，武汉市城市规划委员会根据《武汉市城市总体规划》以及城市发展情况和各方面要求加以综合，编制出 1956 年至 1967 年的《武汉市城市建设 12 年规划》。报由中共武汉市委于 1956 年 9 月 30 日同意，批转在全市执行，以指导全市建设的发展，使得城市建设管理部门划拨土地、保留发展用地时，有所依据。

城市建设的方针是：为工业建设、为生产、为劳动人民服务，保证工业建设和生产的需要，适当满足劳动人民的物质、文化生活要求。今后应根据发展计划做好新建地区的城市建设工作，以保证国家各项建设事业的需要，逐步改善旧市区工业生产条件及生活居住条件。

道路及桥梁规划依旧为配合于工业生产服务，“为适应工业建设迅速发展、城市人口增加、绿化城市，必须加强道路绿化以及城市地下管线相应增多等情况，对原定的某些道路规划线适当加宽，如解放大道的黄浦路至八大家段、韩家墩至易家墩段宽度由30米改为40米；民权路、三民路、前进一路至精武路一线以及解放公园路按30米宽保留计划线；汉蔡公路从江边至十里铺由30米改为40米；积玉桥街由40米改为50米；武珞路从马房山至喻家山由30米改60米，熊廷弼路加宽至50米，等等。”

此外对于旧市区改建的基本策略是：“首先须解决扩大居住区用地问题，按城市发展用地的需要，有计划将低洼地带填高和整理，并将市区的污水湖淌填起来，以利环境卫生；其次为逐步达到消除棚户目的，改变目前安置拆迁户。主要是另选地点建房还原的方式，采取“拆一建三”就地改建，逐步兴建部分三层住宅，以代替棚户和破旧平房，并有部分机动房，以解决居民搬迁过渡问题。还需在规划不适于建高层建筑地区，兴建部分平房。这个策略在此后很长一段时间被贯彻实施，住宅兴建对于汉正街街道空间颇具影响。

7.3.4 武汉市城市建设规划(修正草案)

1956年以来，武汉城市建设管理，基本上是按照《武汉市城市建设12年规划》方案执行的。1959年市基本建设委员会，吸取了“一五”期间城市建设工作中的经验教训，对于城市规模、布局和各项定额等进行了检查和修改，重新编制出《武汉市城市建设规划(修正草案)》上报中共武汉市委，并于1959年5月9日得到批准。

在此规划中，道路系统布局，考虑已有道路网平行和垂直于江河的情况，为便利交通，可增设一些放射环行道路。市区道路功能分为：快速车道(包括出入境道路)、全市性干道、区域性干道和街坊路四种。干道定线以结合地形和交通顺畅为主，适当照顾街坊完整和房屋朝向。快速车道与其他干道、全市性干道与铁路干线相交，远期都采用立体交叉，近期城市建设时保留规划的立交用地。道路的宽度及坡度要求见表7-1。

表7-1 道路车道、人行道宽度与纵坡规定表

道路车道、人行道宽度与纵坡规定表					
道路类别	道路宽度(公尺)	车行道		人行道宽度(一边的)(公尺)	纵坡度
		条数	每车行道宽度(公尺)		
快速道或出入境干道	郊区部分20～30	4～6	3.5～3.75	非在规划居住区内不设人行道	一般3%以下，最大不超过4%
全市性干道	40～60	6～8	3.5～3.75	7.5～9.0	一般3%以下，最大不超过3.5%
区域性干道	30～40	4～6	3.0～3.5	6.5～8.0	一般3%以下，最大不超过4%
街坊间道路	20～30	2～4	3.0～3.5	4.5～6.5	一般4%以下，最大不超过5%
附注：新区人行道宽度，如不够敷设管线时，可按管线需要增宽。西向临街建筑前面可留绿地。车道条数不包括停车道及非机动车占用宽度。行道树距路牙石为1～1.5公尺。林荫大道根据具体情况决定宽度					

资料来源：武汉市城市规划管理局编.武汉城市规划志.武汉：武汉出版社，1999.

同时道路修建规定：“旧城区沿街房屋的新建，或拆除改建，必须按照规划的道路宽度及红线具体位置退让；近期扩建旧路时，应少拆房屋；屋基标高应与道路设计标高相协调。”从中可以看出道路红线控制以及减少拆房屋的经济原则。

依旧延续城市轴线概念，从南岸嘴直至汉口中山公园形成一条开敞的公共空间轴线，轴线两侧安排公共建筑，同时将城市景观绿化系统全局勾连(图7-9)。

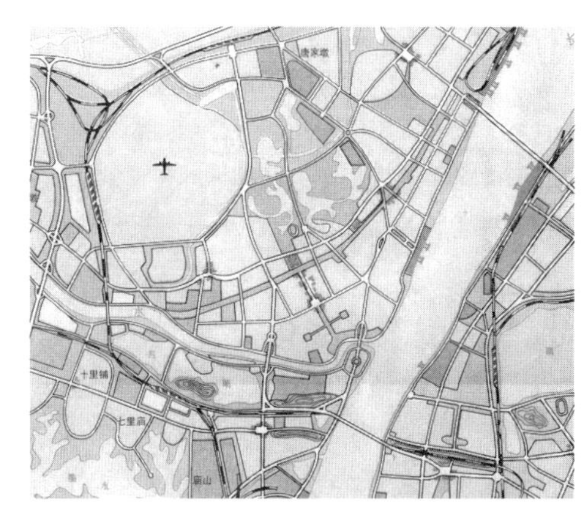

图7-9　1959武汉市城市建设规划(修正草案)(局部)

资料来源：武汉历史地图集.中国地图出版社，1998.

在长江、襄河桥梁规划中，考虑到已有长江大桥，不能满足交通需要，规划在远期新建一座长江公路桥，桥址有两个方案，一在三阳路与武昌车辆厂北侧一线；一在黄浦路与徐家棚车站之间，做出技术经济比较分析后，研究决定，在未定案以前，两处均予保留。襄河桥梁规划，除已有江汉桥外，远期再规划两座公路桥，一从民生路到集稼嘴，新辟干道引向南岸嘴修桥，使汉口下段车辆过长江大桥，不必饶行武圣路；另一公路桥修在韩家墩与汉阳之间，便利汉阳十里铺地区与长丰南北垸之间的交通，并利于快速车道车辆通过长江大桥。从中可以看到长江二桥、晴川桥的建设于此有所端倪(图7-9)，桥的修建极大沟通了武汉三镇的交通联系，三镇交通的沟通互动也在改观汉正街街道局部的走向。

在旧城区改建中指出："旧城区范围内棚户，在'二五'计划期中，加以全面规划，分期改造，变棚户为楼房，环境园林化，年久失修的老式房屋亦应统一安排，逐步加以改造；拆除破旧低层房屋，修建三层以上建筑，形成新的街坊，以节约城市用地、市政投资，改善居住条件及城市面貌；旧城区很多街道的人行道过窄，甚至没有人行道，对于消防、卫生和交通安全均为不利，在这些地区沿街进行修建时，必须按规划道路的宽度退让，在街坊内部也应按照消防、卫生要求，留出适当的距离和绿化地段；旧城区内公共场所用地不足和生活服务设施分布不均匀的地区，应在适当地点，划定和控制现为板房棚户的地方，留供安排学校、文娱场所和公共服务设施之用。"消防、卫生、交通等公共设施的考虑契合现代城市生活理念，构成消解汉正街栅格型肌理的重要变量。

需要强调的是，该规划中要求，"街坊布置可以采用周边加行列的混合式，但必须面街布置建筑，不得山墙对干道；街坊路两侧的房屋建筑，为照顾好的朝向，可以适当布置。文化福利设施，应根据需要和合理服务半径均匀分布，小学、幼儿园不宜沿干道布置，尽可能使儿童就近上学和避免跨越交通干道，中小学布置应考虑学校办工厂，教育与劳动生产相结合的问题；生活服务性设施，采用大、中、小相结合，临时性与永久性相结合，尽可能均匀分布。"由于主要道路是平行于河流，这就造成一个尴尬就是，原有汉口房屋大多面向垂直于河流的巷子，为避免房屋山墙朝向主要道路，势必要扭转原有朝向，这就造成既有与现有规定的抵牾，所以在房屋朝向地慢慢调整过程中街道形态也处于动态流变之中。

7.3.5　1979年武汉市总体规划

1959—1979年的国家政治环境和经济建设动荡起伏，相应的城市规划经历了"大跃进"到"三年不作城市规划"的剧烈变化。1959年编制的《武汉市城市建设规划(修正方案)》经市委审查同意后，延至1979年的20年间，武汉市城市建设总体规划虽曾多次试图编制一定时限的城市建设总体规划修订方案，但都未经正式上报审批，在指导城市各项建设时，仍以1959年的修正方案为依据。十一届三中全会以后，为贯彻国民经济"调整、改革、整顿、提高"的方针以及结合20年城市发展变化的具体情况，于1979年城市规划管理局重新编制武汉市城市总体规划。1982年6月5日国务院批准武汉市城市总体规划，武汉市城市总体规划在新中国成立后第一次得到国家的正式批准。

在道路规划中，认识到道路交通现状存在的弊端是："三镇道路交通联系主要靠长江大桥和江汉桥，以致‘三镇道路一线联’，形成车流过分集中此线，交通阻塞，且如江岸区下段与徐青地区之间交通，车辆迂回绕行里程长；城市对外出口道路少，‘一个方向一条线’，另辅助主干道的平行线以及联通路修建少，又无城区外环公路，凡此都不利于分散车流和人防战备；汉口旧城区旧京汉铁路线和徐青临时铁路支线，穿越城区内部，与城市干道多为平交，对市内交通运输和安全影响很大；有的主干道未按规划的横断面建成，致人车混行，快慢车不能分道行驶，互相干扰，通行不畅。”

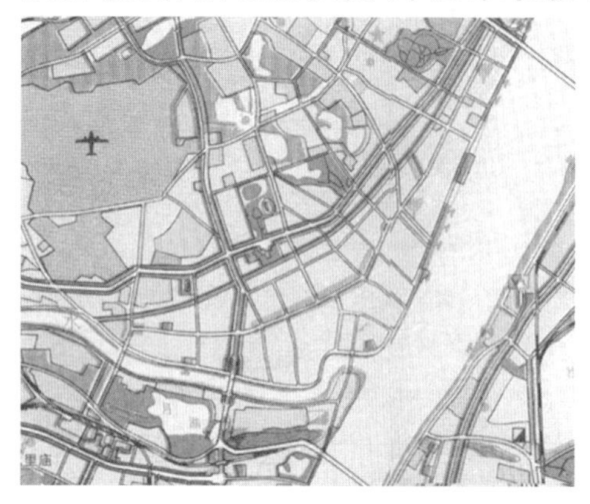

图 7-10 1979 年武汉市总体规划(局部)

资料来源：武汉历史地图集. 北京：中国地图出版社，1998.

道路交通建设规划原则：“要重点解放‘三镇道路一线联’、‘一个方向一条线’的不够便捷、通畅、安全和经济合理的状况。在现有道路骨架和城市用地功能分区的基础上，首先完善主干道系统，以适应三镇各个不同地区的交通发展需要；其次规划好三镇各自的道路系统，使三镇之间既有方便的交通联系，又有相对独立的交通系统。要加强交通组织规划，开辟单行线和专用道路，逐步做到人车分行，快慢车分流。也要增加对外出口道路。”不难看出交通规划是着眼于三镇的综合体系规划(图 7-10)。

城市道路分类分级：分为城市干道、工业区路和居住街坊路三类，城市干道又分为主干道、次干道和区干道三级。主干道是沟通武汉三镇各地区、各工业区、各大型车站码头和仓库等之间的交通道路，并与主要出口道路连接，红线宽度一般为 40～60 米；次干道是沟通武汉三镇各自内部相邻地区的交通道路，并是各自道路系统的主要组成部分，红线宽度一般为 30～40 米；区干道是沟通各个地区各个部分之间的交通道路，红线宽度一般为 20～30 米。工业区路是各个工业区内部的道路，并与城市干道相连接，红线宽度一般为 20～30 米。居住街坊路是居住街坊之间的通道，红线宽度一般为 15～25 米。城市对外出口道路和郊区公路，分为二级。一级的车道宽 14～18 米，红线宽度 30～35 米；二级的车道宽 9～12 米，红线宽度 20～25 米。这是基于不同性质道路甄别对待的层次规划思路。

路网规划目标指标：要使三镇之间及各镇内部能组织环形交通；其次规划了一些平行干道和联通路，为合理分布车流创造条件；另结合旧城道路改造，逐步拓宽卡口、堵头，对主要交通道口改造为立体交叉。在车站、客运港口和大型公建等人、车流集中点开辟机动车和非机动车停车场。规划的城市干道网长度由现已开辟的 320 公里增至 594 公里，相应的干道网密度为每平方公里 2.1 公里，干道用地率为 9.74%。同时规划停车场 69 处。

桥梁分布规划：凡与三镇主干环路相交的主要干道的道口都规划为立交，其他主干道相交叉的道口保留建设立交的用地。在车流量大的路段，要考虑建人、车立交设施。在汉口黄浦路对徐家棚接徐东路建长江公路桥，保留南岸嘴、硚口路、古田二路过汉江的桥位，修建谌家矶朱家河口的桥，以便谌家矶的交通联系。

需要注意的是，该规划摒弃了以往华而不实的轴线思路，而是更加关注三镇交通体系的合理构建，同时路网密度，干道面积率、道路等级结构等技术指标成为衡量道路合理与否的关键，“快捷、通畅”成为衡量的基本评价标准。

7.3.6 1988 年武汉市总体规划

1988 年武汉市基于上版规划基础上，重新修编推出 1988 版武汉市总体规划。在道路规划中道路体系“分为全市性、地区性和小区性三级，全市性有中南路、解放大道、中山大道、江汉路等；地区性的有汉口头道街、车站路、三民路、硚口路、古田二路等。”“各项商业服务建筑分布要满足国营、集体、个体和农贸等各方面的需要。全市不同规模的图书馆、文化馆、青少年和老年活动场地以及各级体育活动场，按市、区及居住区等级合理分布，结合城市新区开发和旧城改造予以实施，以便人民进行文化体育活动。”设施等级化布置，按服务半径进行安排的思路依旧如故。

其中旧城区道路建设采用以下策略：“占压道路规划红线的现有建筑物，在新建或改建时，必须让出道路红线以改善城市交通，若退让道路红线难度大，可采取骑楼和临时建筑形式过渡，待条件成熟时拆除；现有道路的瓶颈、堵头地段可以结合开路开发形式展宽、打通道路；在旧城商业集中路段，如汉正街、江汉路、解放路、西大街等，结合房屋改造开辟步行街；旧城区临街建筑在新建或改建时，在满足防火通道前提下，可不受房屋间距制约。”

旧城区改造的方针原则：按照“加强维修、合理利用、适当调整、提高水平”的方针进行改造规划。成片改造的重点是危坏房比较集中、人口特别稠密、街道狭窄交通阻塞、市政设施和环境质量差的地段，按批准的详细规划，综合开发，配套修建；危及人身安全的危房按原地原高拆建或可拆去易地兴建，原址保留作为绿化；在旧城改造时要有计划与新区开发结合，统一安排拆迁户，以利降低旧城现有居住人口密度；为了适应第三产业的发展，在旧城区按照合理布点的原则，对一些主、次干道两侧的低层房屋区，可规划改建为商业、贸易、金融、信息、咨询、保险、旅游、办公等大、中型建筑；汉口沿江大道和江汉路一带以及前租界区内质量较好的公共建筑，要加强维修，恢复原建筑物的使用功能；汉正街小商品市场，在房屋改建中，要考虑与大型商场、沿街商业有机结合，注意保留原建筑面貌，以建设有武汉特色的市场；旧城区内污染环境和危及居民安全、健康的企业单位，应有计划的分批外迁，原有用地宜于发展第三产业、绿化或城市公共设施。

值得注意的是，市场经济虽然还处于襁褓之中，但是此次规划思路已经在迎合这个潮流，汉正街区域加大发展第三产业的用地面积，还应时出现商业街，而且首度提出改造汉正街小商品市场，并且转换了以工业为安排导向的思路，一些对居住区造成干扰的分批外迁。着重强调的是，规划中提出了要保护原有的街巷布局和院落特色、保留原建筑面貌、扩大绿化面积的规划思路，该规划的整体思路和原则与以往规划有着质的区别(图 7-11)。

图 7-11　1988 年武汉市总体规划(局部)

资料来源：武汉历史地图集编纂委员会. 武汉历史地图集. 北京：中国地图出版社，1998.

总之，从 1953 年《武汉市城市规划草图》到 1988 年《武汉市总体规划》体现了计划经济体制下的全能主义政府的政治要求，城市规划遵从工业化目标，并且反映政治意图。从苏联借鉴而来的一整套规划方法，技术的指标化成为规划的关键，规划合理与否依从于规范数据。道路等级规划、设施配套与设施服务半径考虑、现代卫生消防观念等等，都极大地改变了汉正街街道的形态。

7.4　建设活动

7.4.1　优先发展下的工业建设

新中国政府参照苏联在计划经济体制下实施工业优先发展战略、迅速建立起社会主义工业基础的经验，按照马克思主义经济学的原理，制订了相应的产业发展政策。马克思主义经济学认为：在扩大再生产的过程中，“增长最快的是制造生产资料的生产，其次是制造消费资料的生产，最慢的是消费资料的生产”。这就是生产资料生产优先增长的规律。因此，在政府的“第一个国民经济发展的五年计划”中，将工业尤其是重工业列为优先发展的产业。

“一五”时期，武汉被列为国家投资重点地区，城市布局主要考虑工业用地的发展和自然条件，先后在武昌开辟了以武汉钢铁公司为主的青山工业区，以武汉重型机床厂为主的中北路工业区，以武汉锅炉厂为主的石牌岭工业区以及以建材工业为主的白沙洲工业区；在汉口开辟了以轻、化工为主的唐家墩工业区，以肉类联合加工为主的堤角工业区；在汉阳开辟了以地方机械为主的庙山工业区，由此搭建了武汉大工业城市的基本构架。城市的建设都服务于工业优先发展的目标，道路修建、建设居住新区都是为之配套服务。

除此之外，城市内部也兴办街道工业，50年代中后期，各街居民在街道党政部门的领导下自力更生、因陋就简地办起了作坊式的小工厂，由街道、居委会提供场地，参加者自带生产工具，自愿合作，主要从事小商品生产和加工服务，如生产裤钩、橡皮圈等日用品，为纱厂加工纸滚筒，以及为居民修理竹木器具、拆纱、补锅等。产品与居民日常生活密切相关，一般是十几个人组合在一起，有活大家干，无活就分散回家。

至60年代中后期，为了加强街道企业的管理，壮大街道经济，各街对原有作坊式的小加工厂进行合并、重组，创办了半机械化的生产企业和助勤服务队等服务性企业，职工分别增至二三十人。

进入70年代后，企业生产规模又有扩大，经过再次调整重组，部分企业设备增加，生产规模扩大，职工增至百余人。例如利济街以红旗橡胶厂为主体，将胶丝厂、裱糊厂、油漆厂合并在一起；同时将五金配件厂和装订厂合并组建为红旗自行车配件厂，并增添了车床等部分生产设备，生产方式由手工转变为半机械化、机械化。经过改组后形成许多享有盛誉的街办企业，例如三曙街的武汉表带厂、宝庆街的武汉氧气表厂、利济街的武汉红旗橡胶厂以及新安街的武汉气动元件厂等①。

为落实工业化目标，在全民办工业的高潮下，大大小小的工业强行楔入汉正街区域(图7-12)，通常占据较大地块，占据的规律大致无脱以下三种情况(图7-13)：

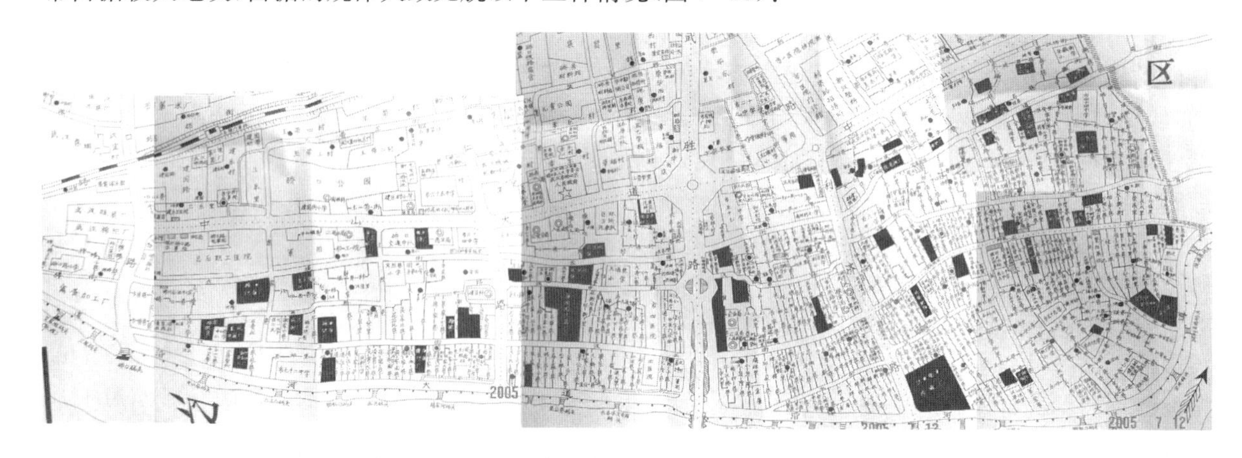

图7-12　1980年大大小小工业遍布汉正街区域

第一，以前是善堂、寺庙、会馆、水塘的区域，一则没有人在此居住，毋庸考虑安置；二则往往地块较大，了却再兴拆迁之烦。不过工业的基本要求就是交通方便，隐于市井深处的寺庙、会馆、善堂等地块常被改为居住、学校等用地。例如老宝庆会馆由于地势低洼，下雨时经常会出现渍水的现象，1931年大水期间，宝庆街区会馆一带渍水二三公尺深。由于年久失修，房基又被泡软，随时有倒塌的危险，1953年政府遂予拆除，并贷款居民，修建了板厂二巷两边的房屋②。而改为学校则更不胜枚举。

第二，工业驻入常步随街道的修建，因为如此一来，既无交通不便的担忧，而且伴随街道修建的拆迁，两行一处，再无兴师动员之苦。例如武汉食品厂就是武胜路的拓宽而进驻。

第三，交通便利，容易改造之处。如此例子更是举不胜举，例如，市鱼类联合加工厂、市冷冻二厂、

① 朱文尧.汉正街市场志.武汉：武汉出版社，1997.

② 赵勇.汉正街宝庆街区街巷结构历史演变研究.武汉：华中科技大学硕士学位论文，2007.6.

汉口电力修造厂等，由于靠近沿江大道，有陆路、水路方便的交通环境，选择建厂非常有利。

改造后用地功能(1980年)	解放初用地功能(1951年)
武汉弹簧厂	老君殿
武汉第二帆布厂	九连寺
省玻璃仪器厂	湖南会馆
汽车研究所＋铝合金制品厂	从善堂北部水塘
民主市场＋热处理厂	长后善堂北部水塘

图7-13　1951年和1980年汉正街工业用地功能前后变化对比(选择若干)

街道工业具有生产自救、提供就业的作用，当然也借此将社会基层统筹和监控起来。街道工业进入汉正街区域，造成街道发生巨大改变，除了大体块功能区域楔入外，其造成的居民日常生活的轨迹改变以及生产方式的改变，这无疑都促使街道系统重新组合。

7.4.2　体系目标下的道路建设

1949年建国后，在全能政府的主导下，城市规划以技术理性为名贯彻落实政治意图成为调控城市建设的手段，从苏联嫁接而来的城市规划着眼于对武汉三镇整体性交通体系进行布局规划，道路规划呈现明显的层级化和技术指标化特点，例如着力构建武汉三镇整体的主次干道体系，追求满足诸如路网密度、道路面积率、道路间距等技术指标。在此思路的指引下汉口道路进行一些修建和调整(图7-14)。主要有50年代修建了长江大桥和江汉一桥，扩建了沿江沿河道路，改建了中山大道，新建了解放大道，配合长江大桥和江汉一桥修建了武胜路、利济北路，同时改造和新建了硚口路、友谊路、前进一路、民意一路、三阳路、顺道街、大兴路等；60年代开辟了黄浦路、古田一至五路、汉西路、宝丰路、崇仁路，扩建了解放公园路、二七路、球场路、万松园路及自治街、民主街、工农兵路等。70年代配合江汉二桥开辟了建一街，扩建了解放大道上段及汉西路等。

汉正街内部也根据体系规划的要求，对局部街道进行开通和拓宽，例如打通汉中街、汉中西路、三曙路形成一条平行于长堤街和汉正街与大夹街连通的街道。还疏通永宁巷、汉正上下河街、汉水街等。

在道路规划中，对于道路的宽度做了技术性规定，例如主干道红线宽度一般为40～60米，次干道红线宽度一般为30～40米；区干道红线宽度一般为20～30米；居住街坊路是居住街坊之间的通道，红线宽度一般为15～25米。

街道宽度的规定对于汉正街街道空间影响较大，例如新中国成立后对汉正街街道进行多次改造，宽度控制在 15 米。并且由于存在宽度的技术规定，使得诸如武胜路、利济北路、硚口路、友谊路、民主街等在扩建的过程中街道两侧的用地性质发生变化，这种变化引发附丽道路之上的建筑更新加上消防、卫生、采光的诸多考虑进而影响汉正街局部街道的微调，从而造成较为复杂的因果链。

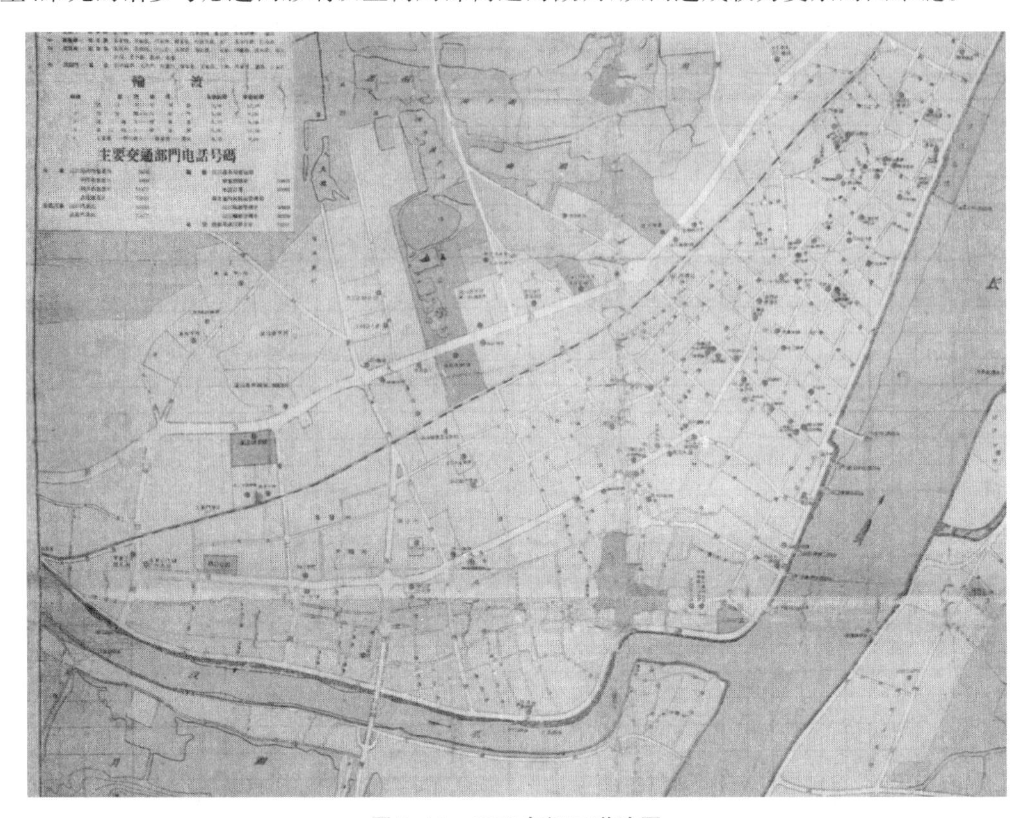

图 7-14　1958 年汉口道路图

图中已经显出现代交通规划的架构和层次体系。来源：武汉历史地图集编纂委员会. 武汉历史地图集. 北京：中国地图出版社，1998.

7.4.3　多重因素影响下的住宅建设

1949 年新中国成立后，我国逐步实行苏联模式的计划经济体制，生产资料的公有化，凭票生活造成生产生活资料短缺，扼杀了民间的自建活力，城市的各类建设活动都是官方的话语。建设由官方主导话语，则极容易受各类政治影响，事实上也的确打上很深的政治烙印，政治上的风风雨雨导致汉正街住宅建设复杂无常。

1943 年 12 月 20 日，中共中央颁发了《关于城市中公共房产问题的决定》，设立了城市公共房产管理委员会，下设公房管理处，统一管理分配城市中一切公有房屋。此后随着社会主义改造的结束，计划经济体制的逐步建立，住房纳入集中管理的轨道，这主要表现在城市住房的建设、管理和分配体制等方面。

住房集中管理有如下几个主要特征：一是在住宅建设投资方面，由国家包办，即由国家出钱建住宅提供给职工、市民居住，不出卖，只出租；二是在房租制方面，实行低租金出租办法，房租低得连住房的维修费也补偿不了，不仅年年国家投入住宅建设的大量资金收不回，还要再拿出一大笔钱用于补贴住房的维修和管理费用；三是促使住宅所有制方面单一化，认为城市住宅国家所有才符合社会主义原则，个人所有住宅至少应当逐步改变为国有。

这造成一些恶果，一是在重工业优先的发展政策下，要求消费让位于生产，以达到集中力量和资源快速发展重工业来带动整个国民经济的目的。因此，作为非生产性建设，城市住宅建设在国民经济中一直处于次要地位。由于缺乏新的投入，缺少房源，房少人多，住房条件和环境状况每况愈下。二是租金标准过低，一直处于"租不养房"艰难维持的状态，使得房屋年久失修，而且由于租金低廉个人建房成为一种不划算的行为，很大程度上抑制了个人建房的积极性，当然这种抑制主要还是来自政治气氛的影响所致。在这种制度下，1980 年武汉城市人均居住面积仅 4 平方米，比建国初期的4.5平方米还要低①。

由于房少人多，原来由一个大家庭居住的合院或里分中的一套住宅被接管后，往往分配给几个家庭合住，何祚欢在其博客曾写下那段回忆："有的单位分房，在转二轮房时，发现里分有套间，为了多解决一户人家，就将套间之门挡死，使住一家的套房变成了住两家的单房。"②这种状况致使居住条件本已恶劣的汉正街一带旧城区生活状况更加是雪上加霜。

在有限的住宅建设中通常是主要有两种类型：政府主导的"解危"工程和单位主导下的住宅建设。

"解危"工程采取"拆一建三"就地改建的模式，逐步兴建部分三层或以上住宅，以代替棚户和破旧平房，改善居住条件及城市面貌；受苏联城市住宅建设模式和居住小区的影响，在改建过程中考虑日照间距等技术原则以及注重各类服务设施的配套，配套的方法遵从服务半径原则，对于消防、卫生和交通也予以了一定重视，在沿街地区进行修建时，按规划道路的宽度退让。"解危"工程在一定程度上改善了居住的状况，由于改建模式大多采用就地还建的模式，所以汉正街街道的形态在此过程中保留了某些传统的特征。

而单位主导下的住宅建设则是各个单位、企业负责建设各自的职工住宅。一般的做法是通过列入部门年度基本建设计划，获得上级部门划拨的资金，土地由地方政府无偿划拨，单位内部成立专门的机构来负责职工住宅的建设与分配。每个单位无论其居住区规模的大小，都要建立一整套基本的生活福利设施，以满足职工的基本生活需要。因此，工作单位不再仅仅是城市社会中的一个经济单位，同时也成为一个基本自足的生活单位。居民可以不出生活区的大院就可以获得日常生活的所有必需品，保证基本的物质、文化生活，整个城市就由这些一个个的"单位社会"组成。由此，形成了住房建设的"条块分割"现象。

这种"单位社会"在城市的地理分布上也很有特点。为方便职工上下班，一般单位都就近安排职工生活区，然而在旧城区，虽然单位兴建生活区时也尽量靠近工作地点，但是获得完整的土地相对比较困难，所以居住与工作分离的现象较为普遍。有些正式职工可以获得单位分配的房子，而一些非正式工则需要租住房子，这就形成四散周围的居住情况。

需要注意的是有些单位可以获得相对完整的地块，这就为整体规划建设提供条件，随着苏联居住小区设计思想和方法的引入，这种被认为"社会主义意识形态在城市社会结构上的体现"的居住区规划在一些单位得到实现，而其规划的方法，例如考虑日照间距、通风、住宅排列形式的技术要求，使得居住区和传统的街区肌理完全不同。

特别指出的是，"文革"期间，城市规划被废弃，城市建设处于无人管理的状态，到处呈现出乱拆乱建、乱挤乱占的局面。1967 年 1 月，国家建委在《关于 1966 年北京地区的建房计划审查情况和对 1967 年建房计划的意见》中，提出北京市"旧的规划暂停执行"，并规定 1967 年的建设，凡安排在市区内的，应尽量采取'见缝插针'的办法，以少占土地和少拆民房"，要求"干打垒"建房。上行下效，武汉也在城市建设采取相同办法，给城市建设带来极大的危害。由于城市规划"暂停执行"，在此后的五年多的时间里，武汉的建设基本上是在脱离城市规划指导的状态下进行的，建筑上的"见缝插针"、乱搭乱建，恶化了环境。甚至一些易燃、易爆和噪声严重的不应在市区内建设的工厂，也在居住区内盲目扩建，严重污染破坏了居住区的环境。官方主导下的"正规性"建设原则却造成"非正规性"的结果。

---

① 马冀通. 武汉人均住房面积增加 20 平方米的沧海桑田，引自 http://www.cnhubei.com/200503/ca787912.htm.

② 何祚欢. 新区里的思旧情，引自 http://blog.sina.com.cn/s/blog_49b5f56e01000534.html.

“文革”期间“红卫兵”掀起的破“四旧”的运动，也使得城市文物古迹、园林遭受了一场无妄之灾。汉正街大大小小的会馆、寺庙在此过程中遭受浩劫。在破“四旧”的同时，发生了非法抄家和挤占私人住房的现象①，更导致了产权易主。如此种种，都会在街道形态中留下印记。

7.4.4 作为配套服务的公共设施建设

有序的城市生活，需要有多种为之服务的公共设施来支持，正如新中国成立后城市规划制度建立伊始，《武汉市城市规划草图》中要求的，“汉口已有居住区分布在上至硚口下至黄浦路，外以长江襄河为界，里以解放大道为界，面积 1 161 公顷，人口密度每公顷高达 537 人，房屋陈旧，服务系统分布零乱，需按国民经济的发展，逐步进行改造。城市居住用地包括居住街坊、公共绿地和街道广场以及各种社会服务机构，例如，各种行政和经济机关、文化设施、中小学校、体育设施、医疗设施、供销社、食堂、浴池、邮局等。整个社会服务系统，必须合理分布在全市各个居住区内，使能适合居民的生活条件和生活需要。”汉正街区域这个时期受苏联规划模式的影响，大量进驻了各类公共设施，公共设施的布置通常有三个原则：

一是公共设施项目要成套地配置，整个城市各类的公共设施要配套齐全；汉正街不遗余力地设置各类形形色色的公共服务设施，图 7-15 是学校设施的分布情况，从中能够看出其力图覆盖整个区域。

二是公共设施要分级布置。公共设施分为市级、区级等几个层面，针对不同的层面，其规模大小也不一样。为居民日常生活所必需的设施，采取均匀地、分散布置，以接近居民，它们的规模和服务范围小一点；而一些非日常使用的设施通常集中设置，规模和服务范围大一些。这种公共设施布置的原则，客观上也确定了市中心或次中心的位置。

三是各类公共设施要按照与居民生活的密切程度确定合理的服务半径。服务半径是根据公共设施的规模确定其服务范围大小及服务人数的多少，不同的设施有不同的服务半径。这一原则也影响了汉正街设施分布状况。

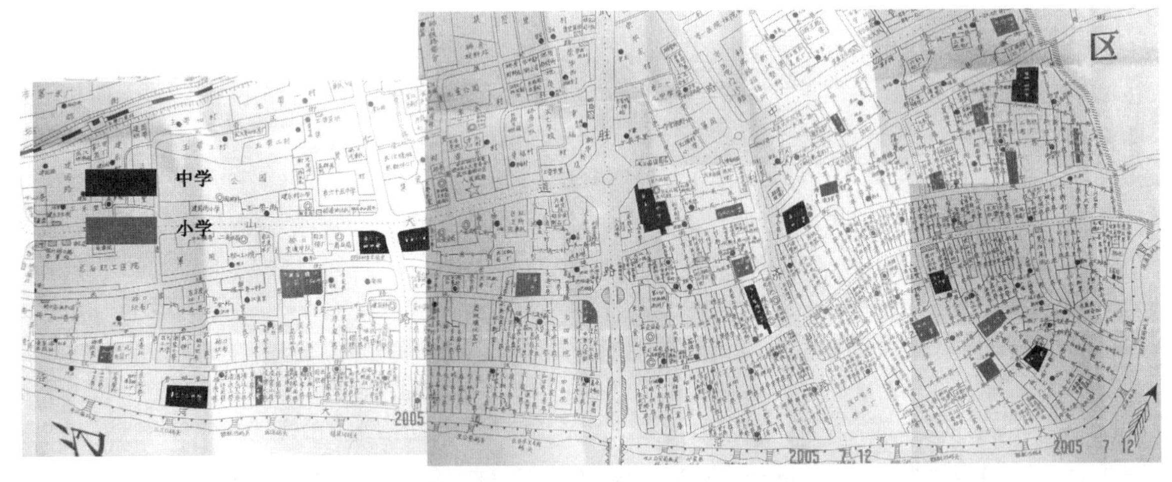

图 7-15 1980 年汉正街部分区域小学与中学分布图

1980 年尚未进行大规模改造，因而保留了新中国成立后进行一系列公共设施建设的原貌，从中可以看出等级配套的思路。

公共设施选址的方式与工业用地选址差别不大，在考虑服务对象和服务半径的基础上也是选择容易改造和交通区位较好的原先是善堂、寺庙、会馆、公所、池塘的位置(图7-16)。

---

① 赵永革，王亚男. 百年城市变迁. 北京：中国经济出版社，2000：107-109.

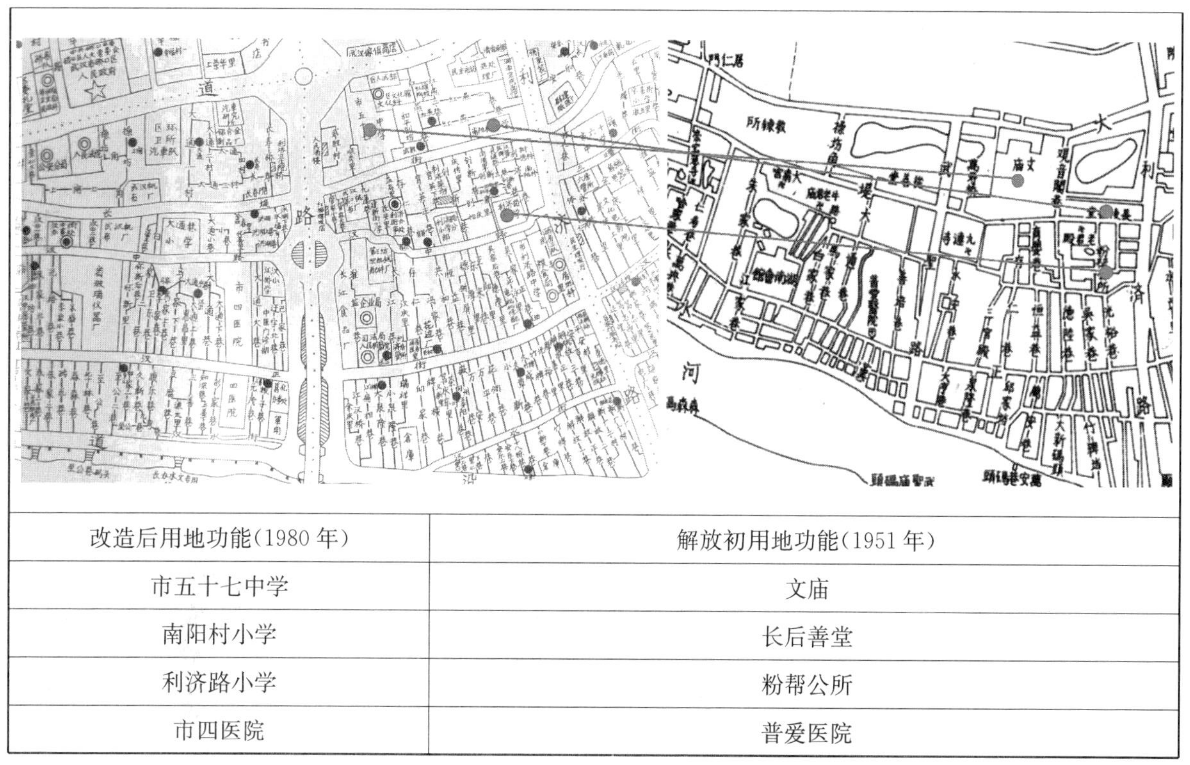

改造后用地功能(1980 年)	解放初用地功能(1951 年)
市五十七中学	文庙
南阳村小学	长后善堂
利济路小学	粉帮公所
市四医院	普爱医院

图 7-16　1951 年和 1980 年汉正街公共设施用地功能变化对比(选择若干)

7.5　街道形态的演变过程

1949 年 5 月 16 日武汉解放,武汉市被中央人民政府列为直辖市。虽然物理实体上武汉三镇依旧各自为政,但是在行政上隶属为一个整体。随着大规模的国家工业化建设展开,与之配套的城市规划制度建立,并界定城市规划从属于政府的机构部门,落实国家经济发展计划。取径和嫁接于苏联的计划经济和层级制的规划模式,与其说是苏联的引介,毋宁说是正迎合了当时政治的需要,暗合了彰显国家权力统一的诉求。果不其然,1954 年武汉市城市总体规划从空间实体上力图体现武汉三镇的统一,采用轴线规划方式表现强大的新生政权,最突出的是由现在的洪山广场经汉阳门过长江穿汉阳南岸嘴直至汉口中山公园和武汉展览馆,开辟一条贯穿武汉三镇的巨大的城市主轴线。除此之外,在武昌徐东路和杨园一带另辟有通向江边的城市次轴线,整个武汉城区共规划有大小城市广场近 20 处,形成了较为完善的城市广场群和城市轴线体系(图 7-17)。这正应了斯皮罗·科斯托夫所言:“一般说来,在壮丽风格设计的背后都有一个强大的、集权式的政府。”

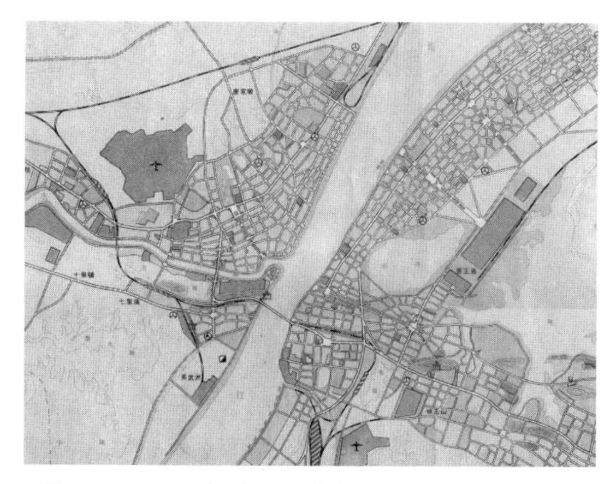

图 7-17　1954 年武汉市城市总体规划图(局部)

资料来源:武汉历史地图集编纂委员会. 武汉历史地图集. 北京:中国地图出版社, 1998.

这个轴线设想实施起来,困难重重,最终留下几个广场[1]而不了了之,不过此后道路的建设和改造

[1] 例如洪山广场、红楼广场和武汉展览馆广场等。

很大程度上坚守了这次规划的基本思路，相比较后续几套规划方案，例如 1956 年的武汉总体规划和后来的《武汉市城市建设 12 年规划》，可实施性更高。1956 年至 1967 年虽多次重新编制规划，但是由于各类原因，都没有实质性的实施。

首先对武汉城市空间结构产生重大影响的是 1957 年建成的长江大桥和 1956 年建成的江汉一桥，名义上的三镇终于做了实体上的连接。大桥武昌一侧建于蛇山，引桥公路从山南通过，铁路从山北通过，桥基植于黄鹄矶，占用了黄鹤楼故址，拆去了奥略楼、张公祠，迁建了宝胜塔；大桥汉阳一侧建于龟山，引桥公路从山南通过，铁路从南山脚通过，引桥基占用了兴国寺故址。自此，武汉三镇联成一体，京汉、粤汉铁路连成一线。正所谓"一桥飞架南北，天堑变通途"。

继而着眼于三镇整体交通等级体系的建构，汉正街干道系统进行系列的调整。50 年代拓宽了配合长江大桥和江汉一桥的武胜路、利济北路，扩建了沿江沿河道路、崇仁路，改建了中山大道，同时改造和新建了硚口路、友谊路，基本落实了 1954 年的总体规划方案思路。道路的技术性要求是形成这些道路的一个重要缘由，其目的就是为了符合固定的技术规范，道路的宽度有固定的技术限定，道路的间隔必须满足基本的规格，以形成方便生产生活、沟通便捷、间隔匀称、层次有序的路网体系。街道的断面也在改造过程中发生调整，原有的街巷断面不能适应现代交通的要求，新的交通工具对道路的宽度、线型、坡度及路面提出了新的要求，对街巷的宽度进行拓宽，其平面线性也被调整。当然这些干道路线选取也是基于经济的考虑，正是选择容易打通的薄弱环节，道路贯通才指日可待。所以武胜路、利济路、硚口路、友谊路等都是历史遗留下的较容易打通的部位，而且总体上其又符合路网体系构建的技术原则。令人玩味的是，修建江汉一桥、扩建武胜路，使硚口路与集稼嘴之间区域明显地分成两段，上段由硚口路到江汉桥桥头，下段由江汉桥桥头至集稼嘴，加上后来一些政策影响，上段以居民住宅和小型工厂居多，下段以商店铺面为主，这使得地价明显不同导致开发的内容、模式不同，街道形态因而发生不同的变化，后世的翻天覆地的反差变化或许就源于很多年前种下的小小因缘。

这个时期对于汉正街内部支路体系也进行一些梳理和调整，比如根据需要打通了汉中街、汉中西路、三曙路形成一条平行于长堤街和汉正街与大夹街连通的街道(图 7-18)。这应该和水路经济让位于陆路经济平行河流交通的要求加强有关。此外还疏通永宁巷、汉正上下河街。

图 7-18　1980 年和 1951 年汉中街打通位置对比图

可以说汉正街道路系统的改造如同推倒了多米诺骨牌，引发街道两边的改造，道路附着了各类新功能，例如汉口中山大道沿街不断进行改扩建，50 年代改建成较大型的新商店武汉工艺大楼、市五金家电公司无线电总店、硚口商场以及五金家电商场等，随后在中山大道硚口路到满春路一段，按照城市规划修建了多栋住宅大楼，楼下为商业服务业铺面，并拓宽了道路，如利济商场、武胜路新华书店等，再后又修建了利济商场新大楼、六渡桥百货公司桥西商场、市文物商店、星火文具店、水塔商场等[①]。这些功能附着甚至也和90年代商业开发构成因果关系，同时在一定程度上也成为街区改造层层深入的契机点和催化剂。

与道路改造并行不悖的是工业进驻、居住区改造、配套设施的跟进。这都是基于官方话语的建设，因而此过程也带有比较明显的政治色彩。

新中国成立后汉正街经历了工商业的社会主义改造，将大批小商小贩、手工业者和其他劳动者纳入到公私合营的轨道，延续数百年的传统商业和手工制造的功能逐渐萎缩，终于在20世纪50年代中期寿终正寝。在严格的户籍制度的控制下，这一阶段中的汉正街人几乎全部定格为有当地户口的城市居民，社会经济、文化均趋于同质[②]。在生产资料公有制和票证生活的影响下，民间自建活动被扼杀，而以工业优先发展为战略导向几乎涵盖了这一时期所有的城市建设活动。

为落实工业化目标，在全民办工业的高潮下，工业强行楔入汉正街城区，由于事先缺少一个合理和科学的布局，各自为政，通常占据着较大的地块。这与"鱼刺型"的空间肌理是矛盾的，与汉正街传统上的小街小巷的尺度也格格不入[③]。

工业通常占据原先为善堂、寺庙、会馆、水塘等区域，既省却拆迁安置的麻烦，也容易取得较大的地块；或者安排在交通便利，改造容易之处。工业与街道常常互为因果，工业的进入带来街道的改变，街道的修建带来区位变化也吸引工业的进入。

工业的进入势必导致生产生活方式的转变，这种由政治建构的生产生活方式的转变实则是街道形态发生改变的最深层的原因。工业的进入改变了以往的依靠汉水、以商业贸易为本的生产方式，转而形成单位制生产，亦即以单位为核心，在单位里工作，居住着单位分配的住房，利用单位附属的各种福利设施，各单位内有各自的基础设施，供自身专门使用，利用围墙使单位内部成为相对闭锁的空间的方式[④]。这种"小而全"的封闭生产，使得先前与汉水须臾不离的交通关系变得可有可无，每个单位形成一个封闭的空间物质体，宛如一个个刀枪不入的硬块，所以纵向的通道或被其卡断，或消失在其内部。居民生活轨迹也随之改变，在没有产权约束的前提下，街道或封堵或开通，一切都在新的生活生产的需要之中。大水、大火都无法磨灭的街道肌理、空间逻辑此时发生巨大变化。

小学、商店、医院等公共设施也驻入汉正街街区，其驻入方式和工业颇为近似，但也自成一统，布置原则尚需考虑服务的对象和半径。这些公共设施的进驻一方面改善居民的生活条件，另一方面无疑也进一步加速了街道的形态上的改变，甚至造成居民心理、文化传统、社会关系的转变，进而改变街道空间，如此的结果就更无法计算了。

住宅的改造也在紧锣密鼓地进行，新中国成立后，国家对房地产逐步实行接管、没收和整顿的新政策，掌握了对城市私有房屋的控制权，对居民的居住生活开始实行宏观上的调配，施行国家统包的体制，由于人多房少，多户共居的小家庭居住模式最终在城市中普遍形成。为改善汉正街居民的居住条件，增加房源，政府着手进行旧城改造，在其主导下，由于土地的无偿使用，产权归于集体，使得改造比较随意，并且经历种种的政治风浪而一波三折，这些都无形地、内在地影响和操纵住宅的建设。

改造的基本原则是"充分利用、加强维修、逐步改造"，资金和材料首先有计划用于改造棚户区和破旧低层房屋，采取"拆一建三"就地改建，逐步兴建部分三层住宅，改建低层住房为多层，以降低旧城区内建筑密度，改善居住条件，另外一些没有住家、产权归属不明的旧有的寺庙、会馆、善堂等成为改造的对象。到1978年底，在旧城区内已新建、改建居住房屋约499万平方米，多系结合危破房屋改建，以及结合拓宽和开辟道路进行零星或插空修建的。在板棚和危坏房集中地段，则多成组、点或沿

---

① 武汉市城市规划管理局主编．武汉城市规划志．武汉：武汉出版社，1999：288.

②③ 龙元．汉正街——一个非正规性城市．时代建筑，2006(3).

④ 许菁芸．城市社区多元化变迁的认识及规划应对——宝山友谊路街道社区发展研究．上海：同济大学硕士学位论文，2006.

线加以改建的，消除棚户和质量较差地区[①]。“拆一建三”的房屋建造是在原基地基础上竖向加密，继承了某些传统的空间逻辑。

从建设方式来看，这是一种“自上而下”的过程，是建立在土地国有化基础上的城市土地无偿使用政策的随意建设行为，旧区挖掘潜力，充分利用的政策，等同于扩大化的无序建设，尤其“文革”期间要求“干打垒”建房，建筑上的“见缝插针”、乱搭乱建，加剧了环境恶化。颇能体现混乱建设的是长堤街与中山大道这个时期的建设过程。我们可以看到堤街和中山大道之间早在1951年水洼众多，此后政府借助现代化机械施工，不必像以前“圈地筑圩，堆土造墩”，“填土打桩”，将低洼地带填高和整理，将污水湖淌填起来，到1987年从卫片上可以看出被填之后逐渐修建住宅，住宅的肌理逻辑却颇为混乱(图7-19)。这显然是未经整体全局的安排而只是见缝插针建设的结果。这基本可以和汉正街街区内部建设活动等量齐观，其有多混乱，内部建设就有多混乱，“正规性”建设过程造成了“非正规性”的结果。

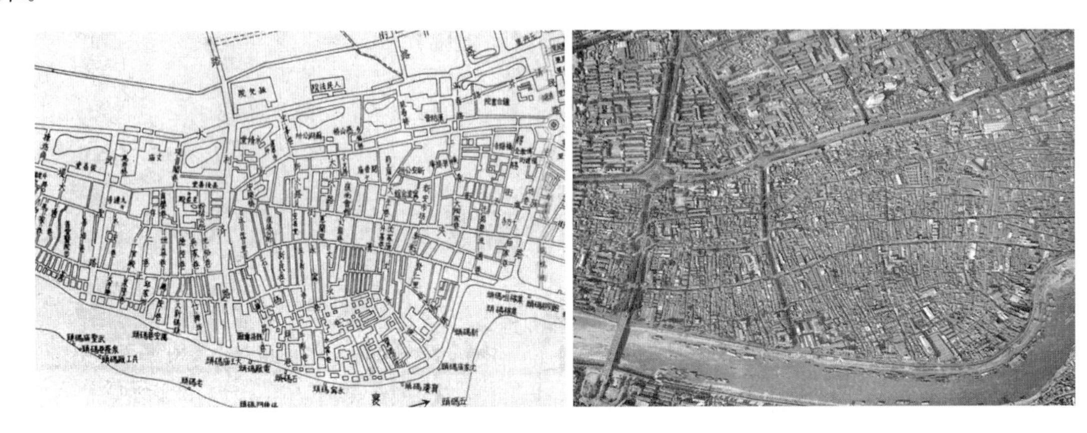

图7-19　1951年与1987年堤街和中山大道之间对比图

早在1951年该区域水洼众多，1987年从卫片上可以看出被填之后逐渐修建住宅，住宅的肌理逻辑颇为混乱。左图资料来源：武汉历史地图集编纂委员会. 武汉历史地图集. 北京：中国地图出版社，1998.

不过，某些地段改造也借鉴了“邻里单位”、“居住街坊”、“居住小区”的规划理论和概念，在建设上强调“统一规划、统一设计、统一投资、统一建设、统一分配和统一管理”的方针，住区配套基本按照前苏联的模式，依据住宅面积、居住人口配额定制，形成间距标准、形态一致的模式。排列整齐的街道秩序和原有街道肌理大相径庭，例如汉口和平里按规划成片新建形成居住区即是如此(图7-20)[②]。

和平里地处长江与汉水交汇处的沿江大道，是在1951年5月26日的一次大火灾后废址上进行规划重建的。1953年建成了一片红色清水墙的三层楼房共60栋，平面布局采用行列式，每5栋连成一排先后建成12排。临街建了团市委、江汉区政府等办公楼以及为居民服务的配套设施。

从中可以看出遵循技术规范已经成为设计的基本前提，为求朝向，所有房屋斜对长江及城市道路，与原有的肌理成一定夹角。但问题也随之而来，建筑与街道的关系如何协调？为此在《武汉市城市建设12年规划》规定：“本市道路一般是平行或垂直江河，以致房屋很难按正南北向布置，但有些单位强调朝向，不按规定的建筑红线修建，使建筑物与道路很不协调，造成有道无街的形式，对城市面貌很不好，因此建筑布置应服从城市总体规划的建筑红线，至于日照问题可从建筑本身的布局上来解决。”[③]

后来在《武汉市城市建设规划(修正草案)》中对此又有一个折衷的方法：“街坊布置可以采用周边加行列的混合式，但必须面街布置建筑，不得山墙对干道。”由此可以看到和平里是行列加周边式布局

①②③　武汉市城市规划管理局. 武汉城市规划志. 武汉：武汉出版社，1999：149.

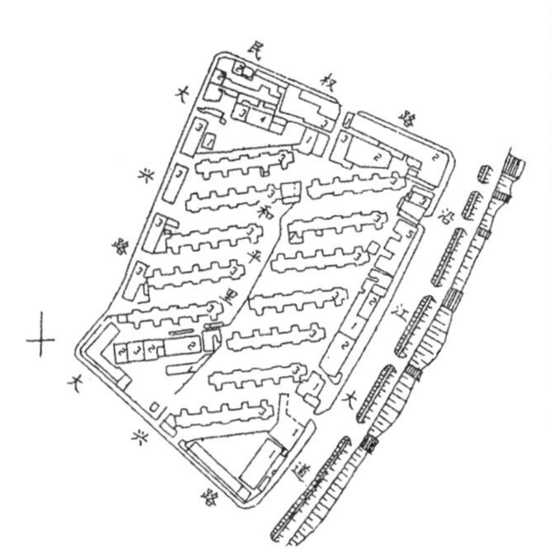

图 7-20　和平里布置平面图和卫片

图中显示其肌理和传统肌理格格不入。左图平面资料来自：武汉市城市规划管理局. 武汉城市规划志. 武汉：武汉出版社，1999. 卫片来自 GoogleEarth(2008).

方法，当然这种布局方法和苏联影响也不无关系。

从 1949 年新中国成立到 1988 年市场经济逐步确立，此间的建设活动一直是官方领导的自上而下的方式，民间自发的建设行为，是一件危险的事情，尤其在“文化大革命”期间，动辄可以上升到质疑其路线和方向的大是大非问题，建设活动原本掌握在官方手中，兼之政治的气氛影响和形塑居民的行为轨迹、心理等等，使得街道的形态的蜿蜒变化和政治关系难以拆分。

在列斐伏尔看来，城市只生产一种东西，那就是它自己的空间。他说：“任何一个社会，任何一种与之相关的生产方式，包括那些通常意义上被我们所理解的社会，都生产一种空间，它自己的空间。”①列斐伏尔进一步强调说：“城市有它自身的实践：它塑造自己，其空间恰如其分。”列斐伏尔的这个强调说明城市空间之所以呈现出复杂的面貌，是因为城市和一种政治与经济的生态密切相关，城市空间是合乎它自己的身份，城市生长过程也是政治与经济空间形成的过程。无疑这个时期根据政权的需要来组织城市的内部结构，是街道肌理发生改变的主要源泉，同时建构于政权组织关系之下的经济活动也促使肌理发生紊乱与解体。这就是因果关系，新中国成立后城市空间、街道形态发生的种种变化，实在是因了政治和经济的改变，空间生产的结果。

直到 70 年代末以后，改革开放成为国策，这种大一统的官方建设话语有所萎缩，1979 年 9 月，武汉市政府批准恢复、开放汉正街小商品市场，主要经营日用品鞋帽、服装、小电器、文具、玩具等。压抑良久的经济活力和深受商品短缺之苦市场需求，加上“九省通衢”的交通优势，使汉正街迅速勃兴，重现往日的繁华，其商品交易额一度名列全国十大批发市场之首，成为以辐射和服务广大华中地区农村腹地为主的物资集散地。自此，长期计划经济体制形成的同质性被打破，汉正街如同被注入了一针强心剂活力勃发迈入了快速发展期②。

来自全国的各路客商和外来务工人员开始向汉正街聚集，部分住房产权回归，民间的建设行为开始普遍增多，促使居住密度增加，其表现是平面和竖向的双重加密，原来 1～3 层住宅被 4 层甚至更高层的多层住宅替代，民间发挥自身的聪明才智，利用一切可以利用的空间进行平面扩展，计划经济时代中建设的国有或集体所有的大型厂房被逐渐拆除或功能转化，大地块分裂向着小的地块方向

---

① Henri Lefebvre. The Production of Space. Oxford：Blackwell，1991.

② 龙元. 汉正街——一个非正规性城市. 时代建筑，2006(3).

回归[①]。

但是这又招致交通阻塞这个汉正街最大的难题。汉正街内部的交通循环一直处于滞阻状态[②]。尤其是商业占道现象非常普遍，于是在此后的年月内，尤其从90年代初市场经济确立起来，打通汉正街则是政府念兹在兹的施政目标，在商业资本的推波助澜下，汉正街街区开始被网格式的道路系统解构的七零八落。

7.6 街道的空间生产和意义

新中国建立，随着社会主义改造如火如荼的开展，封建势力和资本主义力量随之消逝在国家话语和从社会基层打造的国家化控制组织系统之中。历史的悖论在于力图打破传统的封建家族性组织结构的新中国，却在内里中透出家族化的烙印[③]。以打破无产阶级的枷锁为己任的马克思主义与中国特色相结合，生存了千余年的等级差序制死灰复燃。它被巧妙地镶嵌到革命意识形态的框架之中，驱动着新的话语体系和空间体系建立并做权威的解释。在相当长的一段时期中，大街小巷人们随处可见金字塔等级空间和蜂巢状围合空间的完美上演。城市空间不可避免地被等级化和围合化，只要把人群按照等级和类别的排列置入到本身也已经被等级化和块状化的物质空间之中，分门别类并一一标签，所有的有悖社会主义集权精神的行为都将突兀出来并以资产阶级或小资产阶级的名义被一网打尽[④]。

街道的层级化、规格化无疑是等级化、围合化空间的必要前提，于是我们看到各种类别的街道围合大小不一的空间，"800～1 200米主干道间距"围合的是大块空间，"500～800米次干道间距"围合较小城市空间，依次渐推，一直小到街坊。大小不一的空间，形成大大小小的单位，单位是一个由"党组织"核心领导的向心组织，在其内的空间被严格监视起来，"单位"是典型的处于层级管理、封闭的、被领导核心监视的"圆形监狱"。以技术为名的规划方法制度化了城市空间，形成大大小小的监视(surveiller)和规训(discipline)空间。国家权力借此扩张到无微不至的地步，关照到任何领域不再有所遗漏，社会被统筹和监视起来。"社会和政治控制被'全景敞视式的政权'空间化了。"[⑤]

脱胎于边沁的全景监狱(1791年)设计的"圆形监狱"，用福柯的话来说，一种"视觉的机器"——它控制着看与被看的关系，导致一种"残忍的可视性的不对称"，看者的无所不能的窥阴癖的感觉和被看者的受规训监督的感觉，是通过空间安排来确立对其中居者的观察控制的"建筑机制"(architectural mechanism)和"纯粹的建筑和光学系统"。福柯认为边沁的全景敞视监狱不是设计来作监狱的，而是为了其他用途——工厂、收容所、医院——但是所有这些用途都是为了某种以圈闭为主旨的机构。并且外部权力通过被看者的"想象的与永久的凝视"，"内化了的感觉改变了外部权力的部署"，这样可能会摆脱他的物理重量，倾向于非物质的(non-corporeal)[⑥]。

所以那些我们称为工厂、医院、学校、广场、政府部门等地带，都几乎建构"圆形监狱"空间结构(图7-21)，透过人群的经常介入、记忆的积累、感情的投射、劳动的投入、党组织政治学习等，这些空间与人群的特定关系，如生活、休憩、劳动、诊疗和消费等，于焉建立。等级化的空间深具特定意义与空间的价值建构，在相互的关系建立中等级化的概念也内化到人群意识之中，并被"永久的凝视"，这就起

---

① 龙元. 汉正街——一个非正规性城市. 时代建筑，2006(3).

② 1949年至1990年汉口地区新、扩、改干支道路总长162.57公里(含东西湖吴家山地区的道路)，其中城区规划干道由30公里增至127.84公里。这也是技术性交通规划的常用话语。

③ 参见张翼著. 国有企业的家族化. 北京：社会科学文献出版社，2003. 麻国庆. 家与中国社会结构. 北京：文物出版社，1999. [美]华尔德(Andrew G. Walder). 共产党社会的新传统主义. 龚小夏，译. 香港：牛津大学出版社，1996.

④ 冯原. 自发中国序. 城市中国，2006(9)：11-12.

⑤⑥ [法]米歇尔·福柯. 规训与惩罚. 刘北成，杨远婴，译. 上海：三联书店，1998.

到教化和规训身体的职能，成为国家意识形态对付民间恣意的最小战斗单位①。

在如此的空间驯服和规训下，于是不断制造出“万众一心”，“齐心向太阳”，“学习小组”，“诉苦表演”等以权威为中心的组织结构并又不断空间化到城市当中，例如“文革”期间大量的“忠字台”、“‘圣地’的纪念馆”，甚至是一面贴有毛主席照片的墙壁，都会建构出向心式的城市空间。

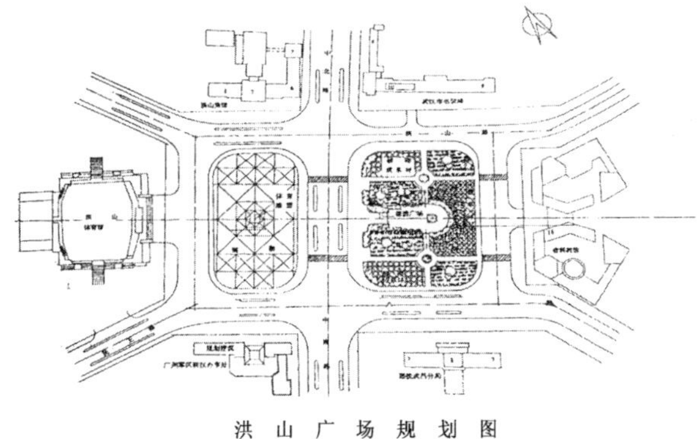

图 7-21　洪山广场规划

规划颇合福柯的“圆形监狱”范型。资料来源：武汉市城市规划管理局. 武汉城市规划志. 武汉：武汉出版社，1999.

街道就扮演如此的角色，其掌控在官方手中参与了制度化、等级化城市空间，通过“围合”、“轴线”、“切开”等方式建造空间，空间被不断地定义、使用和阐释，以在想象和构造上符合意识形态要求。通过它划分空间、制度化空间、围合空间建构对视的不对称，形成处于官方善睐双眸的凝视之中的空间。同时街道空间又是一个有关权力与知识运作、堆叠的场域，是一种权力展现于外的过程和结果，是一种知识和论述生产的多重面孔，进而又被政治化的成为规训和监视工具。

应该来说，“圆形监狱”的范型按照福柯的观点，自古以来就广泛存在，只是从来没有这个阶段散布到生活的方方面面当中，这是由金字塔状和蜂巢状权力网络特点决定的。金字塔状权力网络同级的每个分支构成蜂巢结构，本质上都形成一个封闭的有固定核心的结构，其实都是圆形监狱的监视与规训结构。

当然如果把街道规划看成官方用心险恶、居心叵测的政治行为也是不实之论，事实上这是一个知识逐渐渗绵的过程，或许在不知不觉中，街道服务了官方建构组织维护秩序的自上而下的行为，并且成为制度化、秩序化空间主要手段，因而成就了街道政治空间的意义，这和外显式的、一望而知的诸如运动、告示等政治行为相比带有了较强的隐蔽性，是一种福柯意义上知识运作的结果。相比较街道成为政治动员、消息传播、阶级斗争、权威崇拜的政治场合，这种隐匿的力量，变得更加不能等闲视之了。

① 黄金麟. 历史、身体、国家——近代中国的形成(1895—1937). 北京：新星出版社，2006：194.

8 市场经济开启(1988—2008 年)

1978 年 12 月召开的十一届三中全会以“解放思想、实事求是”的指导方针，使党和国家的工作重心从“以阶级斗争为纲”向“以社会主义现代化建设为中心”转移。在此政治背景下，人们得以反思最初仿照苏联建立起的计划经济体制中的诸多弊端，探索符合中国国情的经济体制成为发展的必然要求，但是经济体制中的意识形态的问题依旧悬而不决，直到 1992 年，邓小平在意识形态领域针对长期争论并干扰经济发展的一系列问题作了创造性的突破，以“解放生产力，发展生产力”界定了社会主义的本质。继而，中共十四大明确提出了建设有中国特色的社会主义市场经济的改革方针，至此，中国的经济体制改革在政策上完成了从计划向市场的根本转变。在政策的引导下，中国的社会经济格局发生了巨大的变化：经济运行模式从指令性计划为主向以市场信号为主转变，所有制从单一的公有制向以公有制为主体的多种经济成分并存的结构发展，投资渠道从单一的国家财政拨款转向财政、金融、自筹、利用外资等多元化的渠道。

汉正街也由此进入了一个城市发展变化的新阶段，在以公有制为主体、其他经济成分为补充的多种所有制结构为基础的条件下，一切生产要素、企业、就业者都通过市场实行资源配置，政府则是宏观上的调控者。政府适当放权，变以前的刚性控制为柔性控制，汉正街居民在经济关系中重新整合权力关系，自组织的能力和社会生态得到一定的恢复。但政府一直逗留于市场之中，徘徊不忍离去，与资本常常“貌离神合”，在两者的合谋之下，城市空间面目为之一变，混乱、嘈杂、狭窄的小街曲巷变成宽阔的大道并且拥有冠冕堂皇的理由。市场经济开启带来各类经济关系的重新编织，市场中的理性人依据自身经济理性动态的调适行为轨迹，人与人在交往中得以显示不同从而人以群分形成社会分层，进而造成空间分异；消费主义的出现是流荡在大街小巷空气中新的牵引力量，商业广告改变人们消费观念，大量的新型的消费空间、商业空间出现在街头最显眼处，成为城市街头千篇一律的布景。此一时期汉正街各种力量复杂多样，联纵折冲编织动态的权力网络，它们以一种显性或隐匿的状态存在，改变人们行为的方式和认同的内容，街道的形态和意义在此过程中不可避免发生深远的变化。

8.1 权力网络变革

8.1.1 柔性控制

发轫于 1978 年并于 1992 年正式开启的市场经济给中国带来了翻天覆地的变化，随着中国经济体制和政治体制的先后改革和改革进程的由浅入深，中国政府与社会的关系格局也在发生着深刻的变革，政府开始逐步还权于社会，逐渐从“全能政府”的模式中走出来，社会走向相对的独立与自治。1978 年以来中国从计划经济向市场经济的模式转换的重大意义就在于国家权力结构与发展模式由集权向分权的转变，“经济自组织能力与社会的自主性的加强，从而容纳更大的现代生产力发展和进一步解放生产力。”[①]返权于社会这是一种柔性的国家控制。

市场经济在一个广泛的领域培育了民主的精神，继而改变着政治体系的结构，在经济变革和民间意识形态的推动下，中国政治意识形态正发生着各种细节性的微妙变化，以响应全球化语境中的民主诉求和人性回归。在中国的城市基层层面，单位制影响的逐渐式微和社区建设运动高涨，这种双向度

① 何艳玲.社区建设运动中的城市基层政权及其权威重建.广东社会科学，2006(1)：159-164.

的变迁都迎合了这种语境。

但是从社会整合的要求出发，国家仍然必须通过其设置在社区的党组织体系和行政体系维护对城市基层社会的影响。国家意志的贯彻往往要依靠在社区中存在的更广泛的居民网络，这一网络的组织者就是居委会。在现有的法律中，居委会的性质被规定为城市居民的自治组织。官方提出的口号是要减少政府干预，使居民通过自助、互助和他助来发展居住地的服务与管理，使居民增加情感归属和认同①。

居委会扮演了“双重代理人”身份，它既代表国家（基层政权）向居民（社会）传递国家意志，也代表居民（社会）向国家（基层政权）表达意见，体现自治的功能，协调社区内部各类的职能，其日常面对的社区事务按项目分包括九大类：公共治安类事务、环境卫生类事务、医疗保健类事务、社会保障类事务、人口管理类事务、公共设施与居民家居设施类事务、文体与公益活动类事务、行政类事务及居委会内部事务、其他事务②。

居委会的“双重代理人”身份，体现了柔性控制的政治策略。这种策略对于形塑汉正街空间而言无疑是影响巨大的。它使得汉正街居民可以按照经济和生活的理性原则建立微观的权力关系脉络，在官方面面俱到的管理退出之后，某种程度上依据自身的生活逻辑“生产空间”。

如图 8-1 所示的区域是汉正街的重要区域，面积达1.67平方公里，居民总数达 4 万户，辖 26 个社区居委会：红燕、存仁、利济、共和、万安、竹牌、小新、旌德、燕山、安善、永茂、三曙、永庆、延寿、多福、新安、药王、全新、大新、石码、永宁、板厂、艺和、宝庆、紫阳、五彩。各个居委会的界限难以泾渭分明，其分界或许稍有出入。

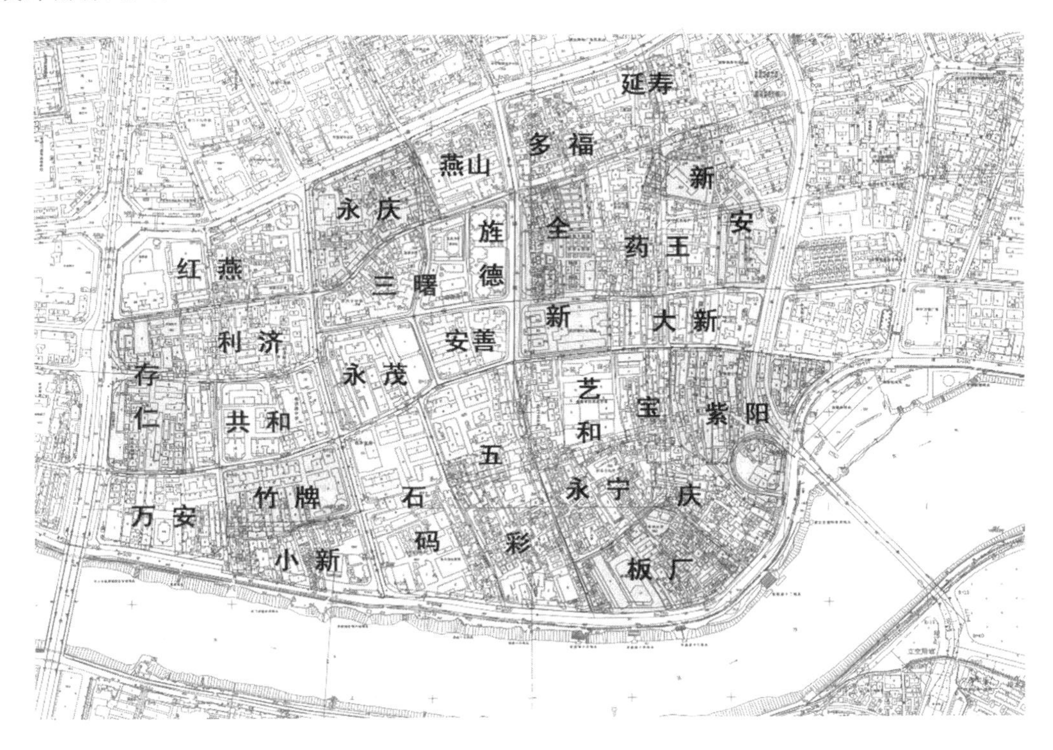

图 8-1　汉正街社区分布

资料来源：梁书华. 汉正街图析. 武汉：华中科技大学硕士学位论文，2008.

① 何艳玲. 社区建设运动中的城市基层政权及其权威重建. 广东社会科学，2006(1)：159-164.

② 张鸣宇. 三重角色——转型时期城市社区居委会的角色. 武汉：华中师范大学硕士学位论文，2006.

需要注意的是汉正街社区与其他城市社区还存有很大的不同，它在生活社区的基础上重叠有"经济社区"。随着市场经济的开启，1988 年，武汉市政府着力建设"汉正街小商品城"，大力发展私营企业，鼓励引导区、街、校办企业及家庭生产小商品，推行企业承包、租赁、拍卖、联营、股份制等多种措施，培养和壮大市场主体，增强市场的竞争力和辐射力。市场经济的深入，"汉正街小商品城"建设也日渐成熟，通过统一规划、分步实施，逐步发展为西起江汉一桥、东到集稼嘴、南北里巷 117 条、方圆 2.56 平方公里的大市场。先后建成了一批大型室内市场，分别引进经营同类商品的业主入室经营、划行归市，初步形成了综合性批发市场、专业化经营的格局。目前，汉正街市场(不含延伸和派生的市场)有服装、副食、家电、布匹、鞋类、箱包、塑料、工艺礼品、日化、小商品等十大专业区域、近百家专业市场(图 8-2)。

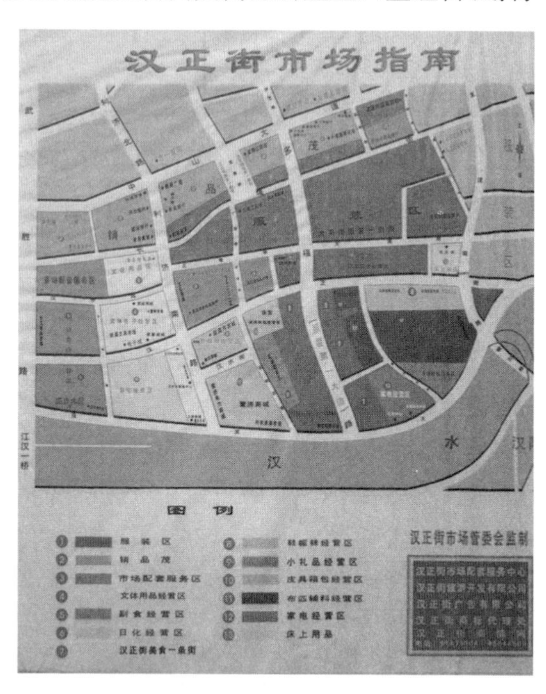

图 8-2　汉正街专业市场分区

汉正街市场的主体是个体私营业主，拥有天然的、充分的自主经营权，形成以市场为导向，按经济规律办事的机制，但是依旧要遵从政府的市场管理与控制，也就是每个经营业主要分门别类到不同的"经济社区"经营，受控于工商税务等城市管理部门。"生活社区"与"经济社区"重叠之下，其蔓延的权力网络更加复杂。

需要说明的是，友谊路与江汉步行路之间居委会社区，虽然没有划为小商品市场，但其情形毫无二致，这是因为其处于汉口商业的核心区域，受制于经济中心的某些辐射的影响，所以也带有"经济社区"的性质，例如按照"物以类聚"的市场原则，形成一些电器和灯具等专业批发市场。主要街道沿街以及某些社区内部也演变为对外的商业服务区。

8.1.2　市场经济与消费社会

市场经济开启以后成为现代社会的主要经济形式。市场经济运用一系列的市场机制、市场规则、市场体系来掌控和调节社会资源，把整个社会有效地组织起来，进而组织其成为一个有机整体。正如保罗·萨缪尔森所形容的："市场经济是一架精巧的机构，通过一系列的价格和市场，无意识地协调着人们的经济活动。它也是一具传达信息的机器，把千百万个不同个人的知识与行动汇合在一起[①]"。它有效、快捷，甚至能够建立起令人愉悦的强制——虽然它对人的强制力丝毫不亚于政治权力，由于它以货币、财富作为载体，因而有着使人更愿意服从的心理基础，从而获得更稳定的合法性基础，合法性基础推动经济权力的独立化。

汉正街区域里面的各种市场活动，依归于经济权力，亦即通过经济关系缔结社会关系，社会关系的演变和发展都建立在特定的经济基础上，与经济条件有着不可分割的关系。市场经济孕育了强大的经济权力，在市场经济体制的保障之下，经济权力悄然成为组织社会生产与分配的主要力量，继而在社会生活的各方面产生巨大影响。

汉正街地处武汉特殊的区位，小商品市场在此扎根，经济活动异常活跃，各地商贩纷至沓来，这使得市场的各类关系在此可以得到更为集中密集的体现。市场的各类活动，买卖、运输、生活等将不同的人物勾连起来，不同的人物不同的生活轨迹，在汉正街弹丸之地密集交织，聚合分离编纂着不同的故事，无数的个体生活其中，本着自身的生活逻辑，创造不同的活动，改变着生活空间。不同的轨迹、

---

① ［美］保罗·A·萨缪尔森，威廉·D·诺德豪斯. 经济学. 第 12 版. 高鸿业，等译. 北京：中国发展出版社，1992：70.

动态变化的生活，经济利益的驱驰，因利益冲突既争斗又妥协的结果，都将投射于空间当中，创造了街道变化的无限可能性。

商业资本无疑是市场经济背景下形塑汉正街空间形态的最重要的力量。一方面商业地产开发促成“道路格网＋高楼”的空间局面；另一方面商业资本架构出商品的买卖谋利的空间模式，以迎合市场需求，于是以空间为谋利策略的现象在汉正街比比皆是。

市场经济的开启带来了消费主义的诞生，在市场循环中，消费的角色越来越无法小觑而成为一种崭新的文化潮流从而改变人们的既有观念。让·鲍德里亚(Jean Baudrillard)揭示了消费社会的秘密：消费的目的不是为了实际需要(needs)的满足而是在不断追求被刺激起来的欲望(wants)的满足。换句话说，人们消费的不是商品和服务的使用价值而是它们的符号象征价值，相比合理满足消费的使用价值，无度占有符号价值的消费是一种不同类型的生活伦理观念价值的生活方式和生存状态，形成了一种消费主义文化——意识形态[①]。

江汉路步行街无疑是这种“消费主义文化——意识形态”的典型表象，这条跨越百年的老商业街，熔欧陆风格、罗马风格、拜占庭风格、文艺复兴风格等建筑于一炉，凸显“怀旧”主题的外空间影像。对历史建筑的消费，不在于历史建筑本身所记载的真实面目而仅仅在于一种文化策略，不过是以历史为噱头成为消费的对象，这是当代消费文化的重要特征之一。汉正街也不能免俗，据称汉正街将再现“明清一条街”[②]。

事实上，对于空间的征服和整合，已经成为消费主义赖以维持的主要手段。空间是出于各种目的和需要进行操纵的结果，消费过程达到了建构身份、建构自身以及建构与他人的关系等目的。带有消费主义特征的空间又把消费主义关系(如个人主义、商品化等)的形式投射到日常生活之中。

所以我们可以理解江汉路宽阔商业大街橱窗中的秘密，汉正街五彩斑斓商业广告布满街景，各种休闲性报纸、时尚刊物、商品名牌知识、消费潮流、广告宣传、促销活动、模仿秀、偶像制造等等，不一而足，充斥在周遭。它给我们传达文化意识形态，孰优孰劣的居住方式、身份高下的着装特点、举手投足的姿态特征等等全在商业消费的文化影响下发生改变。这是一种显性和隐匿两种同时存在的方式在改变社会关系，因而是权力网络当中难以回避的一个维度。

特别要指出的是，消费主义的逻辑成为了社会运用空间的逻辑，成为了日常生活的逻辑。社会空间，被消费主义所占据，被分段，被降为同质性，被分成碎片，差异性被压抑为普遍性。例如汉正街居住方式在消费文化的牵引中使得灯火辉煌的商场购物、高楼大厦的居住模式、现代小区围合式管理成为主导人们思想的主流，在现代小区和商场建设过程中，汉正街曾有的差异性的空间现在慢慢被同质化，千篇一律的商业大楼，近亲繁殖的居住小区景观，正在成为汉正街的最普遍的现象。消费主义因花生果，果又生果，流传深远，在这些话语的不断建构下，与话语相应的意境便逐渐成为众多城市居民评价与认识的主导性依据，成为主流意识。居民、开发商、政府一旦拥有相同的主流意识，便形成认识共同体，想要拆分极为困难，汉正街空间同质化还将持续下去。

8.1.3 政治与资本的合谋

中国的市场化过程不应被视为市场秩序的“自发生成”过程，而应被理解为国家积极推动的结果。市场制度的形成与国家政治之间关系密切，国家始终在市场行为中有着举足轻重的影响，虽然采取适当放权的柔性控制但是不代表官方的力量在市场中完全萎缩，在某些方面甚至更加强大。在资本扩张过程中，各类商业资本成为影响空间的一种重要力量，而一旦这种资本力量的用力方向与政治相同时，其合力可谓无坚不摧。资本力量欲借助政治力量获得丰厚的资本回报；政治力量也欲借助资本力

---

① 参见陈昕.中国社会日常生活中的消费主义.北京：中国社会科学院社会学所博士论文，1997：9.

② 来源：长江商报社，www.changjiangtimes.com，2006-11-8.

量加强进行资本化后的政治控制，彰显其政治统治的合法性，这便构成政治与资本的合谋，并形成一整套系统化的制度性运作空间①。下面是武政〔2003〕35号"市人民政府关于进一步完善中心城区商业类项目建设用地管理工作的通知"，现照登如下：

各区人民政府，市人民政府各部门：

为进一步促进经济发展，吸引商业类项目投资，规范我市商业、旅游、娱乐项目（以下简称商业类项目）建设用地管理工作，根据国土资源部制发的《招标拍卖挂牌出让国有土地使用权规定》及我市土地资产经营管理相关规定，经研究，现就进一步完善我市中心城区商业类项目建设用地管理工作的有关问题通知如下：

一、统一领导，扎实做好商业类项目建设用地的前期服务与管理工作。商业类项目一般选址在老城区，其项目实施从招商引资到拆迁安置和开工建设，涉及方方面面，矛盾多、难度大。为此，必须加强领导，通力合作，切实做好各项前期服务和管理工作，确保其顺利实施。商业类项目用地供应工作在市土地资产经营管理委员会统一领导下进行：其涉及的规划审批、土地公开出让、拆迁管理等工作，由市规划（市土地资源）部门负责；拆迁成本测算和拆迁安置工作，由所在区人民政府负责组织。

二、完善供地方式，加强对中心城区商业类项目建设用地的管理。针对中心城区商业类项目的特殊性，对其所需用地的供应，采取"毛地"公开出让方式；条件成熟的，也可采取"熟地"公开出让方式。采取"毛地"公开出让方式的，相关区人民政府负责协助投资者确定项目选址意向，并切实做好项目的拆迁调查及拆迁成本测算；市土地整理储备供应中心（以下简称市土地中心）负责向市规划部门申请办理规划选址手续，并报市土地资产经营管理委员会同意后，在"毛地"状态下公开供地，原则上采取招标方式确定竞得人。

三、坚持规划先导，合理布局全市商业类项目。市规划部门要切实依据城市总体规划做好全市商业布局的近期规划和远期规划。对于具体商业类项目，要在满足城市总体规划要求的前提下，充分考虑相关区人民政府和投资者确定的项目选址意向，及时做好规划定点、用地范围划定、土地使用条件确定等工作。

四、实施市场运作，促进商业类项目供地公开公平。为保证商业类项目供地公平公正，必须坚持商业类项目建设用地市场配置，市场供地工作由市国土资源管理部门组织实施。市土地中心要及时公开商业类项目建设用地的地块现状、规划条件等信息，对项目用地采用公开方式出让。地块公开出让的底价由市国土资源管理部门依据"一费制"收费办法和具体商业类项目的拆迁成本测算确定。拆迁成本和土地出让金应计入出让底价；土地出让金原则上依据我市土地等级和基准地价标准，按照特定地块评估备案价的一定比例（我市商业用地分为9个级别，其中1至3级按25%，4至6级按40%，7至9级按55%）计收。

五、强化资金监管，确保被拆迁居民切身利益。项目竞得人要信守合同，按规定及时支付项目地价款；商业类项目公开出让的地价款，要按地块出让前的测算情况优先安排拆迁安置费用，保证项目拆迁安置工作按计划实施；拆迁管理部门要强化资金监控，保证被拆迁户的利益；各区人民政府要切实加强组织协调，确保商业类项目拆迁安置工作的顺利进行。

六、简化审批程序，提高办事效率。各级政府及相关部门要切实简化商业类项目审批程序，提高办事效率，不断改善我市投资环境。商业类项目具体供地程序为：（一）区人民政府协助投资者确定项目选址意向，做好项目拆迁调查和拆迁成本测算；（二）市土地中心依据商业类项目建设意向，到市规划部门办理；（三）市国土资源管理部门依据规划部门确定的用地范围、用地条件办理商业类用地公开供地审批手续；（四）市土地中心以公开方式确定项目竞得人；（五）竞得人依据成交确认书及预先公布的拆迁成本，确定拆迁代办机构，或者申请所在区人民政府组织拆迁；同时到拆迁管理部门办理拆迁

---

① 周劲.转型期中国传媒制度变迁的经济学分析——以报业改革为案例，引自天益网站，http://www.tecn.cn/index.php.

许可证，与市国土资源管理部门签订国有土地使用权出让合同；（六）拆迁完毕后，竞得人依据成交确认书、国有土地使用权出让合同、拆迁完毕确认书等相关资料，到市国土资源管理部门领取《国有土地使用证》；（七）竞得人按规定到规划、建设等部门办理规划、施工等报建手续。

从中可以看出，政府为"促进经济发展"，积极"吸引商业类项目投资"，为此形成一套简化的制度运作，政府负责"拆迁成本测算和拆迁安置工作"，打通种种商业开发的障碍，做好"各项前期服务和管理工作"。同时负责"规划定点、划定用地范围、规划条件确定"等以及"规划审批工作"。也就是说，项目整体投资运作全部交由市场，而政府只负责技术把关和解决社会矛盾等管理工作，这就形成了政治与资本的通力合作。

政府打着"为了公共利益"的旗帜而持有特权，例如可以依照法律规定对公民的私有财产实行征收或征用并给予补偿。征收和征用是公民合法私有财产不受侵犯这一基本原则的例外规则，国家强制收买个人财产，无需征得个人的同意①。城市房屋拆迁不需被拆迁人同意就能够产生法律效力。于是城市用地的取得既有了政治的合法化途径，又有资本的足额支持，两厢呼应，无往而不利。

然而现实中，大量的城市拆迁"为了公共利益"很值得怀疑，尤其很多时候决策过程秘而不宣，很少有通过公开论证和公众表决的情况，并非直接受益于广大的民众，至多只符合局部人群低层次的眼前利益，或者满足政府在财政、税收、政绩的需要。特别是可能存在权力寻租，政治和资本的互利互惠就变成更为亲密的床笫之欢。

当然不可否认，各地政府主导下的规划模式对改善旧城物质生活环境、解决广大群众的切身利益问题也发挥了重要作用，但问题在于政治与资本的力量过于强大而没有有效的制约机制，终究有如头悬利刃，蕴涵密集复杂稳定社会关系的旧城随时会开膛破肚。这种暴力式的开发模式带来的恶果实则是分配过程的失之公允。

20 世纪 80 年代末期以来，汉正街经历了一轮又一轮的旧城改造。巨大的街区与大尺度的建筑开始强势插入，原有的城市肌理被分解，街巷组织被重构，很多巷道的老房子和名字一同消失，城市文脉受到前所未有的冲击，从图 8-3、图 8-4 我们可以看出汉正街改造前后城市面貌的急剧变化。

图 8-3　1987 年卫星图片

图 8-4　2006 年卫星图片

这是政治与资本合谋的结果。政治与资本的功能以及它们对整个社会的主宰使任何具有特定的空间形态及其内涵的"宏大叙事"都无法逃过它们的染指。在合谋之下那些塑造的空间除了具有的功能外，还服务于统治、商业操作的需要。它使得原本丰富活动空间异化为一种纯粹的形式，一种承载了政治与商业意识形态的媒介。政治指令、市场意志等无孔不入地渗透进其内在结构之中。当社会以一种纯粹的富丽堂皇的形式陷于狂欢时，权力集团正为它已瓦解了对其存在合理性甚至存在本身

① 参见梁慧星. 谈宪法修正案对征收和征用的规定. 浙江学刊，2004(4)：14.《物权法》出台之后这种情况有所改观，但在此之前，旧城改造中强制收买个人财产无疑成为最屡见不鲜的事实.

构成威胁的争取权利的反抗精神而沾沾自喜①。

8.1.4 社会分层与空间分异

根据中国大百科全书②,“社会分层”是指“按照一定的标准将人们区分为高低不同的等级系列”。人类社会存在着“非均衡性”,人与人之间、集团与集团之间,也类似地层构造那样分成高低有序的若干等级层次,从而形成社会分层现象。社会分层可谓自由市场为主要调节机制的经济模式下的一种不可避免的现象,经济体制改革的深化带来了社会结构的进一步多样化,多样化的阶层在市场的选筛中不断地分离出来,形成贫富差异的阶层分化。

有了社会分层现象,就会相应产生“空间”的分异。“空间分异”是指不同特性居民各自聚居形成的城市空间分化。由于市场经济的分化作用,不同的家庭对住宅消费的承受能力不同,在不同标准、规格的商品房成批供给时,如同大浪淘沙一般,将不同阶层的人分配到不同的空间当中,既有高价位高标准的富豪别墅,也有许多住房困难户几代人蜗居一室的棚户。城市社会阶层的分异是城市空间分异的基础,城市空间类型的特点,实际上是城市社会结构的一种“折射”,或者说是城市权力关系的一种反映。

就汉正街现状而言主要存在三种空间结构类型。第一种是“正式结构”,这种结构类型是官方城市规划和商业开发导致的严整的居住小区、单元高层及商业大楼的规划布局形式,呈“规则网络”形态,它代表了当下规划的基本思路,是一种被广泛认可的因而是一种“正规性”的空间类型。第二种是“非正式结构”,这种结构是指下游尤其是鱼肚部分类似于“浙江村”与“城中村”非正式城市空间结构,实际上属于劳动力输入型的“异地城市化”类型,居住于此的人往往是外地来打工经商的流民,是一种临时性的城市居住空间结构。由于住房需求的旺盛居民竭尽所能进行自建,加上历史的种种影响形成“根茎状”空间形态,空间形式与使用需求有着非常强的互动关系,其空间状态呈现很大程度的自发性因而与官方主导的价值观念格格不入,所以是一种非正规的空间结构;第三种是“传统结构”,亦即汉正街历史上的空间肌理,呈“竖栅格”形态和“工”或“丰”字的里分,是历史上经过规划并不断调适的累积结果,介于正式规划与自发形成两者之间。

这三种不同的城市空间结构,从社会人口组成与社会心理等方面,都有明显的不同,这就是“社会空间同一体③”(social-spatial dialectic),根据哈维(D. Harvey),人类的社会性使得城市居住区的空间分布,不但具有特定地理位置与空间结构形式的“地理空间”,同时也是反映社会阶层分异的“社会空间”,换言之“地理空间”是表现形式,而“社会空间”则是内在的实质,“社会空间”与社会关系通过“地理空间”的外表形式而体现出来。所以三种空间类型实则代表了三类居民群体,例如在下游的鱼肚部分无序的自建区中,生活着大量于此做生意、打工的外地人,房子主人相对富裕往往不在此居住。“竖栅格”或“丰、工”字传统空间,大都是新中国成立后没收官僚房子成为公房,里面居住的是国营单位的下岗职工。2004 年 5 月龙元教授在调查时就发现截然不同的社会心理现象:上游的穷人多是没有产权的国营单位的下岗职工,他们怀着对社会主义福利的留念而企盼政府早点改造以住新房;下游的富人则多为私房的房主,他们最担心的就是自己的房子被拆除而抵抗改造④。

这也是历史的逻辑,也可以说是产权再次呈现的威力,鱼肚部分自清代以来由于地势低洼麇集大量底层民众,因而存有大量自发无序建设,一直以来视为棚户区,在此之后商业资本、官方势力都不屑进驻,所以当新中国没收帝国主义、官僚资本家、国民党要员的房产时,鱼肚部分幸免充公,尽管后来社会主义

---

① 石勇.被重新编码的“五一”.引自槟朗之友,http://folkchina.org/user1/124/2809.html.

② 《中国大百科全书》光盘版,第 2 盘。

③ 吴启焰.大城市居住空间分异研究的理论与实践.北京:科学出版社,2001:20-25.

④ 龙元.汉正街——一个非正规的城市.时代建筑,2006(3).

改造一部分房产难逃上缴的命运，不过改革开放后又多数返还，所以鱼肚区域房产几乎都是入私人之手。产权拥有者，鉴于汉正街巨大的房屋租赁市场于是不遗余力进行房屋加建改建，所以自发无序建设又掀起高潮，加上历史上原本秩序混乱，此处建设混乱、无序也就理固亦然了；而那些充公的房产由于是达官要员置办，体现他们所处时代的较高规格，也就是“栅格状”和“丰、工”字状的空间类型，由于产权一直国有，自建被抑制，所以还保存较好的面貌，居民也一直定格为国企职工。“规则网络”的空间容纳的居民就比较复杂，既有比较富裕在此置房的居民，也有旧城改造还建的居民。所以社会分层也是借空间分异之故而附着其上显现出来。空间分异也是有深刻的历史缘由，并非空中浮萍，全无凭借。

空间分异进一步抽丝剥茧分离吸取不同阶层的居民，权力网络关系在此过程或缔结或排斥，变化无常。空间分异无疑也是形塑汉口街道变化的重要力量，通过对汉正街社会生态的剥离，使得其失去中坚力量而无法形成公共领域也无法生成自组织的内部补偿机制，这使得混乱无序的自建行为根本无法遏制，官方主导、资本打阵的“高楼大厦”进入也变得如入无人之境，这和清代汉正街的社会系统有着判若云泥的差异。另外城市居住空间的分异，造成社会底层与其他中高阶层的空间与心理隔离。这种隔离造成的直接后果之一，就是各个阶层之间横向联系的减弱，城市社会分化对峙加剧。

总之，市场经济促使了经济权力的扩大，深刻改变了社会的权力关系，并使之复杂化，它使社会从国家的行政控制中独立出来，获得相对自主性。计划经济条件下形成的国家和社会的一元结构关系转变成为政府、社会、市场三方的关系。在三方博弈的过程，此一时期的权力网络结构类似于橡皮泥可塑性强，受不同力量左右变化无方，不确定性大为增加。市场经济要求摆脱政府的行政干预，运用市场经济的规律、规则和制度来解决问题，经济权力不再是政治权力的附属品，而成为在经济领域组织生产活动、资源分配乃至统领社会生活的主导性权力形态。同时民众个人权利意识觉醒，政治民主化力量大大增强，拥有一定的话语权，因而政治力量、资本力量、底层民众力量都割据一方分庭抗礼，然而资本常与政治合谋，渲染的文化为其摇旗呐喊，建构的空间为其助威，底层民众力量常萎缩一隅。

8.2 浮生记

8.2.1 政治与资本空间

2003 年 8 月 18 日，汉正街改造第一个商业地块出让。武汉龙腾置业公司以 3.61 亿元抢先购得 104 亩的大水巷地块，每亩 523 万元的成交单价创下当时武汉地价最高纪录，取名“汉正街第一大道”。此后武汉地价最高纪录不断被刷新，到 2004 年 12 月，地价已达 900 多万元/亩。上海、苏浙资本大量进入，预计汉正街吸引的投资将超过 150 亿元。这标志着政治与资本合谋的完胜，效果图中流光溢彩灯火辉煌的汉正街第一大道(图 8-5)，既符合官方梦寐以求的壮观效果也契合商家猎奇和谋利的性格。

2006 年 4 月初，宽 36 米、长 560 米、4 车道的汉正街第一大道，豁然贯通，刀砍斧凿般撕开汉正街的一口(图 8-6)。宽阔的道路表面是争奇斗艳的广告布景，它显示资本的空前繁荣，而隐在背后的是强大的权力，这是政治与资本的合谋形成了街道的空间。政治权力和宽阔笔直的道路有着天生的血缘关系，资本商业的布景依附其上，完成了权力与资本的结盟。这代表着城市权威意识、秩序和广泛认同感，创生了城市的新的文化与价值，催生着崭新社区特性。

但是这种刀砍斧凿的改造模式造成了街道微循环的重新组合以致居民种种不便(图 8-7)，除此之外造成的社会关系撕裂，就更无法胜数了。

此外这种政治与资本单向度的改造模式是否达到预期的经济效果亦未可知。梁书华在其硕士论文《汉正街图析》中考察到其效果难以令人满意：“多福商城是‘汉正街商贸旅游区’的核心之一，投入使用已经半年多了，管理部门坦言经营状况并没有达到预期的目标。”“晚上 8 点半，作为晚上群众逛街消费的黄金时间，商城门前却发生着与商业毫不相关的事情，门前聚集着跳健身舞蹈的群众

(图 8-8),商家和管理部门曾举办各种活动,竭力扭转这个困窘的局面。”

当然本书遽下结论条陈其种种不是也言之过早,其经济结果还需要一段时间的盖棺定论,但是这种政治与资本合谋的运作方式造成的社会危害显而易见(图8-9)。

图 8-6　汉正街第一大道

汉正街第一大道如刀砍斧凿般撕开城市

图 8-5　汉正街第一大道效果图

图　8-7　第一大道造成居民日常路径调整

图 8-8　跳舞的群众

图 8-9　花楼街街景(2007 年)

花楼街拆迁造成居民强烈抵制

8.2.2　流动的街市

汉正街本是一条约 2 000 米长的老街,现在逐步发展为由汉正街、大夹街、新安街、宝庆街、三曙街、永宁巷、万安巷等诸多街巷组成的大市场。主街——汉正街两旁连通 100 多条里巷,呈蜈蚣形布局。

在街道中，商业占据了街道的主要空间，各种形式灵活的商业充斥其间，商家将生意做到室外，向室外延伸的商业占据了大多数的街道空间，原有的街道宽度一般在 12 米左右，而沿街店面则几乎全部向外延伸，一般占有 2 米以上甚至更多(图 8-10)。人行道，街道角落……一切可利用的空间都被各种形式的商业占据，建构出来各类商业空间以迎合市场的需求(图 8-11)。其街道的状况可如此形容："门面前面有棚子，棚子前面有摊子，摊子前面有篮子"。商业极度的繁荣与街道空间的极度拥挤形成汉正街商业街道的主要场景。这样步行、车行、运货、购物、商家堆货，流动摊贩以及停车等来来往往、熙熙攘攘混杂交织在一起。

图 8-10　店铺向外延伸

图 8-11　人行道、街道角落

街道提供了商业交易场景，也衍生了与之相应的生活机能：闲暇休息时候摊主之间相互聊天；货车主等候生意时看报、环顾四周；当地居民与摊贩、行人都处于互动之中。这里，街道不仅提供商业环境，还塑造了一种生活场景，传达一种生活信息，充满大量的不可预料的随机行为，因此也丰富多彩；对街道空间的占有、使用也处于流变之中，街道因而扮演不同角色，街道的生活性作为汉正街的另一个特征，为其增添另一番色彩(图 8-12)①。

汉正街塑造了人们多样的生活场，不过这些生活的背后常渗透着商业的因子，所有活动都直接或间接与商业有着密切的联系，散布在街头②。这是一种流动性的街市，它在不同的时间段，呈现出不同的状态，不同时段街道的使用方式和利用率不同，也带来了街道角色和场景的变化。问题在于，流动的人群属于"都市的闲逛者"，他们不属于这个城市，他们来此都是商业目的，街道流动的潜在机制是经济关系，因而街道彻底沦为公共物品，他们尽可能、不择手段地加以利用，如不维护则完全失序。

同时随着各地人流涌入，大街小巷充斥着车水马龙的人群，其他街巷也衍生了一些相关的配套服务，几乎所有的临街都出现店面，店面五花八门，既服务于往来的人群，也服务于当地的居民。于是汉正街整个区域几乎都形成临街的店面格局，这和明清时期颇堪一比(图8-13)。市场的力量无所不在、无坚不摧，塑造这样一个别样的存在，一个别样的社会空间。或许可以用池莉在小说《生活秀》描绘吉庆街的文字，领略汉正街街巷场景，"……是一个鬼魅，是一个感觉，是一个无拘无束的漂泊码头；是一

①② 叶静.流动的商街——外部商业空间利用状况研究.武汉：华中科技大学硕士学位论文，2005 年 6 月.

个大自由，是一个大解放，是一个大杂烩，一个大混乱，一个可以睁着眼睛做梦的长夜，一个心照不宣表演的生活秀。”

看报的搬运工

拖车上玩耍的儿童

看报的摆地摊者

闲暇时下棋

街角的麻将引来众多观众

带小孩

图 8-12　丰富的街道生活

来源：叶静. 汉正街研究系列之二 流动的商街. 武汉：华中科技大学硕士论文，2005.

图 8-13 汉正街街景

街巷承担了经营的功能，经营户密密麻麻地搭起了塑料遮阳棚，覆盖了整条街巷。人流高峰期，这里总是摩肩接踵，熙熙攘攘，如此丰富生活场景如何容纳到高楼之内？如果不能容纳又如何的抑制？

8.2.3 消费主义布景

在全球消费文化勃兴的背景下，街道成为广告和市场营销的竞技场和扩张的媒介，街道的面孔充满五颜六色的广告，并不断被消除地方传统特征和其他地方文化活动的趋势，汉正街这样一个流动的商街所在，难免掉入商业广告为其设置的泥淖之中。

在江汉步行街，不同的建筑风格，英式、法式、复古式、现代式、折中式的建筑随处可见，这些富有历史底蕴和文化内涵的建筑联系在一起，建立了系统性成片的城市景观。于是这些历史遗迹寻求到了实现商业价值的契机，提供了一个消费的背景，在这个富有历史和文化意味的背景下，大量商家入驻江汉路，他们所代表的是时尚、高档、注重品牌的消费理念，被保留的历史遗迹是作为一种文化资本，参与到商业活动中。我们可以看到在那种装饰着行道树、报亭、长凳的漂亮的、有历史感和异域文化的街道环境里，吸引一波一波趋之若鹜的顾客，无数炫目的广告牌、精心设计的商标或者橱窗开始接管街道的视觉权，新的商业逻辑以及由商家与建筑师合谋设定的消费秩序开始主宰街道，洋溢着“商业活力和美学感觉[①]”（图 8-14）。它们以争奇斗艳的方式，处心积虑地建构空间用以最有利地狙击行人心理。即使没有吸引顾客，也成功地在行人心头打上印记，它反复提示行人其存在的价值以及拥有它就具备的身份上的极大荣耀和心理上的极大满足。

在汉正街充满摩肩接踵人群的街道上，商品及其广告，顽固地保持着对街道的装饰功能。这些商

---

① 马军驰.街头史：革命之后是时尚.新周刊，2005.3.15：23.

品、广告组成了街道的真正表面，街道的建筑本身失去了它的固有色泽。广告无所不在的呈示，垄断了街道的面貌……广告不是布满了街道，而是占领了街道(图 8-15～图 8-17)[①]。各类商品品牌广告其效力暂且不提，单说商品房广告在一定程度上成功地占领居民心理，它使得住上高楼成为一种身份和时髦的象征，而高楼造成的生活不便则可以得过且过。高楼大厦式的旧城改造模式已经深入人心，商业广告“功不可没”。

街道的表情无疑体现了消费主义空间化的策略，街道通常是根据消费主义的需要而展开自身的叙事，消费主义以自身的逻辑通过空间的种种布置、安排得以实现商业利益的最大化目的。

图 8-14　江汉路街景

图 8-15　被各类广告占据的汉正街

图 8-16　第一大道五颜六色的商业广告

图 8-17　汉正街第一大道街景

8.2.4　异质的生活场景

汉正街是一个非常异质化的空间存在，这里除了专业商品批发市场，还在辖区内承载着约 20 万人的居住生活，甚至还有计划经济时代遗留下来的工厂、作坊，以及由商品批发和居住生活、工厂又衍生出菜市场、餐饮街、货物堆场等等功能。这些商业、工厂、居住、日常配套功能混杂、并置、穿插成为一个“大杂烩”空间场景。历史与现代、旧事物与新事物、时间与空间、熟悉与陌生、清晰与含混……都在这里汇聚，触手所及，目光所至都是拼贴的异质化场景。居住生活功能内部又呈异质化存在，既有

---

① 汪民安. 街道的面孔. 载于汪民安. 身体、空间与后现代性. 南京:江苏人民出版社,2006:137-155.

纵横交错的街巷居住空间也有高楼大厦现代住宅空间，两厢交织、相映成趣(图 8-18)。

对于处于街巷中的居住空间，我们可以透过魏光焰的小说《街街巷陌》，能够触摸到汉正街小巷居住空间的种种特质。《街街巷陌》里的麻绳巷本身就是汉正街无数个小巷的缩影：的士开不进去，房子都是在“民国以前户棚区的底子上搭盖起来的，见缝插针相依相靠犬牙交错，任何一个狭小的巷口都包容了百十户人家”，没有家用厕所和下水道，阴暗潮湿，“若往天上看，那些巴掌大的窗口和露天阳台上，家家户户都各显神通地撑出些棚子来用以遮阳防雨，材料五花八门应有尽有：纤维布，石棉瓦，油毛毡，更有睡破了的草席和打补丁的床单，旗帜一样凌空飘舞，展示着小市民得过且过的苦乐年华”(图 8-19)。

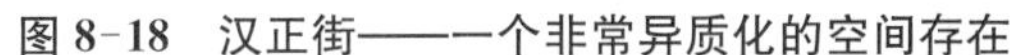

图 8-18　汉正街——一个非常异质化的空间存在

图 8-19　汉正街巷道常见的“一线天”景观

这“一线天”也经常被雨棚和晾晒的衣物占据。

但街巷居住空间却是一个巨大的空间褶皱，褶皱里面容纳和孕育了纷繁复杂的社会生态系统，正如魏光焰所言：“麻绳巷的邻里之间，是温情的，融洽的，义气的，互相扶持的，对他们而言，唯有此才能共同度过艰难的岁月(图 8-20)”。

而官方和资本主导的雷同的规划和建筑模式开发的高楼大厦，大行其道，正在疯狂吞噬已有的街巷空间，20 世纪末到 21 世纪初房地产开发为主导的物业管理性的高层商住楼，在汉正街比比皆是。万安社区中 29 层高的财富时代和 19 层高的滨水香苑属于此类(图 8-21，图8－22)，底层是商品批发市场，中高层则是各种套型的住宅，其中有一部分单元属于原拆迁居民的安置楼。这类住宅室内设施完善，设有单独的居民电梯，居民的户外活动空间是裙房的屋顶平台，由物业公司对住区的治安和设施负责，有严密的保安监控系统，外围设围墙使之与其他住区隔离开来[①]。在某种意义上说，这是对日常生活有军事化的倾向，主体生命对生活的态度就是“攻击与防范”的模式。我们城市的建设恰恰又是这样的特点，在不同人群之间人为地设置隔离的墙，以邻为壑，有如这些不同的人群除了彼此威胁就不会交融一般[②]。

---

① 刘莹. 汉正街系列研究之七老年人外部生活空间. 武汉：华中科技大学硕士学位论文，2005.

② 刘东洋节译，Richard Sennett. “Introduction” in “The Conscience of the Eye：the design and social life of cities”. New York：W. W. Norton and Company，c. 1990.

图 8-20　邻里之间融洽、温情的情景

图 8-21　财富时代外观

图 8-22　滨水香苑外观和屋顶花园

很难想象这种整齐划一、富丽堂皇的商业住宅楼，如何容纳丰富多彩、复杂多样的居民日常生活？如果不能容纳，又进行了多大程度的抑制？当然居民日常生活如同压在石头下面的春蕾，无论巨石如何强大，终究还是会竭其所能生发出来，以种种智慧不断进行日常的反抗，不断突破这种压抑的界限。

汉正街的转换平台最能集中体现这种突破性质的行为，20 世纪 80 年代末 90 年代初汉正街开始进行大规模的旧城改造。大量的上住下商型高层商住楼侵入旧城区域。“转换平台”就是在汉正街区域开发的大型商住混合建筑里，位于底部商业空间和上部居住空间之间的平台。需要注意的是，商住楼里面居住着大量的还建居民，而高楼大厦压挤了以往过去的日常生活的丰富性，但是转换平台提供了弥补这种缺失的场地，于是我们可以在此看到自发生成的种种丰富性的日常生活。这是一种源自生活自发形成的逻辑正在抵抗着理性规划的官方思维。用熊毅(2008)的话："在某种程度上更是一种传统街巷的延伸。"图 8-23 是汉正街现有"转换平台"的分布图(2008 年)，从中选取编号为 2、11，分别是位于汉正街街道北边的互助里 11 号转换平台和汉水街 209 号义发小区转换平台，以此为例，从两处空间场景感受丰富的日常生活世界(图 8-24，图 8－25)。

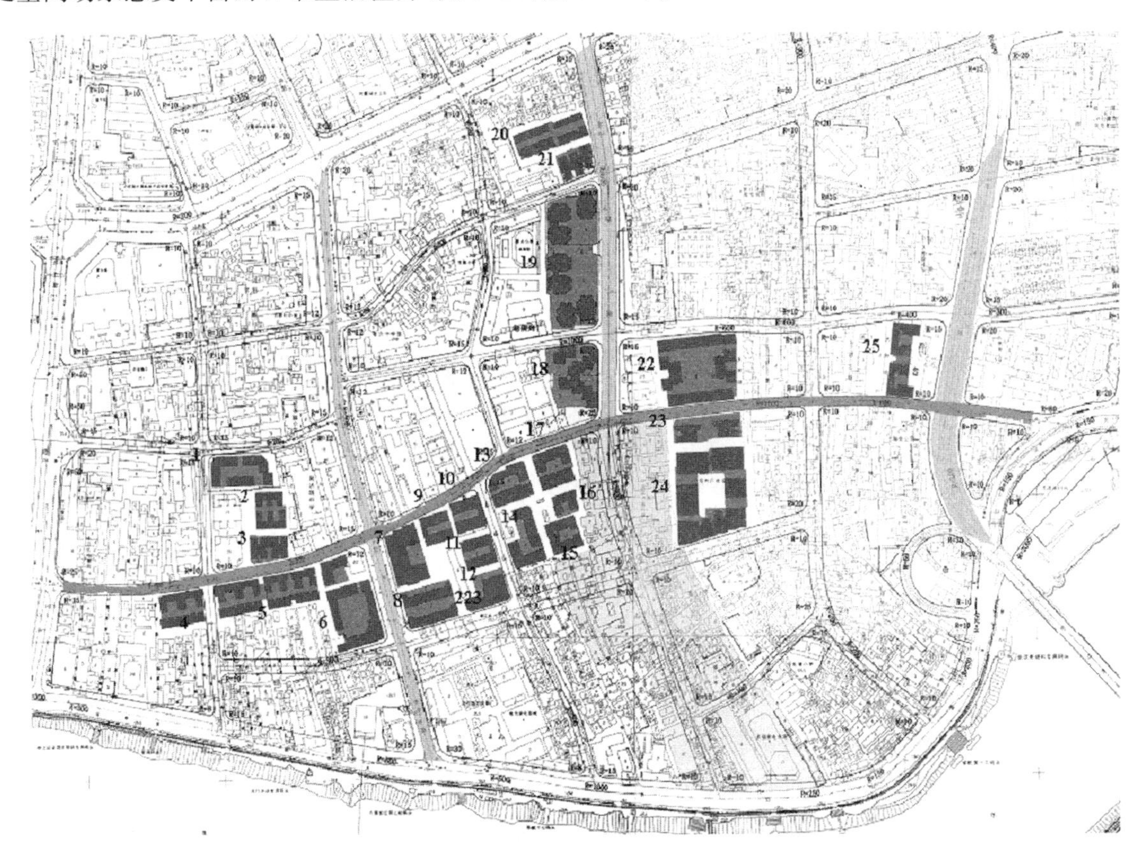

图 8-23　汉正街的转换平台分布图

资料来源：熊毅. 汉正街系列研究之四转换平台. 武汉：华中科技大学硕士学位论文，2008.

图 8-24　互助里 11 号转换平台

转换平台又部分回归了传统街巷街景。

图 8-25　汉水街 209 号义发小区转换平台

平台上丰富的居民交往活动。

规划者一开始在规划城市时，就已经规定好了各种空间的等级布局，让空间从自然状态转变为支配与被支配的等级状态，这是所谓的“正规”的规划。而日常生活世界的生活者在国家控制的范围之外开展不符合官方正统的活动，从而让城市呈现出另一种面貌，这便是日常生活的力量。日常生活绝非只是社会生活总体中的那个卑微低贱的一面，它同时也是社会活动与创造性的汇聚地策源地。它本身能够于官方在满足广大市民特别是低层市民需求的社会、政治、经济计划失败的时候自我调节弥补，“它不可能被专业化技术化高级活动完全肢解与殖民化，而是有其永远不可同化与回收的剩余能量[①]”。列斐伏尔指出，“在日常生活的本质特性之中内含了丰富的矛盾性，当其成为哲学的目标时，它又内在地具有非哲学性；当其传达出一种稳定性和永恒性的意象时，它又是短暂的和不确定的；当其被线性的时间所控制时它又被自然中循环的节奏所更新和弥补；当无法忍受其单一性和惯常性时，它又是节庆愉悦和嬉戏的；当其被技术理性和资本逻辑所控制时它又具有僭越的能力[②]”。这种僭越的能力毋宁说是空间策略，以空间的异质化应对正规性的均质空间。

8.2.5 自发智慧

随着市场经济开启，各地商贩接踵而来，从2000年普查资料来看汉正街常住人口中户口在本地的人口已经不足半数。近年来汉口小商品市场如火如荼的进行，外地人口的比例持续加大，外来劳动力的在业率居高不下，其从事的行业，既包括家庭作坊式的服装加工、小商品零售等，又包括在个体户和私营企业中的打工者，还有各种自我就业者，包括提供餐饮服务、货物搬运，甚至包括人力车夫、扁担(挑夫)等。本地人则通过为外来劳动力提供场地、租房等获取非劳动收入，这就为自建活动提供充足的动力。

当过度紧绷的国家控制收回了它的触角，由刚性控制变为柔性控制时，在市场需求的刺激之下，长期受到高度控制的国度里，处在国家照顾的视野之外的普通民众展开了一场漫长的、斗智斗勇的自我照顾的自建运动。它像野火一样，迅速蔓延开来，以各种方式来改造或重新创造出适宜自己需要的空间[③]，在材料上表现为石棉瓦板的屋顶、铁栅栏窗台，五颜六色塑料顶棚，临时方寸居者的篷布窝棚，加建阳台的木板遮护。林林总总的自发设计全部源自“卑贱者”自我照顾的愿望。

处于社会结构金字塔底部的平民们虽然“卑微”，他们却有着自己空间建造的逻辑。自建的动因来源于三种：谋利性质的加建和补充功能性质的改建以及两可间的。平民的建造或者是对既有空间的修补和改进，以使得生活空间最大化地满足自身需求；或者挖空心思、竭尽所能进行加建或扩建。他们解构了已有的设定了的空间，用各自独特的理解重新设定自己的需要。他们手中没有专业的知识、先进的工具，但他们这些非正规性的建造却创造出精彩绝伦、拍案叫绝的奇观。平民自建的方法、动机、材料可谓千奇百怪、千差万别，很难呈现一个全貌，本书列举六个案例(表8-1)，代表不同的建造目的、方法、过程、材料等，以求起到“一叶知秋”的作用。

---

① 王刚，郭汝.日常生活的视角回归.华中建筑，2007(8)：80.

② 汪原.生产·意识形态与城市空间——亨利·勒斐伏尔城市思想述评.城市规划，2006(6)：81-83.

③ 冯原.自发中国序.城市中国，2007(9)：11-12.

表 8-1 六个自建案例

六个案例代表不同的建造目的、方法、过程、材料等。图片和部分文字来自：梁书华.汉正街图析.武汉：华中科技大学硕士论文，2008.

<table>
<tr>
<td>

(1)见缝插针：这是一个见缝插针的自建住宅楼，建造在有限的基地上，这幢楼基地不足五米见方，却有五层。麻雀虽小，五脏俱全，每层都有楼梯、阳台、厕所、客厅和卧室，楼顶有可供晾晒和乘凉的阳台。户主把每层分租出去，各为一家。国家当前推广紧凑型住宅以节约用地，此可堪为一个典范</td>
<td>

(2)随心随手：这个建筑立面的构件和材料多种多样。组成立面的有各种构件，门、窗、楼梯、阳台、走廊、栏杆，用到的材料有金属管、塑料布、玻璃。这些东西随手可得，都是来源居民的生活之中，有的甚至是剩余物资的再生和利用。运用这些材料随心所欲，虽然有如乞丐般的外衣，却围合一个遮风挡雨的居住空间所在</td>
</tr>
<tr>
<td>

(3)无师自通：加建楼梯，这是汉正街高密度居住形态下的一种特色。照片中户主把楼梯彻底移置到室外，扩大客厅的面积。在20世纪90年代初期，钢楼梯开始在汉正街出现，人们依据自己的需要，依据基本的常识自行设计制造。由于它构造灵活方便，易于制作，居民纷纷采用了钢楼梯。不过，这些楼梯都没有经过建筑师或设计师的专门设计，尺寸和构造有时会很极端</td>
<td>

(4)加建扩容：加建是自建的重要形式之一，居民采用普通的材料和简单的技术手段达到极端的空间要求。这是加建在房屋外立面上的方盒子，挑出约1.5米，而承重材料仅仅为角钢和木板，采用螺栓和电焊连接。加建出来的空间用作卧室，弥补室内空间的不足。居民们自建的智慧在汉正街比比皆是</td>
</tr>
<tr>
<td>

(5)改建拼贴：汉正街住宅的功能空间有时被意想不到的改建。由于单元房室内空间不足，本来设计在室内的厨房经常被住户移置到了阳台上。灶台安放在悬挑出阳台栏杆约半米的硬板上，底下用角钢成三角形斜杆支撑。煤气瓶摆放在灶台边的阳台上，下水管道直接使用阳台的雨水口。灶台的上前左右四个方向由铁板遮挡，有的开有窗洞。这样既能防风挡雨，又能排烟通气。整幢住宅楼的立面，有若干个不规则的突出的阳台，形成一种独特的拼贴景观</td>
<td>

(6)私搭乱建：这是汉正街巷道常见的景观，两边是握手楼，顶上是一线天，而这狭长的一线天也经常被突出的雨棚和居民日常生活晾晒的衣物所占据。走在这样的巷道里，感觉到的是一种高密度的环境、一种压抑的气氛、一种紧凑的空间和一种极限状况下的生活条件</td>
</tr>
</table>

8.3 技术理性规划

8.3.1 博物馆式的规划

进入90年代以后，武汉相继被批准为对外开放城市、开放港口和社会主义市场经济体制综合配套改革试点城市。根据中共武汉市委、武汉市人民政府关于加快改革开放步伐、促进经济发展和社会全面进步，建设21世纪的现代化国际性城市的战略决策，按照《中华人民共和国城市规划法》的要求，以《武汉市城市总体规划纲要（1996—2020年）》为指导，制定了《武汉市城市总体规划（1996—2020年）》。

在规划文本中指出："规划的核心区要集中体现现代化国际性城市和中国中部地区中心城市的职能，重点布局以商业、金融、贸易、办公、信息咨询服务为主的第三产业用地。其中江北（汉口）核心区规划范围为东至大智路、兰陵路，南至长江、汉水，西至武胜路，北至京汉大道，面积6.35平方公里。"①

汉正街核心区的区位条件决定了现有的高密度、环境堪忧的居住区与核心区的定位格格不入，所以在文本中对于旧城改建的基本目标是："调整功能结构，发展商业、金融、贸易、信息等第三产业；提高环境质量，控制开发强度，使整体建筑密度控制在50%以下，降低人口密度，使旧城常住人口总量减少到54万人左右，增加绿地面积，至2020年人均公共绿地由1994年的1.3平方米上升到3.8平方米；完善道路系统和交通设施，建设高水准的市政基础设施和公共服务设施；严格保护水体，加强文物古迹的修缮和江滩的整治。"核心区建设的目标是加大"商业、金融、贸易、信息等第三产业"的比重，这就为商业资本的开发提供合理化途径。

文中提到"修缮文物古迹"，"充分体现名城风貌特色"，也为此后旧城保护规划做了伏笔，在一定程度上启发人们对于"宽阔马路＋高楼大厦"商业开发模式的重新思考。

文本还提到"完善道路系统和交通设施，建设高水准的市政基础设施和公共服务设施"，在道路交通规划中："按照交通需求规划新建、改建一批主次干道，重点改善核心区及中心区片交通；完善三镇支路系统。各级道路红线宽度为：快速路不小于50米，主干道不小于40米，次干道25～40米，支路15～25米。规划至2010年主城道路面积为34.7平方公里，人均道路面积为9.0平方米，道路面积率为12.0%，道路总长度为1872公里，道路网密度为6.0公里/平方公里，其中干道总长约750公里，干道网密度为2.4公里/平方公里；至2020年主城道路面积为71.3平方公里，人均道路面积为16平方米，道路面积率为17.0%，道路总长度为2 443公里，道路网密度为6.3公里/平方公里，其中干道总长约1 090公里，干道网密度为2.8公里/平方公里。"从中可以看出道路的技术指标考虑仍旧是规划的主要目标，按照现行的城市道路交通规划设计规范，城市路网指标必须要符合技术规定（表8-2）②，在表中数字的限定下，由此推演，要符合干道路网密度、干道间距等规定存在经验数字，城市主干道间距通常是800～1 000米，次干道间距为400～500米。于是从图8-26中可以看出，主干道和次干道间距大致无出这个经验数据，多福路作为次干道也在本次规划中确定选线。当然道路的路线选择也要基于一定的经济考虑，选位通常是容易打通的薄弱地带。这种规划技术路线从建国之后就不曾有太大的改变，所以不难理解为什么建国时候的路网规划到现在还依旧如故。这是一种典型的技术理性思维，亦即认定技术推导出来的数据具有无可置疑性，但是在现实当中，不顾具体情况的任意套用，势必造成首要目标为追求数字的本末倒置的结果。

---

① 转引自汉网论坛，http://bbs.cnhan.com/dispbbs.asp? boardid=20&id=82338.

② 城市道路交通规划设计规范（GB 50220—95），国家技术监督局，中华人民共和国建设部联合发布。

图 8-26 1996 年武汉市城市总体规划(局部)

资料来源:武汉历史地图集编纂委员会.武汉历史地图集.北京:中国地图出版社,1998.

表 8-2 大中城市道路网规划指标

项目	城市规模与人口(万人)		快速路	主干路	次干路	支路
机动车设计速度(km/h)	大城市	>200	80	60	40	30
		≤200	60~80	40~60	40	30
	中等城市		—	40	40	30
道路网密度(km/km^2)	大城市	>200	0.4~0.5	0.8~1.2	1.2~1.4	3~4
		≤200	0.3~0.4	0.8~1.2	1.2~1.4	3~4
	中等城市		—	1.0~1.2	1.2~1.4	3~4
道路中机动车车道数(条)	大城市	>200	6~8	6~8	4~6	3~4
		≤200	4~6	4~6	4~6	2
	中等城市		—	4	2~4	2
道路宽度(m)	大城市	>200	40~45	45~55	40~50	15~30
		≤200	35~40	40~50	30~45	15~20
	中等城市		—	35~45	30~40	15~20

资料来源:城市道路交通规划设计规范(GB 50220—95)

技术理性的问题还在于对待城市问题的机械教条主义,纷繁复杂的城市问题被逻辑理性简单化。通常做法是根据功能将城市简单地条块化,割裂条块间本质上存在的千丝万缕的有机联系,漠视条块内的千差万别的功能多样性。马歇尔·伯曼(Marshall Berman)在其著作《一切坚固的东西都烟消云散》中认为这是一种"博物馆式的理解方式","博物馆的理解方式将人类活动割裂成碎片,并将这些碎片锁定为各种孤立的现象,分别用时间、地点、语言、种类和学科予以标签"。我们自然不会对现代博物馆的陈设排列方式感到陌生，而且也应该了解它的那种不言而喻的强制性。

汉正街控制性详细规划斑驳的色块(图 8-27)也是典型的博物馆式的规划方法，将丰富多彩、密不可分的日常生活分门别类，并且每个地块的容积率、建筑面积等指标均事先明确，生活已经被预设在框架之中，很难想象汉正街的各类丰富的日常生活是如何封装到这些规格化的框架之内的。技术理性规划思维作祟下的开发建设模式对汉正街街道形态与肌理的改变无疑是巨大的。

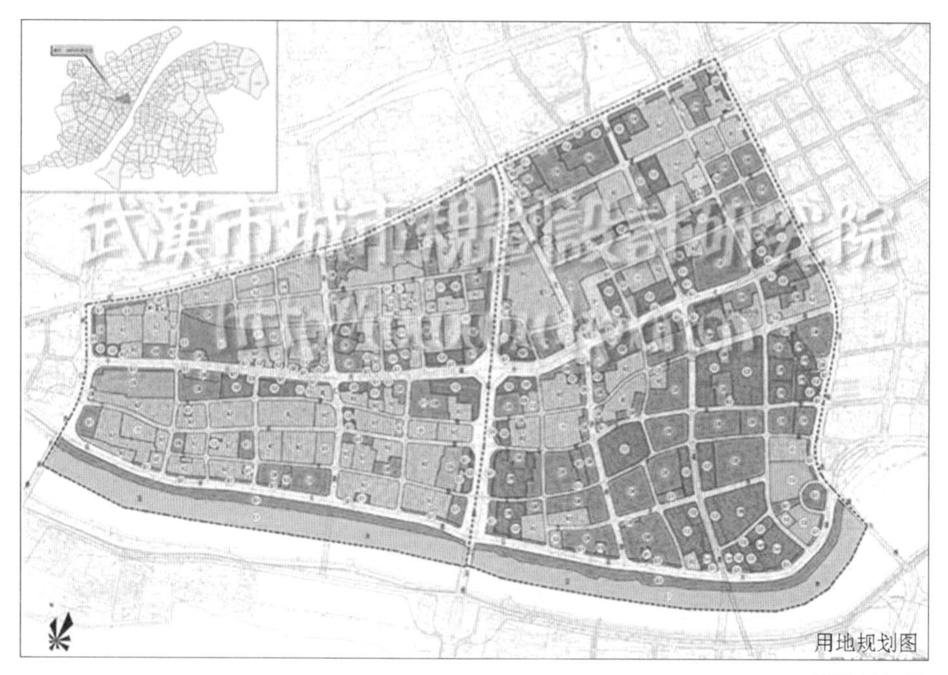

用地规划图

图 8-27　汉正街地区控制性详细规划

图片来源：武汉市城市规划设计研究院网站，http://www.whplan.net/

8.3.2　旧城保护

汉正街的旧城保护规划也渐渐“浮出水面”，虽然距离实施道路既长且远，但作为一种改造的思路也正在渐渐为众多人所接受，成为影响街道形态走向的一个重要的向度(图 8-28，图 8-29)。

在《武汉市旧城特色区保护与更新规划》中提到：“汉正街的保护规划主要分为旧城风貌区和核心保护区。汉正街旧城风貌区的保护项目的范围为：北抵长堤街，南至汉江，西起硚口路，东至规划的友谊路延长线的区域，面积为 1.37 平方公里。核心保护区的范围为：东起天成里，西至九如巷，南临大夹街，北抵长堤街，占地约 100 亩。”

保护的区域如何安排功能？长江商报社网站载有一则消息：汉正街将再现明清一条街[①]，文中提到：“汉正街管委会副主任可巍介绍，在汉正街辖区的九如巷至天成里，长堤街至大夹街区域，将打造为汉正街文化古迹保护区。对现存的青石板路、新安书院残墙、红十字会等建筑或遗迹进行严格保护。同时，对新安街和药帮一巷两边建筑立面进行改造，按照清民建筑风格，聚集汉正街老字号店铺、酒肆茶楼、会馆、工艺作坊等，建成有浓郁汉味特色的，具有旅游、购物、观光休闲功能的老汉正街街市。”这种改造方式是契合商业开发、政治形象需求、民间文脉保护的一个折中式方案，是比较现实的保护方式。

---

① 来源：汉正街将再现明清一条街. 长江商报社，www.changjiangtimes.com，2006-11-8.

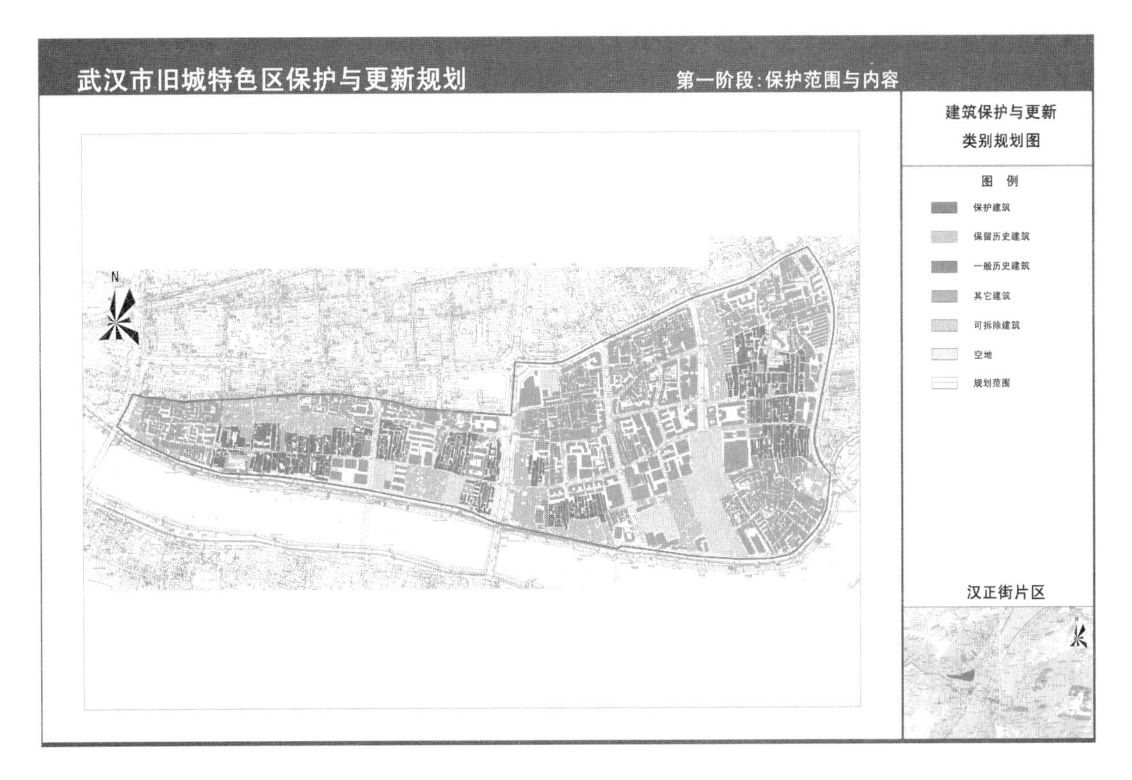

图 8-28　武汉市旧城特色区保护与更新规划——建筑分类保护图

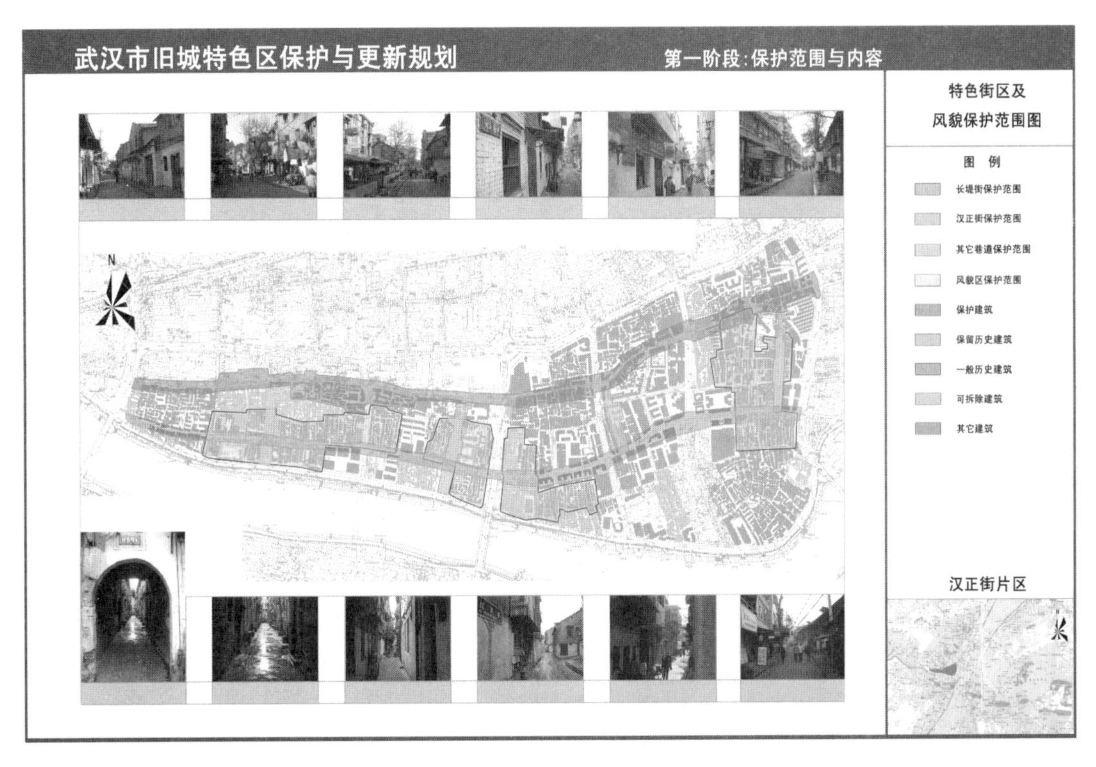

图 8-29　武汉市旧城特色区保护与更新规划——特色街区与风貌保护区范围图

问题在于，这种保护方式不过是资本话语强权的结果，是其对旧城历史的资本叙事，是其制造的又一个消费主义神话，它不属于城市贫民[①]。只是对物质空间予以恢复保留，其对于民生的意义或许更多在于满足了猎奇的心理，而社会活动和社会关系受其影响则势必面临着一次重新洗牌，但不管怎么说，这种保护模式在一定程度上维护了现存的空间肌理。

8.4 建设活动

这个时期的建设活动可以以1998年为分界线，原因在于1998年是旧城改造思路和模式转变的拐点，转变的标志是1998年7月区人民政府颁布关于"撤销武汉市汉正街改造指挥部"的硚政〔1998〕39号通知。通知说及，"为适应社会主义市场经济要求，做到政企彻底分开，鉴于汉正街改造第三期工程已基本完成，汉改指基本完成了历史任务，经区政府研究，决定撤销武汉市汉正街改造指挥部及其办公室。"从此改造模式和思路发生转折，在此之前是政府主要领导挂帅成立"汉正街改造指挥部"，全程参与指导旧城改造工作。在此之后随着市场机制的逐步确立，形成主要依靠市场为导向，政府作为导引的商业开发模式。

8.4.1 政府主导下的旧城改造

1987年11月21日，为实施汉正街市场改造工程，硚口区人民政府成立了武汉市汉正街改造指挥部。硚口区区长任指挥长，副区长任副指挥长，区政府办公室、商委、市政建设局，房地局、公安分局、工商局、规划办、征地办等单位和宝庆、新安、三曙等街办事处均派员参与，区里主要领导亲自挂帅开启了旧城改造的序幕。

改造的目的正如武政办〔1987〕134号"关于汉正街改造工程的会议纪要"中提到的："改造汉正街的目的，在于从根本上消除这条街存在的严重隐患，同时，扩大营业面积，为本市的国营商业企业和个体工商户进一步搞好营业、为外地国营商业企业和个体户在本市设立经营点创造条件，并使这条街道成为以经营小商品为主、兼营其他商品的综合性商业街，获得更大的经济效益。"

改造的基本模式是拓宽道路，建设商住大楼，底层经营商品，上层部分作为拆迁还建住宅，部分作为商品房出售，个体工商户全部引入室内经营，这样既保证了交通、消防道的畅通，又改善了经营条件，即所谓的"改造汉正街小商品市场，'引雀进笼'、退路进室经营"的市场改造方针。

但是改造资金的筹措却是依靠向个体工商户预收摊位租金、出售商业网点和商品房等方式融通资金。在硚政办〔1990〕77号"武汉市硚口区人民政府办公室关于兴建汉正街小商品交易大楼有关问题的通知"中指出："根据武汉市人民政府武政办〔1990〕199号会议纪要精神，为加快汉正街旧城改造步伐，繁荣和发展汉正街小商品市场，经区政府研究决定，委托区工商局以汉正街小商品交易大楼持有产权人名义，并以预租该市场摊位形式，向社全集资，集资款投入汉正街小商品市场交易大楼及旧城改造工程。该项改造工程不足资金由汉正街改造指挥部负责筹措解决，汉正街改造指挥部仍负责该项工程的立项兴建。"集资的原则"谁集资、谁受益，先集资、先受益，不集资、不安排"的原则进行[②]。这造成了许多个体户极大的怨言。

汉正街改造工程分3期进行[③]，第一期改造工程于1988年一季度开工，其范围为原三镇小商品市

---

① 包亚明. 新天地与上海新都市空间的生产. 南京：江苏人民出版社，2001.

② 参见：市硚口区工商行政管理局于1991年3月19日下发《武汉市硚口区工商行政管理局关于集资兴建汉正街小商品交易大楼的通知》。

③ 以下汉正街三期改造数字和部分文字引用自：朱文尧. 汉正街市场志. 武汉：武汉出版社，1997.

场地段，即同安坊至安善巷以及利济南路两侧地区。规划拆迁用地5.5公顷，实际建筑占地2.5公顷。共拆除各类型房屋面积达3.23万平方米，拆迁户802户。到1990年底，第一期改造工程基本竣工，拆迁户告别“四无”（无厨房、无厕所、无客厅、无阳光）的旧房屋，搬进了“三独一厅”（独厨房、独厕所、独阳台、一客厅）的新住宅。汉正街市场新增经营面积1.07万平方米，其中新建一座4 500平方米的汉正街服装大楼，原拥挤在永宁巷一带的个体工商户全部引入室内经营。第一期改造工程中，存仁巷、来祥里、上河街、合成里4条临近汉正街的街道被开辟成汉正街第一批分市场，打破了汉正街市场长蛇阵式的布局，市场开始向汉正街两侧拓展。甚至也有一些区位条件较好的国企单位自己兴办市场，如汉口电力设备厂、武汉针织运动衣厂、向阳帽厂、汉口织带厂、老同兴酱品厂、长江食品厂以及文化电影院、武汉市第六十中学等企事业单位相继利用闲置场地开办室内市场①。

1991年4月5日，汉正街第二期改造工程开工。完成了涉及同安坊、来祥里、三曙街、大夹街、余庆里、利济南路1 644户，面积达5万余平方米的拆迁任务。1992年8月28日，标志性建筑——汉正街小商品中心市场正式开业。至此，第二期改造工程基本完成，汉正街初具“小商品城”雏形。第二期改造工程总建筑面积17万余平方米，新增经营面积3.5万余平方米，其中坐落于同安坊至来祥里地段的中心市场建筑面积3万平方米，并建有6 500平方米的屋顶花园，将长期在汉正街、大夹街、三曙街等处的占道经营户引进室内；在沿河大道利济南路口建成全市第一座总面积为5.7万平方米的立体停车场；在三曙街、大夹街、余庆里、利济路4处建成总面积为9万平方米的商业、住宅还建综合楼，又按规模形成或部分形成15米宽的道路和居民活动空间；拆迁户的还建安置也如期完成。

经过一、二期改造工程，汉正街小商品市场新辟3条15米宽的规划道路，完善了供电、供水、市政环卫、园林绿化、消防、煤气等配套设施；新增经营性用房面积达6.9万平方米，5 800余户经营者入室经营；有2 000余户拆迁户搬进新居。

1992年4月21日，市政府办公厅印发《关于汉正街小商品市场改造工程问题的会议纪要》，要求“硚口区人民政府按照突出小商品市场特色的总体要求，把小商品市场建成综合型、多功能、系列化、高效益的社会商业城的思路，着手规划、设计汉正街小商品市场第三期改造工程”。标志商业城功能向综合化和多元化方向发展。1993年8月，第三期改造工程破土动工。

第三期工程总占地面积16.1公顷，改造范围东起多福巷、全新街、庆丰里，西至宝善街、广货巷、安善巷，北抵中山大道，南达汉正街。规划总建筑面积102.5万平方米，共需拆除各类房屋1 895栋、总面积22.6万平方米，拆迁涉及5 250户、1.8万余人，工程计划于1998年完成。

第三期改造工程分为A、B、C、D、E、F六大区域实施。A区由高级写字楼、商住综合楼组成，总建筑面积17万平方米；B区由武汉市最大的综合性商城和商住综合楼两部分组成，总建筑面积24万平方米；C区是7栋26层的商住建筑群，总建筑面积20万平方米；D区是9栋26～30层的商住建筑群，总建筑面积22万平方米；E区由商城和住宅两部分组成，总建筑面积5万平方米；F区为高级写字楼和大型商住楼，总建筑面积14.5万平方米。本期工程还规划兴建一座11万千伏的变电站，一座自来水中心转压站和6座煤气加压站，扩建2所具有一定规模的学校，扩充、完善电信、市政环卫、绿化、消防、交通等设施。改造工程全部完成后，汉正街市场内数条商业主轴线将连接江汉三桥等建筑，与市场北线的利济商场、泰合大厦、民生大厦，东区的民意广场，西端的上海商城、友谊商场交相呼应，形成整体，成为集工商贸易、金融、旅游、娱乐、写字楼、公寓等多种功能为一体的综合商业城。

汉正街市场经过三期改造工程后，道路发生巨大变化，公安巷、旌德巷等几条小巷已变成大厦的室内通道。在原三曙街处新辟一条长150米、宽15米的街道，在原同安坊处也新辟了一条宽15米的

① 朱文尧. 汉正街市场志. 武汉：武汉出版社，1997.

道路。在第三期改造工程中，还拟定在多福路、大火路原址新辟南自沿河大道，中接汉正街，北通中山大道长 560 米，宽 30 米的道路也就是现在的汉正街第一大道，2006 年始贯通。第三期改造工程，汉正街形成为汉正街市场内一段宽 15 米的主干道。长堤街在汉正街第三期改造工程中，部分路面拓宽至 15～30 米。大夹街在汉正街第三期改造工程中，路面扩宽至 15～20 米。1993 年 5 月 29 日，市政府决定由硚口区按照“统一规划，开发开路，分段实施”的原则，用 5 年左右时间将沿河大道改造成 40 米宽的新混凝土道路。截至 1996 年底，基本实现了贯通硚口路至集稼嘴的目标。

经过三期改造后，到 1996 年，汉正街市场形成东起三民路、民族路，西至硚口路，南滨汉水沿河大道，北至中山大道，由汉正街、大夹街、新安街、宝庆街、三曙街、永宁巷、万安巷等诸多街巷组成，总面积 2.56 平方公里的地域。

从三期旧城改造中我们可以知晓，建设活动是官方主导推动完成的，带有强制的性质，其影响除了将高楼大厦强行楔入造成传统街巷空间的破坏外，也造成居民的社会关系破裂及原来生活轨迹的戛然中断。在此之后其引发的多米诺骨牌效应波及深远，在社会关系重新整合以及生活轨迹重新建立过程中街巷微循环系统势必也有所调整，继续破坏了传统街巷空间。此外，改造过程致使产权信息丢失，是其带来的最严重的后果。产权的考察一直是本书考证建设活动的一个重要的思考方面，这是因为在新中国成立之前街道形态的稳定很大程度仰仗产权的稳定，即便发生重大的天灾人祸依旧可以传承格局。虽然新中国成立之后产权发生重大嬗变，不过由于建设资金的短缺，基本采取“拆一建三”就地改建的模式，某种程度反而维护了街道传统肌理，产权最后很多也归还到居民手中。但是这次不同，产权的变更变得不可逆，居民被推进高楼之中，产权信息已经荡然无存，传统的肌理也丧失其

图 8-30　一、二、三期改造的结果

这是一种典型的“方格网＋高楼”的模式。

存在的根本依托(图 8-30)。当然改革开放的契机使得汉正街成为“对内搞活的成功范例”，其交通拥堵和基础设施短缺问题逐渐浮出水面。物流的飞速发展必然要求挣脱传统街巷的尺度限制，或者既有的空间肌理不适应新的生产方式和流通方式；苟全传统肌理的完整而无视民生生存环境之恶劣，也近乎残忍。倡导保护街巷肌理并不是一味的抵抗改变，问题核心在于采取何种改造模式？现有的改

造模式是否真的取得预期的效果？是否存在民生为本的策略性改造？历史积累的财富能堪不及太多思考的草率性行为？既有肌理包含既有的生活秩序，全然推翻这种秩序是否有全能的政府面面俱到重新组织每个人的生活？如果不能，每个人自己又以何种原则组织生活秩序？如果是以市场的经济原则进行组织又带来了何种社会的负外部性？市场的理性能否带来全局的理性结果？

8.4.2 市场运作的商业与房地产开发

1998 年撤销武汉市汉正街改造指挥部及其办公室，政府主导的改造模式让位于市场资本力量。改造的模式正如武政〔2003〕35 号"市人民政府关于进一步完善中心城区商业类项目建设用地管理工作的通知"中指出的供地程序：（一）区人民政府协助投资者确定项目选址意向，做好项目拆迁调查和拆迁成本测算；（二）市土地中心依据商业类项目建设意向，到市规划部门办理规划定点、划定用地范围、规划条件确定等工作；（三）市国土资源管理部门依据规划部门确定的用地范围、用地条件办理商业类用地公开供地审批手续；（四）市土地中心以公开方式确定项目竞得人；（五）竞得人依据成交确认书及预先公布的拆迁成本，确定拆迁代办机构，或者申请所在区人民政府组织拆迁，同时到拆迁管理部门办理拆迁许可证、与市国土资源管理部门签订国有土地使用权出让合同；（六）拆迁完毕后，竞得人依据成交确认书、国有土地使用权出让合同、拆迁完毕确认书等相关资料，到市国土资源管理部门领取《国有土地使用证》；（七）竞得人按规定到规划、建设等部门办理规划、施工等报建手续。

这种操作模式政府把以往全职角色让位于市场运作，政府则为其开通各种方便之门，例如拆迁动员和安抚工作以及赔偿问题都由政府出面解决，同时尽可能简化供地的手续。对于政府而言可以获得"一石三鸟"的结果，既可以摆脱政府事务冗杂沉重的包袱，也可以完成旧城改造的棘手任务，还可以摆脱改造资金不足的窘境甚至可以从中谋利。

于是在这种政治与资本的合谋运作机制下，商业与房地产开发在汉正街可谓"进入佳境"。典型的案例是 2003 年 8 月 18 日，武汉龙腾置业有限公司与武汉市硚口区政府汉正街开发建设办公室签订改造汉正街商贸旅游区项目合作协议，以净地每亩 523 万元"天价"，拍得汉正街核心区域永宁片区 424 亩土地。

龙腾置业有限公司组织规划设计单位编制了汉正街商贸旅游区规划①，按照现有层级规划制度要求，基本落实了上位控制性详细规划意图。在东至友谊南路，西到利济南路，南临汉水，北靠汉正街的商贸旅游区的规划范围内，形成由利济南路、石码正巷、多福南路、宝庆正街、友谊南路构成的"五纵"和汉正街、汉水街、板厂巷、沿河大道组成的"四横"的交通网络。前期以打通多福南路，疏导交通"瓶颈"为着眼点，形成以多福南路为纵轴，板厂巷为横轴的空间结构。

其中汉江至沿河大道，以古汉口浓郁的"码头"文化为历史背景，结合市政府的"滨水"计划，在现有汉江堤岸（集稼嘴至江汉一桥段）向外挑出 5 米建设"观光平台"供游人休闲观光，并在沿滩形成大面积的绿化带，同时将参照"武汉关"外滩的形式，整治江汉一桥至集稼嘴段沿河大道的路面和临街建筑的外立面，使汉江观光区成为"汉口正街"观光旅游的"外环线"，整个区域以"游"为特色；沿河大道至板厂巷，为汉正街商贸旅游区配套服务的区域，该区主要是以酒店、旅馆、风味小吃、娱乐场所及大型地下停车场等为主的服务经营性区域，整个区域以"全"为特色；板厂巷，依托历史上的著名商家老字号，结合新兴的"汉派"品牌，形成具历史风貌建筑特色的步行商业街，该步行街宽 10 米，长 620 米，铺设青石板路面，建筑以 2～3 层明清风格为主，整个区域以"精"为特色；板厂巷至汉正街，该区主要

① 引自：数字汉正街，www.hzj.net.cn/home.asp.

集商贸、商务、中心广场、汉正街历史博物馆于一体，整个区域以“专”为特色①。在商业空间的建构过程中，间关“历史叙事”，背后则是政治身影的每每在场，这是政治与资本亲密无隙共同制造的消费神话(图 8-31)。

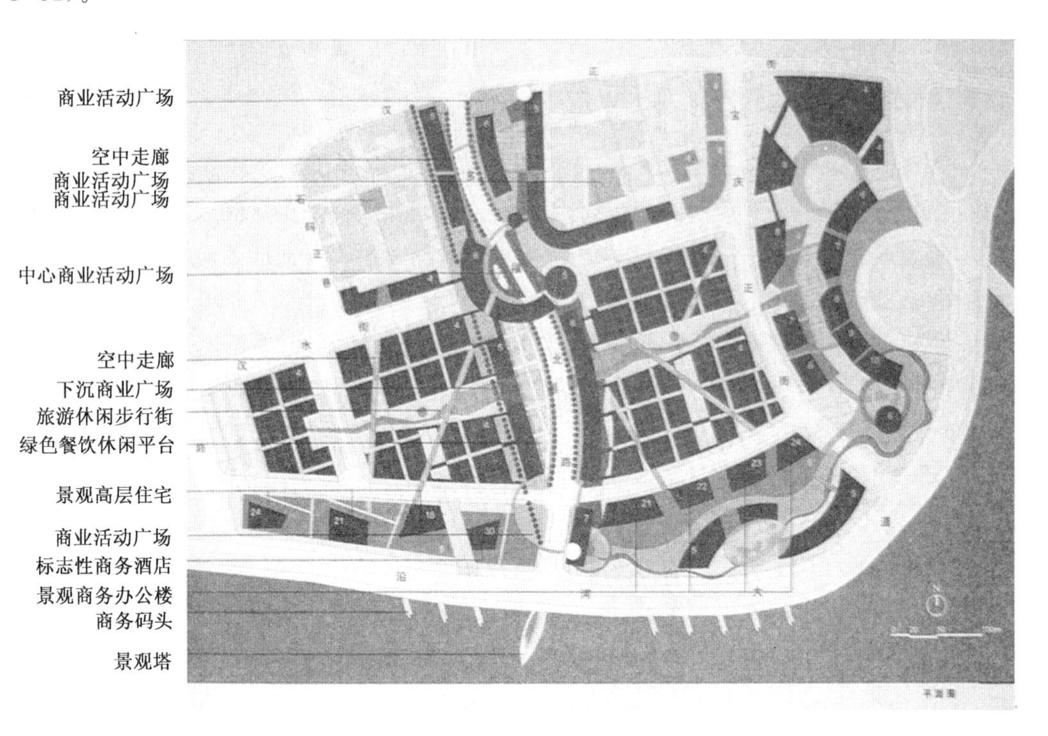

图 8-31　汉正街商贸旅游区项目规划

龙腾置业重金邀请美国龙安、香港迈思、上海诺德、海南雅光四家国内外知名公司设计汉正街商贸旅游区项目规划。香港迈思最终胜出，本书没有找到该中标方案，但是觅到上海诺德的方案。四个方案都是面向商业利益最大化的蓝图式空间建构。

在此规划指导下，2006 年 4 月初，宽 36 米、长 560 米、4 车道的汉正街第一大道，豁然贯通。容纳 2 000 余间商铺、分别冠名为“金座”、“银座”、“红宝石座”、“蓝宝石座”的四栋建筑沿街坐落，两栋 30 层高的“汉正会馆”拥江而立。7 条空中连廊，2 条地下隧道，48 部电梯，将 6 栋主体建筑纵横相连、上下通达。正如龙腾置业负责人张屹东豪迈放言，“将第一大道建为国际商品展示、信息、交易、结算中心，名符华中商业‘都心’之实，重耀 500 年汉正街金字招牌。”②

在政治与资本的通力合作之下，同样的故事在汉正街上演正酣，可谓你方唱罢我正登场，它的结果使得这个区位地价倍增，倍增的同时社会关系陡然复杂起来，各类矛盾也猛然紧张起来。

需要注意的是，随着市场经济体系建立起来，土地的使用遵从一定的经济规律，商业价值与交通区位密切相关，所以商业与地产开发往往集中在主要道路的临街区域，在资本的推动下这些临街区域形成功能置换，自我更新。新开通的友谊南路以及中山大道、沿江大道、三民、民主、民权等主干道沿街都在适时淘汰旧功能、置换新的功能(图 8-32～图 8 - 34)，沿街区域内的一批工厂和文教单位等纷纷腾出场地，做商业地产开发。商业和住宅功能地块往往体量较大，与原有的街道肌理截然不同，是典型的以马路经济为导向的设计模式，结合道路开发形成四周侵入的局面丝毫不亚于汉口初期周遭的洪水猛兽，此外建筑设计由于受采光、通风、消防等技术规范的要求，其肌理与传统肌理格格不入。

①② 引自：汉网论坛，http://bbs.cnhan.com/dispbbs.asp?boardid=20&id=391875.

图 8-32　友谊南路道路两侧卫片

友谊南路开通后，其左右两侧迅速被商业和住宅开发占据，其空间肌理与传统的肌理明显不同。

图 8-33　重点开发区域

山大道、沿江大道是商业和地产开发的重点区域。

图 8-34　江汉步行街周边热点开发区域

由于受江汉步行街的影响，位于中山大道的现在佳丽广场区位成为商业开发的热点区域；沿江大道也是开发热点。

8.4.3　居民自建

从市场经济开启、国家由刚性控制到柔性控制以降，汉正街居民自建活动成为一个最普遍的日常场景。所谓自建本书定义为：游离于官方各类法规、政策之外的居民自发建设的行为、过程、现象，亦即非正规性的建设活动。如此说来，从汉口发迹到现在自建行为从来没有中断过，只是民国之前，官方对于民间建设并没有过多的干涉，民间自建的自由度更大。时至今日，居民虽然受种种法规、政策的掣肘，但是受经济等因素影响，突破法规、政策的行为俯拾即是，明清普遍的正当的、本能性自建活动，现在却变成"违章"行为，成为建设的非正规性行为，这是现代性开启之后，官方力量入侵与地方自治萎缩此消彼长过程的衍生结果。

图 8-35　不同产权的自建结果

沿街这三座房子都建造于 20 世纪 70 年代。左右两幢坡屋顶的为公房，产权属性导致住户不能随意更改建筑的功能和结构，加建的程度不强烈。中间的一幢是私房却加建旺盛，在原有的两层的基础上加建了形状、风格、材质都不一样的两层，用于扩大功能。这是产权影响自建最典型的例子。

自建的程度多寡差别较大（图 8-35），这是一个源自居民自身逻辑及外部社会环境、自然环境等多重因素影响的较为复杂的过程，总的来说产权是主导因素，产权的归属不同造成自建的程度不同，产权不同诞生千奇百怪的自建结果(图 8-36)。上文提到自建的动力大凡来源于三种:谋利性质的加建和补充功能性质的改建以及两可之间的。拥有完全产权的住房三种动力一一具备，而产权系公家，则自建的动力大打折扣。汉正街的住房产权情况非常复杂，既有新中国成立前的个人房产充公后又重新返还个人的私房，也有单位的住房经过“三三制[①]”改革后卖给职工变成的私房，也有开发商开发的卖给居民的商品房，也有一直是单位分配给职工居住的单位住房，还有新中国成立时没收官僚、资本家等的国有住房。自建程度大致上最高的是中低层私房，最低的是国有住房和商品房，商品房虽然是居民拥有产权，但是由于受制于技术、法规等系列条件限制，自建被较大抑制。

汉正街自建最为旺盛的区域是汉水与长江交汇的鱼肚部分(图 8-37)，住房产权基本在私人之手，自建本就旺盛，由于该地块区位条件绝佳一直是商业资本觊觎的目标，2003 年此区域部分地块被龙腾置业有限公司购得，为了取得更高额的拆迁补偿，客观上进一步刺激了居民自建行为。此外，该地块自建行为最为旺盛主系私产之故也侧面佐证了该区域解放以前一直是官方或资本不愿进驻的下层居民麇集的区域，进而证明了该区域的自建活动自始至终没有中止过。

图 8-36　汉正街产权的复杂性

新中国成立之初到 70 年代末期，国家没有完全放开居民自建住房的政策。这段时间里，以国家和集体的名义，汉正街建造起很多样式相对单一、平面结构标准化的公房。共分户墙是公房与居民自建房最大的区别。进户的楼梯设置在室内。住户多为附近工厂的工人。到改革开放之后，国有工厂逐渐关停转产，住户纷纷搬走，把房屋出租。后来政策稍有放松，居民们自发地把楼梯改建到室外，以增大室内的居住面积。现在这里居住的大多是老年人和来汉务工人员。原有的一户被分成若干小单元，每个单元建造起自己独立的入户大门。

自建的方式分为横向和纵向加密两种方式(表 8-3)，所谓横向是水平向充塞一切可以利用的空间，包括了高层空中横挑出来的空间；所谓纵向是指垂直向增加楼层。其盎然的生机超出想象，它以极大的生存能力和灵活的适应方式呈现千姿百态的样式。一切可以利用的边角旮旯，一切不合自身生活逻辑需要改造的地方，一切源于经济利益想要加建的部位，都想方设法进行自建，凡此种种使得居民自建成为普遍的现象，除了产权不明充塞其中，产权明确的公共空间也已占用。于是街道的形态也就湮没在加建的海洋之中，有时很难分辨街道的明确界限，而且居民的居家活动常常延展到街道上，街道因而更加模糊其自身的位置。

---

① 20 世纪 70 年代末，由于十年“文革”造成的整个国民经济凋敝和国家财政紧张，国家财政无力满足城镇发展所必需的住房投资。为了解决城镇住宅投资来源，住房制度改革首先从国家包干的住房体制开刀。1980 年 6 月中国务院批转了《全国基本建设工作会议汇报提纲》，正式宣布中国将实行住宅商品化的政策。随之，一些城市制订了改革起步方案。1982 年，国务院(82)国函字 60 号文件《关于出售住宅试点》确定在四平、郑州、常州、沙市城市进行“三三”制住房补贴出售试点。“三三”制售房的基本原则是房屋出售价格以土建成本为标准，地方政府、职工所在单位和职工个人分别负担 1/3。从具体实施情况来看，一般个人负担 1/3，职工所在单位负担了另外 2/3。1984 年 10 月，国务院决定在全国扩大城市公有住房补贴出售试点，武汉也在内。1995 年 8 月武汉市出台《武汉市深化城镇住房制度改革方案》，对已经实行的房改措施进一步完善和深化，1996 年市委、市政府制定了《关于进一步加快出售旧公房促进以售公房上市的通知》，并于 1998 年底颁布了《关于停止住房实物分配的通知》。武汉市房改处于全面推进，建立新体制的阶段。

表8-3 两个自建案例

图片和部分文字来自：赵严,汉正街系列研究——汉正街宝庆街区自建住宅研究.武汉:华中科技大学硕士论文,2008.

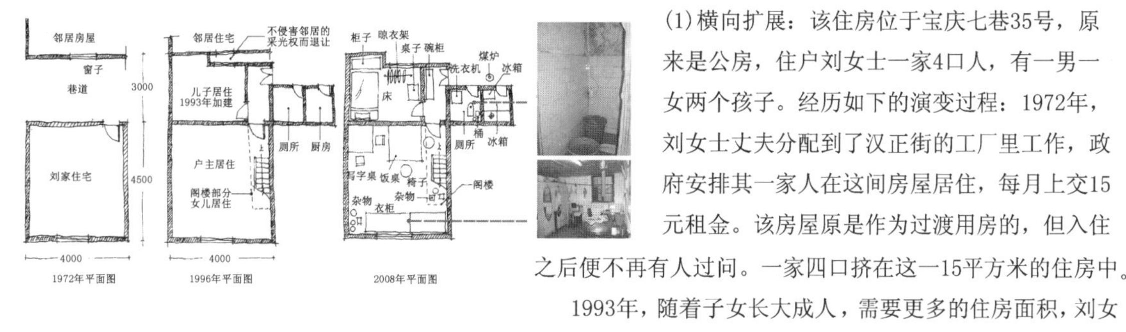

(1)横向扩展：该住房位于宝庆七巷35号，原来是公房，住户刘女士一家4口人，有一男一女两个孩子。经历如下的演变过程：1972年，刘女士丈夫分配到了汉正街的工厂里工作，政府安排其一家人在这间房屋居住，每月上交15元租金。该房屋原是作为过渡用房的，但入住之后便不再有人过问。一家四口挤在这一15平方米的住房中。

1993年，随着子女长大成人，需要更多的住房面积，刘女士便向房管所写报告，希望问题能得到解决，但迟迟没有回复。无奈之下在房屋内加建了阁楼。同时，占用过道，加建为儿子卧室。政府默认了刘的行为，但要求新房必须退让出邻居家的窗户50公分，要保证邻家采光充足。同时在产权上，新建部分仍属于政府，建房材料却要私人承担，建房也由房管所指定。女儿住阁楼。住房被分隔为一大一小两间，夫妇住大间；儿子住小间。1996年，随着政府管理的松懈，刘女士自行加建了厕所和厨房。政府对其进行了一定额度的经济处罚后也默认了这一加建行为。

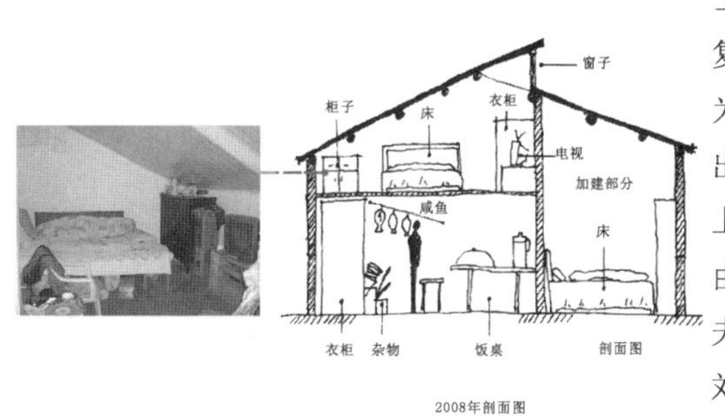

(2)竖向增高：该房位于宝庆二街33－2号，伍姓私宅，住宅正立面上出挑的发亮铁皮房在周边杂乱的环境中尤其显得突出，铁皮房前是户主伍师傅早年种植的一颗树。伍师傅今年60多岁，两个儿子均已成家。他过去从事建筑施工工作多年，并承接过一些小的施工项目，因此有着较为丰富的建房经验。到了1983年，40多岁的伍师傅放弃建筑行业，转而学习服装知识，之后在伍宅中开了小作坊，一直从事服装生产行业至今。在有限的、不规则的基地内，伍师傅自建的生活空间有序整洁。伍宅的演变过程如下：解放初，从一位孤寡老太婆处买下棚户房。1986年拆除原来的破旧棚子，在原基地上建起三层砖瓦结构的新房。一层，两个孩子居住。二层，伍师傅夫妇居住。客厅一直以来都是全家人的集会场所。三层，作为生产作坊使用。

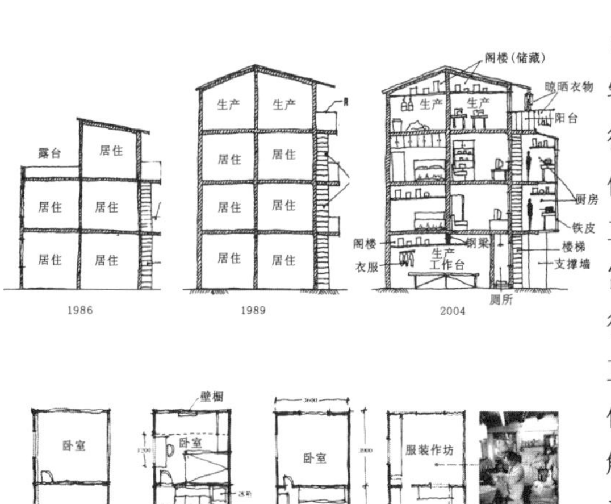

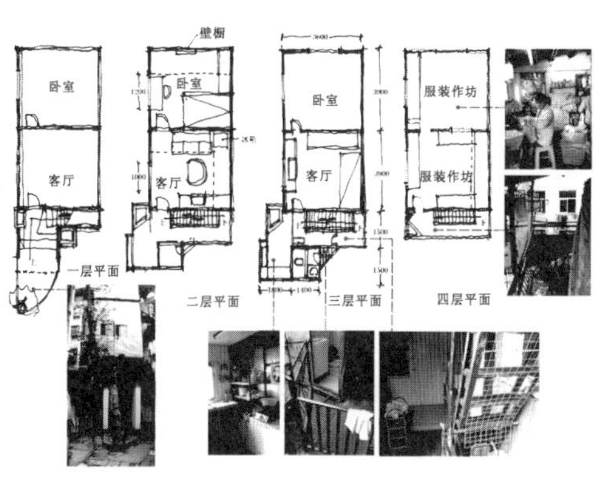

1989年因大儿子结婚,加建了第四层。三层,改为大儿子夫妇居住。四层，作为生产作坊，使用至今。2004年，在二、三层走廊外用铁皮等材料加建厕所和厨房，因出挑距离较远，特在一层立了两片厚墙做为支撑体。铁皮盒子的一部分为卫生间，另一部分为厨房，面积都较大，使用起来也较舒适。厕所和厨房的层高比较低，其顶棚与楼上地板之间有近90厘米的空间，里面布置下水管道，并堆放了许多杂物。2008年大儿子搬家，住房空间有空余，房主改变住房功能。一层，打掉原内隔墙，用一根钢梁支撑楼板重量，形成一个作为服装制板的大车间。由此，伍家住宅的生产功能面积扩大而居住面积减小。三层，改为小儿子居住使用。

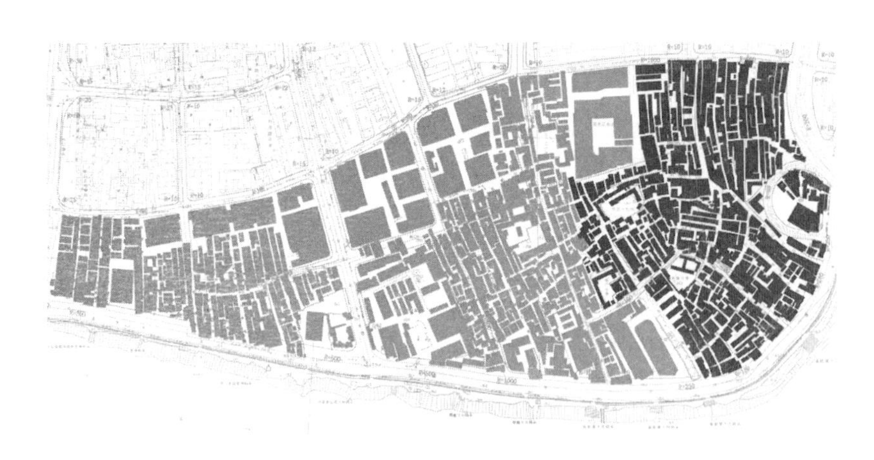

图 8-37　汉正街自建密集区

汉正街图底关系，深色部分为自建密集区

当然这种自建并非不受任何控制，其控制主要来自于居民内部牵制和来自政府层面的官方管理。由于自建行为常常和周遭邻居的利益息息相关，所以邻里之间因此而起的各类摩擦屡见不鲜，也部分掣肘了肆意的行为，他们之间要么以容忍的方式存在，大家都如此也就心照不宣；要么以协商的方式处理，侵占一方要补偿另一利益受损方；当然补偿协议难以达成而对簿公堂的也所在多有。官方也对自建进行控制，除了各类城市建设法规外，官方为避免旧城改造拆迁成本过高，还出台一些限制政策，例如为遏制自建风潮，政府将汉正街现有的建筑做质量评价，对于质量优良的建筑是绝对禁止加建或重建，对于质量较差的建筑则视程度而定，不过在利益的驱使之下，很多违规的行为不断出现，明令禁止总是让位于肆意加建的既成事实，很多楼房在一夜之间加建几层，又不便强行拆除，而一旦有人树立榜样很多人就云起景从，法难责众，集体性行为使得这里变成一个巨大的自发建设场所。

8.4.4　社区建设“883 行动计划”

社区建设“883 行动计划[①]”是在“中共武汉市委、武汉市人民政府关于进一步加强社区建设的意见”武发〔2002〕15 号文件中正式提出的，武汉市委、市政府决定用 3 年左右的时间，按照“市区共建、以区为主、社会联动、全民参与”的要求，全面推进 7 个中心城区 883 个社区的建设，把社区建设成为“管理有序、服务完善、环境优美、治安良好、生活便利、人际关系和谐”的现代化的科教人文型社区。

全面推进和谐社区建设的“武汉 883 行动计划”的目标任务是：逐步实现社区人口的管理以居住地管理为主，社区的社会事务管理实行条块结合、以块为主，社区管理以在党的领导、政府指导下社区居民依法民主自治管理为主，社区资源利用以社区与所有单位共驻共建、资源共享为主，进一步完善适应现代化城市发展需要的社区管理体制和工作运行机制，提升城市功能，提高人民群众的生活质量，努力创造优美安全的社区环境、舒适方便的生活条件、民主参与的社会氛围、融洽和谐的人际关系，真正把社区建设成为居民群众生活的乐园、温馨的家园。具体表现为：(1) 社区组织健全：社区党组织、社区成员代表大会、社区协商议事委员会、社区五个专门委员会(服务、环卫、文教、治安、计生等)以及社区基层网络。(2) 社区设施完善：办公、活动硬件建设，设有三站(社区服务站、卫生服务站、社区环卫站)及市政设施。(3) 社区环境优良：加强社区环境保护，做好绿化、美化、净化工作，解决好“脏、乱、差”问题，社区环境整洁干净。(4) 社保服务到位：依托社区做好下岗职工、失业、待岗人员再就业和就业工作，落实最低生活保障、优待抚恤、社会救助等工作，做好离退休人员的社会化管理服务

---

① 引自：武汉政府网，http://new.wh.gov.cn/enews.

工作。(5) 社会治安良好：建立健全社区群防群治网络、加强刑释人员的安置帮教工作，加强社区流动人员的管理与服务，创造良好的社区环境。(6) 社区更加文明：创建“文明社区”活动，发展社区教育，抓好科普宣传，抵制和反对邪教，积极开展文体活动，不断提高社区居民的整体素质。

可以说“武汉 883 行动计划”既是重构社区功能，培育、壮大和完善社区服务，发育、提升和完备社区工作体系，重铸社区凝集力和社区归属感，构建和谐社会的一项举措；也是全面提高城市社区建设水平，努力做到社会保障到社区、城市管理到社区、社会治安综合治理到社区、社会服务到社区，实现政府工作进社区、全面提高市民生活质量和有效推进城市文明和谐建设进程，是创新执政能力的重要体现[①]。

为取得预期的效果，武汉市社区建设“883 行动计划”实行评分考核验收制度，评分标准为：社区组织建设(80 分)，社区居民自治功能(70 分)，社区管理设施(50 分)，社会服务设施(90 分)，社区市政设施(120 分)，社区环境管理(180 分)，社区社保就业、救助(150 分)，社区社会治安综合治理(150 分)，社区文体活动(30 分)，社区文明建设(80 分)。总分 1 000 分，850 分以上为达标，900 分以上为良好，950 分以上为优秀，考核实行一分多计，属于相关责任部门工作不到位的，扣除相关负责部门的积分，因相关责任部门工作不到位造成社区不达标的，由相关责任部门负责整改后达标。下表 8-4 是社区市政设施验收内容、评分标准和负责部门。

表 8-4　社区市政设施验收内容、评分标准和负责部门

项目	验收内容	标准分值	评分标准	验收方法	实得分值	牵头和组织单位
社区市政设施(120 分)	路面平整、硬化、无破损、无泥巴路	25	有一处泥巴路扣 5 分，破损一处(面积达 1 平方米或长度达 20 米)扣 5 分，扣完为止。	实地考查，听取居民群众意见		建委、园林、供电房产、水务、开发办等部门
	给排水管道通畅、窨井盖齐全	10	有一处不通扣 5 分、缺盖一处扣 5 分，扣完为止	同上		
	社区建有一块不小于 300 平方米的集中公共绿地	20	低于 300 平方米，大于 200 平方米的，扣 3 分，低于 100 平方米的扣 5 分，小于 30 平方米全扣。	同上		
	新建住宅型社区绿地率一般不低于用地总面积的 35%，老城区型社区绿地率一般不低于 25%(旧城区改建，除人口密集区的个别建设项目不低于 10%外，其余应不低于用地总面积的 25%)	20	新建住宅型社区绿地率低于 35%，大于 20%，扣 10 分，低于 20%扣 20 分；老城区型社区绿地率低于 25%，大于 10%，扣 10 分，低于 10%，扣 20 分	同上		
	社区无严重危房	20	有一处扣 10 分，扣完为止。	同上		
	社区内路灯照明设备完好	10	有一处不好扣 2 分，扣完为止	同上		
	居民楼道照明设备完好	10	有一处不好扣 2 分，扣完为止	同上		

“883 行动计划”实施以来，武汉以建设现代、新型社区为目标，大力提升社区服务功能，推行就业

① 周运清. 城市政府工作进社区与执政能力创新——“武汉 883 行动计划”与和谐社区建设研究. 中南民族大学学报(人文社会科学版)，2005(11)：104-108.

和社会保障、城市管理、社会治安综合治理、社会服务“四到社区”。2004 年,武汉共举办“送岗位到社区”活动 159 场,安置就业、再就业人员 1.5 万人。2005 年,基本医疗保障进社区后,全市有 41 万人享受社区卫生中心提供的免费体检,60 万人次享受过社区医疗减免挂号费、诊疗费等 5 项优惠。从 2002 年起,武汉市委、市政府对中心城区的 883 个社区进行分类建设和整治。至 2005 年总共投入 12 亿元,改造了背街小巷里的 465.2 公里下水管网、修复了 6 376 条泥巴路和破损路面,消灭了“泥巴路”、“臭水沟”,补齐 16 078 盏照明路灯,添置了体育健身器材 910 套,拆违 15 302 处、97.6 万平方米,新增社区绿化面积 10 万多平方米①。城区里的环境大为改观,居民的生活质量得到了改善(图8-38)。

图 8-38 汉正街街巷的铺转地面

“883 行动计划”斥巨资改造了汉正街破损路面,消灭了“泥巴路”、“臭水沟”,对居民占道情况做了一些清理,社区里的环境大为改观。

行动计划着眼于社会和谐建构以及提升政府在基层执政能力,其初衷无疑良好,也取得了较为瞩目的效果。问题是,以道路是否平整、有无泥巴、绿地是否达到面积、有无危房这种简单量化评价标准尚不能代表全部,也未必表达民意。为了追求达标,负责部门甚至依照自身意愿强制性执行,客观上又是一次“扰民”的行动,达标式的结果验收取代过程式的引导与民众参与,其结果只是起到肃清街道,造成表明上“光鲜”的效果(图8-39)。

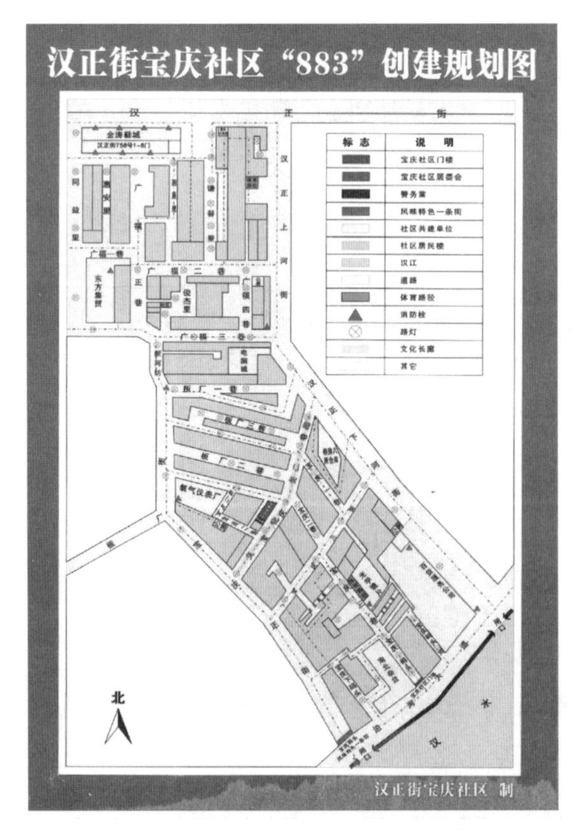

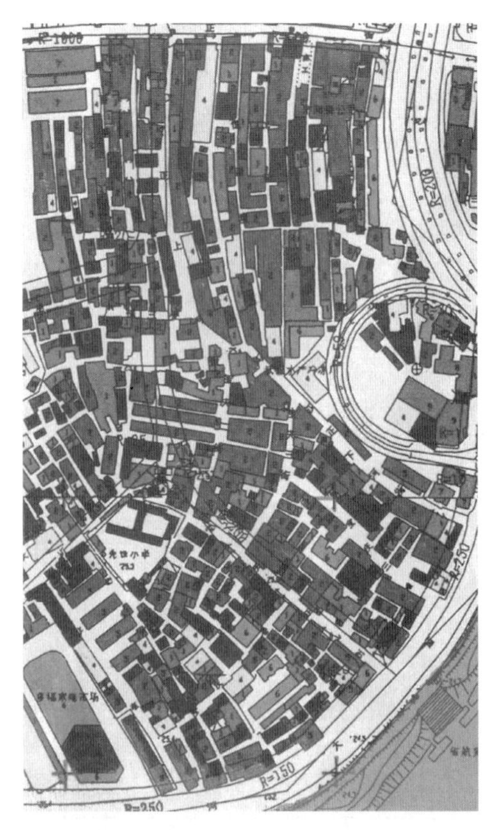

图 8-39 宝庆社区“883”创建规划图(左)与现状图(右)对比

规划图是在现状基础上一次“肃清”过程。

① 来源于武汉统计局 2007 年上半年数据。

8.5 街道形态的演变过程

1988 年，经武汉市、区政府批准成立了"汉正街经济改革试验区"，在市场 2.56 平方公里范围内大力发展私营企业，鼓励引导区、街、校办企业及家庭生产小商品，推行企业承包、租赁、拍卖、联营、股份制等多种措施，培养和壮大市场主体。在此影响下长期的需求压抑造成井喷的效果，大批的外地经营者涌入汉正街，私营经营得到迅猛发展。由于基础设施的长期滞后发展，造成"以街为市"的局面。为改变如此状况，提升汉正街竞争力和吸引力，1988 年旧城改造伊始展开，打开了旧城改造的阀门，到 1992 年一、二期改造工程完成，随之规模宏大的第三期改造全面铺开，到 1999 年三期改造基本完成。

1988—1999 年期间是一种典型的政府主导型的改造模式，虽然 1992 年邓小平南巡讲话厘清了"姓资姓社"的意识形态问题，市场经济正式开启，标志中国政府开始从全能政府让渡于市场的资源配置机制，从以往底层的刚性控制转变为柔性控制，但是这毕竟需要过程。

政府的改造初衷较为单纯，就是改变占道经营的模式，建成了一批大型室内市场，将经营商品的业户分门别类引入室内经营、划行归市，形成了综合性批发市场、专业化经营的格局。

改造的方式是建设大体量的商业大楼，一般为商住综合楼，商业空间占据 3 层左右，其上则多为 10 层左右的居住空间。大体块的综合楼已经不同于往日的沿街叫卖，改变了几百年来经营方式和生活方式。但只是将以前沿街拥挤的商户简单装进楼房而已，拆迁户居民则被置到了大型商城的平台之上，重新组合成垂直高密度的居住空间。居民从此与这片曾属于他们的土地隔离开来，突如其来的转变，造成生活、生产的诸多不便而处境尴尬。

正如建筑师利奥泰(Hubert Lyautey)写道："宽敞的街道、林荫路、高大的商店和住宅门面、给水及供电设施(对于欧洲人来说)是必要的，但(这一切)却扰乱了原有城市的秩序，使当地人无法按传统方式生活。"[①]旧城改造带来新的物质空间，带来了街巷的变动，因而导致社会的秩序和社会关系的变动，在生活秩序重整、生产生活重新组织的过程中，路径被重新开辟。

于是街道在此过程重新调动，除了改造过程中道路的拓宽以及新开辟几条道路外，其造成生活逻辑以及生产模式的转变从而造成街道微循环的转变不胜枚举，而这种转变无疑是街道空间发生变革性改变的内在机制。空间永远处在塑造活动或者被活动塑造之间的角色转变中。

抵抗了百年政治、经济及自然灾害冲刷的那种超稳定的"鱼刺型"空间结构开始动摇和破碎。新中国建设资金不足或许对于传统肌理的部分传承是一种塞翁失马的福气，但到了现在这种福气走到了尽头。产权一直是维护空间形态稳定很重要的内在机制，随着旧城改造，产权信息彻底遗失，空间可以任意的被篡改，而其造成的后续影响如同蝴蝶效应，节节放大之后结果已经难以预测。

三期改造完成后，本预期占道经营境况能有效的遏制，却不料事与愿违，市场大楼由于可达性的减弱而生意惨淡，满目萧条[②]，而与之形成鲜明对比的是，未进行大型改造的传统街巷区域却保持了一贯的活力。各商家甚至相继将自家店铺向外延伸，利用室外空间来扩充营业面积，与各种其他形式的室外商业交织在一起，形成"流动的商街[③]"。传统街巷里，大量经营户像"鳝鱼"一样往 100 多条拥挤不堪的小巷子里"钻"，甚至钻进了以前从无生意经历的偏僻小巷，使小巷子里生意生生不息[④]。更有一些地产开发商不把钱投到大型商城的建设中，而在传统街巷中整合民房，进行小型市场开发。这种被称为小打小闹的、"打补丁"式的更新发展得红红火火，所以以街为市状况也愈演愈烈，街道也被组织出迎合商业营销模式

---

① 转引于[美]斯皮罗·科斯托夫.城市的形成——历史进程中的城市模式和城市意义.单皓，译.北京：中国建筑工业出版社，2005:84.

② 例如老三镇服装城的二三层就经历了长期闲置、多次的业态调整和重新招商。

③ 叶静.汉正街系列研究之二——流动的商街.武汉：华中科技大学硕士学位论文，2005.

④ 张卫宁，李保峰.汉正街改造中"鳝鱼"现象的思考.中国房地产，1999(7):47-48.

的种种表情。

1998 年旧城改造模式进入一个新的阶段，亦即政府退出市场，把开发权交由市场。政府充当“清除障碍”和“技术把关”的角色，所谓“清除障碍”就是协调、清除一切开发过程中的障碍，例如拆迁、基础设施配套等问题；所谓技术把关也就是政府通过城市规划制度确立的相关技术规则与开发的设计成果相校核的过程。

城市规划虽然是基于技术的理性规划，但是现有的规划审批制度使得城市规划的技术理性更多迁就于政治与商业的目的(规划需要政府审批，规划编制的费用也是政府或开发商支付，所以规划技术常常听命于政府与开发商，并且现有的公众参与机制形同虚设)。于是我们看到政治、商业、技术熔于一炉的规划成果光鲜美丽层出不穷，技术让政治与商业目的披上更容易让人接受的外衣，街道的变迁也打上了技术、政治、商业多种的因素交织的烙印。

将街道空间等级化、制度化无疑契合三者的目的，技术上交通规划需要成立空间的等级结构；政治上和商业上需要交通区位改变进而起到商业谋利和城市形象改善的双赢目的。于是路网体系形成了“八横四纵”的格局(硚口路、崇仁路、武胜路、利济路、汉正街第一大道、友谊南路、民族路、民生路主次干道组成的“八纵”，以及中山大道、沿江大道、汉正街、长堤路形成“四横”)。在等级划分上再合适不过，间距相当、等级合理、与外界接驳顺畅且有打通的现实可能性，这种“方格网路”结构迎合官方、逢迎商业甚至与 70 年代的路网规划也不谋而合(图 8-40)。道路设计也受到越来越具体的条例的控制，条例规定了道路的横断面形式、宽度、线型等，甚至统一建筑的后退道路红线要求，千篇一律的建筑格调造成呆板单调的局面。

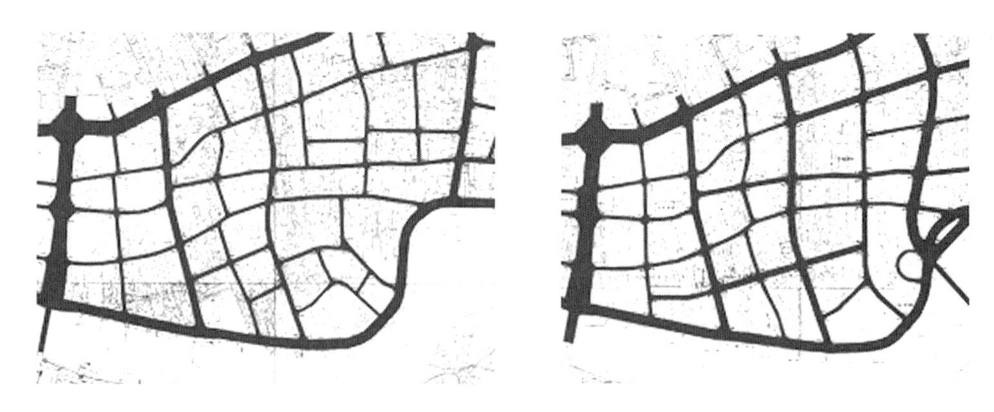

图 8-40　1970 年(左)和 2000 年(右)汉正街区域路网规划对比图

这种“方格网路”的标准模式被认为是唯一的“现代化”改造模式，是建立城市秩序的一种方式，“可能孕育着某种刻意的政治和社会结构①”，反正成为官方推动的价值文化，逐渐内化成民众的认同。同时在商业资本营销文化宣传的推波助澜下，“高楼”成为人们喜闻乐见的城市布景，成为老百姓追求的时髦，于是压抑良久喷薄而出的发展冲动在百姓称善的赞许中，以技术为名的道路规划和大体量的建筑迅速楔入汉正街变得几乎没有障碍。“方格网路＋高楼”的模式继而生产空间文化，在此熏染下，该模式一发而不可收。

但这种“方格网路＋高楼”规划方式却是以完全忽略了汉正街的传统社区空间布局的历史财富的视野，以颠覆性空间变革为手法，以取得消除官方痛心疾首有碍观瞻的旧城为政治目标，以为商业谋得暴利为目标取向疾风骤雨地进行的(图 8-41)。夹杂各类政治、商业目的技术理性换来的是全局的紊乱、失控与无理性。

首先先进的施工技术和一日千里的建设速度，使得消除一切痕迹变得轻而易举，正如芒福德所言：

---

① [美]斯皮罗·科斯托夫. 城市的形成——历史进程中的城市模式和城市意义. 单皓，译. 北京：中国建筑工业出版社，2005.

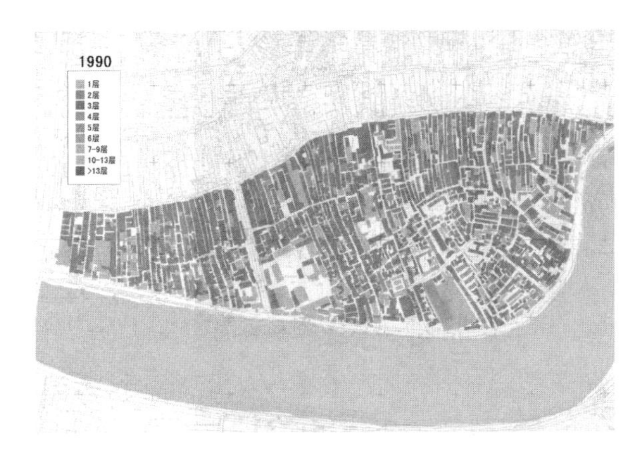

图 8-41　1990 年与 2003 年汉正街区域肌理变化对比图

“养成了一种用推土机消灭一切的心理状态。这种心理状态使他想对一切妨碍建设的累赘物用推土机清除掉，以便他自己死板的数学线条式的设计图得以在空荡荡的平地上开始建设。这些‘累赘’常常是一些人们的住家、商店、教堂、住宅区、珍贵的纪念性建筑物，是当地人们生活习惯和社会关系赖以维持的整个组织结构的基础。把孕育着这些生活方式的建筑整片拆除常常意味着把这些人们一生的(而且常常是几个世代的)合作和忠诚一笔勾销。”[①]民国时期也曾有资本与政治合谋方式进行开发，但是并没有大面积破坏原有的空间肌理，除了生产生活方式并未完全转变、物权保护相对严格、公众参与机制存在外，还有一个最重要的原因就是技术的相对落后，和民国时期比，现在扫平城市的建筑显得如此简单快捷。

其次空间分异进一步强化，1979 年中国开始经济改革以来，中国的住房制度经历了多次变化，从福利分房，发展到现在的针对不同收入层次的人群建造不同档次的商品房的政策。汉正街开发各类不同档次的住宅，实际上是将不同阶层的人分门别类归在一起，于是汉正街不同阶层的人迁到新开发的不同地段居住，旧城的生态就被一一剥离出来。虽然在调查中汉正街旧城还是不乏一些有钱人，但是这些人毋宁说是“城市的游荡者”，他们只是赚钱，并不属于那个世界。老城区成为一个只是谋利的地方，市场的外部性在这里体现，自我补偿、维护机制被破坏。差异因比较而生，在差异比较中，高楼大厦、居住小区无疑代表了先进的方向，其造成的居住文化，进一步强化旧城改造的方向。

再次，居民违规自建到了几近疯狂的地步。随着市场体系的建立和第三产业的迅速发展，汉正街以其无可比拟的区位条件和先天优势招致全国各地商贩纷至沓来，汉正街又回归了“四方杂处”的状态，同时城市化也进入迅猛发展时期，和“衣着光鲜”武汉其他地方相比，汉正街的密集小巷更可赖生活，大量外地人云集于此，他们或做小本生意补贴家用或出卖力气养家糊口，举凡所有难以道尽，汉正街密集程度不让于晚清。供求规律自然遵循市场的经济原则，人口增多，住房需求大幅上升，为了提供租赁，在经济利益的驱动下居民展开自建活动。由于历史原因，在房屋产权的归属上汉正街可谓五花八门，有的是单位福利分房，有的是以前的家业政府归还，有的是商家开发的地产，有的依旧是单位或政府的房屋。自建依据产权和自身状况展开各不相同的自建方式，八仙过海各显巧思。产权无疑是自建程度的一个重要指标，通常自家的房屋自建的程度比较高，自建包含相当的秩序逻辑，是民间自组织相互磨合以及利益折冲博弈的结果。

商业开发模式也带来了地价的昂贵，其结果是经济关系和经济现象更趋复杂，为了赚取旧城改造的拆迁费，虽然政府有所明令规定，但是利益的巨大诱惑汉正街居民还是经常铤而走险展开自建。

另外还有一些自建是源于规划或建筑本身的不足，针对使用上造成的种种不便而加以改善或改造。不管怎么说，居民或为了生活之便，或为了租赁于他人，或为了赚取拆迁费等等各怀幽暗心事加

---

① [美]刘易斯·芒福德. 城市发展史：起源、演变和前景. 宋俊岭，倪文彦，译. 北京：中国建筑工业出版社，2005：388.

建房屋，他们基于千百年来的习惯和经验及智慧塑造着身边的社区和城市，通常挖空心思利用每一个可用之处。内部的补偿协调机制缺失，政府又采取了柔性的控制方法，自建到了无以复加的极致状态。违法、违规的房子顽强地长高，在物理意义上几乎达到了环境的极限①。

很多地方街道融入了加建的环境之中，成为各种利用的对象，街道形态也在生活的过程之中发生着各种的形态和意义的变化，重组了局部的微循环。街道和两旁的建筑物构成“一种不可分割的相互穿插的结构②”。

最后“方格网路＋高楼”的强行楔入，除了造成社会关系的断裂，带来秩序重整、生产生活路径重新开辟外，还欲以理性的框架容纳千差万别的日常生活。“抽象的图形规定了社会内容，而不是让抽象的图形源自社会内容并在某种程度上符合社会内容。”③事实上生活是无法统一的和掩盖的，日常生活和经济活动始终会落实于物质空间中来无法拭去，活动本身创造空间，原初设定的各种目的不断被违背。富丽堂皇的第一大街又被衣衫褴褛的搬运工、小商贩往来其间。政府追求主要大街的整齐脸面，商业需要整治出涂脂抹粉的样板街道，都被戏谑化，把穷人从视野中驱除出去的物理和社会变革，现在又把穷人直接带回了每个人的视线之中④；雄伟的居住高楼又挂满了万国旗般花花绿绿的晾晒衣物；转换平台上衍生出来种种功能和活动几乎是迫不得已的；按经济规律办事的市场主体——个体私营业主永远不会跑到商业大楼的3层在几乎没有顾客的地方租用门面。

总之，在规划进入、商业开发、居民自建、历史格局等各类因素影响下，汉正街街道大致形成竖栅格形、自然网络形、规划网络形三种类型(图8-42)，其中竖栅格状是以泉隆巷为代表的传统街道形态，“南北向布局除了水平方向上对天井的占领近年地产开发的局部拆除及局部加建之外，总体格局相对完好，这也是目前汉正街中历史最悠久且相对稳定的形态。”⑤自然网络形则以处于鱼肚部分的宝庆社区为代表，历史上生产生活轨迹受制于自然状况和历史事件的影响自发生成的形态，又在近几年的疯狂自建中形成的形态类型；规则网络则是城市规划的进入而形成的规则网络类型，它代表理性规划的结果。主要区域“在沿汉正街(后发展到沿河大道)这一主要轴线的两侧。诞生了——更准确地说是克隆出现代多层、高层住宅楼群，多是近十年的城市改造的结果。这些毫无个性的现代怪物在建筑造型、街道的关系、平面布局和建筑体量上基本无视旧城环境，仿佛一个外科手术后的新移植体，孤傲地凝视着脚下逐渐逝去的旧城，但彼此之间却透露出近亲繁殖的尴尬。”⑥三种网络形成三种不同的空间肌理，其中规则网络的肌理相比较其他两种更为“粗大”，是大体量建筑以及相应技术规范的催生结果，而其他两种肌理更能体现生活的尺度。汉正街如万花筒般绚烂已极，商、住成一色，现代大楼与老房并存。这是权力网络空间生产的结果，包含了空间实践(perceived)、空间的再现(conceived)、再现的空间(lived)综合性结果⑦。竖栅格、根茎状自然网络这两种肌理也正在遭受规则网络侵袭的威胁，或许只有在“明清一条街”之类的假古董中才可以隔靴搔痒聊以慰藉失去地域认同的心理，并作仓皇的挽留。

① 龙元.汉正街——一个非正规的城市.时代建筑，2006(3).

② [美]斯皮罗·科斯托夫.城市的形成——历史进程中的城市模式和城市意义.单皓，译.北京：中国建筑工业出版社，2005.

③ [美]刘易斯·芒福德.城市发展史：起源、演变和前景.宋俊岭，倪文彦，译.北京：中国建筑工业出版社，2005：392.

④ [美]马歇尔·鲍曼.一切坚固的东西都烟消云散了——现代性体验.周宪，许钧，译.北京：商务印书馆，2003：196.

⑤⑥ 龙元.汉正街——一个非正规的城市.时代建筑，2006(3).

⑦ 依据美国后现代地理学家爱德华·索亚的总结，空间生产的三要素具体有以下的描述：空间实践：指明了人们创造、使用和感知空间的方式。具现了日常现实(日常事务)与都市现实(将保留给工作、私人生活和休闲的地方联结起来的路径和网络)之间的紧密联系。空间的再现：构想的空间，产生自知识与逻辑：地图、数学、社会工程与城市规划的工具性空间。它是构想概念的空间，是科学家、规划师、建筑师、技术官僚与社会工程师的空间。空间的再现透过知识而展现，亦即透过理解与意识形态而展现。再现的空间：是生活的空间，随着时间与使用而创造和改变。这是投注了象征意义的空间，它扣连了社会生活秘密或地下一面，也扣连了艺术。

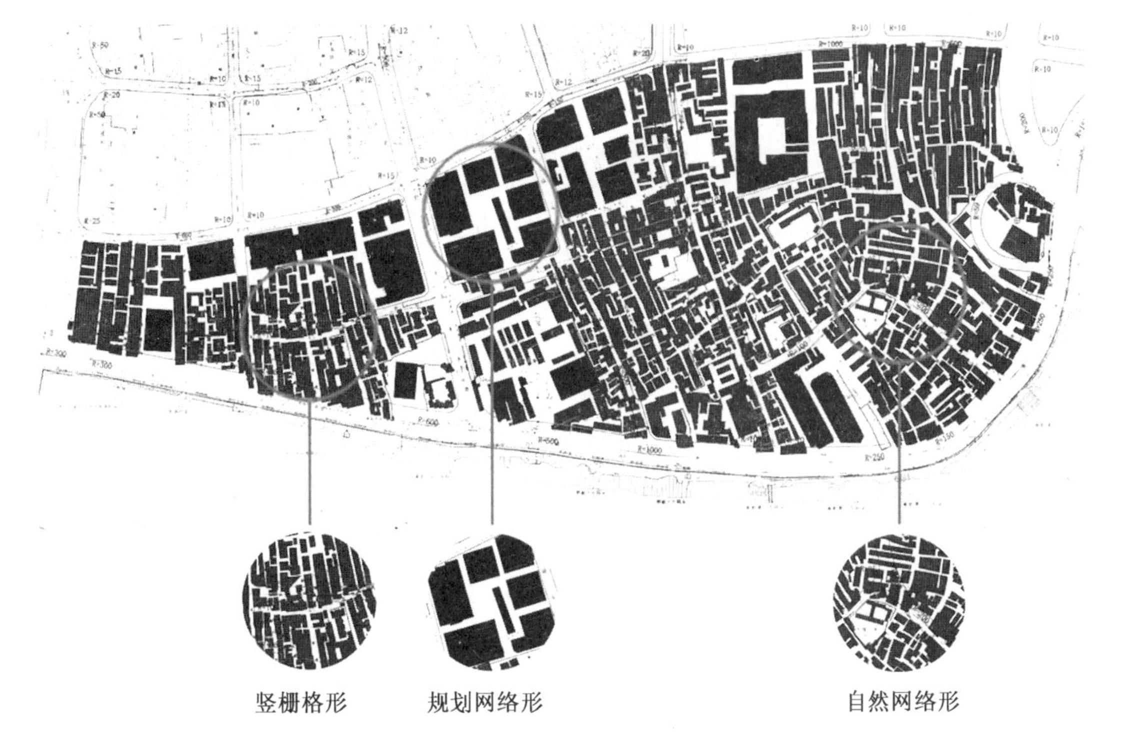

图 8-42　竖栅格形、规划网络形、自然网络形三种街道类型图

8.6　街道的空间生产和意义

汉正街的街道是什么？是公共领域吗？似乎不是，它已经成为政治与商业的刀俎之肉，随着地方精英以及中产阶层的抽离，公共领域作用甚微。是生活的世界吗？似乎也不完全是，日常生活已经无可挽回地遭到政治与资本的侵蚀，生活于斯也未必有“诗意”可言，自组织的修复能力萎缩，街道成为纯粹的公共物品，政府一旦撒手不管便处于失序状态。是政治与商业的空间吗？肯定不完全是，在政府柔性控制下，在市场的作用机制下，生活于斯的居民正以自发的智慧，种种的反抗方式对这种“宏大叙事”的空间进行解构。那么街道是什么？在笔者看来街道已经成为“寻租①”空间，各种力量都在千方百计利用街道达到自身某些目的，从而生产出不同的街道空间。

街道空间是策略性地被生产出来的。官方借助资本借由街道推行总体性策略，这种总体性策略要求秩序、纪律，它需要因果式的逻辑链条、理性的解释说明、相互连接的论证分析，因而形成同质的总体性空间结构。通过空间生产的完成，达到政治与资本共赢的目的。商业则架构或生产出符合市场营销策略的街道空间，不管是只许行人徜徉的江汉路步行街、还是人车混杂的汉正街街巷，都可谓是商业空间运作的胜利，它成功地容纳了人头攒动、川流不息的人群。而汉正街的居民则在制度性的粗糙和局部性的失控中，通过一种自下而上的方式，本能地对环境加以改造；改造是随机的、非线性的

---

① 寻租(Rent-seeking)：租，即租金，也就是利润、利益、好处。寻租，即对经济利益的追求。人类对经济利益的追求可以分两类：一类是通过生产性活动增进自己的福利。如企业等经济组织正常的生产经营活动中合法的对利润的追求。另一类是通过一些非生产性的行为对利益的寻求。如有的政府部门通过设置一些收费项目，来为本部门谋求好处。有的官员利用手中的权力为个人捞取好处，有的企业出贿赂官员为本企业得到项目、特许权或其他稀缺的经济资源。后者被称为寻租。是一些既得利益者对既得利益的维护和对既得利益进行的再分配的活动。寻租往往使政府的决策或运作受利益集团或个人的摆布。这些行为有的是非法的，有的合法不合理的。往往成为腐败和社会不公和社会动乱之源。本书的寻租和本意有所区别，寻租空间就是强调不顾一切、想方设法、借助一切手段利用空间谋取各自利益的活动。

和自我组织的，因而能够更具弹性，更能适合环境的变化，街道空间要么被生产出以符合其生活逻辑的需要，要么在其追求经济利益的诉求中变动嬗变。

各自的诉求化为空间的复杂较量。街道也在此过程变化无定，其空间和意义真实反映了地方、市场、政府复杂的博弈。官方指责汉正街是城市的地表疮疤，是城市藏污纳垢的可怕场所，是城市的肌体上衍生的有碍观瞻的突变细胞，进而用其生产出来空间进行收服；汉正街居民们的日常生活形成着一种反力，它包括各种匿名的创造和边缘化的实践，也不断生产自己的空间回击官方，即使力量悬殊有如以卵击石，但是依旧以游击战的方式进行不断的"违章"、"袭击"，甚至演化成全体的共同行为，组构成这个时代最具有震撼力的地表风景；商业的渗透力量无处不在，它仿佛精灵上天入地无所不能，它可以成为街头电线杆的小块膏药，也可以化为商业大街的巨幅招牌，它努力地表现自身，努力地在众芳之间占尽风情，它以街道为最基本的战争场地，以运动战、游击战、规模战等成功地占领街头并占领人们的心理防线。

列斐伏尔在著作《空间的生产》中认为：空间不仅仅是社会关系演变的静止的"容器"或"平台"，相反，当代的众多社会空间往往矛盾性地互相重叠，彼此渗透。"我们所面对的并不是一个，而是许多社会空间。确实，我们所面对的是一种无限的多样性或不可胜数的社会空间……在生成和发展的过程中，没有任何空间消失。"[①]整个 20 世纪汉正街的历史实际上是一部不同"容器"彼此扩张、渗透、容纳、同化、异化的历史，只是 21 世纪初这个阶段显得尤其清晰明显，街道在此过程意义暧昧、变动无居，是政治与资本合谋空间，是生存空间，是抵抗空间，是谋利空间，是商业空间，是……

① Henri Lefebvre. The Production of Space. Oxford：Blackwell，1991：86.

9 结论与启示

9.1 演变机制

汉口自成化年间因汉水改道淌出地面，一开始脱离严格的官僚管制，达成基于民间商业团体自我管理的地方自治，形成民间、官方力量彼此动态制衡的晶体状权力网络结构，其栅格型的街道形态是码头商业社会基于自然现状生产生活的逻辑体现，最初的建筑型制在与街道互动中，在与地方社会的长期调适中逐渐形成狭长式进式合院和沿街商铺式的型制，在严格的产权制度制约下，成为后来汉口里分建筑的形成与普及的先天导向因素。直至新中国成立之前产权因素一直在维护汉口街道形态相对稳定方面扮演重要角色。

开埠之后随着异域文化的介入，兼之张之洞督鄂，现代性轰然开启，经济模式和结构发生转换，自治的社会结构土崩瓦解，权力网络枝节交错难有定型，形成弥散型结构。在商品经济大行其道的背景下，汉口旧城墙就地基改造成后城马路，这是水运经济转为马路经济的历史转捩。随着卢汉铁路和后城马路的竣工，汉口城市脱困，刘歆生收购大量低洼土地并开发新式道路，在历史变革的风云年代，官方和资本介入城市开发，里分建筑引介自西方，由于适应攫取高额利润的需要并兼顾了传统民居三合院或四合院的特征，在汉口建设一时进入佳境，表现为依附新式道路骨架增量规划建设。在该潮流的牵引下，汉正街区域由于经济中心位置的下移，遂引发里分的内涵式改造的热潮，大抵因了严格的产权关系，符合开发商极尽可能利用土地的经济利益的诉求，符合长期习惯和生活方式特点，甚至也因了西方的时髦文化的追求。原有的街道肌理没有发生质的变化，甚至在一定程度上栅格型得到加强。

辛亥革命后，战争频仍，政权更迭，政治是影响权力网络的最重要维度，权力网络由政治影响建构形成类似沙漏型的结构类型，虽然政治因素是影响街道形态演变、空间意义最重要侧面，但由于采取中间治理组织模式和民主制度，使得产权传承有序，辛亥革命大火使得许多传统住宅化为焦土，引发里分住宅的全面改造，在此过程中却并没有发生肌理突变。当然马路经济进一步凸显，马路也成为承载政治含义的主要表现物，其形象好坏关涉国家政府形象，其开辟改造也成为旧城改造的一个借由途径，因而不遗余力由当局推动实施。随着沿江马路、后城马路、五条横马路、民生、民权等道路竣工，水运经济逻辑至此基本被转译为马路经济，在建筑面向的调整中，貌似波澜不惊的街道形态，其细部变化实则难以道里计。这一时期城市规划制度由西方引介而来成为调控城市的一种重要技术手段，虽然实施过程一波三折常半途而废但通过局部有所显现。

新中国成立后，此一时期，官方面面俱到监控整个社会，政治组织、经济结构、文化导向等异质同构，形成纵向的金字塔式和横向的蜂巢式的权力网络结构，此一结构兼之与之呼应的城市规划制度的建立极大影响了街道逻辑和街道空间的意义。以技术为名的道路的层级结构实则暗合政治的层级结构，不同层级街道围合不同的城市空间，大大小小的城市空间形成大小不一的“单位空间”，密密匝匝覆盖整个社会区域，无所遗漏无远弗届。这种封闭式的“单位空间”基本改变了以往的生产生活逻辑，使得空间改变随意而无章可循，这是街道形态改变的本质原因。更为重要的是公有制的确立产权信息基本丧失殆尽，皮之不存，毛将焉附，城市既有肌理失却了最重要的保障机制。限于经济水平和技术手段，虽然街道形态肌理某些程度尚未改变，但后来的改变于斯种下因由。

1988 年以后，市场经济开启，资源配置方式让渡于市场机制，受此影响，官方控制触手适当收回，民间处于柔性控制之中，市场、社会、政府形成一定的博弈机制，汉正街权力网络类似橡皮泥在博弈中变化无端，各种博弈化为空间上的复杂较量，导致汉正街街道形态与意义变化无方和充满不确定性，但是政治与资本经常合谋，成为形塑街道空间的主要力量。不过峻急推动也带来了地方社会的失序，既有的空间肌理其实提供的是一种秩序，社会秩序实则附着于空间秩序，在改变空间秩序过程中一招不慎容易导致的是全局的紊乱，社会秩序在重组过程中也带来空间秩序的重组，在空间-社会互动中汉正街街道形态大致形成竖栅格形、自然网络形、规划网络形三种空间类型。

通过历时态梳理，可以进一步深刻理解列斐伏尔的空间含义：一种社会秩序的空间化（the spatialization of social order）过程，社会关系（权力网络）的固化过程产生空间，这是街道形态演变的最重要的内在机制。当然社会实践形塑空间的节奏也与自然条件和技术手段有关，加上福柯所谓的一些历史预料之外的“糟糕的计算”，因而街道形态变化呈现出的表象也是形形色色，难以胜数。

9.2 空间生产

社会是指一定生产方式下的社会关系与过程。每个社会都有与其生产方式相适应的空间生产，或者说，每个社会为了能够顺利运作其逻辑，必定要生产（制造、建构、创造）出与之相适应的空间。空间是社会的产物，它真正是一种充斥着各种意识形态的产物，如果未曾生产一个合适的空间，那么“改变生活方式”、“改变社会”等都是空话[①]。每个社会都处于既定的生产模式架构里，内含于这个架构的特殊性质则形塑了空间。空间性的实践界定了空间，它在辩证性的互动里指定了空间，又以空间为其前提条件[②]。

既然认为每一种生产方式都有自身独特的空间，那么从一种生产方式转到另一种生产方式，必然伴随着新的空间的生产，从汉口发端至今期间经历大致的五个阶段，每个阶段权力网络发生颠覆性改变，不同的历史阶段分别生产不同的新型历史空间。本书认为，寺庙空间和栅格状的街巷空间是传统商业阶段的空间产物；后城马路则代表了现代性开启的社会的空间生产；民族、民生、三民、民权路的开通以及各类公共空间开辟和公共建筑建设则是民国时期的新型的空间生产；单位空间则是计划经济社会统筹生产出来的；而当代，政治与经济合谋的空间是新的生产模式下生产出来的，构成维持社会运转的机制。

这表明，城市空间存在自身逻辑并不完全按照人们所预期的方式，也并不完全按照城市规划者们的“伟大”意图来呈现。那么城市空间是否受这种冥冥的终极力量控制左右，规划师所做的一切都是枉然？答案显然否定。空间是空间史、自然史、科技史、社会史的融合过程，新型的空间生产总是要在既有的历史结果之上，并受自然因素和科技能力的制约，因而新型的空间生产其结果可能趋向某种定数但其表现形式却是千姿百态，因而为策略性改变留下余地。

随着改革开放和市场经济的深入，物流的飞速发展要求挣脱传统街巷的尺度限制，既有的空间肌理无法与新的生产方式和流通方式相适应，那么据此认定受限于社会模式和生产关系传统的街巷空间必然会消失，这是悲观性的结论，急遽的空间改变结果很难说就是一种历史的必然趋势。

城市由某个人或某几个人掌控是一件危险的事情，势必带来急遽的空间改变，而改变此困境的前提是制衡这种无约束的力量。在今天城市迅速扩张、城市历史空间特征丧失的背景下，格外有意义的是形成制衡的局面，寻找一种“慢”的可能，放慢脚步，磨合和整合社会关系，循序渐进进行空间生产。城市规划应该形成持续稳定的制度框架，这种制度的要素包括分散决策权的相互制衡，而非自上而下的赋予平衡的实现，这种制度要建立一个平台，以使城市空间的演变展示着城市发展的内在秩序，适时地、谨慎地

---

① Henri Lefebvre. Space: Social Product and Use Value. In: Freiberg J W. Critical Sociology: European Perspective. New York: Irvington, 1991: 285 - 295

② 汪原. 生产·意识形态与城市空间——亨利·勒斐伏尔城市思想述评. 城市规划，2006(6)：81-83.

进行“空间生产”，“一种根据肌理引入实体或者根据肌理产生实体的方法”，而非城市规划宏大蓝图漫长历史上执著地设计秩序。

9.3 文脉保护

20 世纪 80 年代，阿尔多·罗西(Aldo Rossi)在《城市建筑学》一书中指出，城市的形式(form)超越了生活模式超越时空而成为一种不可控制的“既成事实”。他认为，城市的形式有着自身的生命，尽管形式并非如手套适应手掌般适合人类生活，但它在不同的人类文化环境更迭中顽固地、持续地维持着自身，这种现象可称之为“形式自主”(the autonomy of the form)。纵观汉口的街道演变历史，它的“构图”富于“恒常”和“习惯性”，20 世纪 90 年代之前很少出现深层结构自身的频繁变化和突然变异。也就是说，在很多情况下，无论其表层变化多么强烈，但栅格状的街巷结构却顽固地抵抗着变化，即便遭遇大火、大水、战火等突如其来的因素影响，依旧故我，具有永恒的性格。街巷这个历史的舞台，几百年来，时代变迁、政局嬗替、人事沧桑、世故冷暖、恩怨忧愁、生死悲歌都不停顿的上演，也留下历史的印记，都渗透在这种街巷空间之中，并受制于街巷空间。“空间”与“地方”变成了一种相互依存与相互印证的关系，这种形态背后的比较“稳定”的图状，“沉淀”在每个人的无意识深处，经验的长期积累，形成汉口人们世世代代的普遍性心理，其内容不是个人的而是集体的，是历史在“种族记忆”中的投影。栅格状的街巷结构“包含人类经验中一些反复出现的原始表象”，这可能就是荣格(Carl Jung)所谓的原型(Archetype)。罗西说，“这种永恒性是通过所谓集体无意识、历史和记忆附着沉淀于形式上，而具有一种历史理性。”它的表述就是公共秩序和形式的自主性，形成一种出乎自然的维护惯性。

那么这种经历世代人“集体无意识”在日常生活中建构出来的街巷格局原型毋宁说是人们的存在方式，它是城市的性格，人的生产生活的表述，它指认了城市的特征所在，和历史文物一样弥足珍贵，正是来自街巷与社会的频繁互动使得街巷成为“有力融合了自我、空间与时间，聚集了经历、历史、语言和思想，充满了记忆与期待、旧事物与新事物、熟悉与陌生的‘地点’[①]”。街巷关涉地方的文化，街巷空间与地方文化相互依托、互为前提，市场经济开启之后，汉正街肌理发生重大改变，笔者认为其实更深层次和文化的断层存在因果关系，亦即与原有文化的传承发生断裂。所以不遗余力保护现存的街巷肌理就显得意义非凡。

同时传统街巷孕育的地方知识(local knowledge)倾向于具有地理和历史的偶然性，并且经常是社会特殊性之空间实践的结果，是抵抗与对抗性论述的基地，还没有被权力机器所捕捉，或者拒绝承认权力。所以说得极端一些文脉保护的意义还在于实现权力制衡和策略性改造，避免造成利益的非正当性分配。保护并非抵抗改变，改变是历史的必然现象，各方制衡有效地谨慎地进行“空间生产”才是关键。

9.4 非正规性

现代性开启，权力网络发生变革，正规性与非正规性出现缝隙，并随官方力量向社会渗绵过程形成不可弥合的鸿沟，呈现二元对峙状态。民间自我关照、均衡有序的本能式建设被官方各类法规横亘其中时至今日沦为有悖法律的违章行为。

在官方知识和空间的运作之下，非正规性表现出来的“脏、乱、差”的形象和正规性体现的整齐、洁净相映成趣，并迅速脸谱化，“脏、乱、差”的形象被认为是理所当然的整治对象，那些看似混乱、实质隐

---

① Steven Feld，Keith H Basso. Senses of Place//自杨念群. 再造病人——中西医冲突下的空间政治(1832—1985). 北京：中国人民大学出版社，2006：421.

含秩序，甚至是精于计算，而且是充满无限活力的非正规性建设活动沦为落后的象征。

1965年C. Alexander在《城市并非树形》认为“城市就是一个重叠的，模糊的，多元交织起来的整体”，多功能有机结合、互相交融的自然生成的半网络(semi-lattice)形结构才是城市的本来面目。历史告诉我们，统治者一开始在修建城市时，就已经规定好了各种空间的等级布局，任何违反这空间等级布局的行为，一定会受到严厉的制裁，这是所谓的正规性。毫无疑问，让空间从自然状态转变为支配与被支配的等级状态，这是所有城市建设的逻辑起点，这也就意味着，城市空间一开始就是在改变自然空间的状态中自己生产自己的。所以城市空间的权力性质注定它一开始就是反自然的，反对自然空间所呈现的均质与散乱。于是我们经常性地看到，功能混杂、小尺度的城市街区被大片的集权逻辑推动着的方格网式现代街区所取代。“大拆大建”的更新改造彻底斩断城市历史命脉和自生秩序，原本具有生态性和地方性的社区丧失，城市历史记忆、场所感遭抹杀，种种恶果愈演愈烈。这表明，正规的城市空间设计非常雅致但却未必完全切合实用。

事实上民间有组织自我关照的建设活动降格为被官方疾首蹙额的违法行为，虽然被压抑到极致，但是其犹如鬼魅般适时而生并永不止绝，即便在“文化大革命”的政治风暴中依旧有其变通的智慧。作为一种独特——基于居住者的需求和生活的理性——的城市实践和城市生活方式，非正规性具有一种自我生发的秩序，具有自我组织性并适时进化。关注非正规性的意义其实就是在于为其平反，改变一种偏见和歧视状态，为非正规性正名。城市的正规性与非正规性并非截然对立的两个世界，二者相互之间因时因地而相互转化，正规性和非正规性互为镜像，从这个意义上讲，非正规性存在的，正是正规性缺失的。当然非正规性城市环境也存在着脆弱性，非正规性的力量也包含着危险性，放任自流的非正规性建设会造成城市环境恶化，因此正规性和非正规性远远超出孰好孰坏的简单判断。事实上正规性与非正规性关系的纠缠常常掩盖其存在的真实脉络，其争斗就是一场“公共”与个人之间的微妙博弈。

关注非正规性当然并不意味坐任城市秩序运作，非正规性存在天生的痼疾，沦落为无政府状态也会酿就恶果，处理两者关系只能以动态平衡来考量，换言之就是代表正规性的城市规划的合理边界问题，这个边界不应该是一个静态的边界、一个模式的边界，而应该采取利益方多种类型的互动方式，形成多方面动态制衡的边界。

《庄子·应帝王篇》一则寓言讲道：“南海之帝为倏，北海之帝为忽，中央之帝为浑沌。倏与忽时相与遇于浑沌之地，浑沌待之甚善。倏与忽谋报浑沌之德，曰人皆有七窍以视听食息，此独无有，尝试凿之。日凿一窍，七日而浑沌死。”或许可以引介过来以此为戒。

9.5 公众参与

那么如何确保形成一个动态均衡的边界？如何形成制衡的局面，谨慎的“空间生产”？如何做到文脉保护？又如何回归非正规性的视角？解决上述问题当然需要社会环境的整体跟进与调整，是一揽子计划的社会过程。针对城市规划学科而言，公众参与制度提供了解决这些问题的端口。完善城市规划的公众参与制度意味着规划权力的下放，有利于制衡局面的形成；意味着规划封闭体系的开放，促成异质空间和异质逻辑的生产；意味着规划思想和着眼点向非正规性转变，从高高在上的精英式规划转向具体而微的民间生活；多元的而且有深度的公众参与，意味着动态的均衡过程。

公众参与是规划界一直以来的热门话题，已经积累卷帙浩繁的理论。自1962年保罗·达维多夫(Paul Davidoff)提出了“倡导性规划”的概念以降，拉开了公众参与进入规划领域的序幕，公众参与成为西方社会城市规划重中之重的内容，此后随着人权运动的兴起，各种价值观和意识形态碰撞，公众参与的理论呈现出百家争鸣、百舸争流的景象。交往型规划(communicative planning)无疑是规划领域公众参与方法理论的集大成者①。

交往型规划主要认为，规划是一种广泛社会参与的交往行为；参与规划各主体应平等和真实性表达，规划是一个博弈的过程，各参与主体保持开放心态以及意识相对化状态；规划师是市民参与交往过程的组织者和促成者(organizer)、市民意见冲突的调停者(mediator)、为特定价值辩护的交涉者(negotiator)；规划的结果是合意的达成，所谓合意就是共同体成员通过各自的策略选择而达到的一个均衡系统，它不是最优化结果而是满足化的结果②。

交往型规划无疑为解决动态均衡问题，奠定了丰厚的理论基石。笔者从历史的角度，结合1889年以前汉口地方自治的特点，认为开展公众参与至少需要保证以下几点：

1) 公众参与的环境建构

有效开展城市规划中的公众参与，法律环境、组织制度、文化导向等公众参与的社会条件需要及时跟进和建构，确保公众参与的合法性和可操作性。首先解决的是权力下放，它要求政治权力体制不是简单的分权或者集权，而是要求权力的演变符合市场经济发展的内在要求，在市场经济的基础上实现分权与集权的平衡。政治分权是一个将政治权力还给社会的过程，政治分权的过程要能够培育和发展社会自我管理的机制与能力，达成地方自治。历史经验告诉我们，物权的尊重是自治的前提，《物权法》的颁布迈出了较为可喜的一步；地方上的精英阶层的培育是自治的关键，混合多元阶层的空间规划势必应取代分门别类的空间规划方式；各类公共空间的构设有利于混合多元阶层的形成与融洽，有利于公共意识和公共领域的培育，从而有利于权力的争取和制衡局面的达成。当然城市规划的整个体系结构也要进行调整，从思想基础、规划方法论到具体的程序和步骤都要进行全面改进。规划制度、方法、程序和准则上要提供公众参与的端口和平台，公众能够有效参与决策，形成全程参与的长效机制。也唯有如此，交往型规划中所谓的平等原则、正义原则以及真实性表达才可以实现。

2) 动态平衡与合意(consensus)达成

交往型规划认为，规划是一个博弈的过程，规划的结果是合意的达成，所谓合意就是共同体成员通过各自的策略选择而达到的一个均衡系统，它不是最优化结果而是满足化的结果。虽然这种一致的结果可能不是最优解，但因有广泛的社会基础因而是合理的，是一种社会理性而不是技术理性的结果。

由各方利益主体平等参与，真实性表达进行博弈的过程即是一种动态的平衡过程，问题是动态平衡并非最终的目的，达成合意的结果才是关键。城市规划面对不同价值取向的社会阶层，在市场经济下由国家、地方政府、开发商和市民构成了多元化的利益结构，各主体有着互不相同的价值取向和利益追求，要达到合意以及维护公平正义，规划师必须转变以前高高在上的精英角色，参与到规划中来。

规划师在合意形成的过程中是最能动性的因素，约翰·福雷斯特(John Forester,1989)从人际交往的角度探讨了规划师在意见达成合意中所能起到的作用：规划师是组织者，将不同利益主体引到讨

---

① 交往行为的概念在1989年首先被约翰·福雷斯特(John Forester)引入规划领域。此后，以美英著名学者约翰·弗里德曼，朱迪思·E·伊娜(Judith E. Innes)，P·黑利(Patsy Healey)等为代表逐步建立起交往型规划(communicative planning)的基本框架。应该来说公平正义原则为交往型规划提供基本的思想基础，而交往行为理论则为其提供重要的方法论基础。罗尔斯(John Rawls)在1971年《正义论》认为，现代社会多元化，特别是社会文化价值、信仰和思想观念的方面多元化是民主社会永久的特征，产生分歧冲突在所难免，解决的必然途径在于用公正程序和和谐统一的公共理性来"重叠共识"，形成公平正义原则为基础的契约。在罗尔斯看来，公平正义论原则是让每个人自由地享有平等的权利和机会(平等原则)，又照顾最少收入者利益，力图最大限度消除经济上的不平等现象，以保持社会的公平公正(公平原则)。20世纪80年代德国哈贝马斯在《交往行为理论》中提出了一种交往理性，在他看来，所谓"合理性"是作为一种"通过论证演说促使自愿联合和获得认知的力量的中心经验"，真理不是一种外在于人类生活世界的超经验存在，而是孕育于人类交往之中。他主张在生活世界中通过对话交流、交往和沟通，人们之间相互理解、相互宽容来达成共识或合意(consensus)。达成合意，必须确保所有受决策影响的个人或利益团体的代表者都能平等地参加决策过程，同时交往行为本质上是一种言语行为，言语行为必须是真实性的。

② 龙元.交往型规划与公众参与.城市规划，2004(1).

论桌上，组织交流协商，以求共识；规划师是说服调解者，他们和相关各方沟通，听取意见，化解矛盾，帮助达成合意；规划师是交涉者，为弱势群体的利益代言向权力交涉，规划师还要在权力缝隙之中游走斡旋，力求全面反映社会各方面的观点[①]。规划师在利益冲突中积极组织、调解、交涉、斡旋，其角色在规划实践过程当中应时而变，是市民参与交往过程的组织者和促成者、市民意见冲突的调停者、为特定价值辩护的交涉者。所以城市规划并非只是一种职业技术的把握或运作，而是社会行动者（规划师、顾客等）寻求共同创造意义的过程，这是规划的社会过程的核心。

3）具体而微的视野

城市生活是一个不断变化的、具有社会历史性与差异性的现象，所以一个模式的规划的全面介入日常生活就值得怀疑。城市规划只能从特殊而临时的视野，从临时处境中把握多样可能性现实，采用动态的差异性的微观的策略性研究方法。任何一种单一的理论都不能涵盖城市生活世界的所有方面，城市规划具体的方法具有不可通约性，公众参与也应针对具体情况不同对待，大规模、全民式的参与基本上是违反理性的。

克莉丝邓森（Carol A. Christensen，1985）在她的公众参与研究中建立了一个矩阵，以便说明规划中的各种情况，她提出了规划可能面对的四种情况：

① 技术方法明确，目标一致

这种情况下，方法和目标都是明确的，规划通过一种标准和程序，按照可靠和规定程序运作，程序合理而无缺失公正之虞，公众就没有参与的必要性，但是这种情况往往难以维持很长时间。

② 技术方法不明确，目标一致

需要解决的问题已清楚，目标已确定，但实现所达成一致目标的技术手段尚不清楚。因此，规划师必须采取渐进的过程，通过实验和探索，逐步寻找解决的办法。规划这时是一个技术试验的过程，规划师占主导地位而公众参与退而次之，参与的程度稍低。

③ 技术方法明确，目标不一致

在这种情况下，规划师面对的是各种相互矛盾和混乱的目标和条件。不同部门或利益主体各有各的利益诉求和价值判断。这个过程中，规划师要引导参与者或有关人员相互沟通，通过沟通减少差异，强调共识和确定共同的目标，规划的目的是建立共识。规划的解决办法是一种协商和妥协的过程，也是社会学习和社会动员的过程，需要相关利益主体广泛的参与。

④ 技术方法不明确，目标不一致

这是一种混乱的状况，目标既不明确的，规划技术路径也模糊。这个状况下规划首要是建立一种秩序，无论是目标或技术手法，明确了其中任何之一，规划都具有可操作性，公众参与何时进入及参与的程度视情况而定。

所以公众参与的形式方法应与具体条件相适应，并符合社会主流约定俗成的行为方式和习惯，参与的程度和影响范围要在实际调查的基础上决定。

公众参与的广度和深度是要与具体的情况、能力、财力和结果的重要性对等。同时公众参与的类型，参与方式也应不一而足，如专家主导的公众参与、授权型公众参与、协作型公众参与、组织能力构建型公众参与、具体个例基础上的公众参与、技术辅助的公众参与等，不同情况具体不同对待。公众参与没有固定的范式，城市作为一种系统整体，各方面的联系是呈一种网络状的，因此我们认识问题，处理问题的方法也应当是以一种网络状的方式来进行的。

诚如桑德洛克（Sandercock Leonie）所言“公众利益”需要解构，应当看到它们内部具有更多的异质性，如果仅仅从总体的角度去认识就会排除其中差异。把“公众”笼统地理解为“普通民众”，对“公众”的构成没做细致的分析，没分清各类公众的参与动机、参与特点，就无法有针对性地开辟有效的参

① Forester John. Planning in the Face of Power. California：University of California Press，1989.

与方式。公众参与不是一个抽象词汇，而是实实在在的实践过程，不同的利益主体，不同的城市现状对应不同的实践过程，因而公众参与也要做不同的理解，不可能存在公众参与的单一范式，任何一种单一的模式都不能涵盖城市生活的所有方面。

严格意义上讲，城市规划学科自身未形成系统的方法论，城市规划的思想方式和研究方法随整体社会的进化而发展，逐步从单向的封闭思想方法转向复合发散型思想方法，从终极蓝图状态的静态思想方法转向动态过程的思想方法，从刚性规划转向弹性规划，从指令性规划转向引导性规划，从作为"目的性行动的"的城市规划转向与规划所涉及的对象的沟通行动中的交往理性规划。

城市规划已经不是一种技术工作所能涵盖的，本身是一种基于理性原则的政治和社会的实践过程。正如1998年，亚历山大的《规划理性的回顾》(Notes for general theory of planning)文中将规划分为四种不同范式，即理性规划(rational planning)、沟通性规划(communicative planning)、协调规划(coordinative planning)和制定政策框架的规划(frame-setting)。他认为"四种规划范式是互补的而不是冲突的，可以辩证的统一起来形成'四位一体'的规划框架，每种范式都包含了不同的主体或主角，在规划过程的不同阶段或层次上做不同类型的规划"。

后　记

传统的历史倾向于排斥社会生活的空间性，20世纪60年代以后，随着福柯、列斐伏尔等关于空间的理论面世，传统的历史获得了一个较大的修正，普遍认为历史不仅是时间的创造，同时也是人文地理学的建构、空间的社会生产，以及地理景观不辍的塑造与重塑。

在街道研究中关注社会性、历史性和空间维度的三位一体辩证法，实质上是将自己推入写作的困境，常常无法将文字处理的不粘不黏，类似机械零件分工明细，仿佛数学公式推导秩序井然。但是也收获了信息量密集呈现，显文本的表述过程中潜文本也在暗自流动的结果。历史常常是不可逆进行的，在历史讲述中不同阶段侧重不同，但前一阶段发生的，后一阶段也常常在继续，限于篇幅不可能前一阶段发生的后一阶段再次赘述，因而有潜文本在暗自流淌。另外本书受专业限制，更倾向于理清汉正街街道形态演变的整个历史，故不能过分耽于历史的细节，兼之历史资料的缺少，所以在历时态与共时态均衡方面更强化历时态的演变过程。

在写作方法和技术路线上，虽不敢妄言别开生面，但的确可以参考的前人资料少之又少，列斐伏尔和福柯的空间理论对我既是未知领域，理解的难度也自然不言而喻，因而常常痛苦且迷茫，幸而在我的导师龙元教授悉心关怀与指导下本研究才顺利完成。无论从本书的选题、研究计划的制订、开题，还是研究、写作，以及成稿的过程，都凝结着龙元教授大量的心血。导师渊博的知识，严谨的治学态度，求是创新的精神和高尚的品格，使我终身受益，永志难忘。

本书得到刘东洋先生教益良多，先生学识博学，为人谦和，2005年10月有幸亲聆先生教诲，既感且佩，想来已近七年，其情景仍历历在目，很期待还有机会能程门立雪。

在本书完成之际谨向两位恩师致以崇高的敬意和衷心的感谢！

要衷心感谢武汉民俗专家刘谦定先生的大力帮助，刘谦定先生对于武汉的历史知之甚稔，在我求教期间不厌其烦，悉心教示，使我受益颇丰。

感谢汉正街李佐荣先生，老先生生于斯长于斯，亲历了汉正街种种世间百态，对于汉正街的历史最有发言权，本书直接或间接得到老先生很多帮助。时间流逝，白驹过隙，暌违五年，惟愿一切安好。

感谢武汉文史专家皮明庥、徐明庭先生，两位先生关于武汉文史资料著作等身，本书许多史料部分来源于其积累的坚实基础，一直仰望高义，惜乎缘悭一面，希望今后有机会能当面请教。

感谢武汉市档案馆、武汉市图书馆、武汉大学图书馆、华中科技大学图书馆、湖北省图书馆等的工作人员，感谢汉正街宝庆社区居委会给予的大力支持。

在学习和研究过程中，很庆幸还得到了许多人的关心、帮助和指导，他们中有华中科技大学建筑与城市规划学院汪原教授、李钢教授、卢山教授，武汉大学城市设计学院沈建武教授，同济大学建筑与城市规划学院博士后丁援，中国地质大学艺术与传媒学院廖启鹏博士，武汉华景规划设计院杨远立先生，烟台城市规划设计院袁凤宾先生，唐山市建筑与规划设计院刘玉民院长。

感谢我的同窗好友王晖博士、肖铭博士、郭汝博士、熊燕博士、陈煊博士、高翔博士，尤其是王晖博士，给予了许多无私的帮助，在研究方法、技术路线、文献资料等方面均不吝赐教。

感谢我的同门师弟、师妹，他们是梁书华、马振华、钱雅尼、刘燕萍、熊毅、叶静、胡晓芳、赵勇、詹少辉等，没有他们前期积累的丰硕的研究成果，本书的写作难度会大大增加。

感谢我的妻子一直以来的理解与支持，感谢提供于我心无旁骛的研究环境，背后则是你辛苦的付出。言无尽，意犹在，此情此景，小心收藏，用心体悟。

最后，要感谢我的父母，你们辛勤的哺育和无私的奉献伴我走过成长的每一步。生活的艰辛无法磨灭你们对我成长的厚望，点点滴滴，化成感恩的海洋，每每念及，内心恣意汪洋，无法自已。这一切都是献给我最亲爱的你们，只为得到你们欣慰的笑容。

参考文献

外文书目

[1] William Rowe. Hankow: Conflict and Community in a Chinese City, 1796—1895. Stanford: Stanford University Press, 1989.

[2] H Lefebvre. The Production of Space. Oxford: Blackwell, 1991.

[3] Bill Hillier, Jullenne Hanson. The Social Logic of Space. Cambridge: Cambridge University Press, 1984.

[4] Sandercock Leonie. Towards Cassopolis: Planning for Multicultural Cities. New York: John Wiley & Sons, 1998.

[5] Lindblom Charles E. The Science of "Muddling Through". New York: Public Administration Review, 1959.

[6] Friedmann John. Planning in the Public Domain: Discourse and Praxis. Journal of Planning Educationand Research, 1989(8).

[7] Taylor Nigel. Urban Planning Theory since 1945. New York: Sage, 1998.

[8] Forester John. Planning in the Face of Power. California: University of California Press, 1989.

[9] Abraham Lincoln Great Speeches (with historical notes by John Grafton). New York: Dover Publications, Inc. 1989: 103-104.

[10] Pual Davidoff. Advocacy and Pluralism in Planning. Richard T. LeGates & Frederic Stout, 1965.

[11] Sherry Arnstein. A Ladder of Citizen Participation. In: Richard T. LeGates & Frederic Stout, The City Reader (second edition). New York: Routledge Press, 2000: 240-241.

[12] David Harvey. Social Justice, Postmodernism and the City. In: Richard T. LeGates & Frederic Stout, The City Reader (second edition). New York: Routledge Press, 2000: 199-200.

[13] Peter Hall. The City of Theory. In: Richard T. LeGates & Frederic Stout, The City Reader (second edition). New York: Routledge Press, 2000: 362.

[14] Melville C Branch. Comprehensive City Planning. London: Planners Press, 1985.

[15] H Lefebvre. Writings on Cities. Oxford: Blackwell, 1996.

[16] B Genocchio. Postmoderen Cities & Spaces. Oxford: Blackwell, 1995.

[17] D Harvey. The Condition of Postmodernity. Oxford: Blackwell, 1989.

[18] Edward W Soja. Postmosern Geographies. London: Verso, 1989.

[19] Edward W Soja. Third Space. London: Blackwell ,1996.

[20] Edward W Soja. Postmodern Geographies: The Reassertion of Spacein Critical Social Theory. London: Verso, 1989.

[21] DeGlopper D R. Religion and ritual in Lukang//A P Wolf(ED.). Religion and ritual in Chinese society. Standford: Standford University Press, 1974.

[22] Feuchtwang, Stephan. City Temples in Taipei under Three Regimes. In: William Skinner, M Elvin eds. The Chinese City Between Two Worlds. Stanford: Standford University Press, 1974.

[23] Lain Borden. TheUnknown City:Contesting Architecture and Social Space. Cambridge:The MIT Press,2001.
[24] Kevin Lynch. The Image of the City. Cambridge:The MIT Press,1960.
[25] Kevin Lynch. Good City Form. Cambridge, MA:The MIT Press,1981.
[26] Jane Jacobs. The Death and Life of Great American Cities. New York:Random House,1961.
[27] Alexander Christopher. A New Theory of Urban Design. New York:Oxford University Press,1987.
[28] Aldo Rossi. The Architecture of the City. Cambridge:The MIT Press,1982.
[29] Leon Krier. The reconstruction of the City. Rational Architecture,1978.
[30] Roger Trancik. Finding Lost Space: Theories of Urban Design. New York:Van Nostrand Reinhold,1986.
[31] B Jonathan. Urban Design as a Public Policy. New York:Rutledge,1978.
[32] Hamid Shivani. The Urban Design Process. New York: Van No strand Reinhold Company,1985.
[33] Gary O Robinette. How to Make Cities Livable—Design Guidelines for Urban Homesteading. New York:Van No strand Reinhold Company,1984.

外文期刊

[34] Davidoff Paul. Advocacy and Pluralism in Planning. Journal of the American Institute of Planning,1965.
[35] Kristen Day. New Urbanism and the Challenges of Designing for Diversity. Journal of Planning Education and Research, 2003(23): 83-95.
[36] P Buchanan. Aldo Rossi:Silent Monuments. AR,1982(10).
[37] Frampton Kenneth. Rappel an L'Ordre: The Case for the Tectonic. Architectural Design, 1990, 6(3/4).
[38] Sherry R Arnstein. A Ladder of Citizen Participation. Journal of the American Institute of Planning, 1969(July): 8-11.

中文书目

[39] [美]罗威廉. 汉口:一个中国城市的商业和社会(1796—1889). 江溶,鲁西奇,译. 北京:中国人民大学出版社,2005.
[40] 王振忠. 明清以来汉口徽商与徽州人社区//李效悌. 中国的城市生活. 北京:新星出版社,2006.
[41] 刘富道. 天下第一街——武汉汉正街. 北京:解放军文艺出版社,2001.
[42] 李军. 近代武汉城市空间形态的演变(1861—1949). 武汉:长江出版社,2005.
[43] 王笛. 街头文化——成都公共空间、下层民众与地方政治,1879—1930. 李德英,等,译. 北京:中国人民大学出版社,2006.
[44] 皮明庥. 近代武汉城市史. 北京:中国社会科学出版社,1993.
[45] 皮明庥,欧阳植梁. 武汉史稿. 北京:中国文史出版社,1992.
[46] 天津城市科学研究会,天津社会科学院历史研究所. 城市史研究. 天津:天津教育出版社,1992.
[47] 皮明庥,吴勇. 汉口五百年——新编汉口丛谈. 武汉:湖北教育出版社,1998.
[48] 范锴. 汉口丛谈. 武汉:湖北人民出版社,1999.
[49] 朱文尧. 汉正街市场志. 武汉:武汉出版社,1997.

[50] 武汉历史地图集编纂委员会. 武汉历史地图集. 北京:中国地图出版社，1998.
[51] 哲夫,张家禄,胡宝芳. 武汉旧影. 上海:上海古籍出版社,2006.
[52] 池莉. 老武汉:永远的浪漫. 南京:江苏美术出版社,2001.
[53] 武汉市地名委员. 武汉地名志. 武汉:武汉出版社,1990.
[54] 武汉市城市规划管理局. 武汉城市规划志. 武汉:武汉出版社,1999.
[55] 黄金麟. 历史、身体、国家——近代中国的形成(1895—1937). 北京:新星出版社,2006.
[56] 冯天瑜,陈锋. 武汉现代化进程研究. 武汉:武汉大学出版社,2002.
[57] 穆和. 近代武汉经济与社会——海关十年报告(江汉关)(1882—1931 年). 李笛,译. 香港:香港天马图书有限公司,1993.
[58] [美]斯皮罗·科斯托夫. 城市的形成——历史进程中的城市模式和城市意义. 单皓,译. 北京:中国建筑工业出版社,2005.
[59] [美]刘易斯·芒福德. 城市发展史:起源、演变和前景. 宋俊岭,倪文彦,译. 北京:中国建筑工业出版社,2005.
[60] [美]罗丽莎. 另类的现代性——改革开放时代中国性别化的渴望. 黄新,译. 南京:江苏人民出版社,2006.
[61] 吕俊华,彼得·罗,张杰. 中国现代城市住宅(1840—2000). 北京:清华大学出版社,2003.
[62] 郭湘闽. 走向多元平衡——制度视角下我国旧城市更新传统规划机制的变革. 北京:中国建筑工业出版社,2006.
[63] 蒋涤非. 城市形态活力论. 南京:东南大学出版社,2007.
[64] 阮仪三. 护城纪实. 北京:中国建筑工业出版社，2003.
[65] 王景慧，阮仪三，王林. 历史文化名城保护理论与规划. 上海:同济大学出版社，2004.
[66] [美]马歇尔·鲍曼. 一切坚固的东西都烟消云散了——现代性体验. 周宪,等,译. 北京:商务印书馆,2005.
[67] 汪民安. 身体、空间与后现代性. 南京:江苏人民出版社,2006.
[68] [英]Edward W Soja. 第三空间——去往洛杉矶和其他真实和想象地方的旅程. 上海:上海教育出版社,2005.
[69] 包亚明. 新天地与上海新都市空间的生产. 南京:江苏人民出版社,2001.
[70] 政协武汉文史委员会. 武汉文史资料精粹. 武汉:武汉出版社,2000.
[71] 涂文学. 武汉老新闻. 武汉:武汉出版社,2002.
[72] [清]陶士偰修. 乾隆汉阳府志. 南京:江苏古籍出版社,2001.
[73] 叶调元. 汉口竹枝词. 徐明庭,马昌松,校注. 武汉:湖北人民出版社,1985.
[74] 罗汉. 武汉竹枝词//徐明庭,辑校. 武汉竹枝词. 武汉:湖北人民出版社,1999.
[75] [清]吴念椿. 民国夏口县志. 南京:江苏古籍出版社,2001.
[76] 徐焕斗. 汉口小志. 北京:商务出版社,1915.
[77] 李伟明. 清末民初中国城市社会阶层研究(1897—1927). 北京:社会科学文献出版社,2005.
[78] [法]米歇尔·福柯. 规训与惩罚. 刘北成,杨远婴,译. 北京:三联书店,1999.
[79] [法]米歇尔·福柯. 词与物——人文科学考古学. 莫伟民,译. 上海:三联书店,2001.
[80] 汪民安. 福柯的界限. 北京:中国社会科学出版社,2002.
[81] 本书编写组. 汉正街的传说与典故. 武汉:武汉出版社,2002.
[82] 王葆心. 再续汉口丛谈. 武汉:湖北教育出版社,2002.
[83] [美]杜赞奇. 文化、权力与国家——1900—1942 年的华北农村. 南京:江苏人民出版社,1996.
[84] [美]韦伯. 非正当性的支配——城市的类型学. 康乐,等,译. 广西:广西师范大学出版社,2006.

[85] 杨念群. 再造病人——中西医冲突下的空间政治(1832—1985). 北京：中国人民大学出版社，2006.
[86] 杨念群，王铭铭. 空间、记忆、结构转型. 北京：中国人民大学出版社，2004.
[87] 水野幸吉. 汉口. 东京出版，1907.
[88] 陈泳. 城市空间形态类型与意义：苏州古城结构形态演化研究. 南京：东南大学出版社，2006.
[89] [美]帕克，等. 城市社会学. 北京：华夏出版社，1987.
[90] 王安娜. 中国——我的第二故乡. 北京：三联书店，1980.
[91] 涂文学. 涂文学自选集. 武汉：华中理工大学出版社，1999.
[92] 邓正来，[英]J. C. 亚历山大. 国家与市民社会——一种社会理论的研究路径. 北京：中央编译出版社，2002.
[93] [法]居伊・德波. 景观社会. 王昭风，译. 南京：南京大学出版社，2006.
[94] [澳]J・丹纳赫，T・斯奇拉托，J・韦伯. 理解福柯. 刘瑾，译. 天津：百花文艺出版社，2002.
[95] [美]柯必得(Peter Carroll). "荒凉景象"——晚清苏州现代街道的出现与西式都市计划的挪用//李孝悌. 中国的城市生活. 北京：新星出版社，2006.
[96] [德]哈贝马斯. 公共领域的结构转型. 曹卫东，等，译. 北京：学林出版社，1999.
[97] [美]吉尔伯特・罗兹曼. 中国的现代化. 南京：江苏人民出版社，2003.
[98] [美]詹姆斯・R・汤森，布兰特利・沃马克. 中国政治. 南京：江苏人民出版社，2003.
[99] 赵永革，王亚男. 百年城市变迁. 北京：中国经济出版社，2000.
[100] [英]安东尼・吉登斯. 社会理论与现代社会学. 北京：社会科学文献出版社，2003.
[101] 包亚明，王宏图. 上海酒吧——空间、消费与想象. 朱生坚，等，译. 南京：江苏人民出版社，2001.
[102] [法]鲍德里亚. 消费社会. 南京：南京大学出版社，2000.
[103] [美]弗雷德里克・詹姆逊，张旭东. 晚期资本主义的文化逻辑. 陈清侨，等，译. 北京：三联书店，1997.
[104] 周宪. 20 世纪西方美学. 南京：南京大学出版社，1997.
[105] 包亚明. 现代性与空间的生产. 上海：上海世纪出版集团，2003.
[106] 徐焕斗修，王夔清纂. 民国汉口小志. 北京：商务印书馆，1915.
[107] 皮明庥，杨蒲林. 武汉城市发展轨迹. 天津：天津社会科学院出版社，1990.
[108] 湖北省地方志编撰委员会. 湖北省地方志. 武汉：湖北人民出版社，1992.
[109] 田子渝，黄华文. 湖北通史. 武汉：华中师范大学出版社，1999.
[110] 武汉市地方志编撰委员会. 武汉市志・市政建设. 武汉：武汉大学出版社，1992.
[111] 苑书义，秦进才. 张之洞与中国近代化. 北京：中华书局，1996.
[112] 李新. 中华民国史. 北京：中华书局，2001.
[113] 湖北文史资料委员会. 湖北文史资料. 武汉：湖北人民出版社，2001.
[114] 王笛. 跨出封闭的世界——长江上游区域社会研究(1644—1911). 北京：中华书局，2001.
[115] 王铭铭. 逝去的繁荣——一座老城的历史人类学考察. 杭州：浙江人民出版社，1999.
[116] [法]福柯，雷比诺. 空间、知识、权力——福柯访谈录//包亚明. 后现代性与地理学的政治. 上海：上海教育出版社，2001.
[117] 童明. 政府视角下的城市规划. 北京：中国建筑工业出版社，2005.
[118] 马敏，朱英. 传统与近代的二重变奏——晚清苏州商会个案研究. 成都：巴蜀书社，1993.
[119] 武汉地方志编纂委员会. 武汉市志. 武汉：武汉大学出版社，1996.
[120] 汉口特别市政府秘书处编印. 汉口特别市市政计划概略. 1929.
[121] 包亚明. 后现代性与地理学的政治(《都市与文化》第 1 辑). 上海：上海教育出版社，2001.

[122] 包亚明. 现代性与空间的生产(《都市与文化》第2辑). 上海:上海教育出版社,2003.
[123] 夏铸九. 空间的文化形式与社会理论读本. 台北:明文书局,1988.
[124] [美]R. 克里尔. 城市空间. 钟山,秦家濂,姚远,译. 上海:同济大学出版社,1991.
[125] [美]简・雅各布斯. 美国大城市的死与生. 王听度,等,译. 北京:中国建筑工业出版社,1989.
[126] [美]阿姆斯・拉普卜特. 建成环境的意义. 黄兰谷,等,译. 北京:中国建筑工业出版社,1992.
[127] [美]扬・盖尔. 交往与空间. 何人可,译. 北京:中国建筑工业出版社,2002.
[128] 芦原义信. 街道的美学. 尹培同,译. 武汉:华中理工大学出版社,1989.
[129] [美]赫曼・赫茨伯格. 建筑学教程. 仲德昆,译. 天津:天津大学出版社,2003.
[130] 朱大可. 流氓的盛宴——当代中国的流氓叙事. 北京:新星出版社,2006.
[131] [美]Sharon Zukin,包亚明. 城市文化. 上海:上海教育出版社,2005.
[132] 马敏. 官商之间:社会剧变中的近代绅商. 武汉:华中师范大学出版社,2003.
[133] 王日根. 乡土之链:明清会馆与社会变迁. 天津:天津人民出版社,1996.
[134] [澳]J・丹纳赫,T・斯奇拉托,J・韦伯. 理解福柯. 刘瑾,译. 天津:百花文艺出版社,2002.
[135] [法]费尔南・布罗代尔. 15至18世纪的物质文明经济和资本主义. 施康强,译. 北京:三联书店,2002.
[136] [美]奈杰尔・科茨. 街道的形象//约翰・沙克拉. 设计——现代主义之后. 卢杰,朱国勤,译. 上海:上海人民美术出版社,1995.
[137] 罗岗,顾铮. 视觉文化读本. 南宁:广西师范大学出版社,2003.
[138] 朱东风. 城市空间发展的拓扑分析——以苏州为例. 南京:东南大学出版社,2007.

中文期刊

[139] 龙元. 汉正街——一个非正规的城市. 时代建筑,2006(3).
[140] 李百浩,薛春莹,王西波,等. 图析武汉市近代城市规划(1861—1949). 城市规划汇刊,2002(6).
[141] 李百浩,王西波,薛春莹. 武汉近代城市规划小史. 规划师,2002(5).
[142] 李百浩. 中西近代城市规划比较综述. 城市规划汇刊,2000(1).
[143] 李百浩,郭建. 近代中国日本侵占地城市规划范型的历史研究. 城市规划汇刊,2003(4).
[144] 何艳玲. 社区建设运动中的城市基层政权及其权威重建. 广东社会科学,2006(1).
[145] 王刚. 西方城市规划史给予我国城市规划的启示. 城市规划,2007(2).
[146] 汪原. 生产・意识形态与城市空间——亨利・勒斐伏尔城市思想述评. 城市规划,2006(6).
[147] 文兵. 福柯的现代权力观述评. 北京行政学院学报,2002(3).
[148] 伍端. 空间句法相关理论导读. 世界建筑,2005(11).
[149] 王翔. 近代中国手工业行会的演变. 历史研究,1998(4).
[150] 何雪松. 空间、权力与知识:福柯的地理学转向. 学海,2005(6).
[151] 董玉梅. 铜人像和三民路. 武汉文史资料,2006(12).
[152] 李健,宁越敏. 西方城市社会地理学主要理论及研究的意义——基于空间思想的分析. 城市问题,2006(6).
[153] 陈炳辉. 福柯的权力观. 厦门大学学报(哲学社会科学版),2002(4).
[154] 唐复柱. 吉登斯现代性思想探析. 高教论坛,2006(6).
[155] 许丰功. 行走的快乐与街道的活力——我国步行商业街设计目标理念的建构. 规划师,2002(8).
[156] 常钟隽. 芦原义信的外部空间理论. 世界建筑,1995(3).
[157] 方可,章岩. 简・雅各布斯关于城市多样性的思想及其对旧城更新的启示. 城市问题,1998(3).

[158] 汪原.从“fluneur”到城市的“步行者”——人与城市空间互动的新阐释.时代建筑,2003(5).
[159] 刘东洋.街道的挽歌. 城市规划,1999(3).
[160] 王刚.城市规划的日常生活视角回归.华中建筑,2007(8).
[161] 杨滔.北京街头零散商摊空间初探.华中建筑, 2003(6).
[162] 郭苏明,夏兵.大众文化与街区活力——南京湖南路商业街浅析. 时代建筑, 2005(2).
[163] 汪原.亨利・列斐伏尔研究.建筑师,2005(5).
[164] 黄亚平,陈静.远近现代城市规划中的社会思想研究.城市规划学刊,2005(6).
[165] 周江评.城市规划和发展决策中的公众参与——西方有关文献及启示.国外城市规划,2005(4).
[166] 王引,石晓冬.浅议商业街整治规划与实施——以北京王府井商业街整治规划为例.规划师,1998(3).
[167] 杨宏烈.广州骑楼商业街的文化复兴.规划师,1998(3).
[168] 阮仪三.上海南京路建筑风貌与街道空间特色.同济大学学报,1994(9).
[169] 上海市建筑学会.上海市南京路、淮海路等旧商业街在城市改造汇总存在的问题及改进建议.建筑学报,1994(7).
[170] 刘怀玉.历史唯物主义的空间化解释:以列斐伏尔为个案.河北学刊,2005(3).
[171] 戎安,沈丽君.天津古文化街海河楼商贸区城市更新规划.建筑学报,2000(11).
[172] 于立.城市规划的不确定性分析与规划效能理论.城市规划汇刊,2004(2).
[173] 王保林,王翠萍.“墙”与“街”——中国城市文化与城市规划的探析.规划师, 2000(1).
[174] 沈益人.“褪色”中的街道. 城市问题, 1999(3).
[175] 白德懋.城市街道空间初议.北京规划建设, 1998(1).
[176] 白德懋.城市街道空间剖析. 建筑学报, 1998(3).
[177] 罗玲玲,王湘.空间异用行为的观察、实验研究.建筑学报,1998(12).
[178] 孙施文.后现代城市状况及其规划.城市规划汇刊, 2001(4).
[179] 周波.对“无用空间”的认识.华中建筑, 1997(5).
[180] 陈泓.城市街道景观设计研究.时代建筑, 1999(2).
[181] 王珊,刘心一.街道的空间构成.北京工业大学学报,2001(9).
[182] 凤元利,刘仁义.以人为本塑造现代城市街道空间.当代建设,2003(6).
[183] 洪亮平,唐静.武汉市城市空间结构形态及规划演变.新建筑, 2002(3).
[184] 沈昌秀.城市商业环境功能.商场现代化,1995(10).
[185] 王济光. 现代商业经营形式的类型与选择. 财贸经济,1994(5).
[186] 陈志宏.了解你的上帝——顾客的消费行为和心理.企业活力,1994(4).
[187] 伍新木,罗琦.交通与武汉城市空间形态变迁.现代城市研究,2003(4).
[188] 熊金超,田加刚.汉正街衰落的背后.市场报,2005(1).
[189] 张卫宁,李保峰.汉正街改造中“鳍鱼”现象的思考.中国房地产,1999(7).
[190] 专家学者纵论汉正街市场跨世纪发展.经济日报,2005(1).
[191] 汪明敏.武汉的明珠——汉正街.武汉文史资料,2000(5).
[192] 熊月之,等.论上海近代市政.学术月刊,1999(6).
[193] 汉口市建设概况.第一期,1930(9).
[194] 汉口特别市工务局业务报告,1929(7)—1930(7).
[195] 武汉特别市市政月刊,第一卷第二号,1929(5).
[196] 汉市市政公报,第一卷第二期,1928(8).
[197] 新汉口汉市市政公报,第一卷第三期一四期,1929(9) ,1929(10).

[198] 新汉口汉市市政公报，第一卷第一期，1929(7).
[199] 魏光焰. 街衢巷陌. 人民文学，1998(6).
[200] 张一兵. 景观意识形态及其颠覆—德波《景观社会》的文本学解读. 学海，2005(5).
[201] 毛升. 可疑的真理——福柯"谱系学"之评析. 广西师范大学学报(哲学社会科学版)，2005(3).
[202] 汪民安. 福柯与哈贝马斯之争. 外国文学，2003(1).
[203] 邱红梅. 试论近代汉口市民的市政主体性意识. 湖北社会科学，2007(8).

学位论文

[204] 谭文勇. 单位社区——回顾、思考与启示. 重庆：重庆大学硕士学位论文，2006.
[205] 刘义强. 街区社会公共领域的消逝：汉正街，1949—1956——以商业组织和码头帮会的变迁为例. 武汉：华中师范大学硕士学位论文，2004.
[206] 涂文学. "市政改革"与中国城市早期现代化——以20世纪二三十年代汉口为中心. 武汉：华中师范大学博士学位论文，2006.
[207] 刘怀玉. 现代日常生活批判道路的开拓与探索——列斐伏尔哲学思想研究. 南京：南京大学博士研究生论文，2003.
[208] 赵蔚. 城市规划中的社会研究——从规划支持到规划本体的演进. 上海：同济大学博士学位论文，2005.
[209] 黄立. 中国现代城市规划历史研究(1949—1965). 武汉：武汉理工大学，2006.
[210] 田艺. 民国后期的武汉手工业与同业办会(1940—1949). 武汉：华中师范大学，2005.
[211] 高云涌. 社会关系的逻辑——资本的时代马克思辩证法的合理形态. 长春：吉林大学博士学位论文，2006.
[212] 韩平. 福柯的权力观. 长春：吉林大学硕士学位论文，2005.
[213] 魏文享. 民国时期的工商同业公会研究(1918—1949). 武汉：华中师范大学中国近代史研究所，博士学位论文，2004.
[214] 孙吟吟. 市场经济与政治权力的演变. 南京：东南大学硕士学位论文，2005.
[215] 詹少辉. 汉正街地区的隙间类型研究. 武汉：华中科技大学硕士论文， 2004.
[216] 马振华. 汉正街系列研究之一——门牌. 武汉：华中科技大学硕士论文，2005.
[217] 叶静. 汉正街系列研究之二——流动的商街——外部商业空间利用状况研究. 武汉：华中科技大学硕士论文，2005.
[218] 刘燕萍. 汉正街系列研究之三——泉隆巷. 武汉：华中科技大学硕士论文，2005.
[219] 熊毅. 汉正街系列研究之四——转换平台. 武汉：华中科技大学硕士论文，2005.
[220] 钱雅妮. 汉正街系列研究之五——生产空间史. 武汉：华中科技大学硕士论文， 2005.
[221] 吕伟. 汉正街系列研究之六——搬运工. 武汉：华中科技大学硕士论文，2005.
[222] 刘莹. 汉正街系列研究之七——老年人外部生活空间. 武汉：华中科技大学硕士论文，2005.
[223] 邓晓明. 汉正街系列研究之——汉正街传统街区隙间环境行为研究. 武汉：华中科技大学硕士论文，2006.
[224] 龚良平. 汉正街系列研究之——楼梯. 武汉：华中科技大学硕士论文，2006.
[225] 胡晓芳. 汉正街系列研究之——全新街. 武汉：华中科技大学硕士论文，2006.
[226] 霍博. 汉正街系列研究之——诊所. 武汉：华中科技大学硕士论文，2006.
[227] 刘兰. 汉正街系列研究之——公共厕所. 武汉：华中科技大学硕士论文，2006.
[228] 梁书华. 汉正街图析. 武汉：华中科技大学硕士论文，2008.
[229] 袁莉莉. 1949—1978年中国革命型政治文化研究. 上海：复旦大学学位论文，2006.

[230] 王宇.城市规划实施评价的研究.武汉:武汉大学学位论文,2005.
[231] 刘筱勤.转型社会中公民权利与国家权力关系的调适.苏州:苏州大学学位论文,2002.
[232] 丁桂节.工人新村:“永远的幸福生活”——解读上海20世纪50、60年代的工人新村.上海:同济大学建筑与城市规划学院学位论文,2007.
[233] 卫宝山.武汉市城市空间结构演变的探析.武汉:武汉大学学位论文,2005.
[234] 谢芳.传统民居庭院交往空间构成要素在现代住宅设计中的应用探讨.西安:西安建筑科技大学学位论文,2005.
[235] 李超.城市集合住宅的发展演变.天津:天津大学学位论文,2007.